한국산업인력공단 새 출제기준에 따른 최신판!!

조경기능사
6년간 출제문제

최고의 적중률!! 최고의 합격률!!

대한민국 대표 브랜드 | 국가자격 시험문제 전문출판 | **에듀크라운** 국가자격시험문제전문출판 www.educrown.co.kr | **크라운출판사** 국가자격시험문제전문출판 http://www.crownbook.com

이 책을 발행하며

급속한 산업화, 도시화에 따른 환경의 파괴로 인하여 환경문제에 대한 관심과 그 중요성이 부각됨으로써 전문인력으로 하여금 생활공간을 아름답게 꾸미고 자연환경을 보호하고자 하는 의미에서 조경기능사 시험이 시행되고 있습니다.

쾌적한 주거환경에 대한 인간의 욕구는 조경과 같은 자격증의 선호를 높이고 응시자가 매년 증가하고 있는 추세이며 앞으로 일자리창출의 수요와 그 인기는 계속될 것으로 예상됩니다.

이 교재는 조경기능사 시험 준비를 하는 여러분을 위해 자주 출제되는 핵심요약정리, 과년도 기출문제, 기출문제 풀이 분석을 통해 1~2번 반복해서 보다 보면 어느새 조경기능사 시험에 쉽게 합격할 수 있게 만들었습니다.

이 교재는 초급조경인이 알아야 할 가장 기본적이면서 광범위한 내용의 시험에 대비한 기초적인 내용과 과년도 기출문제의 해설로 초보자도 누구나 쉽고 빠르게 이 시험에 합격할 수 있습니다. 국가고시시험을 준비하시는 많은 독자들께 유용한 정보가 되기를 바라며 이 시험에 꼭 합격하시기 바랍니다. 출판을 위해 지원을 아끼지 않은 크라운출판사 이상원 회장님을 비롯한 임직원 여러분께 깊은 감사를 드립니다.

저자 드림

차례

Part 1. 핵심요약

chapter 1 조경일반
- section 1 조경의 필요성과 목적 ············ 012
- section 2 조경양식의 환경요소 ············ 013
- section 3 조경의 대상 및 분류 ············ 013

chapter 2 조경양식일반
- section 1 조경양식 ············ 014
- section 2 서양 조경 ············ 014
- section 3 중국 조경 ············ 017
- section 4 일본 조경 ············ 018
- section 5 한국 조경 ············ 019

chapter 3 조경계획과 설계
- section 1 조경계획과 설계의 기초 ············ 024
- section 2 기초조사 및 분석 ············ 025
- section 3 기본계획 및 설계 ············ 027
- section 4 실시설계 ············ 028
- section 5 조경미 ············ 033
- section 6 공간별 조경설계 ············ 036

chapter 4 조경재료
- section 1 조경재료의 기능상 분류 ············ 040
- section 2 조경수목의 분류 ············ 040
- section 3 조경수목, 지피식물 초화류의 특성 ············ 041
- section 4 목질재료 ············ 046
- section 5 석질 및 점토질 재료 ············ 048
- section 6 시멘트와 콘크리트 재료 ············ 050
- section 7 금속재료 ············ 051
- section 8 기타재료 ············ 051

chapter 5   조경시공 및 관리

- section 1 조경시공의 기초 ········· 053
- section 2 식재공사 ············· 054
- section 3 조경시설물 시공 ········· 055
- section 4 시방 및 적산 ··········· 064
- section 5 조경식물 관리 ·········· 066
- section 6 조경시설물 관리 ········· 070

Part 2. 과년도 출제문제

2010년 기출문제 1회 ·············	076
2010년 기출문제 2회 ·············	088
2010년 기출문제 4회 ·············	100
2010년 기출문제 5회 ·············	112
2011년 기출문제 1회 ·············	124
2011년 기출문제 2회 ·············	136
2011년 기출문제 4회 ·············	148
2011년 기출문제 5회 ·············	160
2012년 기출문제 1회 ·············	171
2012년 기출문제 2회 ·············	184
2012년 기출문제 4회 ·············	196
2012년 기출문제 5회 ·············	208
2013년 기출문제 1회 ·············	218
2013년 기출문제 2회 ·············	230
2013년 기출문제 4회 ·············	242
2013년 기출문제 5회 ·············	255
2014년 기출문제 1회 ·············	268
2014년 기출문제 2회 ·············	281
2014년 기출문제 4회 ·············	293
2015년 기출문제 1회 ·············	307
2015년 기출문제 2회 ·············	319
2015년 기출문제 4회 ·············	331

출제기준(필기)

직무분야	건설	중직무분야	조경	자격종목	조경기능사		
○ 직무내용 : 자연환경과 인문환경에 대한 현장조사를 수행하여 기본구상 및 기본계획을 이해하고 부분적 실시설계를 이해하고, 현장여건을 고려하여 시공을 통해 조경 결과물을 도출하고 이를 관리하는 행위를 수행하는 직무							
필기검정방법		객관식		문제수	60	시험시간	1시간

필기과목명	문제수	주요항목	세부항목	세세항목
조경일반, 조경재료, 조경시공 및 관리	60	1. 조경계획 및 설계	1. 조경일반	1. 조경의 목적 및 필요성 2. 조경과 환경요소 3. 조경의 범위 및 조경의 분류
			2. 조경양식 일반	1. 조경양식과 발생요인 2. 서양 조경 3. 중국 조경 4. 일본 조경 5. 한국 조경
			3. 조경계획과 설계일반	1. 조경계획 및 설계의 기초 2. 기초조사 및 분석 3. 기본계획 및 설계 4. 실시설계 5. 조경미 6. 주택정원, 공동주택조경, 공원 계획 및 설계 7. 공장조경, 골프장조경, 학교조경, 사적지조경 계획 및 설계 8. 생태복원, 옥상조경, 실내조경 계획 및 설계
		2. 조경재료	1. 식물재료	1. 조경식물의 종류 2. 조경식물의 분류 3. 조경수목, 지피식물, 초화류의 특성
			2. 목질재료	1. 목재 및 목재부산물
			3. 석질 및 점토질 재료	1. 석재, 점토질재, 벽돌 및 타일 재료의 특징
			4. 시멘트와 콘크리트 재료	1. 시멘트, 모르타르, 콘크리트, 미장재료

필기과목명	문제수	주요항목	세부항목	세세항목
			5. 금속재료	1. 철·비철금속
			6. 기타재료	1. 플라스틱, 도장재 2. 섬유질, 유리 및 기타 조경재료
		3. 조경시공 및 관리	1. 조경시공의 기초	1. 조경시공의 특성 2. 조경 시공계획 3 조경 시공관리 4. 공사의 일반적 순서
			2. 식재공사	1. 분뜨기 2. 옮겨심기(이식) 3. 조경수의 운반 4. 조경수의 가식 5. 조경수의 식재방법 6. 잔디 및 초화류 파종 및 식재
			3. 조경시설물시공	1. 토공시공 2. 급·배수 3. 콘크리트공사 4. 돌쌓기와 놓기 5. 포장공사 6. 유희 및 운동시설물 공사 7. 휴게 및 편익시설물 공사 8. 관리시설 및 조명시설물 공사 9. 기타 시설물 공사
			4. 적산	1. 조경 적산 2. 조경 표준품셈
			5. 조경식물 관리	1. 정지 및 전정 2. 비배관리 3. 잔디관리 4. 지피 및 초화류관리 5. 수목보호관리 6. 전염성병관리 7. 비전염성병관리 8. 해충관리 9. 작물보호제 및 방제법 10. 기타 조경관리(관수, 지주목, 멀칭, 월동 청결유지 등)
			6. 조경시설물 관리	1. 유희시설물 2. 휴게 및 편의시설물 3. 운동시설물 4. 조명시설물 5. 안내시설물 6. 기타시설물

				7. 기반시설물관리	1. 급·배수시설물 2. 포장시설물 3. 옹벽 등 구조물 4. 수경시설물 5. 부속 건축물 6. 기타 기반시설물
				8. 기타조경관리	1. 안전관리 2. 자재관리

출제기준(실기)

직무 분야	건설	중직무 분야	조경	자격 종목	조경기능사

○ 직무내용 : 자연환경과 인문환경에 대한 현장조사를 수행하여 기본구상 및 기본계획을 이해하고 부분적 실시설계를 이해하고, 현장여건을 고려하여 시공을 통해 조경 결과물을 도출하고 이를 관리하는 행위를 수행하는 직무

○ 수행준거 : 1. 대상지 주변의 현황을 분석할 수 있다.
      2. 기본설계도를 보고 전체적인 도면의 내용을 파악하고, 도면에 따른 작업을 할 수 있다.
      3. 조경용으로 사용되는 각종 식물재료의 생리적인 특성과 감별을 할 수 있다.
      4. 기타 조경의 잔디시공, 원로포장, 수목의 식재, 정지와 전정, 돌쌓기, 지주목 세우기 등의 조경 시공작업과 관련된 작업을 할 수 있다.

실기검정방법	작업형	시험시간	3시간 30분 정도

실기과목명	주요항목	세부항목
조경작업	1. 지형기반시설 설계	1. 포장 설계하기
	2. 조경시설설계	1. 조경시설도면작성하기
	3. 식재설계	1. 수종 선정하기 2. 수목식재 설계하기 3. 지피 초화류 설계하기 4. 식재도면 작성하기
	4. 수목식재공사	1. 굴취하기 2. 수목 가식하기 3. 식재기반 조성하기 4. 교목 식재하기 5. 관목 식재하기 6. 지피 초화류 식재하기

	5. 잔디식재공사	1. 잔디 기반 조성하기 2. 잔디 식재하기 3. 잔디 파종하기
	6. 조경시설물공사	1. 옥외시설물 설치하기
	7. 조경포장공사	1. 조립블록 포장 공사하기
	8. 실내조경공사	1. 실내식물 식재하기
	9. 정지전정관리	1. 굵은 가지치기 2. 가지 길이 줄이기 3. 가지 솎기 4. 생울타리 다듬기 5. 상록교목 수관 다듬기 6. 화목류 정지전정하기 7. 형상수 만들기 8. 소나무류 순 자르기
	10. 초화류관리	1. 초화류 식재하기 2. 초화류 관수 관리하기 3. 초화류 월동 관리하기
	11. 잔디관리	1. 잔디 깎아주기 2. 잔디 관수하기
	12. 비배관리	1. 화학비료주기 2. 유기질비료주기 3. 영양제 엽면 시비하기 4. 영양제 수간 주사하기
	13 관수 및 기타 조경관리	1. 관수하기 2. 지주목 관리하기 3. 멀칭 관리하기 4. 월동 관리하기 5. 장비 유지 관리하기 6. 청결 유지 관리하기 7. 실내 식물 관리하기

Part 1

핵심요약

chapter 1　조경일반
chapter 2　조경양식일반
chapter 3　조경계획과 설계
chapter 4　조경재료
chapter 5　조경시공 및 관리

chapter 1 조경일반

section 1 조경의 필요성과 목적

1. 필요성

인구 및 주택의 증가, 도시인구 집중 등으로 일어나는 부작용으로 동식물이 멸종 위기에 도달하였으며, 과도한 환경파괴는 급기야 인간활동까지 제약받게 되었다. 따라서 인류가 생존하기 위해 자연을 보존해야 할 필요성을 인식하게 되었으며, 인류가 생존할 수 있는 아름답고 쾌적한 환경을 만들기 위해 조경의 필요성이 날로 늘어나는 추세이다.

2. 목적

조경은 토지, 구조물, 식생 등을 대상으로 하여 인간이 이용하는 데 편리하며, 그 기능과 경관이 서로 조화로운 옥외공간을 창조하는 것이 목적이다.

3. 개념

옴스테드(1858년) : '조경가(Landscape Architect)'라는 말을 처음 사용 – 조경은 인간과 자연에게 봉사하는 분야

4. 조경(造景)이란?

'문자 그대로 경관을 조성하는 예술, 인간이 이용하는 모든 옥외공간과 토지를 이용하여 개발·창조함에 있어서 보다 기능적이고 시각적인 환경을 조성하고 보존하는 생태적인 예술성을 띤 종합예술과학.' – 1975년, 건설부 조경설계 기준

5. 미국 조경가 협회(1909년)

인간의 이용과 즐거움을 위하여 토지를 다루는 기술

6. 조경의 역사

① 1975년 : '실용성과 즐거움을 줄 수 있는 환경조성에 목표를 두고, 자원의 보존과 효율적인 관리를 도모하며, 문화적 및 과학적 지식의 응용을 통하여 설계, 계획하고, 토지를 관리하며, 자연 및 인공요소를 구성하는 기술'로 정의

② 근대적 의미의 조경교육 : 1900년대 미국 하버드 대학 조경학과 신설

③ 1970년대 초 조경 용어 처음 사용, 1973년 서울대, 영남대 조경학과 신설

section 2 조경양식의 환경요소

1. 자연환경적 요소
지형, 기후, 식생, 토질, 암석 등

2. 인문환경적 요소
종교, 민족성, 역사성, 정치, 경제, 건축, 예술 등

section 3 조경의 대상 및 분류

1. 대상
자연 및 인공의 공간을 포함한 광범위한 옥외공간

2. 분류
① 수행단계별 분류
  ㉠ 계획 : 자료의 수집, 분석, 종합
  ㉡ 설계 : 자료를 활용하여 기능적, 미적인 3차원적 공간을 창조
  ㉢ 시공 : 공학적 지식, 생물을 다룬다는 점에서 특수한 기술이 요구되는 단계
  ㉣ 관리 : 식생, 시설물의 이용관리
② 영역별 분류
  ㉠ 주거지 : 개인정원, 공동주택
  ㉡ 공원 : 도시공원, 자연공원
  ㉢ 위락관광시설 : 휴양지, 유원지, 골프장, 경마장, 스키장, 낚시터, 삼림욕장 등
  ㉣ 문화재 : 궁궐, 왕릉, 사찰, 성터, 고분, 전통민가
  ㉤ 기타 : 도로(고속도로 휴게소), 광장, 사무실, 학교, 공장, 항만 등

chapter 2 조경양식일반

section 1 조경양식

1. 정형식 : 서아시아, 유럽을 중심으로 발달
① 평면기하학식 : 대칭적 구성, 프랑스 정원
② 노단식 : 경사지에 계단식 처리, 이탈리아 정원, 바빌로니아의 공중정원
③ 중정식 : 건물로 둘러싸인 내부, 소규모 분수나 연못 중심, 스페인 정원, 중세 수도원 정원 등

2. 자연식 : 동아시아, 18세기 영국
① 전원풍경식 : 넓은 잔디밭을 이용 전원적이며 목가적인 자연풍경 : 영국, 독일 등
② 회유임천식 : 숲과 깊은 굴곡의 수변을 이용하여 곳곳에 다리를 설치하고 정원을 회유하는 방식
③ 중국 : 자연과 대담한 대비에 중점
④ 일본 : 자연풍경과의 섬세한 조화에 중점

3. 절충식
정형식 + 자연식 정원 : 조선시대(기본은 회유임천식에 연못의 형태는 정형식)

section 2 서양 조경

1. 이집트
① 주택정원 : 무덤벽화로 추측 : 식물 – 시커모어, 대추야자, 파피루스, 연꽃, 석류, 무화과, 포도
② 신전정원 : 델엘바하리의 핫셉수트 여왕의 장제신전 – 가장 오래된 정원유적
③ 사자의 정원(묘지정원) : 죽은 자를 위해 무덤 앞에 소정원 설치

2. 서부아시아
① 지구라트 : 대규모 동산에 정상에 수호신 모심
② 수렵원 : 길가메시 이야기 – 오늘날 공원의 시초

③ 공중정원 : 최초의 옥상정원 – 네브카드네자르 2세가 왕비 아미티스를 위해 조성

3. 그리스

① 구릉이 많은 지형에 영향을 받았고, 짐나지움 같은 공공적인 정원이 발달, 히포데이무스에 의해 격자형 도시계획 채택
② 아고라 : 건물중심, 건물에 둘러싸여 상업 및 집회소로 이용, 광장
③ 주택정원 : 외부에 폐쇄적·내향적 구성, 중정의 구성 : 바닥을 돌로 포장, 장식적 화분에 장미, 백합 등의 향기있는 식물 식재, 조각물과 대리석, 분수로 장식
④ 아도니스원 : 후에 포트(Pot Garden), 옥상정원으로 발달
⑤ 공공조경 : 성림, 짐나지움(체육관)

4. 로마

① 주택정원 : 2개의 중정과 1개의 후정으로 구성
　㉠ 아트리움 : 제 1중정, 손님이나 상담을 위한 공적 공간, 바닥을 돌로 포장, 화분장식
　㉡ 페레스틸리움 : 제 2중정, 가족 또는 사적인 공간, 포장하지 않음, 정형식 식재
　㉢ 지스터스 : 후정, 과수와 채소, 5점 식재
② 빌라의 발달
　㉠ 라우렌티장 : 소필리니 소유, 전원풍과 도시풍의 혼합형
　㉡ 터스카니장 : 소필리니 소유, 도시풍
　㉢ 아드리아누스장 : 아드리아누스 황제의 별장
③ 포름 : 그리스의 아고라 개념에서 시장기능이 제외된 광장의 성격을 지닌 공간

5. 스페인의 정원

① 파티오식, 중정식, 무어식, 회교도식으로 불리며, 중정이 정원의 구성요소, 물을 중요시
② 알함브라궁정
　㉠ 알베르카중정(도금양, 천인화의 중정) : 중정 가운데 장방형의 연못이 위치
　㉡ 사자의 중정 : 주랑식 중정 가장 화려, 12마리 사자상과 4개의 수로 연결
　㉢ 다라하(린다라야 중정) : 회양목으로 가장자리 식재, 중정중심에 분수, 여성적 분위기 연출
　㉣ 창격자(레야)의 중정(사이프러스중정) : 바닥은 둥근 돌로 포장, 다라하중정과 더불어 기독교적 색채가 강함
③ 헤네랄리페이궁 : 그라나다 왕들의 피서를 위한 은둔처, 수로의 중정, 사이프러스중정

6. 이탈리아 정원

① 노단건축식 정원 : 총림, 테라스, 화단중심
  ㉠ 벨베데레원 : 16세기 이탈리아 노단건축식 정원의 시초
  ㉡ 메디치장 : '미켈로초'가 설계한 르네상스 최초의 빌라, 차경수법 이용, 경사지는 테라스로 처리
  ㉢ 에스테장 : 리고리오 설계, 14,000평에 100개의 분수, 경악분천, 용의 분수, 꽃과 수목을 대량 사용, 4개의 노단으로 구성
  ㉣ 랑테장 : 비뇰라 설계, 4개의 노단, 에스테보다 소규모

7. 프랑스 정원

① 평면기하학식(르노트르식) 정원(비스타정원) : 소로, 총림, 비스타, 운하(Canal), 화단중심
  ㉠ 보르비꽁트정원 : 최초의 평면기하학식 정원, 건축은 루이르보, 조경은 르노트르 설계
  ㉡ 베르사이유정원 : 루이 14세, 300ha, 세계 최대 규모의 정형식 정원
    • 특징 : 총림, 롱프윙(사냥의 중심지), 미원, 소로, 연못, 야외극장 배치, 강한 축과 총림에 의한 비스타 형성

8. 영국 정원

① 정형식정원(17세기까지) : 테라스, 곧은길, 축산(Mound), 약초원, 토피어리, 문주
② 자연풍경식(전원풍경식) 정원 : 18세기 이후
  ㉠ 조지 런던, 헨리 와이즈 : 최초의 상업적 조경가
  ㉡ 스위쳐 : 최초의 풍경식 조경가
  ㉢ 브릿지맨 : 스토우가든에 하하기법 최초로 도입
  ㉣ 윌리엄 켄트 : 근대 조경의 아버지, "자연은 직선을 싫어한다"
  ㉤ 란셀럿 브라운 : 풍경식 정원의 거장(Capability Brown), 스토우정원 수정, 햄프린코튼 설계, 블랜하임 개조
  ㉥ 험프리 랩턴 : 사실주의 자연 풍경식 정원의 완성, 레드북 창안
  ㉦ 챔버 : 큐가든(중국식 탑과 건물세움), 브라운의 자연풍경식 비판
  ㉧ 공공적 정원 : 버큰헤드 공원(1843) - 조셉 팩스턴 설계, 역사상 처음 시민의 재정적 힘으로 조성, 후에 미국 센트럴 파크 설계에 영향, 19세기 전반 - 사적인 중심에서 공적인 성격을 띤 시대

9. 독일 정원(근대건축식, 구성식)

① 초기에 프랑스의 정형식, 후에 영국 자연풍경식 영향(무스코정원, 시뵈베르원)

② 과학적 지식을 이용하여 식물 생태학과 식물지리학에 기초한 자연경관의 재생이 목적

③ 분구원 설치 : 200㎡ 정도 소정원(주말농장의 개념)

10. 미국 조경

① 센트럴 파크 : 미국 도시공원의 효시, 1872년 최초의 국립공원 - 엘로우스톤공원 지정

② 옴스테드 : 현대 조경의 아버지, 1863년 조경(Landscape Architecture)용어 정식 사용, 비큰헤드공원의 영향을 받았으며, 부드러운 곡선의 수변과 넓은 잔디밭 구성

- **중세의 정원**
  ① 실용원 : 초본원, 과수원, 성곽정원이 나타나며, 매듭화단(영국), 토피아리
  ② 수도원정원 : 실용적 정원과 장식적 정원(클로스트리움정원)(이탈리아)

- **20세기 현대조경**
  ① 도시미화운동 : 시카고 박람회의 영향, 시민운동, 로빈슨과 번함
  ② 영국 하워드 전원도시운동 : 「Garden City Tomorrow」 이상도시 제안, 최초의 전원도시 레치워드(1903), 후에 웰윈(1920) 탄생
  ③ 미국 뉴저지의 레드번 계획(1929) : 라이트와 스타인, 슈퍼블럭의 설정, 차도와 보도의 분리, 쿨데삭으로 근린성을 높이고 주거지와 공원을 연결하는 소규모 전원도시 건설 주장

section 3 중국 조경

1. 중국 조경의 특징

① 대비에 중점

② 여러 비율을 혼용하여 사용

③ 자연미와 인공미 겸한 정원 - 태호석을 이용한 석가산수법

④ 사의주의 자연풍경식

⑤ 차경수법 도입

시대	년대	대표정원	특징	관련문헌
은, 주	BC 1400~1500	원(園),유(囿), 포(圃),영대(靈臺)	원 : 과수원, 유 : 금수를 키우던 곳, 포: 채소밭. 영대 : 낮에는 조망, 밤에는 은성명월을 즐김, 제사	
진(秦)	BC 245~206	아방궁		

한	BC 206~AD 220	상림원 태액지원 대, 관, 각	상림원 : 왕의 사냥터, 중국 정원 중 가장 오래됨, 곤명호 등 6개의 대호수 태액지원 : 신선사상에 의해 봉래, 방장, 영주의 세섬을 축조	
삼국시대	221~581	화림원	화림원 : 못을 중심으로 하는 간단한 정원 위·촉·오시대	
진(晉),수	581~617	현인궁	왕희지 : 난정기에 곡수유상에 관한 기록 도연명 : 안빈낙도, 은둔생활	
당	618~908	온천궁(화청궁), 구성궁 이덕유의 평천산장	중국 정원의 기본적인 양식이 확립된 시기, 인위적 정원을 중요시하기 시작	백낙천 '장한가' 두보의 시
송	960~1279	만세산(석가산) 창랑정(소주)	태호석을 본격적으로 사용	이격비 : 낙양명원기 구양수 : 화방제기 사마광 : 독락원기 주돈이 : 애련설 사마광 : 독락원기
금, 원	1279~1367	북해공원 사자림(소주)	금원 : 현 북해공원 사자림 : 주덕윤설계, 석가산 수법	
명	1368~1644	졸정원(소주)	졸정원 : 왕헌신, 중국 사가정의 대표작 작원 : 미만종, 못에 백련 심고, 물가에 버드나무 식재 유원 : 유여, 원로에 황색의 난석 삽입한 포장	문진향 : 장물지, 계성 : 원야
청	1644~1922	건륭화원 이화원(만수산이궁) 원명원이궁 열하피서산장	건륭화원 : 5개의 단으로 이루어진 계단식 정원 이화원 : 신선사상을 배경으로 강남의 명승 재현, 원의 중심인 만수산과 곤명호로 구성 원명원 : 동양 최초의 서양식 정원 피서산장 : 승덕에 지어진 황제의 여름별장	

section 4 일본 조경

1. 일본 조경의 특징

① 중국의 영향을 받아 사의주의적 자연풍경식 정원이 발달

② 자연재현에서 추상화로 변하다가 축경화됨

③ 기교와 관상적 가치에 치중하여 세부적 수법이 발달

시대	대표정원	특징
아즈카시대 (비조시대) (593~709)	임천식	일본서기 : 백제인 노자공이 수미산과 오교
헤이안시대 (평안시대) (793~1191))	침전식	전기 : 해안풍경묘사, 신선정원 후기 : 침전조정원(동삼조전), 정토정원(평등원, 모월사) 귤준망의 작정기 : 일본최초의 조원지침서
가마쿠라시대 (겸창시대) (1191~1333)	침전식 축산임천식 회유임천식	정토정원 : 정유리사, 청명사, 영보사 선종정원 : 서천사, 서방사, 남선원
실정시대 (무로마치시대) (1334~1573)	축산고산수식(1378~1490) 평정고산수식(1490~1580)	정토정원 : 천룡사, 금각사, 은각사 고산수정원 : 축산고산수 : 대덕사 대선원 – 나무, 바위, 왕모래 평정고산수 : 용안사 석정-바위, 왕모래
도산시대 (모모야마시대) (1576~1615)	다정식	신선정원 : 시호사 삼보원 다정 : 불교 선종의 영향, 수수분, 석등, 이끼낀 원로, 징 검돌, 쓰구바이(물통) 불심암, 고봉암
강호시대 (에도시대) (1603~1867)	회유식, 원주파임천식 (1600~1868)	초기 : 계리궁, 수학원이궁, 중기 : 강산 후락원, 육의원, 겸육원, 해락원, 후기 : 묘심사 동해암, 남선사 금지원
(명치시대) (메이지시대) (1868~1912)	축경식(1868)	히비야공원 – 서구식정원 등장

section 5 한국 조경

한국 정원의 사상적 배경 : 신선사상, 음양오행사상, 풍수지리사상, 유교사상, 불교사상, 은일사상

1. 고조선시대

노을왕이 유(囿)을 만들어 짐승을 키움 – 정원에 관한 최초의 기록 : 「대동사강」

2. 삼국시대

① 고구려(BC 37~AD 668)

㉠ 안학궁(장수왕 2년, 427) : 신선사상 배경으로 한 자연풍경 묘사

㉡ 장안성(586) : 외성(민가), 중성(관청), 내성(왕의 거처), 북성(사원과 군대)

㉢ 동명왕릉의 진주지

㉣ 내성산성(장수왕)

② 백제(BC 18~AD 660)
　㉠ 임류각(동성왕 22년, 500) : 궁궐의 후원 구실, 물가에 경관조망을 위한 누각 세움
　㉡ 궁남지(무왕 35년, 634) : 삼국사기, 동사강목에 기록, 우리나라 최초 신선사상을 배경으로 한 지원, 방형의 연못에 포룡정이라는 정자, 주변에 버드나무 식재
　㉢ 석연지 : 의자왕 때 돌로 만든 작은 연못, 조선시대 세심석으로 발전
③ 신라
　㉠ 정진법에 의해 시가지를 격자형으로 구획
　㉡ 진평왕 49년(627)에 당으로부터 모란씨 도입

3. 통일신라시대(668~935)
① 임해전지원(안압지, 월지) : 문무왕 14년(674) 궁 안에 못을 파고 석가산을 만들어 화초를 심고 진기한 새와 짐승을 기렀다 – 삼국사기
　㉠ 서쪽에 임해전을 세워 군신과의 연회 및 외국 사신의 영접에 사용, 안압지라 부름 – 동사강목
　㉡ 못안에 대·중·소의 3개의 섬(신선사상)으로 동쪽은 중국의 무산12봉을 본따 석가산 배치
　㉢ 서안쪽과 남안쪽은 기하학적(직선)으로, 동안쪽과 북안쪽은 곡선형태로 이루어져 있음
　㉣ 못의 수심은 2m 안팎으로 뱃놀이 기능, 물가는 다듬은 돌을 이용한 바른층쌓기
② 포석정 : 왕의 위락공간, 왕희지의 난정고사에 영향
③ 사절유택 : 별서정원의 효시, 헌강왕(철에 따라 자리를 바꾸어가며 놀이를 즐김)
④ 최치원의 별서풍습 : 별서를 은거생활 시작

4. 고려시대(918~1392)
① 특징
　㉠ 강한 대비, 호화, 사치스런 양식 발달
　㉡ 괴석에 의한 석가산, 원정, 화원 등 후원이나 별당에 배치
　㉢ 송, 원으로부터 화훼 도입
　㉣ 정원의 구성요소로 모정(茅亭)이 많음
　㉤ 내원서 : 충렬왕 때 궁궐의 원림을 맡아보던 관청
　㉥ 관상위주의 정원발달. 예종·의종 때 정원이 발달
② 궁궐정원
　㉠ 동지 : 왕과 신하의 위락공간, 물가의 누각에서 경관 감상

ⓒ 화원 : 궁궐 내의 건물이나 담으로 둘러싸인 공간을 이용, 화려하고 이국적인 분위기 조성

  ⓒ 격구장 : 의종(1150) 수창궁 북원에 동적기능의 정원으로 말을 타고 공을 다루는 놀이장소

 ③ 민간정원

  ㉠ 이규보의 이소원 : 이동식 수레형 정자 – 사륜정

  ⓒ 최치원의 농산정 : 고려초기 별서정원

  ⓒ 기홍수의 곡수지 : 인공연못

 ④ 사원정원

  ㉠ 청평사 문수원 남지 : 이자현, 사다리꼴 모양의 연못 – 영지

 ⑤ 객관정원

  ㉠ 순천관 : 문종, 송나라 사신이 왔을 때 영빈관으로 이용

5. 조선시대(1392~1910)

 ① 특징

  ㉠ 중국양식의 모방에서 벗어나 한국적 색채가 농후하게 발달, 정원기법 확립

  ⓒ 풍수지리설의 영향 : 한양 천도, 후원식, 화계 발달

  ⓒ 신선사상 : 삼신상과 십장생의 불로장생, 연못 내의 중도

  ㉢ 음행오행사상 : 정원 연못의 형태(방지원도형)

  ㉣ 유교사상 : 주택공간이 채와 마당, 별당과 별서 등의 공간으로 조성

  ㉥ 자연과의 조화된 정원형식

 ② 궁궐정원

  ㉠ 경복궁(태조 3년)

   • 경회루방지(태종 12년) : 남북 113m×동서 128m의 방지와 3개의 방도(방지방도), 큰 섬에 경회루 축조, 나머지(두섬)엔 소나무 식재, 외국사신의 영접, 조정대신의 연회에 사용, 시험을 보거나 궁술을 구경하는 장소로 사용

   • 교태전 후원의 아미산원 : 왕비의 침전 뒤에 화계로 만든 정원, 괴석, 세심석, 굴뚝

   • 향원정 지원 : 경복궁 후원의 중심을 이루는 연못으로 방지원도에 정육각형의 2층 누각인 향원정 설치, 남쪽에 취향교(목조)가 설치 누각으로 연결

   • 자경전의 화문장과 십장생 굴뚝 : 대비가 거처하는 침전에 가장 아름다운 꽃담(만수의 문자와 거북문양, 매화, 대나무, 천도복숭아, 국화, 모란 등)과 십장생굴뚝(해, 산, 구름, 소나무, 바위, 거북, 사슴, 학, 불로초, 물)과 포도, 연꽃, 대나무 장식

ⓒ 창덕궁(태종 5년)
　　　• 자연미와 인공미를 혼연일치가 되도록 축조
　　　• 대조전 후원 : 계단형의 화계, 살구나무, 앵두나무 식재
　　　• 낙선재 후원 : 낙선재 뒤에 5단의 화계, 화목, 괴석, 세심석, 굴뚝 등의 장식
　　　• 부용정역, 애련정역, 관람정역(반월지 - 상지에는 이중처마의 존덕정 설치, 하지에는 부채꼴모양의 관람정), 옥류천역(청의정 - 궁궐 안 유일한 모정(茅亭), 작은 방지 안에 설치, 소요암 위에 인공폭포와 곡수거)
　　ⓒ 창경궁(성종 14년)
　　　• 통명전 : 돌난간, 석교, 두 개의 괴석대와 화대 설치
　　ⓒ 덕수궁(순종 4년, 1483)
　　　• 석조전 : 우리나라 최초의 서양건물
　　　• 침상원 : 우리나라 최초의 유럽식 정원 - 연못과 분수 중심의 프랑스식 정원
③ 객관정원 : 외국사신을 접견하기 위한 공간 - 모화관, 태평관, 남별궁
④ 주택정원
　　• 주택공간에 미친 사상으로 풍수지리사상, 유교사상
　　• 사례 : 윤고산 고택 - 전남해남, 권벌의 청암정 - 경북봉화, 유이주의 운조루 - 전남구례, 김동수가옥 - 전북정읍, 이내번의 선교장 - 강원강릉, 박황가옥 - 경북달성, 김기응가옥 - 충북괴산
⑤ 별서정원
　　㉠ 별장 : 경제적으로 여유가 있는 사람들이 경관이 수려한 곳에 제2의 주택을 지어놓은 것
　　　• 김조순의 옥호정원(1815) - 서울 종로, 김흥근의 석파정(1720) - 서울 종로
　　ⓒ 별서 : 은둔을 목적으로 부귀나 영화를 등지고 자연과 벗삼아 살기 위해 소박한 주거로 농경하고 살기 위해 세운 주거
　　　• 양산보의 소쇄원(1534~1542) - 전남 담양
　　　• 정영방의 서석지원(1613) - 경북 영양
　　　• 윤선도의 부용동정원(1636) - 전남 완도
　　　• 송시열의 남간정사(1683) - 대전 동구
　　　• 주재성의 국담원(무기연당1728) - 경남 함안
　　　• 정약용의 다산초당(1808) - 전남 강진
　　　• 민주현의 임대정(1862) - 전남 화순
　　　• 윤응렬의 부암정(1800년대 말) - 서울 종로
　　ⓒ 별업 : 효도를 위한 목적을 가진 제2의 주거 - 윤서유의 농산별업

⑥ **서원정원** : 유교사상을 바탕으로 학문연구와 선현제향을 위해 사림에 설립된 사설 교육기관으로 지방의 도서관 기능
- 소수서원 : 안향의 배향 – 우리나라 최초의 사액서원
- 도산서원 : 이황이 도산서당과 농운정사 건립

⑦ 조경문헌
- 강희안의 「양화소록」 : 조경식물에 관한 최초의 문헌 – 화목의 재배, 이용법, 괴석의 배치법
- 유방의 「화암소록」 : 화목의 품격, 상징성 설명 – 45종의 식물을 9등급으로 분류
- 이수광의 지봉유설 : 화목 19가지의 특성 설명, 우리나라 최초의 백과사전적 저술서
- 홍만선의 산림경제 : 농가생활에 필요한 백과사전적 기능 – 풍수설에 입각한 화목의 배식방법 수록

chapter 3 　조경계획과 설계

section 1 　조경계획과 설계의 기초

1. 계획과 설계의 개념

① 계획(Planning)

장래 행위에 대한 구상을 하는 일이나 과정, 합리적·논리적 사고를 요구하며 문제의 발견과 분석에 관련, 분석 결과를 서술형으로 표현

② 설계(Design)

제작 또는 시공을 목표로 아이디어를 도출해 내고 이를 구체적으로 발전시키는 것, 사고 및 표현의 창의성이 요구되고 문제의 해결과 종합에 중점을 두며, 도면, 그림 스케치로 표현

③ 조경계획 접근방법

S.Gold(1980) : 레크레이션 계획접근방법

㉠ 자원접근방법 : 물리적 자원 혹은 자연자원이 레크레이션의 유형과 양을 결정하는 방법

㉡ 활동접근법 : 과거 레크레이션 활동의 참가사례가 레크레이션 기회를 결정하도록 계획하는 방법

㉢ 행태접근법 : 이용자의 구체적인 행동 패턴에 따라 결정되는 방법

㉣ 경제접근법 : 지역사회의 경제적 기반이 예산규모에 따라 결정되는 방법

㉤ 종합접근법 : 네 가지 접근법의 긍정적인 측면만 취하는 방법

2. 조경계획 및 설계과정

① 조경계획

㉠ 목표설정 : 계획의 목적과 목표설정, 공간규모계획

㉡ 자료분석(현황분석) 및 종합

- 자연환경분석 : 기후, 지형, 토양, 수문, 식생
- 인문환경분석 : 인구조사, 토지이용, 교통조사, 시설물조사, 역사, 법규
- 시각환경분석 : 거시경관과 미시경관

㉢ 기본구상

수집한 자료를 종합한 후 개략적인 계획안을 결정하는 단계, 설계개념도[다이아그램

(Diagram)]로 표현되며, 기본개념을 가지고 바람직한 몇 개의 안을 작성하고 최종적으로 기본계획안으로 발전

ⓔ 기본계획 : 기본계획안을 종합적으로 보여주는 도면 작성
- 현황도 : 기본계획을 세우는 데 가장 기초로 이용되는 도면
- 토지이용계획, 교통동선계획, 시설물 배치계획, 식재계획, 하부구조계획, 집행계획

② 설계
ⓖ 기본설계 : 조경설계 시 가정 먼저 하는 작업 – 현장 측량
각 공간의 정확한 규모, 사용재료, 마감방법 등을 제시하는 축척을 이용한 도면 작성
ⓛ 실시설계 : 공사 시행을 위한 구체적이고 상세한 도면 작성, 모든 종류의 설계도, 상세도, 수량산출, 일위대가표, 시방서, 공사비내역서, 공정표 등

③ 시공 : 시공 및 감리
④ 관리 : 유지 및 관리

section 2 기초조사 및 분석

1. 자연환경조사분석

① 조사분석대상 : 지형, 토양, 수문, 식생, 기후, 야생동물 등

ⓖ 지형 : 지형도관찰, 경사도 분석 – 경사도(%) = 등고선간격(수직거리) / 두 등고선의 평면거리(수평거리) × 100

ⓛ 토양
- 토양도 : 개략토양도(1/50,000), 정밀토양노(1/25,000), 간이산림토양도
- 토양의 단면 : O층(유기물층), A층(용탈층), B층(집적층), C층(모재층), D층(모암층)
- 토성 : 토양 입자의 굵기에 따라 모래, 미사, 점토 분류

ⓒ 기후
- 지역기후 : 강우량, 일조시간, 풍속, 풍향
- 미기후 : 미세한 부분의 기후, 지형이나 풍향 등에 따른 부분적 장소의 독특한 기상상태, 자료를 구하기가 어렵고 지하수와는 관계가 없다.
- 소사항목 : 태양복사열의 정도, 공기유통의 정도, 안개 및 서리해 유무, 지형적 여건에 따른 일조시간, 대기오염 자료 등

2. 인문환경분석

㉠ 토지이용계획도

주거(노랑), 농경지(갈색), 상업지(빨강), 공원(녹색), 녹지(녹색), 공업지(보라), 업무지역(파랑), 학교(파랑), 개발제한구역(연녹색)

㉡ 공간이용분석
- 환경심리 파악 : Hall의 의사소통의 유형

　　친밀한 거리 : 0~45cm

　　개인적 거리 : 45~120cm

　　사회적 거리 : 120~360cm

　　공적 거리 : 360cm 이상

3. 경관분석

① 경관요소

㉠ 점 : 외딴집, 정자나무, 독립수, 분수, 음수대, 조각물 등

㉡ 선 : 하천, 도로, 가로수, 냇물, 원로, 생울타리 등

㉢ 면 : 호수, 경작지, 초지, 전답, 운동장 등

② 수평, 수직

㉠ 수평 : 저수지, 호수 등

㉡ 수직 : 전신주, 굴뚝, 타워 등

③ 닫힌공간, 열린공간

㉠ 닫힌공간 : 위요공간

㉡ 열린공간 : 개방공간

④ 랜드마크(Landmark)

㉠ 식별성 높은 지형지물의 지표물

㉡ 소규모 : 정자나무, 교량, 표지판 등

㉢ 대규모 : 산봉오리, 절벽, 기념탑, 63빌딩 등

⑤ 전망 : 일정지점에서 볼 때 광활하게 펼쳐지는 경관

⑥ 질감(texture) : 주로 지표상태에 영향을 받는다. 밭과 논, 침엽수와 활엽수, 계절의 변화 등

⑦ 색채 : 경관의 분위기 조성에 주요한 역할, 조화와 대비의 선택

㉠ 도시의 이미지 : 캐빈린치가 경관의 좋고 나쁨을 기호화하여 분석(통로, 모서리, 지역, 결질점, 랜드마크)

section 3   기본계획 및 설계

1. 기본계획

① **프로그램의 작성과 확정** : 프로그램은 기술된 혹은 숫자로 표현된 계획의 방향과 내용

② **토지이용계획** : 토지이용분류 → 적지분석 → 종합배분

③ **교통, 동선계획**

    ㉠ 원로 : 보행자 1인 폭(0.8~1.0m), 보행자 2인 폭(1.5~2.0m)

    ㉡ 산책로 : 최소폭 1.2m, 80~200m마다 휴게공간 설치

    ㉢ 자전거도로 : 설계속도 10~30km/hr의 범위

    ㉣ 보행자전용도로 : 보도와 차도의 분리를 목적으로 도보만을 위한 도로

    ㉤ 몰(Mall) : 도시 상업지구 내에 설치되어 쾌적하고 안전한 보행을 유도하는 나무 그늘이 진 산책로

    ㉥ 쿨데삭(Cul-de-sac) : 막다른 길로 주거지역에 보행동선과 차량동선을 분리시켜 연속된 녹지를 확보

    ㉦ 방사환상식 : 일반 도시에서 가장 많이 사용되고 있는 이상적인 녹지계통

④ **시설물배치계획**

    ㉠ 시설물은 행위의 종류, 기능, 이용패턴, 소요면적에 따라 평면을 결정

    ㉡ 시설물의 형태, 재료, 색채 등은 주변 경관과 조화되도록 하되 랜드마크적 또는 기념비적 상징물은 비인간척도를 사용

⑤ **식재계획** : 계획구역 내의 식생에 대한 보호, 관리, 이용 및 배치에 관한 모든 것을 포함

⑥ **하부구조계획** : 전기, 가스, 상하수도, 전화 등 공급처리 시설에 관한 계획

⑦ **부지 조성계획** : 도로의 경우 경사도 17% 이하, 보행경사로 10% 정도, 일반적인 절개지의 경사는 침식이 되지 않도록 30% 이하가 되도록 함

⑧ **집행계획** : 투자계획과 법규검토와 유지관리에 관한 계획

2. 기본설계

과정 : 설계원칙의 추출 → 공간구성 다이아그램 → 입체적 공간의 창조(설계도 작성)

section 4 실시설계

치수와 재료를 보다 명확히 기재표현, 축척 1/10~1/50, 물량 산출과 시방서 작성

① **상세도** : 일반 평면도나 단면도에 나타나지 않는 세부사항에 시공이 가능하도록 표현한 도면으로 재료의 명칭, 규격, 수량, 공법, 색채 등을 자세히 기입함
② **평면도** : 구조물을 수직방향으로 내려다 본 것을 가정하고 그린 것, 도면의 기본이 됨
③ **단면도** : 구조물을 하나의 평면으로 절단하였다고 가정하여 그 내부구조를 투영하고 지형의 변화, 식생 및 구조물 등에 형성되는 단면을 볼 수 있음
④ **입면도** : 어느 한 방향에서 수직 투영한 도면으로 지상부의 생김새나 고저관계를 알아보는 데 편리함
⑤ **투시도** : 설계안이 완성되었을 경우를 가정하여 설계내용을 실제 눈에 보이는 대로 입체적인 모습을 그린 그림
⑥ **스케치** : 눈 높이나 눈보다 조금 높은 높이에서 보이는 모습을 표현한 그림. 실제 눈에 보이는 대로 자연스럽게 표현함
⑦ **조감도** : 설계대상지의 완공 후의 모습을 공중에서 내려다 본 모습을 입체적으로 그린 그림
⑧ **시방서** : 공사의 시행과 내역서 작성의 기초가 되며, 시공방법, 재료의 선정방법 등 설계나 제도 도면으로 나타낼 수 없는 사항을 서술하여 기재한 문서로 표준시방서와 특별시방서가 있으며, 공사수행상 이견이 있을 경우 특별시방서는 표준시방서보다 우선 적용됨
⑨ **내역서 작성**
  ㉠ 총공사원가 : 순공사원가(재료비+노무비+경비)+일반관리비+이윤+세금
  ㉡ 일반관리비 : 순공사원가의 7% 이내에서 계상
  ㉢ 수량산출 : 재료와 물량을 집계
  ㉣ 품셈 : 공사 목적물을 달성하기 위해 단위 물량당 소요되는 품과 물질을 수량으로 표시한 것, 인간이나 기계가 목적물을 만들기 위해 단위 물량당 소요로 하는 품질을 수량으로 표현한 것
  ㉤ 일위대가표 : 어떤 특정 공정의 일을 하기위해 드는 단위당 재료비, 노무비, 경비를 나타낸 표로 금액란의 단위 표준은 0.1원

1. 조경제도
  ① 제도의 기초
    ㉠ 제도의 순서 : 축척/도면의 크기 결정 → 윤곽선과 표제란 작성 → 도면의 위치 및 내용 배치 → 제도 → 표제란 기입

② 선의 종류
  ㉠ 굵은 실선 : 0.5~0.8mm → 도면의 윤곽선, 건물의 외곽선, 단면선 등
  ㉡ 중간 실선 : 0.3~0.5mm → 시설물 및 수목의 표현, 보도포장의 패턴, 계획등고선
  ㉢ 가는 실선 : 0.2mm → 치수선, 치수보조선
  ㉣ 파선 : 숨은선 - 보이지 않는 부분의 모양을 나타내는 선, 기존 등고선
  ㉤ 1점쇄선 : 물체 및 도형의 중심선, 절단선, 부지 경계선
  ㉥ 2점쇄선 : 1점쇄선과 구분할 필요가 있을 때, 물체가 있는 것으로 가상되는 부분

③ 치수선과 치수의 기입방법
  ㉠ 치수선 : 단위 mm가 원칙이며, mm를 표시하지 않는다.
  ㉡ 치수보조선 : 치수선에 직각이 되게 한다.
  ㉢ 치수기입은 중간에 하고 수평일 경우 상단에, 수직일 경우 왼쪽에 기입한다.

④ 인출선
  ㉠ 대상 자체에 기입할 수 없을 때 사용하는 선으로 가는 실선 사용
  ㉡ 수목명, 수목의 규격, 나무의 수 등을 기입
  ㉢ 한 도면 내에서 모든 인출선의 굵기와 질은 동일하게 유지
  ㉣ 인출선의 긋는 방향과 기울기를 통일

⑤ 제도 용구
  • 제도판
  • T자 : 가장 간편한 수평선을 긋는 자, 삼각자와 함께 수직선과 사선을 그을 때
  • 삼각자 : 수직선과 사선을 그을 때
  • 삼각축척 : 실물의 크기를 도면 내에 축소하여 그릴 때, 1/00~1/600까지 표현
  • 템플릿 : 수목표현 시 원형 템플릿 많이 사용
  • 운형자 : 여러 가지 불규칙한 곡선 표현 시
  • 자유곡선자 : 구부려서 자연스런 곡선을 사용
  • 연필 : 샤프, 홀더 사용, H가 많을수록 단단하고 흐리며, B가 많을수록 무르고 진함
  • 용지 : 투사용지 - 청사진을 작성하기 위한 용지(트레싱페이퍼)

2. 조경설계 기준
① 동선설계
  ㉠ 동선은 단순하고 명쾌해야 하며, 성격이 다른 동선은 반드시 분리
  ㉡ 동선의 교차는 되도록 피하고 이용도가 높은 동선은 짧게
  ㉢ 도심지와 같이 고밀도 토지 이용 - 격자형

Chapter 3

　　　ⓔ 주거지, 공원, 어린이 놀이터 등과 같이 모임과 분산의 체계가 이루어지는 곳 – 위계형
　　　ⓜ 원로폭 – 보행자 1인 폭(0.8~1.0m), 보행자 2인 폭(1.5~2.0m), 관리용 트럭 통행 가능(3m)
　② **배식설계**
　　　㉠ 정형식 배식 : 단식, 대식, 열식, 교호식재, 정형식 모아심기
　　　㉡ 자연식 배식 : 부등변 삼각형 식재, 임의식재, 모아심기, 배경식재
　③ **식재기준** : 식재기능별 적용 수종
　　　㉠ 공간조절식재

구분	수종요구특성	적용 수종
경계식재	• 잎과 가지가 치밀하고 전정에 강한 수종 • 생장이 빠르고 유지 관리 용이 • 아랫가지가 말라죽지 않는 상록수	잣나무, 서양측백, 화백, 스트로브잣나무, 무궁화, 사철나무, 감나무
유도식재	• 수관이 큰 캐노피형 • 정돈된 수형, 치밀한 지엽	회화나무, 은행나무, 미선나무, 사철나무

　　　㉡ 경관조절식재

구분	수종요구특성	적용수종
지표식재	• 상징적인 의미의 수종 • 꽃, 특징적 수종, 높은 식별성	피나무, 계수나무, 주목, 구상나무, 금송, 솔송나무
경관식재	• 아름다운 꽃, 열매, 단풍 • 수형이 단정하고 아름다운 수종	주목, 반송, 단풍나무, 소나무, 구상나무, 칠엽수, 배롱나무, 모과나무
차폐식재	• 지하고가 낮고 잎과 가지가 치밀한 수종 • 전정에 강하고 유지관리가 용이한 수종 • 아랫가지가 말라죽지 않는 상록수	주목, 잣나무, 서양측백, 화백, 향나무, 쥐똥나무, 사철나무, 눈향

　　　㉢ 환경조절식재

구분	수종요구특성	적용수종
녹음식재	• 지하고 높은 녹음수 • 병해충에 강하고 유해요소가 없는 수종	느티나무, 회화나무, 은행나무, 칠엽수, 팽나무, 이팝나무, 느릅나무
방풍·방설식재	• 지엽이 치밀하고 가지와 줄기가 견고한 수종	은행나무, 느릅나무, 소나무, 독일가문비, 잣나무, 사철나무
방음식재	• 낮은 지하고, 잎이 수직으로 치밀 • 배기가스 및 공해에 강한 수종	사철나무, 식나무, 광나무, 회화나무

방화식재	• 잎이 넓고 두꺼워 함수량이 많은 수종 • 지하고가 낮고 맹아력이 강하며 잎이 밀생	은행나무, 주목, 식나무, 호랑가시나무
지피식재	• 키가 작고 밀생하게 피복 • 다년생식물 • 답압에 강하고 번식과 생장양호	조릿대, 이대, 광나무, 사철나무, 맥문동
임해매립지 식재	• 내염 및 내조성이 있는 수종 • 척박한 토양에 잘 견디는 수종 • 토양고정력이 있는 수종	해송, 후박나무, 박태기나무, 모감주나무, 광나무, 사철나무

④ 식재지반조성기준

　㉠ 교목 : 토심 90~150cm(천근성수목 60~90cm), 식재단의 너비 – 120cm 이상, 경사도 – 1:3 이하

　㉡ 관목 : 토심 30~60cm, 식재단의 너비 – 50~100cm 이상, 경사도 – 1:2 이하

　㉢ 지피 : 토심 15~30cm

⑤ 식재간격 및 식재밀도

　㉠ 식재간격은 성목이 되었을 때 수관의 너비를 확보하기 위해 필요

　㉡ 교목 6m(가로수 6~8m), 관목류 4본/㎡, 조릿대 10본/㎡, 맥문동 20~30본/㎡, 지피류, 초화류 20~50본/㎡

⑥ 구조물 설계기준

　㉠ 계단
　　• 2h+b=60~65cm(발판높이 h, 너비 b)
　　• 계단의 물매(기울기) : 30~35°
　　• 계단높이 2m 이상일 때 계단참은 1인용 90~110cm, 2인용 120cm 이상

　㉡ 경사로(Ramp)
　　• 신체장애자 휠체어을 위한 경사로 너비 최소 1.2m~적정너비 1.8m
　　• 경사로의 물매(기울기)는 가능한 한 8% 이내로 제한하되, 그 이상일 경우 난간 설치

　㉢ 플랜터(Planter)
　　• 수목을 심을 수 있도록 만들어진 화분
　　• 교목 : 75~90cm의 너비와 높이
　　• 관복 : 45~60cm의 너비와 높이
　　• 토양은 사질양토가 적합, 자갈층과 배수구멍 설치

　㉣ 옹벽 : 토압력에 저항하여 흙이 무너지지 못하게 만든 벽체

　㉤ 연못 : 물에 비친 경관을 조망할 수 있는 곳에 자연형, 부정형으로 설계

　㉥ 분수

- 수심 : 30~60cm
- 물의 분출높이가 1m 정도이면 지름 2m이상의 수반 필요

ⓒ 벽천 : 소규모 공간에 사용
- 벽천 낙하 높이와 저수면의 너비의 비 3:2 정도
- 벽천의 3요소 : 토수구, 벽면, 수반

⑦ 포장 설계 기준
  ㉠ 포장은 공간의 경계를 구획하거나 통합하는 기능
  ㉡ 포장재료의 조건
   - 생산량이 많을 것, 시공이 용이할 것, 내구성 및 내마모성이 커야 할 것, 자연배수가 용이할 것, 보행 시 미끄럼이 없어야 할 것, 외관 및 질감이 양호할 것
   - 보행을 억제하는 공간 : 판석, 조약돌, 콩자갈 등
   - 빠른 보행속도를 유지하는 공간 : 아스팔트, 콘크리트, 블록 등
   - 주차장이나 차량이 통과하는 곳은 하중에 견디는 재료를 사용하고 표면배수 2% 정도

⑧ 시설물 설계 기준
  ㉠ 안내시설 : 재료, 형태, 색을 통일
  ㉡ 휴식시설
   - 벤치
     - 1인용 45~47cm, 2인용 1.2m, 3인용 1.8m, 5인용 3.2m 길이
     - 높이 35~40cm, 너비 38~43cm
   - 퍼걸러
     - 조망이 좋고 한적한 곳에 설치
     - 높이 2.2~2.7m 정도
  ㉢ 편익시설
   - 휴지통
     - 벤치 2~4개소마다 또는 도로 20~60m마다 1개씩 설치
     - 입식 70~100cm, 좌식 50~60cm의 높이
     - 음수전
   - 그늘진 곳, 습한 곳, 바람의 영향을 받은 곳은 피해서 설치하고 배수가 용이하게
  ㉣ 조명시설
   - 보행등 : 3~4m 높이, 가로등 : 6~9m 높이
   - 정원등 : 고압수은등, 형광등 이용, 높이 2m 이하
   - 수목등 : 푸른 잎을 돋보이고자 할 때 고압수은등이나 메탈할라이드등을 적용, 나

무의 줄기나 잎 등을 돋보이게 연출하고자 할 때 백열전구 적용
- 공원등 : 연색성이 좋은 메탈할라이드등 적용

ⓜ 경계시설
- 볼라드 : 보행인과 차량교통의 분리를 목적으로 설치, 높이 30~70cm, 배치간격은 차도 경계부에서 2m 정도
- 담장 : 침입방지 담장 – 1.8~2.1m, 침입통제 담장 – 0.6~1.0m

ⓑ 주차시설
- 직각주차 : 같은 면적에 가장 많은 주차대수 배치
- 60°주차 : 가장 흔히 사용
- 45°주차 : 겹치는 부분이 많아 적당한 위치에 주차하기 어려움
- 평행주차 : 도로의 연석과 나란히 주차
- 일반주차장 : 2.3m×5.0m, 장애인 주차장 : 3.3m×5.0m 이상

section 5 　조경미

1. 경관의 구성요소
① **경관의 우세요소** : 선, 형태, 색채, 질감
② **경관의 가변요소** : 광선, 기상조건, 계절, 시간

　ㄱ 선
- 직선 : 굳건함, 남성적, 일정한 방향 제시
- 곡선 : 부드럽고 여성적이며 우아한 느낌
- 지그재그선 : 유동적이며 활동적이고 여러 방향 제시
- 수평선 : 평화, 친근, 안락, 평등
- 수직선 : 존엄성, 상승력, 엄숙, 위엄, 권위

　ㄴ 형태
- 기하학적 형태 : 주로 직선적, 규칙적 구성, 도시경관의 건물, 도로, 분수 등
- 자연적 형태 : 곡선적이고 불규칙한 구성, 자연경관의 바위, 산, 하천, 수목 등

　ㄷ 질감 : 물체의 밝고 어두움의 비율에 따라 시각적으로 느끼는 감각으로 지표상태, 관찰거리, 거칠다, 부드럽다로 구분

　ㄹ 색채
- 감정을 일으키는 직접적인 요소

- 따뜻한 색 : 빨강, 주황, 노랑 - 전진, 정열적, 온화함, 친근함
- 차가운 색 : 초록, 파랑, 남색 - 후퇴, 냉정함, 상쾌함
- 색상대비 : 두 색이 서로의 영향으로 색상의 차이가 크게 보이는 현상
- 명도대비 : 두 색이 서로의 영향으로 명도의 차이가 크게 보이는 현상
- 채도대비 : 두 색이 서로의 영향으로 채도의 차이가 크게 보이는 현상
- 보색대비 : 보색관계의 두 색이 서로의 영향으로 채도가 높아 보여 선명해지며, 서로 상대방의 색을 강하게 드러내 보이게 하는 현상
- 푸르키니에 현상 : 밝은 곳에서는 난색계열의 장파장의 시감도가 좋고 어두운 곳에서는 한색계열의 단파장이 시감도가 좋음
- 유목성 : 특히 주의를 기울이지 않아도 사람의 시선을 끌어 쉽게 눈에 띄는 속성
- 식별성 : 색의 차이에 의해 대상이 갖는 정보의 차이를 구별하여 전달하는 성질
- 명도가 높은 것은 가볍고, 낮은 것은 무겁게 느껴짐

2. 경관구성의 원리

① 전경관(파노라마 경관)
  ㉠ 시야에 제한을 받지 않고 멀리까지 트인 경관으로 자연의 웅장함과 아름다움을 느낌
  ㉡ 주로 높은 곳에서 내려다 보는 조감도적 경관
  ㉢ 자연의 웅장함과 신비함을 느낄 수 있음

② 지형경관
  ㉠ 지형지물이 경관에서 지배적인 위치를 지니는 경관
  ㉡ 주변환경의 지표 : 산봉우리, 절벽, 63빌딩, 남산타워, 자유의 여신상, 에펠탑, 후지산 등

③ 위요경관
  ㉠ 주위 경관에 둘러싸인 경관
  ㉡ 정적인 느낌(산정호수 : 산이 호수를 둘러쌈, 소공원 : 교목이 잔디를 둘러쌈)

④ 초점경관
  ㉠ 관찰자의 시점이 한 지점으로 유도되도록 구성된 공간
  ㉡ 폭포, 암석, 수목, 분수, 조각, 기념탑 등이 초점 역할
  ㉢ 비스타경관 : 좌우로 시선이 제한되고 중앙의 한 점으로 시선이 모이도록 구성된 경관

⑤ 관개경관 : 교목의 수관 아래에 형성되는 경관으로 터널을 이루는 경관

⑥ 세부경관 : 잎과 꽃의 모양, 색채, 냄새 등 세부적인 사항까지 지각될 수 있는 경관

⑦ 일시적 경관

㉠ 기상변화에 따른 경관의 분위기

㉡ 동물의 일시적 출현, 계절감, 시간성, 자연의 다양성을 경험

3. 경관구성의 미적 원리

① 통일성

㉠ 조화 : 색채나 형태가 유사한 시각적 요소들이 서로 잘 어울려 전체적인 질서를 잡아 주는 것

㉡ 균형 : 한쪽으로 치우침 없이 전체적으로 균등하게 분배된 구성

- 대칭 : 같은 모양, 같은 크기의 물체가 축을 중심으로 균등하게 배치하는 것, 정형식정원
- 비대칭 : 모양을 다르지만 시각적으로 느껴지는 무게가 비슷하거나 시선을 끄는 정도가 비슷하게 분배되어 균형을 이루는 것, 자연식 정원

㉢ 반복 : 서양식 정원에서 주로 쓰는 수법 중의 하나, 동일하거나 유사한 요소를 반복시킴으로써 전체적으로 동질성을 부여

㉣ 강조 : 동질적 사이에 상반되는 요소 배치, 시각으로 산만함을 막고 통일감을 조성

② 다양성

㉠ 비례

- 황금비 : 1:1.618
- 삼재미 : 동양에서 표현되는 미의 형태, 하늘(天), 땅(地), 인(人)이 잘 조화될 때의 아름다움

㉡ 율동, 리듬, 운율

- 각 요소들의 강약, 장단의 주기성이나 규칙성을 가지면서 전체적으로 연속적인 운동감을 가지는 것
- 시각적 율동, 청각적 율동, 색채의 변화를 통한 운율

㉢ 대비

- 상이한 질감, 형태, 색채를 서로 대조시킴으로써 변화를 주는 것
- 특정 경관 요소를 더욱 부가시키고 단조로움을 없애고자 할 때 이용되나 잘못 사용하면 산만하고 어색한 구성이 됨

Chapter 3

section 6 공간별 조경설계

1. 주거지 정원

① 주택정원의 역할

자연의 공급, 프라이버시 확보, 외부생활공간 기능, 심미적 쾌감기능

② 공간별 구성

㉠ 앞뜰(전정) : 대문과 현관 사이의 공간으로 주택의 첫인상을 주는 진입공간, 단순성 강조, 밝은 인상을 주는 화목류 군식

㉡ 안뜰(주정) : 면적이 넓으며, 양지바른 곳에 자리잡아 가장 중요한 공간, 응접실이나 거실 전면에 면한 뜰로 정원의 중심이 되며 옥외생활을 즐길 수 있는 곳, 가족의 사생활 보호, 주요시설물로는 퍼걸러, 정자, 데크, 야외탁자, 바비큐장, 연못이나 벽천 등의 수경시설, 놀이 및 운동시설 설치

㉢ 뒤뜰(후정) : 조용한 분위기 조성, 최대한 사생활 보장, 어린이 놀이터나 운동공간을 놓을 수도 있음

㉣ 작업뜰(측정) : 부엌과 장독대, 세탁장소, 창고 등에 면하여 위치, 주방, 세탁실과 연결하여 일상생활의 작업을 행하는 장소, 바닥은 먼지가 나지 않게 벽돌이나 타일 등으로 포장

2. 주택단지 정원

① 어린이 놀이터, 공원, 휴게소는 이용이 편하고 안전한 곳에 배치

② 단지 입구 부근에는 지표식재로 대형 수목을 식재하고, 진입로를 따라 가로수를 열식하고 방향을 유도

③ 단지 외곽부에는 차폐 및 완충식재

④ 건물 가까이에는 상록성 교목의 식재는 피해야 하고 계절적인 변화를 느낄 수 있는 나무 선택

3. 공원계획 및 설계

① 도시공원 : 도시지역 안에서 도시자연경관의 보호와 시민의 건강, 휴양 및 정서생활의 향상에 기여하기 위하여 규정에 의해 도시 관리 계획으로 결정된 것을 말함

생활권공원	소공원, 어린이공원, 근린공원
주제공원	역사공원, 문화공원, 수변공원, 묘지공원, 체육공원, 도시농업공원

▶ 도시공원 및 녹지 등에 관한 법률 시행규칙

공원구분			설치기준	유치거리	규모	공원시설 부지면적
생활권공원	소공원		제한없음	제한없음	제한없음	20% 이하
	어린이공원		제한없음	250m 이하	1,500㎡ 이상	60% 이하
	근린공원	근린생활권 근린공원	제한없음	500m 이하	10,000㎡ 이상	40% 이하
		도보권 근린공원	제한없음	1,000m 이하	30,000㎡ 이상	
		도시자연권 근린공원	해당 도시공원의 기능을 충분히 발휘할 수 있는 장소에 설치	제한없음	100,000㎡ 이상	
		광역권 근린공원	해당 도시공원의 기능을 충분히 발휘할 수 있는 장소에 설치	제한없음	1,000,000㎡ 이상	
주제공원	역사공원		제한없음	제한없음	제한없음	제한없음
	문화공원		제한없음	제한없음	제한없음	제한없음
	수변공원		하천, 호수 등의 수변과 접하고 있어 친수공간을 조성할 수 있는 곳에 설치	제한없음	제한없음	40% 이하
	묘지공원		정숙한 장소로 장래 시가화가 예상되지 아니하는 자연녹지지역에 설치	제한없음	100,000㎡ 이상	20% 이하
	체육공원		해당 도시공원의 기능을 충분히 발휘할 수 있는 장소에 설치	제한없음	10,000㎡ 이상	50% 이하
	도시농업공원		제한없음	제한없음	10,000㎡ 이상	40% 이하
	특별시·광역시 또는 도의 조례가 정하는 공원		제한없음	제한없음	제한없음	제한없음

② **자연공원** : 자연경관지를 보호하고 시민의 보건 및 휴양, 정서생활 향상을 위해 조성
  ㉠ 자연보존지구 : 자연 보존상태가 원시성을 지닌 곳, 자연풍경이 수려하여 특별히 보호할 필요가 있는 곳

Chapter 3

ⓒ 자연환경지구 : 자연보존지구, 취락지구, 집단시설지구를 제외한 전 지구
ⓒ 취락지구 : 주민의 취락생활 근거지
ⓔ 집단시설지구 : 공원 입장자에 대한 편익 제공을 위한 시설
ⓜ 자연공원의 유형
- 국립공원 : 나라를 대표할 만한 수려한 풍경지로 환경부 장관이 지정
- 도립공원 : 특별시장, 광역시장, 도지사가 지정·관리
- 군립공원 : 시장·군수, 구청장이 지정·관리

③ **골프장조경** : 도시 내 또는 근교에서 시민공원의 역할
ⓐ 홀의 구성 : 남북방향으로 길게 배치
ⓑ 티(Tee) : 출발지역, 면적은 400~500㎡ 정도
ⓒ 페어웨이(Fair Way) : 티와 그린 사이의 짧게 깎은 넓은 잔디밭
ⓓ 그린(Green) : 종점지역으로 잔디는 벤트그라스 사용
ⓔ 해저드(Hazard) : 연못, 하천, 냇가 등의 장애지역
ⓕ 벙커(Bunker) : 모래웅덩이
ⓖ 러프(Rough) : 페어웨이와 그린 주변의 풀을 깎지 않은 초지로 이루어진 지역

④ **사적지조경** : 문화재 보호법을 준수
ⓐ 수목식재금지구역 : 묘담 내, 묘역 전면, 성의 외곽, 성곽 주변, 회랑이 있는 사찰 내, 건물 가까이, 석탑 주위
ⓑ 식재구역 : 묘담 밖 배후지역, 성곽하층부, 후원 등
ⓒ 전통조경수목 : 소나무, 측백나무, 전나무, 주목, 동백나무, 느티나무, 은행나무, 배롱나무, 복사나무, 모과나무, 살구나무, 감나무, 대추나무, 석류나무, 사철나무, 회양목, 치자나무, 천리향, 무궁화, 앵두나무, 모란, 월계화, 국화, 작약, 난, 옥잠화, 원추리, 패랭이꽃, 연꽃, 대나무류, 으름덩굴, 머루 등
ⓓ 경사지와 절개지 : 화강암 장대석 쌓음
ⓔ 계단 : 화강암이나 넓적한 돌 사용
ⓕ 포장 : 전돌이나 화강암 판석 사용
ⓖ 모든 시설물에 시멘트를 노출시키지 않음

⑤ **옥상조경**
ⓐ 공간의 효과적 이용, 도시녹지공간 증대, 도시미관의 개선, 휴식공간의 제공
ⓑ 하중, 옥상바닥 방수성능보호와 배수문제 고려, 미기후고려, 프라이버시 확보

ⓒ 옥상부분은 조경면적의 2/3에 해당하는 면적을 대지의 조경면적으로 산정이 가능하며, 옥상부분 조경면적은 대지조경 면적 중 50%까지만 인정하고 식재지역은 전체면적의 1/3 이하, 경량토에는 피트모스, 펄라이트, 버미큘라이트, 화산재 등
   ⓔ 조경수목은 건조지, 척박지에 적합한 수종, 천근성 수종, 생장속도가 느린 것, 병충해에 강한 것
 ⑥ **실내조경**
   ㉠ 실내 공간을 아름답게 장식하여 이용자에게 즐거움을 주며 각종 생물과 무생물적 소재로 공간의 성격에 알맞게 아름다운 공간을 창조하는 것
   ㉡ 실내동선의 흐름, 이용패턴, 내부공간의 성격을 검토
   ⓒ 환경적 영향을 고려한 식물재료 선택
   ⓔ 식물에 필요한 광선의 유도가 고려되어야 함

chapter 4 조경재료

section 1 　조경재료의 기능상 분류

1. 기능에 따른 분류

① 생물재료 : 수목, 지피식물, 초화류 등

② 무생물재료 : 목재, 석재, 점토재료, 시멘트·콘크리트재료, 금속재료, 플라스틱재료, 도장재료, 섬유재료, 유리재료, 역청재료, 물 등

2. 특성에 따른 분류

① 자연재료 : 식물재료, 목재, 석재, 물 등 자연에서 만들어지는 재료

② 인조재료 : 부지조성, 유희시설, 휴게시설, 편익시설, 체력단련시설 등

section 2 　조경수목의 분류

1. 나무의 크기에 따른 분류

① 교목 : 높이 3~4m 이상의 나무로, 곧은 원줄기와 가지의 구분이 명확

　예 주목, 잣나무, 소나무, 전나무, 향나무, 동백나무, 은행나무, 자작나무, 느티나무, 백목련, 모과나무, 왕벚나무, 단풍나무, 배롱나무, 감나무, 대추나무 등

② 관목 : 높이 3~4m 미만의 나무로, 뿌리 부근으로부터 줄기가 여러 갈래로 나와 원줄기와 가지의 구분이 불명확

　예 둥근향나무, 돈나무, 피라칸타, 회양목, 사철나무, 팔손이, 협죽도, 모란, 수국, 산당화, 명자나무, 장미, 조팝나무, 박태기, 탱자나무, 낙상홍, 진달래, 철쭉, 개나리, 쥐똥나무, 수수꽃다리, 무궁화, 미선나무 등

③ 덩굴성식물(만경목) : 스스로 서지 못하고 다른 물체를 감거나 부착하여 지탱하는 목본류

　예 으름덩굴, 담쟁이덩굴, 포도나무, 송악, 머루, 오미자, 능소화 등

2. 잎의 모양에 따른 분류

① 침엽수 : 겉씨식물(나자식물)에 속하며 잎이 좁음

　예 소나무, 향나무, 화백, 측백나무, 삼나무, 잣나무, 전나무, 구상나무, 낙우송, 은행

나무(잎이 넓으나 침엽수) 등

② **활엽수** : 속씨식물(피자식물)에 속하며 잎이 넓음

　　예 동백나무, 느티나무, 후박나무, 상수리나무, 버드나무, 회화나무 등

3. 잎의 생태상에 따른 분류

① **상록수** : 일년 내내 푸른 잎을 지닌 나무

　　예 사철나무, 백송, 소나무, 가시나무, 회양목, 주목, 잣나무, 독일가문비, 서양측백, 향나무, 회양목, 꽝꽝나무, 치자나무 등

② **낙엽수** : 일정시점에 생리현상으로 인하여 잎이 모두 떨어지는 나무

　　예 은행나무, 낙엽송, 칠엽수, 꽃물푸레나무, 층층나무, 산수유, 메타세쿼이아, 자작나무, 느티나무, 백목련, 모과나무 등

〈계절과 색깔에 따른 조경수의 구분〉

구분		빨간색	노란색	흰색	보라색
꽃	봄	홍매, 동백나무, 명자나무, 박태기나무, 진달래, 철쭉	개나리, 산수유, 황매화, 풍년화, 생각나무	백목련, 이팝나무, 왕벚나무, 철쭉, 산사나무, 수수꽃나무	등나무, 자목련, 수수꽃다리
	여름	장미, 배롱나무, 자귀나무, 협죽도, 석류나무, 모란	장미, 황매, 황철쭉, 능소화	산딸나무, 불두화, 층층나무, 백정화, 말발도리	무궁화, 수국, 모란, 정향나무, 멀구슬나무
	가을	부용	금목서	백정화, 팔손이, 호랑가시나무, 목서	싸리
열매	초가을	낙상홍, 사철나무, 개머루, 자금우, 피라칸타, 식나무, 남천	피라칸타		좀작살나무, 개머루, 누라장나무

section 3 　조경수목, 지피식물 초화류의 특성

1. 조경수의 단풍

① **홍색계통** : 화살나무, 담쟁이덩굴, 단풍나무류, 감나무, 옻나무, 붉나무, 단풍철쭉, 마가목, 산딸나무 등

② **황색계통** : 고로쇠나무, 은행나무, 느티나무(황색, 갈색 또는 홍색), 튤립나무, 갈참나무, 계수나무, 히어리, 미루나무, 배롱나무, 층층나무, 자작나무, 칠엽수, 벽오동, 일본잎갈나무, 메타세콰이아 등

2. 조경수의 맹아력

가지나 줄기가 상처를 입으면 그 부근에서 숨은 눈이 커져 싹이 나오는 것으로 맹아력이 강한 나무는 전정에 잘 견디므로 형상수(Topiary)나 산울타리로 이용

① 맹아력이 강한 나무 : 낙우송, 사철나무, 탱자나무, 회양목, 미루나무, 능수버들, 플라타너스, 무궁화, 개나리, 쥐똥나무 등
② 맹아력이 약한 나무 : 곰솔, 자작나무, 능수벚나무, 살구나무, 칠엽수, 감나무 등
③ 맹아력이 없는 나무 : 소나무, 곰솔, 잣나무

3. 조경수목의 규격표시

① 수고(H) : 지표면으로부터 수관의 상단부까지의 수직높이. 단위는 m
② 수관 폭(W) : 보통 수관 폭의 최대를 측정하나, 타원형의 일반 수형은 최대 폭과 최소 폭의 평균값으로 측정, 단위는 m
③ 흉고직경(B) : 지상 120cm 정도 높이의 나무줄기의 굵기. 단위는 cm
④ 근원직경(R) : 흉고직경을 측정할 수 없는 관목이나 흉고직경 이하에서 줄기가 여러 갈래로 갈라진 교목과 덩굴성수목 등에 적용한 지표면 줄기의 굵기. 단위는 cm
⑤ 수관길이(L) : 수평으로 자라는 나무의 최대 길이. 단위는 m

성상	규격표시방법	수종	비고
교목	H × W	일반 상록수 (향나무, 주목, 측백 등)	
	H × B	가중나무, 계수나무, 메타세콰이아, 벽오동, 수양버들, 벚나무, 은단풍, 은행나무, 자작나무, 튤립나무, 층층나무, 플라타너스, 현사시나무 등	
	H × R	소나무, 감나무, 꽃사과나무, 낙우송, 느티나무, 대추나무, 모과나무, 배롱나무, 목련나무, 산수유, 자귀나무, 단풍나무 등 대부분의 교목	흉고직경 측정이 곤란한 수종
관목	H × W	일반 관목	
	H × R	노박덩굴, 능소화	
	H × W × L	눈향나무	
	H × 가지의 수	개나리, 덩굴장미	
만경목	H × R	등나무	
묘목	줄기길이 × 근원직경 × 뿌리길이		

4. 조경수의 광선요구도

① **음수** : 약한 광선에서도 비교적 생육이 좋은 조경수로 전광선량의 50%가 필요
  - 예) 팔손이나무, 비자나무, 가시나무, 식나무, 후박나무, 동백나무, 사철나무, 회양목, 독일가문비, 맥문동, 호랑가시나무, 주목, 전나무 등

② **양수** : 충분한 광선이 있어야 생육하는 조경수로 전광선량의 70% 이상이 필요
  - 예) 소나무, 곰솔, 낙엽송, 은행나무, 석류나무, 철쭉류, 느티나무, 무궁화, 백목련, 일본잎갈나무, 측백나무, 향나무, 포플러류, 가죽나무, 개나리, 플라타너스, 자작나무 등

5. 토양의 단면

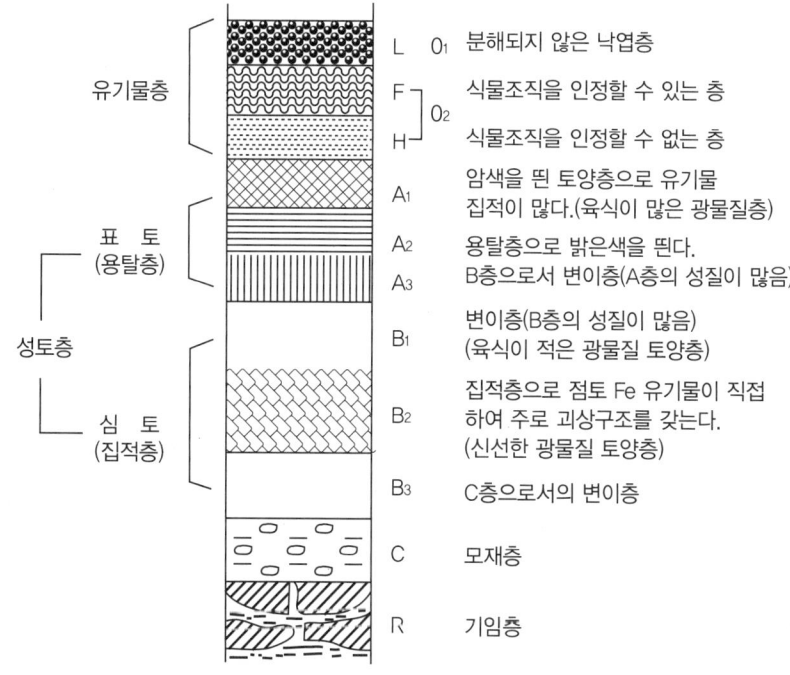

토양의 단면도

① **토양의 구성** : 식물 생육에 가장 이상적인 토양의 구성 비율(%)
  - 물질 : 유기질 : 공기 : 수분 = 45 : 5 : 25 : 25

② **토양양분**
  - ㉠ 척박지에 견디는 수종 : 소나무, 오리나무, 버드나무, 자작나무, 등나무, 아카시아나무, 보리수나무, 측백나무, 자귀나무 등
  - ㉡ 비옥지를 좋아하는 수종 : 주목, 철쭉, 회양목, 벽오동, 벚나무, 장미, 불두화, 목부용, 모란 등

③ 토양수분
  ㉠ 결합수 : 토양입자에 화학적으로 결합되어 있는 물로서 식물의 이용 불가
  ㉡ 흡습수 : 토양에 있지만 식물에 흡수되지 않는 물로서 식물의 이용 불가
  ㉢ 모세관수 : 중력에 의해 하강하지 않고, 토양 중에 있게 되는 수분으로 식물이 생육하는 데 필요한 물
  ㉣ 중력수 : 중력에 의해 자유롭게 이동하는 물로서 식물의 이용불가

6. 대기오염

① 대기오염물질
  ㉠ 아황산가스(SO_2), 일산화탄소(CO), 질소산화물(NO_2), 탄화수소(HC), 황화수소(HS), 염소(Cl_2) 등
  ㉡ 아황산가스가 가장 큰 피해를 주며, 분진과 옥시던트 및 산성비도 식물생육에 피해를 유발

② 피해증상
  ㉠ 잎의 끝부분이나 가장자리, 잎맥 사이에 회백색 또는 갈색 반점이 발생
  ㉡ 나무 끝이 말라 죽고, 수관이 한쪽으로 기울거나 기형으로 되어 수형이 망가짐

③ 대기오염에 강한 수종
  ㉠ 상록활엽수가 낙엽활엽수보다 비교적 강함
  ㉡ 아황산가스에 강한 수종 : 편백, 화백, 가이즈까향나무, 가시나무, 사철나무, 벽오동, 플라타너스, 능수버들, 쥐똥나무, 무궁화 등
  ㉢ 아황산가스에 약한 수종 : 독일가문비, 소나무, 리기다소나무, 삼나무, 전나무, 히말라야시다, 느티나무, 자작나무, 감나무, 왕벚나무, 조팝나무, 매화나무, 단풍나무 등

7. 잔디의 구분

① 한국 잔디
  ㉠ 특성
   • 주로 난지형이 많으며, 답압, 공해, 병충해에 강하고, 유지관리가 용이
   • 전 광선의 70% 이상, 최소 하루 5시간 이상의 햇빛이 드는 곳에서 생육 양호
   • 토양은 배수가 잘되는 양토나 사질양토의 30% 이하의 완경사지가 좋음
  ㉡ 번식
   • 주로 떼를 떠서 번식
   • 종자번식을 할 경우, 발아를 촉진하는 수산화칼륨 20~25% 용액에 30~45분 침지 후 파종

- ⓒ 종류
  - 들잔디 : 가장 많이 이용되며 산지에서 자생. 강건하고 답압에 잘 견딤
  - 금잔디 : 마닐라, 고려잔디라고도 하며, 섬세하고 유연. 변종이 많고, 들잔디보다 내한성이 약하나 빌로드잔디보다는 강한 편
  - 빌로드잔디 : 남해안에서 자생하며 가장 작고 섬세. 내한성과 번식력이 약함
- ② 서양 잔디
  - ⊙ 특성
    - 주로 한지형
    - 목초용의 초류를 잔디로 이용
    - 한국 잔디에 비해 자주 깎아줌
    - 더위와 병에 약하므로 관수와 비배관리에 신경을 써야 함
  - ⓒ 번식
    - 주로 종자 번식
    - 버뮤다 그래스류인 티프턴 종류는 포기번식
  - ⓒ 종류
    - 난지형 : 겨울에 잎이 말라죽는 하록형으로, 버뮤다 그래스가 대표적
    - 한지형 : 사철 푸른 상록형이다. 크리핑 벤트 그래스, 켄터키 블루그래스, 페스큐류, 라이 그래스류 등

8. 화단식물(초화류)

- ① 1, 2년생 초화류
  - ⊙ 봄뿌림 : 맨드라미, 샐비어, 매리골드, 나팔꽃, 코스모스, 과꽃, 복숭아, 채송화, 분꽃, 백일홍 등
  - ⓒ 가을뿌림 : 팬지, 페튜니아, 금잔화, 금어초, 패랭이꽃, 안개초, 스위트피 등
- ② **다년생 초화류** : 국화, 베고니아, 아스파라거스, 카네이션, 부용, 꽃창포, 제라늄, 플록스, 도라지꽃, 샤스타데이지, 옥잠화, 금계국 등
- ③ **구근 초화류**
  - ⊙ 봄심기 : 달리아, 칸나, 아마릴리스, 글라디올러스, 상사화, 투베로즈, 진저 등
  - ⓒ 가을심기 : 히야신스, 아네모네, 튜울립, 수선화, 크로커스, 튜울립, 아이리스 등
- ④ **수생초류** : 수련, 연꽃, 붕어마름, 부평초, 창포류, 마름 등

section 4 목질재료

1. 목재의 장점

① 색깔 및 무늬 등의 외관이 아름답다.

② 재질이 부드럽고 촉감이 좋다.

③ 무게가 가볍고 가공이 용이하다.

④ 무게에 비해 강도가 크다.

⑤ 도장이 가능하며, 녹슬거나 부식되지 않는다.

⑥ 산과 알칼리에 대한 저항성이 높다.

⑦ 색채, 무늬에 있어 의장에 유리하다.

2. 목재의 단점

① 부패성이 크다.

② 내구성이 작다.

③ 함수율에 따른 변형이 크다.

④ 부위에 따라 재질이 불균질하다.

⑤ 불과 바람, 해충에 약하다.

⑥ 구부러지고 옹이가 있다.

3. 목재의 구조 : 수피부, 부름켜, 목질부, 수심으로 구성

① 춘재와 추재
   ㉠ 춘재 : 봄과 여름에 만들어진 세포로, 빛깔이 엷고 크며 세포막이 얇고 유연
   ㉡ 추재 : 가을과 겨울에 만들어진 세포로, 빛깔이 짙고 작으며 세포막이 두껍고 견고

② 나이테 : 수심을 중심으로 춘재와 추재가 동심원으로 나타나는 것으로, 목재 강도의 기준이 되고 생장연수를 나타냄

③ 심재와 변재
   ㉠ 심재 : 목재의 수심 가까이에 있는 적갈색 부분으로, 단단하고 함수율이 적으며 강도와 내구성이 높음
   ㉡ 변재 : 목재 표면에 위치한 흰색 부분으로, 무르고 함수율이 높으며 강도가 내구성이 심재보다 적음

④ 부름켜(형성층) : 식물의 물관부(목재)와 체관부 사이에 있는 부분

4. 목재방부제의 종류

① 수용성 방부제 : 실내용제

　㉠ CCA 방부제 : 크롬, 구리, 비소의 화합물로 가장 많이 사용했으나 현재는 생산금지

　㉡ ACC 방부제 : 구리와 크롬의 화합물로, 광산의 갱목에만 사용

② 유용성 방부제 : 실외용제

　크레오소트유, 콜타르, 아스팔트, 유성페인트, 오일 스테인 등

5. 가공재

① 합판

　㉠ 합판의 특징
- 나뭇결이 아름다움
- 수축, 팽창의 변형 없음
- 고른 강도 유지하며, 넓은 판을 이용 가능
- 높은 내구성과 내습성

　㉡ 합판의 종류
- 보통합판 : 홀수 개의 단판을 직교하여 구성한 것으로, 방수력에 따라 완전내수합판, 보통 내수합판, 비내수합판으로 구분
- 특수화판 : 구성특수합판, 표면특수합판, 약액처리합판

② 집성재 : 여러 개의 판재나 작은 각재 등의 목재를 섬유 방향이 서로 평평하게 하여 길이·너비 및 두께 방향으로 접착제를 사용하여 붙이고, 열을 가하면서 압착시킨 것

③ MDF(Medium Density Fiberboard, 중밀도 섬유판) : MDF는 목질재료를 주원료로 하여, 고온에서 결합하여 얻은 목섬유를 합성수지 접착제로 결합시켜 성형하여 만든 제품이다. 다루기 쉽고 마감이 매끄러워 다양한 용도로 사용

④ 파티클보드 : 원목에서 목재를 생산하고 남은 조각을 잘게 부수어 한 겨씩 펴고, 그 사이에 합성수지 계통의 접착제를 뿌려 높은 온도와 압력으로 압착시킨 제품. 나뭇결 방향에 따른 강도나 변형에 의한 차이가 거의 없고 소리를 잘 흡수한다. 또한 넓은 면적의 판을 대량으로 제작 가능

⑤ 플로어링 : 나무가 굳고 무늬가 아름다운 판자로, 한쪽 옆에는 홈을 내고 다른 한쪽에는 촉을 만들어 맞대어 붙일 수 있도록 만든다. 주로 마루판으로 많이 사용

section 5 석질 및 점토질 재료

1. 석재의 이용
① 가공석 : 서양식 정원, 포장, 계단, 화단, 계단폭포, 조각물 등
② 자연석 : 동양식 정원, 경관용, 축석용, 장식용의 돌놓기와 돌쌓기 등

2. 석재의 장점
① 외관이 아름답다.
② 내구성과 강도가 크다.
③ 변형되지 않고, 부식되지 않는다.

3. 석재의 단점
① 무게가 무거워서 가공 · 운반이 어렵다.
② 가격이 비싸다.

4. 암석의 분류
① 화성암 : 지구 내부에 녹아 있는 마그마가 지표면이나 땅 속에서 냉각하여 굳어진 암석으로 큰 덩어리로 형성되어 있어 대형 석재 채취에 용이하다.
  ㉠ 화강암
   • 한국 돌의 70%를 차지하며, 압축강도가 가장 크다.
   • 흰색 또는 담회색이며, 단단하고 내구성과 내화성이 작다.
  ㉡ 안산암
  ㉢ 현무암
② 퇴적암 : 암석의 분쇄물 등이 물속에 침전되어 지열과 지압으로 다시 굳어진 암석으로 대체적으로 층을 이루어 형성한다.
  ㉠ 응회암
  ㉡ 석회암
③ 변성암 : 화성암, 퇴적암이 지각변동, 지열에 의해 화학적, 물리적으로 성질이 변한 암석이다.
  예 대리석

5. 가공석
① 규격재

- ㉠ 각석 : 폭이 두께의 3배 미만이고, 폭보다 길이가 긴 직육면체 석재
- ㉡ 판석 : 두께가 15cm 미만이고, 폭이 두께의 3배 이상인 판 모양 석재
- ㉢ 마름돌 : 지정된 규격에 따라 직육면체가 되도록 각 면을 다듬은 석재
- ㉣ 견치돌 : 돌을 뜰 때 치수를 지정해서 깨낸 직육면체의 석재로, 1개의 무게는 약 70~100kg
- ㉤ 깬돌 : 특정한 규격에 맞추지 않고 견칫돌과 비슷하게 깨낸 석재

② 골재

콘크리트를 만들 때 재료가 되는 모래, 자갈 등이 모두 골재로서, 골재에 따라 콘크리트 품질이 결정

공사용 석재의 분류(표준 품셈)

구분	특징
모암	석사에 자연상태로 있는 암
원석	모암에서 1차 파쇄된 암석
다듬돌	각석 또는 주석과 같이 일정한 규격으로 다듬어진 것으로, 건축이나 포장 등에 쓰이는 돌
막다듬돌	다듬돌을 만들기 위하여 다듬돌의 규격치수의 가공에 필요한 여분의 치수를 가진 돌
견치돌	형상은 재두각추체에 가깝고 전면은 거의 평면을 이루며 대략 정사각형으로서 뒷길이 접촉면의 폭, 뒷면 등이 규격화된 돌
깬돌	견치돌에 준한 재두 방추형으로서, 견치돌보다 치수가 불규칙하고 일반적으로 뒷면이 없는 돌
깬잡석	모암에서 일차 폭파한 원석을 깬돌로서, 깬돌보다도 형상이 고르지 못한 돌
사석	막깬돌 중에서 유수에 견딜 수 있는 중량을 가진 큰 돌
잡석	크기가 지름 10~30cm 정도의 깃이 크고 작은 알로, 고루고루 섞여 있으며 형상이 고르지 못한 깬돌
전석	1개의 크기가 0.5cm 이상이 되는 석괴
야면석	천연석으로 표면을 가공하지 않은 것으로서, 운반이 가능하고 공사용으로 사용될 수 있는 비교적 큰 석괴
호박돌	호박형의 큰 천연석, 가공하지 않은 지름 18cm 이상 크기의 돌
조약돌	가공하지 않은 천연석, 지름 10~20cm 정도의 계란형의 돌

③ 타일
- ㉠ 양질의 점토에 장석, 규석, 석회석 등의 가루를 배합하여 성형한 후 유약을 입혀 고온에서 소성한다.
- ㉡ 외관에 결함이 없고, 휨과 충격에 강하다.
- ㉢ 내구성, 내수성, 내마모성이 뛰어나다.
- ㉣ 시공이 간편하고 시공 후에 균열을 일으키거나 변색하는 일이 거의 없다.
- ㉤ 모자이크 타일, 바닥타일, 외장타일, 내장타일 등으로 구분한다. 표면장식에 사용되

는 재료이므로 표면의 색상이나 모양이 아름다워야 한다.

section 6 시멘트와 콘크리트 재료

1. 포틀랜드 시멘트
① 보통 포틀랜드 시멘트 : 제조공정이 간단하고 저렴하여 가장 많이 사용
② 중용열시멘트 : 수화열이 적어 균열이 방지되며, 댐이나 큰 구조물에 사용
③ 조강 포틀랜드 시멘트 : 조기에 높은 강도로 급한 공사나 동결기 공사, 물 속 공사에 사용 수화열이 커서 균열의 위험이 있지만 재령이 3일이면 210kg/cm^2 이상의 강도가 발생
④ 백색 포틀랜드 시멘트 : 건축물의 도장 및 치장용 등 건축 미장용으로 사용

2. 혼합 시멘트
① 슬래그시멘트(고로시멘트) : 용광로에서 생성된 광재(Slag)를 넣어 만들었으며, 균열이 적어 폐수시설, 하수도, 항만에 사용
② 플라이애시시멘트 : 분탄이 연료인 보일러 연통에서 채집한 재(Fly Ash)를 넣어 만들었으며, 강도가 크고 슬래그와 같은 용도로 사용
③ 포졸란시멘트(실리카시멘트) : 포졸란(화산재, 규조토 등으로 이루어진 혼화재)을 넣어 만든 시멘트로, 동결 및 융해작용에 대한 저항성이 작고, 조기강도와 경화가 느리나 강도가 높다.

3. 콘크리트의 특성
① 정의 : 시멘트, 모래, 자갈, 물 등을 일정한 비율로 혼합하여 굳힌 것
  ㉠ 시멘트 + 물 → 시멘트풀
  ㉡ 시멘트 + 물 + 모래 → 모르타르(몰탈)
  ㉢ 시멘트 + 물 + 모래 + 자갈 → 콘크리트
② 워커빌리티(Workability) : 워커빌리티는 주로 거푸집에다 콘크리트를 칠 때의 시공 난이도로서 콘크리트를 칠 때 적당한 유동성과 점성이 있어 거푸집 구석구석의 각 시공 부분에 잘 채워지면서도 재료의 분리가 일어나지 않아 좋은 콘크리트가 만들어지는 상태를 워커빌리티가 좋다고 한다.

section 7   금속재료

1. 철금속
① 형강 : 특수한 단면으로 압연한 강재로서 평강, 등변 L형강, 부등변 L형강, T형강, C형강, Z형강 등으로, 구조용이나 공사용으로 사용
② 강봉 : 원형 및 이형다면의 강봉은 철근콘크리트의 강재로서 각형 단면의 강재는 철문, 철창 등 철재 세공물로 사용
③ 강판 : 강편을 롤러에 넣어 압연한 것

2. 비철금속
① 구리
   ㉠ 내식성이 강하여 부식이 잘되지 않고, 외관이 아름다워 외부장식재료 사용
   ㉡ 구리와 아연의 합금인 놋쇠, 구리와 주석의 합금인 청동도 많이 사용
② 알루미늄 : 원광석인 보크사이트에서 순 알루미나를 추출하고 전기분해하여 만든 은백색의 금속
③ 크롬 : 은백색의 단단한 금속이며 수도꼭지, 조명도구로 많이 사용

section 8   기타재료

1. 플라스틱
① 플라스틱의 특성
   ㉠ 장점
- 소성, 가공성이 좋아 성형이 자유롭다.
- 가볍고 강도와 탄력성이 크다.
- 착색이 자유롭고 광택이 좋다.
- 내산성과 내알칼리성이 크고 녹슬지 않는다.
- 접착력이 크고 전성이 있다.
- 투광성, 절연성이 있다.

   ㉡ 단점
- 열전도율이 높고 불에 타기 쉽다.
- 내열성, 내후성, 내공성이 부족하다.

- 변색한다.
- 온도의 변화, 자외선에 약하다.
- 표면의 경도가 낮다.
- 정전기 발생량이 크다.

ⓒ 종류 및 용도
- 경질 염화비닐관(PVCP, Polyvinyl Chloride Pipe) : 흙 속에서 부식되지 않고 유수마찰이 적으며 이음이 용이
- 폴리에틸렌관(PE, Pipe) : 가볍고 충격에 견디는 힘이 크며 경제적이며, 시공이 용이하고, 내한성이 커서 추운 지방의 수도관으로 적합
- 유리섬유강화 플라스틱(FRP, Fiberglass Reinforced Plastics) : 강도가 약한 플라스틱에 유리섬유를 넣어 강화시킨 제품으로, 벤치, 화단 장식재, 인공폭포, 인공암, 정원석 등의 소재

2. 도장재료

① 바탕재료의 부식을 방지하고, 아름다움을 증대하기 위해 사용된다.
② 효과 : 내식성, 방부성, 내마멸성, 방수성, 방습성, 강도, 광택 등을 좋게 한다.
③ 종류
  ㉠ 페인트 : 안료와 전색제를 섞어 만든 도료로 수성페인트, 유성페인트, 에나멜 등
  ㉡ 바니시(니스) : 수지류를 건성유 또는 휘발유 용제로 용해시킨 투명한 도료로서 2~3회 도포
  ㉢ 래커 : 섬유소나 합성수지 용액에 수지, 가소제, 안료 등을 섞은 도료로서 쉽게 마르고 오래가며, 번쩍거리지 않게 표면의 마감이 가능

chapter 5 조경시공 및 관리

section 1 조경시공의 기초

1. 개념
① 인간의 이용에 적합한 기능과 구조, 아름다움의 구현을 목적 달성
② 조경설계도면의 내용을 실제로 만들어 내는 일로 이상적 시공이란 경제적 능률적으로 목적을 달성
③ 설계도면, 시방서, 해당법규, 계약조건을 바탕으로 공사

2. 조경시공의 종류
기반조성공사, 시설물공사, 식재공사, 유지관리공사 구분

3. 조경공사의 특징
공종·재료의 다양성, 살아있는 생물 취급, 단위공사의 소규모성, 공사 지역의 산재성, 규격화 및 표준화의 곤란, 계절성 및 지역성, 지속적 관리의 필요성, 유통구조의 소규모

4. 조경시공의 순서
터닦기 → 급·배수 및 호안공사 → 콘크리트공사 → 조경시설물공사 → 조경식재공사

5. 시공방법
① 공사의 실시방법
  ㉠ 직영방식 : 발주자 스스로 시공자가 되어 일체의 공사를 자기 책임 아래 시행하는 것
  ㉡ 도급방식 : 발주자가 일정 시공자에게 공사의 시행을 의뢰하는 것으로 도급계약을 체결하고 계약 약관 및 설계도서에 의거하여 도급자가 공사를 완성하여 발주자에게 인도하는 방법
② 시공자의 선정
  ㉠ 경쟁입찰방식
    • 일반경쟁입찰 : 신문 및 게시 등의 방법을 통하여 다수의 희망자가 경쟁에 참가하도록 하고, 그중에서 가장 유리한 조건을 제시한 자를 선정하여 계약 체결
    • 지명경쟁입찰, 제한경쟁입찰, 일괄입찰
  ㉡ 수의계약
  ㉢ 계약체결

6. 조경시공계획

사전조사 → 시공계획 → 일정계획 → 가설계획 → 공정표작성 → 조달계획 → 관리계획

① 시공계획

② 시공관리

　㉠ 4대목표 : 품질(좋게), 원가(싸게), 공정(빠르게), 안전(안전하게)

　㉡ 공정관리 : 계획(Plan), 실시(Do), 검토(Check), 조치(Action)

　㉢ 공정표

　　• 횡선식 공정표 : 막대그래프로 나타내는 공정표, 단순한 공사나 시급한 공사에 사용

　　• 네트워크 공정표 : 복잡한 공사와 대형공사의 전체 파악이 쉽고 공사의 상호관계가 명확

section 2　식재공사

1. 뿌리돌림

① 목적

　㉠ 뿌리돌림을 하는 목적은 이식력이 약한 나무를 바로 굴취하여 이식할 경우 고사하는 경우가 많으므로, 굴취 전에 단계적으로 뿌리돌림을 하여 잔뿌리를 발달시켜 이식력을 높이기 위한 것

　㉡ 노목이나 쇠약목의 세력 회복을 위한 목적으로도 사용

② 뿌리분의 크기

　㉠ 수목을 이식할 때에는 뿌리 부분을 일정 크기를 가진 반구형으로 굴취하는데, 이처럼 흙과 합해진 뿌리 덩어리를 뿌리분이라 한다.

　㉡ 뿌리분의 크기는 수종, 토질, 지하수위에 따라 다르지만, 일반적으로 뿌리분 지름은 근원 직경의 4배 정도를 기준으로 한다.

　㉢ 뿌리분의 깊이는 잔뿌리의 밀도가 현저히 감소하는 부위까지 하는 것이 원칙이다.

　㉣ 뿌리분의 둘레는 원통 모양으로 하고, 밑면은 둥글게 다듬어 팽이 모양으로 되게 한다.

　㉤ 뿌리분의 모양

　　• 팽이분(조개분) : 느티나무, 소나무, 낙우송 등의 심근성 수종

　　• 접시분 : 버드나무, 눈주목, 자작나무, 향나무, 독일가문비 등 천근성 수종

　　• 보통분 : 벗나무, 은행나무, 단풍나무, 측백나무 등 일반적 수종

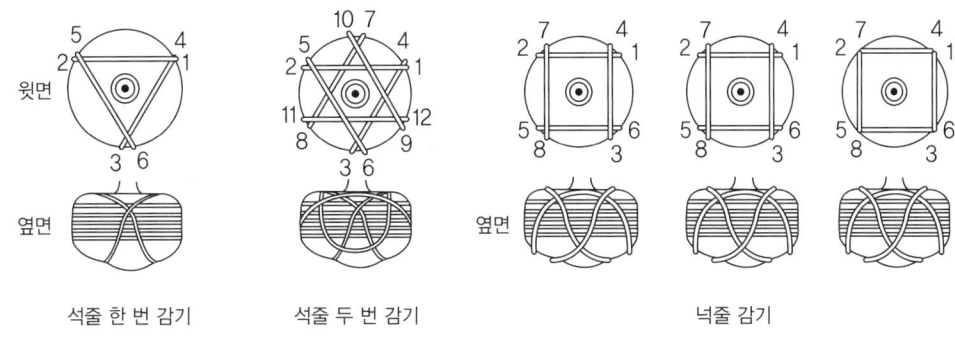

각종 새끼감기 방법

section 3 조경시설물 시공

1. 토공시공

전체 부지조성, 조경시설물 시공을 위한 토공, 식재 지반 조성 토공으로 계획, 설계 목적에 맞도록 흙을 다루는 모든 작업

① 측량
  ㉠ 평판측량 : 삼발이 위에 제도판을 얹고 수평을 유지하게 도면을 붙이고, 시준기(앨리데이드)를 사용하여 땅 위의 여러 모양을 평면 위에 목표물과의 방향, 거리, 높이차를 관측하여 현장에서 직접 위치를 그리는 측량
  ㉡ 평판측량의 3요소 : 수평맞추기(정준), 중심맞추기(구심), 방향맞추기(표정)

② 측량방법
  ㉠ 방사법 : 측량지역에 장애물이 없는 좁은 지역에 적합
  ㉡ 전진법 : 측량지역에 장애물이 있어 평판을 옮겨가면서 거리와 방향 측정
  ㉢ 교회법 : 기지점이나 미지점에서 2개 이상의 방향선을 그어 그 교차점으로 미지점의 위치를 도상에서 결정하는 방법 – 거리를 측정하지 않고 위치 측정

③ 수준측량 : 이미 알고 있는 표고 기준점을 이용하여 지점의 표고 성과를 산출하는 측량으로 고저측량, 레벨측량

④ 등고선 : 높낮이가 있는 지표상에서 같은 높이를 연결한 선
  ㉠ 계곡선 : 주곡선 5개마다 굵은 실선
  ㉡ 주곡선 : 지형표시의 기본선으로 가는 실선
  ㉢ 간곡선 : 주곡선의 1/2, 가는 파선
  ㉣ 조곡선 : 간곡선의 1/2, 가는 점선

⑤ 작업종류별 토공기계
　㉠ 벌개제근 : 불도저, 레이크도저
　㉡ 굴착 : 파워쇼벨 - 지면보다 높은 곳, 드래그라인 - 기계보다 낮은 곳의 연질지반, 백호우(드랙셔블) - 기계보다 낮은 곳, 불도저 - 60m 이하 배토작업, 클램쉘 - 좁은 곳의 수직터파기
　㉢ 실기 : 로더, 파워쇼벨, 백호우, 클램쉘
　㉣ 운반 : 불도저, 덤프트럭, 로더, 체인블럭, 스크레이퍼 - 토사를 굴삭과 동시에 운반하는 데 사용
　㉤ 다짐 : 로드 롤러, 타이어롤러, 탬핑롤러, 플레이터 콤팩터, 래머, 탬퍼
　㉥ 정지 : 모터그레이더 - 운동장이나 넓은 대지를 판판하게 고르는 데 사용

⑥ 마운딩공사
　㉠ 경관에 변화을 주거나 방음, 방풍, 방설 등을 위한 목적
　㉡ 흙쌓기에 의해 수목생장에 필요한 유효토심을 확보하는 기능
　㉢ 토지이용상의 기능을 분할하는 기능
　㉣ 배수방향의 조절기능
　㉤ 흙쌓기(성토) : 일반적인 흙의 안식각 30~35°, 더돋기(여성토) - 계획고의 10%, 경사 - 1:1.5
　㉥ 흙깎기(절토) : 일반적 흙의 경사 1:1, 식물생육에 좋은 표토 30~50cm 정도 채취 후 활용

2. 관수공사 및 배수공사

① 관수공사
　㉠ 지표관수법 : 식물의 주변에 지형과 경사를 고려하여 물도랑 등의 수로나 웅덩이를 이용하여 표면에 흘려보내 관수하는 방법, 호스를 이용하여 관수하는 방법을 가장 많이 사용
　㉡ 점적식 관수법 : 용수효율이 가장 높은 방법으로 교목과 관목의 관수에 주로 이용
　㉢ 살수식관수법 : 자동식 방법으로 스프링클러를 통해 자연 강우와 같은 효과를 내는 방법, 균일한 관수가능, 광범위한 지역에서 노동력 절감, 경사지에서 균일한 살수가 가능 표토의 유실 방지, 배치간격 : 바람이 없을 때를 기준으로 살수 작동 최대간격은 살수 직경의 60~65%로 제한

② 배수공사
　㉠ 지표배수
　　• 평탄지의 경우 3~5%의 경사면이 되도록 물매를 주도록 함

- 빗물받이가 집수거를 통해 지하의 배수관으로 흘러 들어가며 20~30m마다 설치
- 집수거 : 길이 20m마다, 배수관 교차하는 곳, 크기 바뀌는 곳, 방향과 경사가 바뀌는 곳에 설치

ⓒ 지하층 배수
- 지표면의 과잉수를 제거하는 것으로 심토층배수라고 함
- 속도랑(암거) – 맹암거, 유공관암거
- 배수관의 경사는 관의 지름이 작은 것일수록 급하게 하며, 지름이 15cm인 경우
- 1/300~1/600로 하고 암거 바닥이 구불구불하거나 요철이 없도록 함
- 맹암거 배수망의 배수 형식
  - 어골형 : 중앙에 큰 맹암거를 중심으로 작은 맹암거를 좌우로 어긋나게 설치하는 방법, 어린이 놀이터와 경기장과 같은 소규모 평탄한 지형에 적합, 전 지역의 배수가 균일하게 요구되는 지역에 설치
  - 평행형(즐치형, 빗살형) : 주관과 지선이 직각으로 접속, 좁은 면적의 전 지역을 균일하게 배수할 때 이용
  - 선형(부채살형) : 1개의 지점으로 집중되게 설치하여 주관과 지관의 구분없이 같은 크기의 관을 사용
  - 차단형 : 경사면이나 자체의 유수를 막기 위해 사용, 도로법면에 많이 사용
  - 자연형 : 지형 등고선을 따라 주관을 설치하고 지관을 설치하는 방법, 대규모 공원 등 완전한 배수가 요구되지 않는 지역에서 사용

ⓒ 옹벽배수 : 배수공 – 옹벽의 종벽에 수평, 수직으로 약 3㎡마다 직경 5~10cm의 배수공 설치

ⓔ 담장배수 : 찰쌓기의 경우 2㎡마다 지름 3~6cm의 배수구 설치

3. 콘크리트공사

① 콘크리트공사의 특징
  ㉠ 콘크리트는 시멘트, 모래, 자갈을 물로 비벼 만든 혼화재료
  ㉡ 콘크리트가 굳어지는 것은 시멘트와 물과의 수화반응에 의한 것
  ㉢ 시멘트풀(시멘트페이스트) : 시멘트와 물을 혼합한 것, 약 20~30%
  ㉣ 모르타르 : 시멘트와 모래를 물로 비벼 혼합한 것
  ㉤ 용적구성 : 골재(70%), 시멘트풀(25%), 공기(5%)
  ㉥ 혼화재료 : 시멘트, 물, 골재 이외에 필요에 따라 저음으로 콘크리트의 성질이 개선되고 공사비 절약을 목적으로 사용
  - 혼화재 : 사용량이 비교적 많아 용적계산에 포함, 천연시멘트, 플라이에쉬, 포졸란,

슬래그 등
- 혼화제 : 사용량이 적고 배합계산에서 용적을 무시하는 것으로 AE제(공기연행제), 분산제(감수제), 응결 촉진제, 방수제, 발포제 등

② 콘크리트의 성질
  ㉠ 워커빌리티(Workability, 시공성) : 거푸집 내에 콘크리트를 칠 때의 시공 난이도, 즉 콘크리트를 칠 때 적당한 유동성과 점성이 있어 시공 부분에 잘 채워지면서도 재료의 분리가 일어나지 않아 좋은 콘크리트가 만들어지는 상태의 것을 워커빌리티가 좋다고 한다.
  ㉡ 반죽질기(Consistency) : 수량의 다소에 따라 반죽이 되고 진 정도
  ㉢ 성형성(Plasticity) : 거푸집에 쉽게 다져 넣을 수 있고 거푸집을 제거하면 천천히 형상이 변하기는 하지만 허물어지거나 재료가 분리하는 일이 없는 굳지 않은 콘크리트의 성질
  ㉣ 피니셔빌리티(Finishablity, 마무리성) : 굵은 골재의 최대치수, 잔골재율, 잔골재의 입도, 반죽의 질기 등에 의해 마무리하기 쉬운 정도를 나타내는 콘크리트의 성질
  ㉤ 블리딩(Bleeding) : 콘크리트를 친 후 각 재료가 가라앉고 불순물이 섞인 물이 위로 떠오르는 현상
  ㉥ 레이턴스(Laitance) : 블리딩과 같이 떠오른 미립물이 콘크리트 표면에 말라붙어 표피를 형성하는 것

③ 워커빌리티 측정법 : 구관입시험, 다짐계수시험, 비비시험 등
  ㉠ 슬럼프시험
    - 워커빌리티를 측정하기 위한 수단으로 반죽의 질기를 측정
    - 슬럼프 수치가 높을수록 나쁘며, 단위는 cm
    - 콘크리트 난이도 측정
    - 강도 : 시멘트가 경화하는 힘의 크기를 나타내며 보통 3~7일 조기강도, 28일의 강도 후기강도, 콘크리트의 강도는 재령 28일의 압축강도 245kg/㎠를 표준

④ 콘크리트공사 작업순서
  재료계량 → 비비기 → 운반 → 치기 → 다지기 → 겉마무리 → 양생
  ㉠ 콘크리트의 비빔
    - 기계비빔이 원칙 : 소량은 손비빔 가능 재료투입은 동시가 좋으나 모래 → 시멘트 → 물 → 자갈 순으로 서로 투입
  ㉡ 양생 : 콘크리트 타설 후 일정기간 동안 온도, 하중, 충격, 오손, 파손 등 유해한 영향을 받지 않도록 보호관리하여 응결 및 경화가 진행되도록 하는 것

- 좋은 양생을 위한 요소 : 적당한 수분공급, 양생온도 15~30℃, 보통 20℃ 전후, 절대 안정 상태 유지, 성형된 콘크리트에는 진동, 충격을 피함
- 콘크리트 양생방법 : 습윤양생, 피막양생, 증기양생, 전기양생 등

4. 수경공사

이용자에게 신선함과 청량감을 주며, 온도의 감소효과와 시각적으로 아름다움을 주는 매우 중요한 경관요소, 연못, 분수, 벽천, 폭포 등이 있음

① **연못**
- ㉠ 방수공사 : 연못공사에서 가장 중요, 수밀 콘크리트로 방수처리, 콘크리트를 치지 않을 때에는 점토로 다짐
- ㉡ 급배수공사 : 누수방지를 위해 방수모르타르처리, 급수구의 위치는 수면보다 높게, 월류구는 급수구보다 낮게, 배수구는 가장 낮은 곳에 설치, 순환펌프나 정수시설을 설치하는 기계실은 지하에 설치하여 노출되지 않도록 하되 노출될 경우 관목 등을 이용 차폐

② **분수**
- ㉠ 단일관분수 : 한 개의 노즐로 물을 뿜어내는 단순한 형태, 공기흡인식 제트노즐은 공기와 물을 동시에 빨아들이면서 물속에 공기를 분산시키므로 볼륨감과 조명효과도 큼
- ㉡ 분사식분수
- ㉢ 폭기식분수 : 노즐에 한 개의 구멍이 있으나 지름이 커서 물이 교란되는 형태의 분수로 공기와 물이 섞여 시각적 효과가 큼
- ㉣ 모양분수

③ **벽천** : 대개 정형적이며, 토수구, 수반, 벽체의 3요소를 갖추며, 좁은 장소에 어울리는 시설물

5. 돌쌓기와 돌놓기

① **자연석쌓기** : 비탈면, 연못의 호안이나 정원의 필요장소에 자연석을 쌓아 흙의 붕괴를 방지하여 경사면을 보호할 뿐만 아니라 주변 경관과 시각적으로 조화를 이룰 수 있도록 하는 일
- ㉠ 자연석 무너짐 쌓기 : 자연풍경에서 암석이 자연적으로 무너져 내려 안정되게 쌓여있는 것을 그대로 묘사하는 방법
  - 기초석은 땅속에 1/2 정도 깊이(20~30cm)로 묻음, 안전을 고려 상부석은 하부석보다 작은 돌을 사용, 뒷부분에는 굄돌과 뒤채움 돌을 써서 구조적으로 안정되도록 함, 돌틈식재(회양목, 철쭉 등)

ⓒ 호박돌쌓기
- 표면이 깨끗하고 크기가 비슷한 것을 선택함, 찰쌓기가 원칙, 육법쌓기, 줄눈어긋나기쌓기, 줄눈, 하루 1.2m 이하

ⓒ 다듬돌쌓기
- 사괴석쌓기 : 바른층쌓기, 내민줄눈
- 장대석쌓기 : 바른층쌓기
- 견칫돌쌓기 : 높이 1.5m까지는 메쌓기, 이후는 찰쌓기, 물구멍은 2m마다 설치

② **자연석 놓기**
  ㉠ 경관석 놓기 : 시각의 초점이 되거나 중요하게 강조하고 싶은 장소에 보기 좋은 자연석을 한 개 또는 몇 개 배치하여 감상효과를 높이는 데 쓰는 돌
  ㉡ 경관석을 몇 개 어울려 놓을 때는 중심이 되는 큰 주석과 작은 부석을 잘 조화시켜 3,5,7 등의 홀수로 구성하며 삼재미의 원리를 적용하며 부등변삼각형식재를 함
  ㉢ 경관석 주위에는 관목류나 초화류를 심어 경관석이 돋보이도록 함

③ **디딤돌 놓기**
  ㉠ 보행의 편의와 지피식물의 보호, 시각적으로 아름답게 하고자 돌 놓기
  ㉡ 한 면이 편평한 자연석, 화강석판, 천연 슬레이트 등의 판석, 통나무, 인조목 등을 사용
  ㉢ 디딤돌의 크기 지름 30~40cm, 중간 멈춰서는 곳이나 갈라지는 곳은 50~60cm, 두께 10~20cm의 타원형이 좋으며, 지표보다 3~5cm 정도 높게 함
  ㉣ 돌사이의 간격은 보행 폭을 고려 빠른 동선이 필요한 곳은 보폭과 비슷하게, 정원의 원로와 같이 느린 곳은 35~40cm로 함

④ **마름돌쌓기**
  ㉠ 메쌓기 : 접합부를 다듬고 뒤틈 사이에 고임돌을 고인 후 모르타르를 사용하지 않고 뒷채움 골재로 채워쌓는 방식, 전면 기울기는 1:0.3 이상, 높이는 2m 이하의 석축에 사용
  ㉡ 찰쌓기 : 줄눈에 모르타르를 사용하고 뒤채움에 콘크리트를 사용하는 방식, 뒷면의 배수를 위해 2~3㎡마다 3~6cm의 배수관 설치, 전면 기울기 1:0.2 이상, 하루 1~1.2m 쌓음
  ㉢ 켜쌓기(바른층쌓기) : 돌의 크기가 균일하고 시각적으로 보기 좋으므로 조경공간에 주로 쓰이는 마름돌쌓기 방법, 골쌓기보다는 내구성은 약함
  ㉣ 골쌓기(허튼층쌓기) : 줄눈을 파상으로 도는 골을 지어가며 쌓음, 하천의 견치석 쌓을 때 많이 이용됨

⑤ 벽돌쌓기
  ㉠ 벽돌규격 표준형 : 190mm×90mm×57mm, 기존형 210mm×100mm×60mm
  ㉡ 벽돌쌓기 두께 : 0.5B-90mm, 1.0B-190mm, 1.5B-290mm, 2.0B-390mm
  ㉢ 벽돌쌓기 종류
    • 길이쌓기 : 벽면에 벽돌의 길이만 나타나게 쌓는 방법, 0.5B쌓기에 쓰임
    • 마구리쌓기 : 벽돌의 마구리만 나타나게 쌓는 방법, 1.0B쌓기에 쓰임
    • 옆세워쌓기 : 벽면에 마구리를 세워 쌓는 방법
    • 길이세워쌓기 : 벽면에 길이를 세워 쌓는 것을 말함
    • 영국식 쌓기 : 길이쌓기 한켜, 마구리쌓기 한켜씩 반복하여 쌓는 방법, 가장 튼튼한 방법, 모서리 벽 끝에는 이오토막을 사용
    • 네덜란드식 쌓기 : 우리나라에서 가장 많이 사용하는 방법, 영국식 쌓기와 같으나 모서리 끝에 칠오토막을 써서 안정감을 줌
    • 프랑스식 쌓기 : 한켜에 길이쌓기와 마구리쌓기가 번갈아가며 쌓는 방법, 외곽이 아름다우나 견고성이 떨어짐
    • 미국식 쌓기 : 5단까지 길이쌓기로 하고 한단은 마구리쌓기로 뒷벽돌에 맞물려 쌓음
  ㉣ 시공 시 유의사항
    • 쌓기 전에 흙과 먼지를 제거하고 물에 담가 놓아 모르타르가 잘 붙도록 함
    • 비벼놓은 지 1시간이 지난 모르타르는 사용하지 않음
    • 줄눈의 폭은 10mm가 표준
    • 벽돌의 줄눈 모르타르 배합비
      보통조적용 - 1:3, 중요한 곳, 아치용 - 1:2, 방수, 치장용 - 1:1
    • 하루 쌓기 높이는 1.2m 이하, 최대 1.5m로 하고 모르타르가 굳기 전에 압력을 가하지 않음

• 벽돌량

벽돌형(cm) \ 벽두께	0.5B	1.0B	1.5B	2.0B
21×10×6(기존형)	65매	130매	195매	260매
19×9×5.7(표준형)	75매	149매	224매	298매

6. 포장공사

① 포장재료의 종류

　㉠ 인공재료 : 아스팔트 콘크리트 포장, 시멘트 콘크리트 포장, 투수콘크리트 포장, 벽돌 포장, 콘크리트블록 포장, 타일 포장

　㉡ 자연재료 : 자연석, 판석, 호박돌, 조약돌, 마사토, 통나무

② 포장재료 선정기준

　㉠ 내구성이 있고 시공비·관리비가 저렴한 재료

　㉡ 재료의 질감이 좋고, 재료가 아름다울 것

　㉢ 재료의 표면이 태양광선의 반사가 적고, 우천시·겨울철 보행시 미끄럼이 적을 것

　㉣ 재료가 풍부하며, 시공이 용이할 것

③ 콘크리트블록포장

　㉠ 보도블록포장 : 가장 많이 사용하는 보도포장 방법으로 블록 표면의 패턴 문양에 색채를 넣어 시각적 효과를 증진시키며, 공사비가 저렴하고 재료가 다양하며 보수가 용이

　㉡ 소형고압블럭포장 : 고압으로 성형된 소형 콘크리트블록으로 블록 상호가 맞물림으로 하중을 분산시키는 우수한 포장방법, 연약지반에 시공이 용이하고 공사비와 관리비가 저렴, 보도용은 두께 6cm, 차도용은 8cm의 블록 사용, 일반적으로 원로의 종단 기울기가 5% 이상인 구간의 포장은 미끄럼방지를 위해 거친면으로 마감, 고압블록의 최종높이와 경계석의 높이는 같게 설치함

　㉢ 벽돌포장 : 질감과 색상에 친근감이 있고 보행감이 좋으며, 광사 반사가 심하지 않으나 마모가 쉽고 탈색이 쉬우며 압축강도가 약하고 벽돌간의 결합력이 약함

　㉣ 판석포장 : 원지반을 다진 후 잡석을 넣고 다진 다음 1:3:6의 기초 콘크리트를 침, 시멘트와 모래의 비율을 1:3으로 반죽하여 판석 밑에 채우고 크기가 큰 판석부터 놓고 사이사이에 작은 판석을 놓은 다음 고무망치로 두드려 모르타르가 고르게 채워지도록 함, 줄눈이 Y자가 되도록 하며, 줄눈의 폭은 1~2cm, 깊이는 판석면과 같거나 1cm 이내로 하고 판석 위에 모르타르는 굳기 전에 닦아낸다.

　㉤ 콘크리트포장 : 내구성과 내마모성이 좋으나 부수가 어렵고 보행감이 좋지 않음, 온도변화·함수량 변화 등에 의한 파손을 줄이기 위해 5~7m 간격으로 가로·세로·수축·팽창줄눈을 설치함

　㉥ 투수콘포장 : 아스팔트 유제에 다공질 재료를 혼합하여 표면수의 통과를 가능하게 한 포장, 보행감각이 좋고 미끄럼과 눈부심을 방지하며 식물생육과 토양미생물의 보호의 기능, 보도나 광장 또는 자전거 도로에 사용, 하중을 많이 받지 않는 차도나 주차장에 이용

7. 놀이 및 운동시설물 공사

① 놀이시설

- ㉠ 그네 : 놀이터의 중앙부, 사람의 통행이 많은 곳, 집단적인 놀이가 이루어지는 곳은 피하고, 부지의 외곽에 남북방향으로 설치, 2인용의 높이 2.3~2.5m, 길이 3.0~3.5m, 폭 4.5~5.0m, 그네줄의 1.5m 이상 떨어진 곳에 인지책 60cm 정도 높이로 설치
- ㉡ 미끄럼틀 : 미끄럼판과 지면과의 각도 30~35°가 적당, 폭 40cm 정도, 사다리(계단)의 경사도 70° 내외로 설치, 미끄럼판의 높이가 1.2m 이상인 경우 미끄럼판의 양 옆으로 15cm 이상의 날개벽 설치
- ㉢ 모래터 : 크기 30㎡ 기준, 깊이 30cm 이상, 모래막이 마감면은 모래면보다 5cm 이상 높게
- ㉣ 시소 : 2연식의 경우 표준규격 길이 3.6m, 폭 1.8m

② 운동시설 : 운동 및 활동에 적합한 4~10% 경사가 되도록 함, 정구장의 장축과 골프장의 페어웨이는 남북방향, 야구장은 포수가 서남쪽 향하도록 배치

8. 휴게 및 편익시설물 공사

① 휴게시설

- ㉠ 벤치 : 목재가 가장 많이 사용되며, 등받이 각도는 수평면을 기준으로 가벼운 휴식 105°, 일반휴식 110°로 하고 휴식시간이 길어질수록 등받이 각도를 크게 함
  앉음판 높이는 무릎보다 2~3cm 낮은 35~40cm, 너비 40cm 정도, 앉음판의 폭 38~43cm를 기준으로 함, 벤치다리는 최저 20cm 정도 기초에 묻혀야 함
- ㉡ 퍼걸러 : 그늘을 제공하여 휴식할 수 있도록 하기 위한 시설로 퍼걸러 천장은 보통 등나무 능의 덩굴식물을 올림, 높이는 2.2~2.5m 정도, 기둥사이의 거리는 1.8~2.7m 정도, 조경공간의 시설물 중에서 중심적 역할을 할 수 있는 곳, 경관의 초점이 되는 곳, 조망이 좋고 한적한 곳에 설치, 공원의 휴게공간이나 산책로의 결절점에 설치, 주택정원의 가운데는 설치하지 않음

② 편의시설

- ㉠ 휴지통 : 대형의 휴지통보다 소형의 휴지통을 다수 배치하는 것이 좋고, 벤치 2~4개마다 도로 20~60m마다 1개 설치, 높이는 60~80cm, 직경 50~60cm 정도
- ㉡ 음수전 : 그늘진 곳, 습한 곳, 바람의 영향을 많이 받는 곳은 피함, 높이는 음수대의 꼭지가 위로 향한 경우 65~80cm, 아래로 향한 경우 70~95cm 기준, 음수대와 사람과의 적정거리 50cm

9. 관리시설 및 조명시설공사

① **관리시설**
　㉠ 화장실 : 소요면적 1인당 3.3㎡, 중앙공원의 경우 150~200m마다 1개소 설치, 대체로 1.5~2ha마다 1개소 설치
　㉡ 관리소 : 주진입 지점에 위치, 식별성이 높도록 배치

② **조명시설** : 동선유도, 물체식별, 안전, 보안 및 아름다운 분위기를 연출하고 강조하며 경관미를 높이기 위함, 설치장소는 원로 주변 및 교차점 부근, 광장 주위, 출입구, 편익시설이나 휴게시설 주변에 설치, 정원 공원은 0.5lux 이상, 주요 원로나 시설물 주변 2.0lux 이상 조도유지
　㉠ 광원의 종류
　　• 열효율은 나트륨등이 가장 높고, 백열등이 가장 낮음, 수명은 수은등이 가장 긺
　　• 나트륨등 : 따뜻한 오렌지 색으로 물체의 투시성이 좋아 안개지역의 조명, 도로조명, 터널조명 등에 사용
　　• 수은등 : 차가운 느낌을 주며 수목과 잔디의 황록색을 살리는 데 최적

10. 기타 장치물 및 그 밖의 시설물 공사

① **볼라드** : 보행인과 차량 교통 분리를 위해 도로변에 설치하는 시설물로 보도와 차도를 분리할 경우 차도 경계부에서 2m 정도, 높이 30~70cm로 설치, 볼라드의 색은 식별성을 높이기 위해 바닥 포장 재료와 대비되는 밝은 색을 사용

② **트렐리스** : 격자울타리, 덩굴식물을 걸어 벽면을 꾸미기도 하고 작은 화분이나 정원용품을 걸기도 하며 간단한 눈가림 구실을 하며, 정원을 넓어 보이게 하는 효과가 있음

section 4 시방 및 적산

1. 조경시방

① **시방서의 의의** : 설계자가 설계도면에 표현하기 어려운 사항을 자세히 기술하여 의사를 전달

② **시방서에 포함되어야 할 내용** : 공사개요 및 시공에 대한 보충·주의사항, 시공방법의 정도, 완성정도, 식공에 필요한 각종 설비, 재료 및 시공에 관한 검사, 재료의 종류, 품질 및 용도

③ **적용순위** : 현장설명서 → 특별시방서 → 설계도면 → 표준시방서 → 물량내역서

2. 조경적산

① 적산 : 공사에 소요되는 재료량 및 품을 산출하는 것으로, 도면과 시방서에 의하여 공사에 소요되는 자재의 수량, 시공면적, 체적 등의 공사량을 산출하는 과정, 적산을 통해 산출된 공사비는 공사 예정가격의 결정, 공사계약, 공사수행을 위한 실행내역서의 기본이 되며, 시공품질을 좌우하는 근간이 됨

② 견적 : 수량에 단가를 적용하여 비용을 산출하는 것

3. 조경 표준품셈

▶ 재료의 할증율

종목		할증율(%)	종목		할증율(%)
조경용수목		10	경계블록		3
잔디 및 초화류		10	호안블록		5
목재	각재	5	원형철근		5
	판재	10	이형철근		3
합판	일반용합판	3	벽돌	붉은벽돌	3
	수장용합판	5		시멘트벽돌	5
원석(마름돌)		30	도료		2
석판재 붙임용재	정형돌	10	레미콘	무근구조물	2
	부정형돌	30		철근구조물	1
타일	모자이크, 도기, 자기	3	포장용 시멘트	정치식	2
	아스팔트, 비닐	5		기타	3

4. 공사비 산출

① 재료비 = 직접재료비 + 간접재료비 − 작업설·부산물 등의 환금금액

② 노무비 = 직접노무비 + 간접노무비

③ 경비 = 공사의 시공을 위하여 소모되는 공사원가 중 재료비, 노무비를 제외한 원가
  전력비, 수도광열비, 운반비, 안전관리비, 보험료, 특허권사용료, 기술료 등

④ 순공사원가 = 재료비 + 노무비 + 경비

⑤ 일반관리비 = (재료비 + 노무비 + 경비) × 일반관리비율

⑥ 이윤 = (노무경비 + 경비 + 일반관리비) × 이윤율

⑦ 총원가 = 재료비 + 경비 + 일반관리비 + 이윤

⑧ 공사손해보험료 = 총원가 × 보험료율

⑨ 부가가치세 = 총원가 × 10%
⑩ 예정가격(도급액) = 총원가 + 공사손해보험료 + 부가가치세

section 5 조경식물 관리

1. 전정의 종류
① 생장을 돕기 위한 전정 : 병충해 피해지, 고사지, 꺾어진 가지 등을 제거하여 생장을 돕는 방법
② 생장을 억제하는 전정
  ㉠ 형태 고정을 위한 전정 : 향나무류, 회양목, 산울타리 등
  ㉡ 소나무의 순지르기, 활엽수의 잎따기 등
③ 갱신을 위한 전정
  ㉠ 맹아력이 강한 나무, 늙은 나무, 꽃 나쁜 나무에 실시
  ㉡ 갱신 전정 수종 : 늙은 과일나무, 장미, 배롱나무, 팔손이나무 등
④ 개화 · 결실을 많게 하기 위한 전정
  ㉠ 결실을 위한 전정으로 해거리 방지가 가능
  ㉡ 감나무, 각종 과수나무, 장미의 여름 전정 등이 해당
⑤ 생리조절을 위한 전정
  ㉠ 이식할 때 지하부가 잘린 만큼 지상부를 전정하여 균형을 유지
  ㉡ 병든 가지, 혼잡한 가지 제거 : 통풍과 탄소 동화작용을 촉진

2. 수목의 개화 습성
① 당년생 가지에 개화 : 장미, 무궁화, 배롱나무, 나무수국, 능소화, 대추나무, 포도, 감나무 등
② 2년생 가지에 개화 : 매화류, 진달래, 목련, 철쭉류, 복숭아, 생강나무, 산수유, 앵두나무, 살구나무, 수수꽃다리, 개나리, 박태기나무, 벚나무, 수양버들 등
③ 3년생 가지에 개화 : 사과나무, 배나무, 명자나무 등
④ 가지 끝에 꽃눈 부착 : 자목련, 치자나무, 철쭉류, 해당화 등
⑤ 곁눈에 꽃눈 부착 : 명자나무, 목서류, 벚나무, 매화나무, 복숭아, 조팝나무 등
⑥ 가지 끝과 곁눈에 꽃눈 부착 : 개나리, 목련, 동백, 수국, 무궁화, 싸리, 능소화 등

3. 전정의 순서와 전정할 가지

① 전정 순서

　㉠ 전체수형을 스케치한다.

　㉡ 위에서 아래로, 밖에서 안으로 전정한다.

　㉢ 굵은 가지를 먼저 전정하고, 가는 가지 순으로 전정한다.

② 전정할 가지

　㉠ 도장지 : 수형과 통풍에 방해를 준다.

　㉡ 안으로 향한 가지 : 통풍을 방해하고 미관상 좋지 않다.

　㉢ 고사지, 병충해 입은 가지

　㉣ 아래로 향한 가지 : 수형을 나쁘게 한다.

　㉤ 줄기에 움돋은 가지 : 줄기 중간이나 땅에 접한 부위의 움

　㉥ 교차한 가지 : 주가 되는 굵은 가지와 서로 교차되는 가지

　㉦ 평행지 : 같은 장소에서 같은 방향으로 평행하게 난 가지

　㉧ 신초 : 맨 위의 신초는 하나만 남긴다.

4. 식물에 흡수되는 양분과 역할

① 식물에 필요한 16대 원소

　㉠ 다량원소 : C, H, O, N, P, K, Ca, Mg, S

　㉡ 미량원소 : Fe, Mn, Mo, B, Zn, Cu, Cl 등

　㉢ 비료의 3요소 [4요소] : 질소(N), 인(P), 칼륨(K) [칼슘(Ca)]

5. 수간 주입(수간 주사)

① 시기 : 4~9월 증산작용이 왕성한 맑은 날에 실시한다.

② 수간 주입 방법

　㉠ 구멍뚫기(2곳) : 수간 밑 5~10cm, 반대쪽 지상 10~15cm 구멍각도 20~30°, 구멍지름(5mm) 깊이 3~4cm

　㉡ 수간 주입기 : 높이 180cm 정도에 고정함

　㉢ 주입관 삽입 : 구멍 속에 약액을 채워 공기를 뺀 후 주입관을 넣고 마개로 닫음

6. 엽면 시비

① 목적 : 약해, 동해, 공해 또는 인위적 해에 의해 나무 세력이 쇠약해졌을 때 잎이 양분을 공급하여 회복시킨다.

② 맑은 날 오전 : 대상 나무에 요소나 영양제를 필요 농도로 희석하여 지상부 몸 전체가 충

분히 젖도록 분무 살포한다.

7. 주요 병충해의 증상 및 방제법

① 주요 병해별 가해 증상 및 방제법

병해	증상 및 방제법
흰가루병	- 잎과 가지에 흰가루가 생긴다. - 병엽이나 가지를 소각한다. - 새 눈 나오기 전에 석회황합제를 산포하고, 여름에는 베노밀, 지온판, 만코지를 살포한다.
부란병	- 수피가 갈색으로 부푼다. - 환부를 도려내고 알코올 소독을 한다. 겨울에 보르도액을 살포한다.
그을음병	- 깍지벌레, 진딧물의 배설물에 의해 발생되며 잎과 줄기에 그을음이 형성된다.
줄기마름병	- 수피가 파열되고 환부 표면에는 오균체가 형성된다. - 동해를 예방하고 환부 절단 후 발코트를 바른다. - 이른 봄에 보르도액을 살포한다.
탄저병	- 5~6월에 엽맥과 새 가지에 담갈색 및 회갈색의 윤문이 발생한다. - 6월에 10일 간격으로 만코지를 사용한다.
빗자루병	- 잎과 줄기에 피해를 입히며, 피해를 입은 잎은 소형으로 담황록색을 띤다. - 매개충인 담배장님노린재, 마름무늬매미충을 제거한다. - 옥시테트라 사이클린을 수간에 주입한다.
갈색무늬병	- 7월~늦가을에 병든 잎에 갈색으로 변한다. - 병든 잎은 8월 조기 낙엽이 된다. 싹트기 전에 보르도액을 살포한다.

② 주요 해충별 가해 증상 및 방제법

해충	증상 및 방제법
응애류	- 잎 뒷면의 즙을 먹어 노란색 반점을 남긴다. - 응애는 살비제를 사용하되 동일 약종을 계속 사용하면 약제에 대하여 저항성의 응애가 생기므로 같은 약종의 연용은 피해야 한다. - 응애 발생기인 4월 중, 하순에 시중에 판매되는 응애약을 7~10일 간격으로 3회 정도 살포한다. - 응애류는 농약의 남용으로 천적인 무당벌레, 풀잠자리, 포식성응애, 거미 등이 감소되었을 때 발생하기 쉬우므로, 천적을 보호하여 생태계의 균형을 유지하도록 해야 한다.
깍지벌레류	- 잎, 가지에 피해를 입히고 2차적으로 그을음병을 유발한다. - 수프라사이드 40% 유제 1,000배액을 5월 중, 하순에 1주일 간격으로 2~3회 살포한다. - 기계유 유제 95% 유제를 12~4월에 1주일 간격으로 2~3회 살포해도 된다. - 무당벌레류, 잠자리류 등의 천적을 보호하면 좋다.
진딧물류	- 잎, 가지에 피해를 입히고 황화현상, 그을음병을 유발한다. - 발생 초기인 4월에 마라톤 50% 유제, 개량메타시스톡스 25% 유제 등의 시중 판매 농약을 1,000배액으로 하여 살포한다. - 무당벌레류, 꽃등애류, 풀잠자리류, 기생봉 등의 천적을 보호해야 좋다.

미국흰불나방	- 잎이나 가지에 거미줄, 애벌레가 집단 서식하면서 분산해서 피해를 입힌다. - 유충가해기에 생물농약인 슈리사이드 1,000배액을 살포한다. - 군서하는 유충을 피해 잎과 함께 채취하여 태운다. - 8월 중순에 피해목 수간에 잠복소를 설치하여 유인 · 살포한다. - 보통 디프 50% 유제, 80% 수용제를 1,000배액으로 살포한다.
솔나방(디프제)	- 송충이, 애벌레가 솔잎을 갉아먹어 나중에 말라 죽게 된다. - 유충가해기에 마라톤 50% 유제 1,000배액 또는 70% 유제 1,500배액을 살포한다. - 10월에 피해수간에 짚, 거적을 감아 월동 유충이 들어가게 한 다음 3월 이전에 방제하여 태운다. - 7월 하순에서 8월 상순에 성충을 등화유살(불빛으로 모은 다음 죽임)한다. - 뻐꾸기, 꾀꼬리, 두견새 등은 송충을 잡아먹으므로 보호, 활용해야 한다.
오리나무잎벌레	- 애벌레는 굼벵이로 뿌리에 피해를 입히고, 엄지벌레인 풍뎅이는 밤에 잎에 피해를 준다. - 유충가해기인 5월 하순~7월 하순에 디프제 1,000배액을 살포한다. - 4월 하순~5월 상순 또는 7~8월에 성충을 잡아 죽인다(포살). - 5~6월 잎 뒷면의 알 덩어리 또는 군서 유충을 채취 · 소각한다.
독나방	- 잎에 피해를 주며, 잎맥을 남겨 그물 모양으로 된다. - 4~5월과 8~10월이 유충가해기인데, 이때 디프 4% 분제 또는 80% 수용제, 1,000배액을 살포한다. 성충우화기인 6~7월에 등화 유살한다. - 군서(무리지어 사는 것)하는 피해 잎과 채취 · 소각(불태움)한다.
측백나무 하늘소	- 애벌레가 줄기 속을 가해한다. - 피해를 입은 가지나 줄기를 10월부터 2월까지 소각한다. - 4월 상~하순에 메프(스미치온류 등) 1,000배액을 2~3회 살포하여 부화 유충을 죽게 한다.
솔잎혹파리	- 애벌레가 잎 기부에 혹을 만들고 즙을 빨아먹는다. - 침투성 살충제를 사용한다. - 다이메크론 등을 6월 상~7월 중순에 나무줄기에 주사한다. - 침투성 살충제(입제)를 5월 하~6월 중순에 나크 3% 분제를 2~3회 지면에 살포하기도 한다. - 피해목을 9월 이전에 벌채해야 한다. - 천적기생벌인 솔잎혹파리먹좀벌, 혹파리, 살이먹좀벌 등을 방사하면 효과가 좋다.
소나무솜	- 근처에 있는 뽕나무 원목이나 잘라낸 뿌리의 껍실을 벗겨 제거한다.

8. 농약의 종류와 특성

구분		포장지 색깔	특성 및 종류
살충제		초록색	- 해충을 방제하는 약제이다. - 디프테렉스, 스미티온, 파라티온에틸 등이 있다.
살비제		초록색	- 응애목에 속하는 해충을 방제한다.
살균제		분홍색	- 병원균을 방제한다. - 다이센 M~45, 보르도액, 석회황합제 등이 있다.
제초제	선택성	노란색	- 잔디를 제외한 잡초를 살초하는 약제이다.
	비선택성	적색	- 수목과 잡초를 모두 살초한다.

생장조절제	청색	– 생장을 촉진하고 낙과를 방지한다. – 옥신, 지베렐린, 시토키닌, ABA, 에틸렌 등이 있다.
보조제	흰색	– 농약이 해충의 몸이나 농작물의 표면에 잘 묻도록 하여 약효를 높여주는 약제이다.

9. 잔디떳밥주기

① 목적 : 땅속줄기가 땅 위로 노출되는 것을 막아 표면이 고른 잔디밭으로 관리

② 효과

　㉠ 노출된 땅속줄기를 보호하고, 뿌리의 신장을 촉진한다.

　㉡ 잔디밭 표면을 고르게 한다.

　㉢ 토양 개량제를 혼합하면 토양 개량 효과를 얻을 수 있다.

　㉣ 퇴적된 덤불 잔디나 잔디 방석의 분해를 촉진한다.

section 6　조경시설물 관리

1. 조경관리계획

① 조경관리 : 조경이 이루어진 공간의 모든 시설과 식물이 설계자의 의도에 따라 운영되고, 이용하는 사람들이 요구하는 기능을 항상 유지하면서 충분히 발휘할 수 있도록 관리하는 것

② 조경관리구분

　㉠ 운영관리 : 이용 가능한 구성요소를 더 효과적이고 안전하게 또 더 많은 사람이 이용하기 위한 방법으로 예산, 제무제도, 조직, 재산 등의 관리 – 예산, 재무, 조직, 재산 등

　㉡ 이용관리 : 조성된 조경공간에 이용자 형태와 선호를 조사·분석하여 그 시대와 사회에 맞는 적절한 이용프로그램을 개발하여 이용에 대한 기회를 증가시키는 방법

　　• 주민참여유도, 안전관리, 홍보, 이용지도, 행사프로그램 주도 등

　　• 안전관리(사고의 종류)

　　　– 설치하자에 의한 사고 : 시설구조 자체의 결함, 시설배치 또는 설치의 미비로 인한 사고

　　　– 관리하자에 의한 사고 : 시설의 노후, 위험한 장소에 대한 안전대책 미비, 위험물 방치로 인한 사고

- 보호자, 이용자 부주의에 의한 사고 : 부주의, 보호자의 감독 불충분, 자연재해 등에 의한 사고
    ㉢ 유지관리 : 휴양시설, 놀이시설, 운동시설, 편익시설, 조명시설 등을 관리내용으로 잔디, 초화류, 식재수목, 기반시설물 등의 관리가 유지관리에 속함

2. 연간작업계획

① 작업의 종류
  ㉠ 정기작업 : 청소, 점검, 수목의 전정, 병충해 방제, 거름주기, 페인트칠 등
  ㉡ 부정기작업 : 죽은 나무 제거 및 보식, 시설물의 보수 등
  ㉢ 임시작업 : 태풍, 홍수 등 기상재해로 인한 피해 등

② 관리의 시간적 계획
  ㉠ 장기계획 : 15~30년, 시설 구조물 등
  ㉡ 단기계획 : 2~3년, 페인트칠, 보수계획
  ㉢ 연간계획 : 1년 간격, 식물관리(전정), 병충해 방제, 수관손질 등

③ 작업의 시기선정 및 내용
  ㉠ 조경식물은 계절에 따라 작업 내용이 달라지고, 일정한 시기에 작업을 하여야 하기 때문에 이를 고려하여 계획
  ㉡ 낙엽수전정 : 12~2월, 초화류는 사계절 감상할 수 있는 화단이 조성되도록 계획
  ㉢ 잔디는 깎기, 제초, 거름주기, 뗏밥주기, 보식, 병해충 방제 등의 내용 포함

3. 조경시설물 관리

① **조경시설물** : 도시공원, 자연공원, 유원지, 학교, 정원에 이르기까지 조경공간 내에 설치된 모든 시설
  ㉠ 시설물의 관리 원칙
  - 시설물의 이용자 수가 설계할 때의 추정치보다 많은 경우 시설물을 증설하여 이용자의 편의를 도모
  - 여름철 그늘이 충분하지 않은 곳은 차광시설이나 녹음수 식재
  - 노인, 주부들의 체류시간이 긴 곳은 가능한 목재로 교체
  - 그늘이나 습기가 많은 곳의 목재시설물은 석재로 교체
  - 바닥에 물이 고이는 곳은 배수시설을 한 후 지면을 높이고 다시 포장
  - 이용자의 사용빈도가 높은 것의 접합부분은 충분히 죄어 놓거나 풀리지 않게 용접

② 시설물의 관리내용
　㉠ 목재
　　• 좀 부분이나 땅에 묻힌 부분은 부식하기 쉬우므로 방부제 처리 및 모르타르를 칠해 주어야 함
　　• 2년이 경과한 것은 정기적인 보수를 하고 방부제를 사용
　㉡ 철재시설
　　• 녹이 슬면 미관상 안 좋고 강도가 떨어져 위험하므로 광명단(녹막이칠)을 함
　　• 도장이 벗겨진 곳은 녹막이 칠을 두 번 한 다음 유성페인트를 칠해 주고, 파손이 심한 부분은 교체
　　• 회전부분에 정기적으로 그리스르 주입, 베어링의 마멸 여부 점검 후 조치
　　• 접합부는 용접, 리벳, 볼트, 너트 등을 점검
　㉢ 합성수지놀이시설
　　• 주로 이용되는 재료는 FRP이며, 겨울철 저온 시 충격에 의한 파손을 주의해야 함
　㉣ 콘크리트시설물
　　• 도장은 3년에 한 번 정도 다시 도장
　　• 운동장의 조건 : 배수가 잘되고 먼지가 나지 않게 적당한 보습력을 유지해야 함, 구기종목의 운동시설 설치 방향은 햇빛의 반사를 막기 위해 남북으로 길게 설치, 운동장 포장재료는 점토, 앙투카(붉은벽돌가루), 잔디
　㉤ 콘크리트 포장관리
　　• 충전법 : 줄눈이나 균열이 생긴 부분에 충전재 주입
　　• 모르타르 주입공법 : 기층재료분리 시 – 포장면에 구멍을 뚫고 시멘트나 아스팔트 주입
　　• 포장 슬래브 불균일 시 : 모르타르 주입 포장면을 들어올림
　　• 덧씌우기 : 콘크리트 포장에 균열이 많아져서 전면적으로 파손될 염려가 있는 경우 실시
　　• 침하된 곳 : 균열부 청소, 아스팔트 유제를 도포하고 아스팔트 모르타르 또는 아스팔트혼합물로 메우기
　㉥ 아스팔트포장 : 덧씌우기 두께가 2.5cm 이상 되도록 한다.
　㉦ 시멘트콘크리트 : 5~7m 간격으로 줄눈을 설치 온도변화, 함수량변화에 의한 파손을 방지한다.
　㉧ 블록포장 : 파손 시 교체, 요철 시 모래로 충분히 넣고 수평고르기 후 블록 깐다.
　㉨ 수경시설관리

- 연못 : 급수구와 배수구가 막히는 일이 없도록 수시로 점검하고 겨울철에 동파방지를 위해 물을 뺌, 연못에 가라앉은 이물질 제거
- 분수 : 고정식은 겨울철 동파방지 위해 물을 빼고 이동식을 이물질 제거
- 급·배수시설 : 누수점검, 녹이 스는 부분은 정기적으로 녹막이 칠을 함

ⓒ 조명시설
- 철재로 등주를 사용할 시 부식을 막기 위해 방부 처리
- 해안지방이나 교통량이 많은 지역의 등주는 도장의 주기를 짧게 해주거나 플라스틱 피막을 한 등주로 교체
- 강철 조명등은 내구성은 강하지만 부식이 잘됨
- 콘크리트 조명등은 유지가 용이하고 내구성은 강하지만 설치 시 무게로 장비가 요구됨
- 나무로 만든 조명등은 미관적으로 좋고 초기의 유지가 용이
- 1년에 1회 이상 청소

Part2

과년도 출제문제

2010년 기출문제
2011년 기출문제
2012년 기출문제
2013년 기출문제
2014년 기출문제
2015년 기출문제

국가기술자격검정 필기시험

2010년도 조경기능사 과년도 출제문제 제1회

자격종목 및 등급(선택분야)	종목코드	시험시간	문제지형별	수검번호	성명
조경기능사	6335	1시간	A		

1 우리나라 전통조경의 설명으로 옳지 않은 것은?

① 신선사상에 근거를 두고 여기에 음양오행설이 가미되었다.
② 연못의 모양은 조롱박형, 목숨수자형, 마음심자형 등 여러 가지가 있다.
③ 연못은 땅, 즉 음을 상징하고 있다.
④ 둥근 섬은 하늘, 즉 양을 상징하고 있다.

해설 우리나라 전통조경에서 가장 흔한 연못의 형태는 방지의 형태로 둥근 섬을 넣은 방지원도, 네모진 섬을 넣은 방지방도가 있다. 연못의 형태가 조롱박형, 목숨수자형, 마음심자형의 형태는 15세기 이후 일본의 조경양식에서 많이 볼 수 있는 조경수법이다.

2 도시공원 및 녹지 등에 관한 법규상 도시공원 설치 및 규모의 기준에서 어린이공원의 최소규모는 얼마인가?

① 500㎡
② 1000㎡
③ 1500㎡
④ 2000㎡

해설

	공원구분	설치기준	유치거리	규모	공원시설 부지면적
생활권공원	소공원	제한없음	제한없음	제한없음	20% 이하
	어린이공원	제한없음	250m 이하	1,500㎡ 이상	60% 이하
	근린생활권 근린공원	제한없음	500m 이하	10,000㎡ 이상	40% 이하
	도보권 근린공원	제한없음	1,000m 이하	30,000㎡ 이상	
생활권공원	근린공원	도시자연권 근린공원	해당 도시공원의 기능을 충분히 발휘할 수 있는 장소에 설치	제한없음	100,000㎡	
		광역권 근린공원	해당 도시공원의 기능을 충분히 발휘할 수 있는 장소에 설치	제한없음	1,000,000㎡	
주제공원		역사공원	제한없음	제한없음	제한없음	제한없음
		문화공원	제한없음	제한없음	제한없음	제한없음
		수변공원	하천, 호수 등의 수변과 접하고 있어 친수공간을 조성할 수 있는 곳에 설치	제한없음	제한없음	40% 이하
		묘지공원	정숙한 장소로 장래 시가화가 예상되지 아니하는 자연녹지지역에 설치	제한없음	100,000㎡	20% 이하
		체육공원	해당 도시공원의 기능을 충분히 발휘할 수 있는 장소에 설치	제한없음	10,000㎡	50% 이하
		특별시·광역시 또는 도의 조례가 정하는 공원	제한없음	제한없음	제한없음	제한없음
		도시농업공원			1,000,000㎡	40% 이하

3 일반도시에서 가장 많이 사용되고 있는 이상적인 녹지 계통은?

① 분산식
② 방사식
③ 환상식
④ 방사환상식

정답 1. ② 2. ③ 3. ④

> **해설**
> - 분산식 : 녹지대가 여기저기 여러 형태로 배치된 형태
> - 환상식 : 도시를 중심으로 5~10km의 둥그런 띠모양으로 되어 있어 도시가 확대되는 것을 방지하는데 효과적이다.
> - 방사식 : 도시 중심으로 외부로 방사상의 녹지대
> - 방사환상식 : 방사식에다 환상식을 결합한 녹지형태로 이상적인 도시녹지형태이다.
> - 위성식 : 녹지대 안에 시가지가 있는 형태로 대도시에만 적용된다.
> - 방사분산식 : 분산녹지대를 방사형태로 질서있게 배치한 것이다.
> - 평행식 : 도시형태가 띠모양일 때 녹지대도 도시형태를 따라 평행하게 배치하는 것이다.

4 어린이공원에 심을 경우 어린이에게 해를 가할 수 있기 때문에 식재하지 말아야 할 수종은?

① 느티나무 ② 음나무
③ 일본목련 ④ 모란

> **해설** 음나무(엄나무)(Carstor Aralia, Kalopanax) : 높이 25m까지 정도로 자라며, 수피는 흑갈색으로 가시가 많고 7~8월에 연한 노란색의 꽃이 달리며 열매는 둥글고 9~10월에 검은색으로 익는다. 따라서 가시가 줄기에 빈틈없이 나있기 때문에 어린이들에게는 위험하다.

5 차경에 대한 설명 중 적당하지 않은 것은?

① 멀리 바라보이는 자연 풍경을 경관 구성 재료 일부분으로 이용하는 수법이다.
② 전망이 좋은 곳에서 쉽게 적용시킬 수 있는 수법이다.
③ 축을 강조하는 정원 양식에서 특히 많이 사용된다.
④ 차경을 이용할 때 정원은 깊이가 있게 된다.

> **해설** 차경(借景)의 원리는 정원 밖 경관의 일부를 정원 안에 조망으로 끌어들이는 수법이다.

6 일반적으로 수종 요구특성은 그 기능에 따라 구분되는데, 녹음식재용 수종에서 요구되는 특징으로 가장 적합한 것은?

① 생장이 빠르고 유지 관리가 용이한 관목류
② 지하고가 높고 병충해가 적은 낙엽 활엽수
③ 아래 가지가 쉽게 말라 죽지 않는 상록수
④ 수형이 단정하고 아름다운 상록 침엽수

> **해설** 녹음수는 여름철 강한 햇빛을 차단하여 그늘을 제공할 수 있는 넓은 잎을 지닌 큰 나무인 교목으로서 겨울철에는 낙엽이 져서 햇빛을 지표면에 투과할 수 있는 활엽수가 되어야 한다. 또한 지하고는 지상에서 최초의 가지까지의 높이를 뜻하는 용어로서 지하고가 낮으면 시야가 차단되기 때문에 지하고가 높아야 한다.

7 하나의 정원 속에 여러 비율로 꾸며 놓은 국부를 함께 가지고 있으며, 조화보다 대비를 한층 더 중요시 한 나라는?

① 중국 ② 영국
③ 독일 ④ 한국

> **해설** 중국 정원은 대비를, 일본 정원은 조화를 중요시 하였다.

8 지면보다 1.5m 높은 현관까지 계단을 설계하려 한다. 답면을 30cm로 적용할 때 필요한 계단 수는? (단, 2a+b=60cm로 지정한다)

① 10단 정도
② 20단 정도
③ 30단 정도
④ 40단 정도

> **해설** 2a+b=60cm일 때 (2x)+30=60, x=15cm 따라서 1.5m는 150cm이므로 150÷15=10단

정답 4. ② 5. ③ 6. ② 7. ① 8. ①

2010년 기출

9 조경의 내용 범위에 포함하기 어려운 것은?

① 공원의 조성
② 자연보호
③ 경관보존
④ 도시지역의 확대

> **해설** 조경은 자원의 보존과 효율적인 관리를 도모하여 급속한 경제개발로 인한 국토훼손의 방지를 위한 목적을 갖는다.

10 골프장 코스를 구성하는 요소 중 페어웨이와 그린 주변에 모래 웅덩이를 조성해 놓은 곳은?

① 티
② 벙커
③ 해저드벙커
④ 러프

> **해설**
> • 티(Tee) : 출발지역으로 1~2%경사가 있으며, 면적은 400~500㎡ 정도
> • 벙커(Bunker) : 골프장 코스내 에 있는 장애물의 일종인 모래 웅덩이
> • 해저드(Hazard) : 연못, 하천등의 장애지역
> • 러프(Rough) : 페어웨이 주변의 풀을 깎지 않은 초지

11 치수선 및 치수에 대한 기본적인 설명으로 부적합한 것은?

① 단위는 ㎜로 하고, 단위표시를 반드시 기입한다.
② 치수를 표시할 때에는 치수선과 치수보조선을 사용한다.
③ 치수선은 치수보조선에 직각이 되도록 긋는다.
④ 치수의 기입은 치수선에 따라 도면에 평행하게 기입한다.

> **해설** 치수표시는 ㎜로 하되 치수선에는 숫자만 기입한다.

12 회화에 있어서 이 농담법과 같은 수법으로 화단의 풀꽃을 엷은 빛깔에서 점점 짙은 빛깔로 맞추어 나갈 때 생기는 아름다움은?

① 단순미
② 통일미
③ 반복미
④ 점층미

> **해설** 점증(Gradation)는 점이 또는 점층이라고도 하며, 형태나 선, 색깔 소리 등이 점차적으로 증가 또는 감소하는 것을 말한다. 점증미를 쓰면 좁은 조경 부지에서 실제보다 10% 크고 넓게 보이는 효과가 있다.

13 연못의 모양(호안)이 다양하고 못 속에 대(남쪽), 중(북쪽), 소(중앙) 3개 섬이 타원형을 이루고 있는 정원은?

① 부여의 궁남지
② 경주의 안압지
③ 비원의 옥류천
④ 창덕궁의 부용지

> **해설** 삼국사기에 보면 통일신라 674년 문무왕 14년에 궁성 안에 못을 파고 산을 만들어 화초를 기르고 진금이수(珍禽異獸)을 양육하였다로 하였으며 그때 판 못이며 임해전에 딸린 것으로 동서 20m, 남북 180m의 안압지는 면적 40,000㎡, 연못은 17,000㎡로 신선사상을 배경으로 하고 3개의 섬이 있다. 한자의 해석은 기러기 안, 오리 압, 연못 지이다.

14 명암순응(明暗順應)에 대한 설명으로 틀린 것은?

① 눈이 빛의 밝기에 순응해서 물체를 본다는 것을 명암순응이라 한다.
② 맑은 날 색을 본 것과 흐린 날 색을 본 것이 같이 느껴지는 것이 명순응이다.
③ 터널에 들어갈 때와 나갈 때의 밝기가 급격히 변하지 않도록 명암순응식재를 한다.
④ 명순응에 비해 암순응은 장시간을 필요로 한다.

정답 9. ④ 10. ② 11. ① 12. ④ 13. ② 14. ②

해설 명순응 : 어두운 곳에서 밝은 곳으로 옮기면 처음에는 눈이 부시나 차차 적응하여 정상상태로 돌아가는 현상 터널안에서 밖으로 나올 때 발생한다. ② 암순응으로 밝은 곳에서 어두운 곳으로 이동하면 잠깐 동안 아무것도 볼 수 없는 현상

15 제도용구로 사용되는 삼각자 한 쌍(직각이등변삼각형과 직각삼각형)으로 작도할 수 있는 각도는?

① 65°
② 95°
③ 105°
④ 125°

해설 한 쌍의 삼각자를 이용하여 그을 수 있는 각도는 30°, 45°, 60°, 90°, 105°, 120°, 135°, 150°

16 통나무로 계단을 만들 때의 재료로 가장 적합하지 않은 것은?

① 소나무
② 편백
③ 수양버들
④ 떡갈나무

해설 수양버들은 사시나무 종류를 포함하는 버드나무과로서 목재의 강도가 연하여 높은 강도를 요구하는 계단용 소재로 부적합하다.

17 다음 중 주로 흙막이용 돌공사에 사용되는 가공석은?

① 각석
② 판석
③ 마름돌
④ 견칫돌

해설 견칫돌은 길이를 앞면 길이의 1.5배 이상으로 다듬어 사용하는 돌로서 옹벽 등의 쌓기용으로 메쌓기나 찰쌓기에 사용하는 흙막이용 돌쌓기에 사용된다.

18 식물의 생육에 가장 알맞은 토양이 용적 비율(%)은? (단, 광물질 : 수분 : 공기 : 유기질의 순서로 나타낸다)

① 50 : 20 : 20 : 10
② 45 : 30 : 20 : 5
③ 40 : 30 : 15 : 15
④ 40 : 30 : 20 : 10

해설 토양의 3상(相)에 관한 문제로서 작물생육에 이상적인 토양은 고체인 고상이 50%, 액체(수분)인 액상이 25%, 공기(산소)인 기상이 25%인데 고상은 다시 광물질 45%와 유기물 5%로 나누어진다. 따라서 이러한 비율에 가까운 비율인 '②'가 정답이 된다.

19 다음 중 일반적으로 대기오염 물질인 아황산가스에 대한 저항성이 강한 수종은?

① 전나무
② 산벚나무
③ 편백
④ 소나무

해설 일반적으로 대기오염물질에 소나무과 식물(소나무, 전나무, 잣나무 등)은 약한 반면 측백나무과(향나무, 측백나무, 화백나무, 편백나무 등)는 강한 수종에 포함된다.

20 다음 중 석재의 비중을 구하는 식은?

A: 공시체의 건조무게(g)
B: 공시체의 침수 후 표면 건조포화 상태의 공시체의 무게(g)
C: 공시체의 수중무게(g))

① A/B+C
② A/B−C
③ C/A−B
④ B/A+C

해설 비중=중량/부피

정답 15. ③ 16. ③ 17. ④ 18. ② 19. ③ 20. ②

2010년 기출

21 단풍의 색깔이 선명하게 드는 환경을 올바르게 설명한 것은?

① 날씨가 추워서 햇빛을 보지 못할 때
② 비가 자주 올 때
③ 바람이 세게 불고 햇빛을 적게 받을 때
④ 가을의 맑은 날이 계속되고 밤, 낮의 기온 차가 클 때

해설 단풍의 생성원인은 온도가 저하되면 엽록소가 파괴되면서 새로운 적색계통의 색소인 안토시아닌이 생성되는 것으로서 햇빛의 자외선이 안토시아닌 색소의 형성을 촉진하는 동시에 낮밤의 온도 차이(변온)가 크면 호흡이 억제되어 양분축적이 증가되어 안토시아닌의 원료로 사용하게 된다.

22 다음과 같은 기능을 가진 가장 적합한 수종으로만 구성된 것은?

> 차량의 왕래가 빈번하여 많은 소음이 발생되는 곳에서 소음을 차단하거나 감소시키기 위하여 나무를 심어 녹지 공간을 만든다. 방음용 수목으로는 잎이 치밀한 상록교목이 바람직하며, 지하고가 낮고 자동차의 배기가스에 견디는 힘이 강한 것이 좋다.

① 은행나무, 느티나무
② 녹나무, 아왜나무
③ 벚나무, 수국
④ 꽃사과나무, 단풍나무

해설 조경수목의 성상을 알면 풀 수 있는 문제로서 '①'의 은행나무와 느티나무는 낙엽교목, '③'의 산벚나무는 낙엽교목, 수국은 낙엽관목, '④'의 꽃사과나무와 단풍나무는 낙엽교목이다.

23 다음 수종 중 음수가 아닌 것은?

① 주목
② 독일가문비나무
③ 팔손이나무
④ 석류나무

해설 음수는 그늘에 견디는 성질인 내음성(耐陰性)이 높은 나무로서 팔손이나무, (개)비자나무, (눈)주목, 가시나무류, 회양목, 식나무, 아왜나무 등이 있고 석류나무는 양수이다.

24 다음 중 건축과 관련된 재료의 강도에 영향을 주는 요인이 아닌 것은?

① 온도와 습도
② 하중 속도
③ 하중 시간
④ 재료의 색

해설 재료의 색과 강도는 무관하다.

25 일반적인 플라스틱 제품의 특성으로 옳은 것은?

① 마모가 적고 탄력성이 크므로 바닥재료 등에 적합하다.
② 내열성이 크고 내후성, 내광성이 좋다.
③ 불에 타지 않으며 부식이 된다.
④ 흡수성이 크고 투수성이 부족하여 방수제로는 부적합하다.

해설 플라스틱류는 성형이 자유롭고 가벼우며 강도와 탄력이 크다. 또한 부식이 어렵고 방수기능을 가지고 있다. 그러나 내열성이 적어 불에 타기 쉽다.

정답 21. ④ 22. ② 23. ④ 24. ④ 25. ①

26 다음 중 경관적 가치가 요구되는 곳에 있는 대형 수목의 지주 재료로 널리 쓰이는 것은?

① 박피 통나무 지주대
② 대나무 지주대
③ 철선 지주대
④ 철재 지주대

해설 '①'과 '②'는 강도가 약해 대형수목의 하중을 지탱하기 어렵고 '④'는 경관을 해친다.

27 봄에 가장 일찍 꽃을 볼 수 있는 초화는?

① 팬지
② 백일홍
③ 칸나
④ 메리골드

해설 팬지는 봄 화단용 초화류이고 '②~④'는 여름에 식재하여 가을까지 이용하는 초화류이다.

28 다음 중 교목에 해당하는 수종은?

① 꼬리조팝나무
② 꽝꽝나무
③ 녹나무
④ 명자나무

해설 현저한 길이 생장 및 부피생장을 하며 줄기가 1개인 나무인 교목에 해당하는 수종을 찾는 문제로서 꼬리조팝나무와 꽝꽝나무, 명자나무는 한 나무에 많은 가는 줄기를 형성하는 관목이다.

29 퇴적암의 종류에 속하지 않는 것은?

① 안산암
② 응회암
③ 역암
④ 사암

해설 암석은 생성원인에 따라 3가지로 구분
화성암 : 지각 내부의 마그마가 굳어져서 형성된 암석 예 화강암, 섬록암, 유문암, 안산암, 현무암, 반려암 등
퇴적암 : 풍화물이 퇴적되어 굳어진 암석 예 사암, 혈암, 석회암, 응회암, 역암

변성암 : 화성암과 퇴적암이 열과 압력의 영향으로 변화된 암석 예 (화강)편마암, 점판암, 대리석, 규암

30 콘크리트의 혼화재료 중 혼화재에 해당하는 것은?

① AE제(공기연행제)
② 분산제(감수제)
③ 응결촉진제
④ 고로슬래그

해설
- 혼화재는 콘크리트 등에 특별한 성질을 주기 위해 반죽 혼합 전이나 혼합 중에 가해지는 시멘트, 물, 골재 이외의 재료로서 플라이애시, 고로슬래그, 미분말 포졸란 등으로서 반죽된 용적에 산입되는 것이다.
- 플라이애시는 포졸란의 일종으로 미분탄 연소 보일러의 폐가스에서 채집한 것으로 워커빌리티가 좋아진다.
- 슬래그는 금속이나 광석의 불순을 처리하는 제련, 용접, 다른 금속가공과정 및 연소과정에서 생기는 부산물로 광물찌꺼기이다.
- 포졸란은 자체의 수경성은 거의 없으나 물의 존재하에서 수산화칼슘과 상온에서 서서히 반응하여 불용성의 화합물을 만들어 경화하는 미분말상의 실리카겔 재료로 인장강도가 커진다. '①~③'은 혼화재로서 혼화재료 중에서 그 자체의 용적이 보통의 경우 콘크리트 등의 반죽된 용적에 산입되지 않는 것, 또는 반죽물과 치환할 수 있는 것이다.

31 일반적인 목재에 대한 특징 설명으로 부적합한 것은?

① 열전도율이 빠르다.
② 촉감이 좋다.
③ 친근감을 준다.
④ 내화성이 약하다.

해설 목재는 열전도유리 낮은 반면에 금속재료는 빠르다.

정답 26. ③ 27. ① 28. ③ 29. ① 30. ④ 31. ①

2010년 기출

32 질감(Texture)이 가장 부드럽게 느껴지는 수목은?

① 태산목
② 칠엽수
③ 회양목
④ 팔손이나무

> **해설** 질감은 보거나 느낄 수 있는 식물재료의 표면상태로 대체로 대형 잎을 지닌 식물(태산목, 칠엽수, 팔손이나무)은 질감이 거칠고 소형 잎을 지닌 식물(회양목)은 질감이 부드럽다.

33 운반 거리가 먼 레미콘이나 무더운 여름철 콘크리트의 시공에 사용하는 혼화제는?

① 지연제
② 감수제
③ 방수제
④ 경화촉진제

> **해설** 지연제는 시멘트나 콘크리트의 응결을 늦추기 위한 혼합제로서 콘크리트의 운반 시간이 길거나 무더운 여름철 중 콘크리트 등에 사용한다. 감수제는 시멘트입자가 분산하여 유동성이 많아지고 골재분리가 적으며 강도, 수밀성, 내구성이 증가해 워커빌리티가 증대된다. 이것을 사용하면 콘크리트의 양을 줄일 수 있다.

34 다음 중 덩굴식물(Vine)로만 구성되지 않은 것은?

① 등나무, 개노박덩굴, 멀꿀, 으름
② 송악, 등나무, 능소화, 돈나무
③ 담쟁이, 송악, 능소화, 인동덩굴
④ 담쟁이, 칡, 개노박덩굴, 능소화

> **해설** 돈나무는 상록활엽관목이다.

35 반죽질기의 정도에 따라 작업의 쉽고 어려운 정도, 재료의 분리에 저항하는 정도를 나타내는 콘크리트 성질에 관련된 용어는?

① 성형성(Plasticity)
② 마감성(Finishability)
③ 시공성(Workbility)
④ 레이턴스(Laitance)

> **해설**
> - Workability(시공성) : 콘크리트를 혼합한 다음 운반해서 다져 넣을 때까지 시공성의 좋고 나쁨을 나타내는 성질로서, 시공성의 좋고 나쁨은 작업의 용이한 정도 및 재료의 분리에 저항하는 정도로 나타난다. 워커빌리티가 좋은 콘크리트는 작업성이 좋고 분리도 거의 일어나지 않는다.
> - 성형성은 외부의 힘에 의하여 변형된 물체가 다시 원래의 형태로 돌아오지 않는 성질이다.
> - 마감성은 콘크리크 표면을 마무리할 때의 난이도를 뜻하는 용어이다.
> - 레이턴스는 블리딩과 같이 떠오른 미립물이 콘크리트 표면에 엷은 회색으로 침전되는 것이다.

36 솔잎혹파리에는 먹좀벌을 방사시키면 방제효과가 있다. 이러한 방제법에 해당하는 것은?

① 기계적 방제법
② 생물적 방제법
③ 물리적 방제법
④ 화학적 방제법

> **해설** '②'는 천적을 이용하여 병충해를 방제하는 방법이다. '①과 ③'은 유화등이나 덫, 포획망 등을 이용하는 방제법이고 '④'는 농약을 사용하는 방법이다.

37 모과나무, 벽오동, 배롱나무 등의 수목에 사용하는 월동방법으로 가장 적당한 것은?

① 흙묻기
② 짚싸기
③ 연기 씌우기
④ 시비 조절하기

정답 32. ③ 33. ① 34. ② 35. ③ 36. ② 37. ②

해설 추위에 약한 식물(주로 남부수종)은 따뜻한 곳으로 이식하거나 짚 등을 줄기와 가지에 감싸서 추위로부터 보호한다.

38 8월 중순경에 양버즘나무의 피해 나무줄기에 잠복소를 설치하여 가장 효과적인 방제가 가능한 해충은?

① 진딧물류
② 미국흰불나방
③ 하늘소류
④ 버들재주나방

해설 미국흰불나방은 캐나다 원산으로서 가로수와 정원수 특히 플라타너스(양버즘나무)에 피해가 심하다. 번데기가 되기 위해 은폐물을 찾아 모이는데 나무둥치에 잠복소(가로수나 주요 산림지대에 짚이나 가마니로 나무둥치를 싸놓은 것)를 설치하여 포살하는 방제법이 있다.

39 다음 중 파이토플라스마(Phytoplasma)에 의한 나무 병이 아닌 것은?

① 뽕나무 오갈병
② 대추나무 빗자루병
③ 벚나무 빗자루병
④ 오동나무 빗자루병

해설 파이토플라즈마는 바이러스와 세균의 중간에 위치한 미생물이다. '③'은 진균 중에서 자낭균류에 의한 병이다.

40 생울타리를 전지, 전정하려고 한다. 태양의 광선을 가장 골고루 받지 못하는 생울타리 단면의 모양은?

① 원주형
② 원뿔형
③ 역삼각형
④ 달걀형

해설 역삼각형 모양은 상부에 의하여 하부로의 빛이 차단되기 때문에 빛을 골고루 받기 어렵다.

41 시공계획의 4대 목표를 구성하는 요소가 아닌 것은?

① 원가
② 안전
③ 관리
④ 공정

해설 공사관리의 기본 : 공정관리, 품질관리, 원가관리, 안전관리

42 사람, 동물 또는 기계가 어떠한 일을 하는데 있어서 단위당 필요한 노력과 물질이 얼마가 되는지를 수량으로 작성해 놓은 것을 무엇이라 하는가?

① 투자
② 적산
③ 품셈
④ 견적

해설 품셈은 인간이나 기계가 공사 목적물을 달성하기 위하여 단위 물량당 소요로 하는 노력과 물질을 수량으로 표시한 것, 적산은 도면과 시방서에 의하여 공사에 소요되는 자재의 수량과 시공면적, 체적 등의 공사량을 산출하는 과정, 견적은 설계도서 완비 후 공사시공계획 조건에 맞게 공사수행에 필요한 자재와 인원 및 장비 등 총 공사비를 산출하는 것으로 공사량에 단가를 곱하여 공사비를 산출하는 것

43 조경공사에서 작은 언덕을 조성하는 흙쌓기 용어는?

① 사토
② 절토
③ 마운딩
④ 정지

해설 마운딩(Mounding)이란 경관의 변화, 방음, 방풍, 방설을 목적으로 작은 동산을 만드는 것, 사토는 흙을 버리는 것, 절토는 흙을 깎는 것, 정지는 작물을 재배하는데 토양조건을 개량, 정비하는 작업

정답 38. ② 39. ③ 40. ③ 41. ③ 42. ③ 43. ③

2010년 기출

44 해충 중에서 잎에 주사 바늘과 같은 침으로 식물체내에 있는 즙액을 빨아 먹는 종류가 아닌 것은?

① 응애
② 깍지벌레
③ 측백하늘소
④ 매미

[해설] 측백하늘소는 구멍을 뚫는 천공성 해충이다. 응애, 깍지벌레, 매미는 흡즙성 해충이다.

45 평판측량의 3요소에 해당하지 않은 것은?

① 정준
② 구심
③ 수준
④ 표정

[해설] 평판측량의 3요소
• 정준 – 평판이 수평이 되도록 하는 것
• 구심 – 지상의 측정과 도상의 측점을 일치시키는 것
• 표정 – 평판을 일정한 방향에 따라 고정시키는 작업으로 특히 표정이 중요하다.

46 오동나무 탄저병에 대한 설명으로 옳은 것은?

① 주로 뿌리에 발생하여 뿌리를 썩게 한다.
② 주로 열매에 많이 발생한다.
③ 담자균이 균사상태로 줄기에서 월동한다.
④ 주로 묘목의 줄기와 잎에 발생한다.

[해설] 탄저병은 병든 부위에 둥글게 함몰된 암색병반이 형성되면서 그 표면에 분홍색의 끈적한 점질물질이 형성되는 병이다.

47 조경공사에서 바닥포장인 판석시공에 관한 설명으로 틀린 것은?

① 판석은 점판암이나 화강석을 잘라서 사용한다.
② Y형의 줄눈은 불규칙하므로 통일성 있게 +자형의 줄눈이 되도록 한다.
③ 기층은 잡석다짐 후 콘크리트로 조성한다.
④ 가장자리에 놓을 판석은 선에 맞춰 절단하여 사용한다.

[해설] 판석의 줄눈은 +자형보다 Y자형이 시각적으로 좋으며, 줄눈의 폭은 보통 10~20mm, 깊이 5~10mm로 한다.

48 조경 구조물에 줄기초라고 부르며, 담장의 기초와 같이 길게 띠 모양으로 받치는 기초를 가리키는 것은?

① 독립기초
② 복합기초
③ 연속기초
④ 온통기초

[해설] ① 독립기초 : 각 기둥을 1개씩 받치는 기초로 지반의 지지력이 비교적 강한 경우 가능하다.
② 복합기초 : 2개 이상의 기둥을 합쳐서 1개의 기초로 받치는 것이다. 보통 간격이 좁은 경우에 적합하다.
③ 연속기초 : 줄기초라고도 하며, 담장의 기초와 같이 길게 띠모양으로 받치는 기초이다.
④ 온통기초 : 구조물 바닥을 전면적으로 1개의 기초로 받치는 기초로 지반의 지지력이 약할 때 사용된다. 고층아파트나 빌딩에 사용된다.

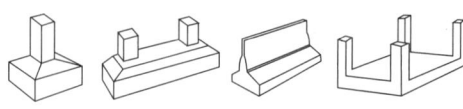

독립기초   복합기초   연속기초   온통기초

49 다음 중 토피어리(Topiary)를 가장 잘 설명한 것은?

① 어떤 물체(새, 배, 거북 등)의 형태로 다듬어진 나무
② 정지, 전정이 잘된 나무
③ 정지, 전정으로 모양이 좋아질 나무
④ 노쇠지, 고사지 등을 완전 제거한 나무

해설 지엽(枝葉)이 치밀한 식물을 여러 가지 형태의 동물 모양으로 자르고 다듬어 만든 작품을 뜻한다.

50 잔디 깎기의 설명이 잘못된 것은?

① 잘려진 잎은 한곳에 모아서 버린다.
② 가뭄이 계속 될 때는 짧게 깎아준다.
③ 일정한 주기로 깎아준다.
④ 일반적으로 난지형 잔디는 고온기에 잘 자라므로 여름에 자주 깎아 주어야 한다.

해설 가뭄이 계속 될 때에는 엽조직이 많이 남을 수 있도록 짧게 깎지 않도록 한다.

51 잔디밭 관리에 대한 설명으로 옳은 것은?

① 1년에 1~3회만 깎아준다.
② 겨울철에 뗏밥을 준다.
③ 여름철 물주기는 한낮에 한다.
④ 질소질 비료의 과용은 붉은녹병을 유발한다.

해설
- 잔디 깎는 시기 : 한국잔디는 6~8월, 서양잔디는 5~6월, 9~10월에 실시
- 뗏밥은 잔디의 생육이 가장 왕성한 시기에 실시(난지형은 늦봄, 한지형은 이른 봄과 가을)
- 관수는 효율과 일소현상 때문에 한낮은 피하고 오전이나 오후에 실시

52 바람의 피해로부터 보호하기 위해 굵은 가지치기를 실시하지 않아도 되는 수종으로 가장 적합한 것은?

① 독일가문비나무
② 수양버들
③ 자작나무
④ 느티나무

해설 '①~③'은 뿌리가 지표면 아래 토양층에 얕게 뿌리가 뻗는 천근성으로 바람에 뽑히기 쉬운 반면 '④'는 심근성으로 뿌리가 토양 깊게 박히기 때문에 내풍성(內風性)이 강하다.

53 나무를 옮길 때 잘려 진 뿌리의 절단면으로부터 새로운 뿌리가 돋아나는데 가장 중요한 영향을 미치는 것은?

① C/N
② 식물호르몬
③ 토양의 보비력
④ 잎으로부터의 증산 정도

해설 잎이 많으면 증산에 의한 수분손실이 많아져서 체내 수분결핍이 발생하여 새로운 뿌리형성이 어렵게 된다.

54 다음 중 치장 줄눈용 모르타르의 배합비는?

① 1 : 1
② 1 : 2
③ 1 : 3
④ 1 : 5

해설 '②'는 중요한 미장용 배합비, '③'은 가장 많이 사용하는 미장용 배합비

정답 49. ① 50. ② 51. ④ 52. ④ 53. ④ 54. ①

2010년 기출

55 그림과 같은 뿌리분 새끼감기의 방법은?

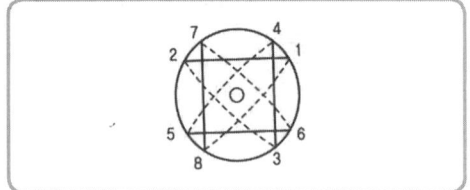

① 4줄 한번 걸기
② 4줄 두번 걸기
③ 4줄 세번 걸기
④ 3줄 두번 걸기

해설

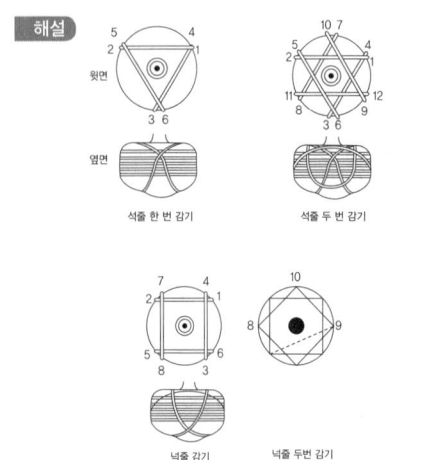

56 이식한 나무가 활착이 잘되도록 조치하는 방법 중 옳지 않은 것은?

① 현장 조사를 충분히 하여 이식 계획을 철저히 세운다.
② 나무의 식재방향과 깊이는 최대한 이식 전의 상태로 한다.
③ 유기질, 무기질 거름을 충분히 넣고 식재한다.
④ 주풍향, 지형 등을 고려하여 안정되게 지주목을 설치한다.

해설 유근(뿌리털)이 형성되기 이전의 충분한 거름은 식물체 내 수분이 토양으로 빠져나가게 하여 수분스트레스가 유발된다.

57 질소와 칼륨 비료의 효과로 부적합한 것은?

① N : 수목 생장 촉진
② K : 뿌리, 가지 생육촉진
③ N : 개화 촉진
④ K : 각종 저항성촉진

해설 질소비료는 잎이나 줄기, 뿌리 등의 영양기관의 생장에 도움을 주나 꽃이 형성되는 생식생장은 억제한다. 그러나 질소시비가 과도하면 식물이 각종 불리한 환경에 취약해져서 병해피해를 받기가 쉽다. 반면에 인과 칼륨은 개화, 결실 등에 관여를 하며 특히 칼륨은 불리한 환경에 대한 저항성을 증진시킨다.

58 응애(Mite)의 피해 및 구제법으로 틀린 것은?

① 살비제를 살포하여 구제한다.
② 같은 농약의 연용을 피하는 것이 좋다.
③ 발생지역에 4월 중순부터 1주일 간격으로 2~3회 정도 살포한다.
④ 침엽수에는 피해를 주지 않으므로 약제를 살포하지 않는다.

해설 응애를 구제하는 농약을 살비제라하고 농약에 대한 저항성이 높아서 다른 종류의 농약을 번갈아 가면서 사용해야 한다.

59 향나무, 주목 등을 일정한 모양으로 유지하기 위하여 전정을 하여 형태를 다듬었다. 이러한 작업은 어떤 목적을 위한 가지다듬기인가?

① 생장조장을 돕는 가지다듬기
② 생장을 억제하는 가지다듬기
③ 세력을 갱신하는 가지다듬기
④ 생리조정을 위한 가지다듬기

해설 '②'에는 순자르기(적심), 잎따기(적엽), 산울타리 조성 등이 있다.
'①'에는 병해충 피해가지와 고사지(枯死枝), 손상지를 제거하는 방법이 있다.

정답 55. ① 56. ③ 57. ③ 58. ④ 59. ②

'③'은 맹아력이 강한 나무를 대상으로 노쇠하거나 개화가 불량한 나무의 묵은 가지를 잘라주어 새로운 가지를 유도해 수목에 활기를 불어 넣는 것이다.
'④'는 이식할 때 가지와 잎을 다듬어(증산억제) 주어 손상된 뿌리의 적당한 수분공급 균형을 유지시키거나 유실수의 개화 · 결실을 촉진하기 위하여 가지를 다듬어 주는 것 등이 있다.

60 설계도면에서 특별히 정한 바가 없는 경우에는 옹벽 찰쌓기를 할 때 배수구는 PVC관(경질염화 비닐관)을 3㎥당 몇 개로 하는 것이 적당한가?

① 1개
② 2개
③ 3개
④ 4개

해설 옹벽 찰쌓기를 할 때의 배수구 : 3㎥당 1개

국가기술자격검정 필기시험

2010년도 조경기능사 과년도 출제문제 제 2회

자격종목 및 등급(선택분야)	종목코드	시험시간	문제지형별
조경기능사	6335	1시간	A

---

1. 다음은 정원과 바람과의 관계에 대한 설명이다. 이중 적당하지 않은 것은?

① 통풍이 잘 이루어지지 않으면 식물은 병해충의 피해를 받기 쉽다.
② 겨울에 북서풍이 불어오는 곳은 바람막이를 위해 상록수를 식재한다.
③ 주택 안의 통풍을 위해서 담장은 낮고 건물 가까이 위치하는 것이 좋다.
④ 생울타리는 바람을 막는데 효과적이며, 시선을 유도할 수 있다.

해설 담과 건물이 가까이 있으면 통풍에 좋지 않다.

2. 임해전이 주로 직선으로 된 연못의 서(W)고에 남북축선상에 배치되어 있고, 연못 내 돌을 쌓아 무산 12봉을 본뜬 석가산을 조성한 통일신라시대에 건립된 조경유적은?

① 안압지   ② 부용지
③ 포석정   ④ 향원지

해설 안압지는 통일신라시대의 대표적 유적으로 신선사상을 배경으로 하는 3개의 섬이 있으며 당나라 장안성의 금원을 모방하여 연못과 무산십이봉을 본뜬 석가산을 축조했다. 부용지는 조선시대 창덕궁의 연못이며, 포석정은 왕희지의 난정고사를 본 딴 왕의 유희공간으로 연대는 추측할 수 없다. 향원지는 조선시대 경복궁의 원형에 가까운 부정형의 연못으로 안에 정6각형의 2층의 향원정이 있다.

3. 제도에서 사용되는 물체의 중심선, 절단선, 경계선 등을 표시하는데 가장 적합한 선은?

① 실선   ② 파선
③ 1점쇄선   ④ 2점쇄선

해설
- 실선 : 물체의 보이는 부분을 나타내는 선
- 파선 : 물체의 보이지 않는 부분을 나타내는 선
- 1점쇄선 : 중심선, 절단선, 부지경계선, 기준선
- 2점쇄선 : 이동하는 부분의 이동 후의 위치를 가상하여 나타내는 선, 경계선이나 무게의 중심선

4. 도시공원 및 녹지 등에 관한 법률 시행규칙상 도시공원 중 설치규모가 가장 큰 곳은?

① 광역권근린공원
② 체육공원
③ 묘지공원
④ 도시지역권근린공원

해설 광역권근린공원 : 1,000,000㎡ 이상, 체육공원 : 10,000㎡ 이상, 묘지공원 : 100,000㎡ 이상, 도시지역권근린공원 : 100,000㎡ 이상

5. 조경의 설명으로 잘못된 것은?

① 도시에 자연을 도입하는 것이다.
② 급속한 공업화를 도모해서 인간생활을 편리하게 하는 것이다.
③ 도시를 건강하고 아름답게 하는 것이다.
④ 야외에서의 운동, 산책, 휴양 등의 효과를 목적으로 한다.

해설 조경은 급속한 공업화를 도모하지 않으며, 도시에 자연을 도입하여 조경시설물을 설치하여 아름답고 편리하며 쾌적한 환경을 조성하는 것이다.

정답 1. ③ 2. ① 3. ③ 4. ① 5. ②

6 S. Gold(1980)의 레크리에이션 계획에 있어 과거의 일반 대중이 여가시간에 언제, 어디에서, 무엇을 하는가를 상세하게 파악하여 그들의 행동패턴에 맞추어 계획하는 방법은?

① 자원접근방법
② 활동접근방법
③ 경제접근방법
④ 행태접근방법

해설 S. Gold(1980)의 레크레이션 계획 접근방법
- 자원접근방법 : 자연자원에 맞추어 레크레이션 기회의 종류와 양을 결정하는 방법
- 활동접근방법 : 공급이 수요를 만들어낸다는 데 기초한 방법으로 과거의 참여사례 패턴이나 일어난 행위에 맞추어 장래의 기회를 결정하는 방법
- 경제접근방법 : 특정 지역의 경제기반이나 재원이 레크레이션 기회의 양과 형태, 위치를 결정하는 방법
- 행태접근방법 : 일반대중이 여가시간에 언제, 어디서, 무엇을 하는가를 상세히 파악하여 그들이 구체적인 행동패턴에 맞추어 계획 결정하는 방법

7 조경을 프로젝트의 수행단계별로 구분할 때, 기능적으로 다른 분류에 해당하는 곳은?

① 전통민가
② 휴양지
③ 유원지
④ 골프장

해설 ① : 문화재, ②~④ : 관광휴양시설
조경의 대상
- 정원 : 개인주택정원, 아파트단지
- 도시공원과 녹지 : 어린이공원, 근린공원, 묘지공원, 체육공원, 완충녹지, 경관녹지
- 자연공원 : 국립공원, 도립공원, 군립공원, 천연기념물보호구역 등
- 관광휴양시설 : 휴양지, 유원지, 골프장, 낚시터, 자연휴양림, 마리나, 골프장, 승마장, 해수욕장, 관광농원, 삼림욕장
- 문화재 : 목조와 석조 건축물, 궁궐터, 전통민가, 사찰, 성터, 고분 등의 사적지
- 기타 : 공업단지, 고속도로, 자전거도로, 보행자 전용도로

8 자유로운 선이나 재료를 써서 자연 그대로의 경관 또는 그것에 가까운 것이 생기도록 조성하는 정원양식은?

① 건축식
② 풍경식
③ 정형식
④ 규칙식

9 식재, 포장, 계단, 분수 등과 같은 한정된 문제를 해결하기 위해 구성요소, 재료, 수목들을 선정하여 기능적이고 미적인 3차원적 공간을 구체적으로 창조하는데 초점을 두어 발전시키는 것은?

① 조경설계
② 평가
③ 단지계획
④ 조경계획

해설
- 조경계획은 생태학과 자연과학을 기초로 토지의 평가와 그에 대한 용도상의 적합도와 능력을 판단하고, 토지이용계획 등을 개발
- 단지계획은 대지분석과 종합, 이용자를 분석하며 자연요소와 시설물을 기능적 관계나 대지의 특성에 맞추어 배치하는 것

10 형광등 아래서 물건을 고를 때 외부로 나가면 어떤 색으로 보일까 망설이게 된다. 이처럼 조명광에 의하여 물체의 색을 결정하는 광원의 성질은?

① 직진성
② 연색성
③ 발광성
④ 색순응

해설
- 연색성 : 조명이 물체의 색감에 영향을 미치는 현상이다.
- 직진성 : 빛은 직진하기 때문에 물체가 가로막고 있으면 그림자가 생긴다.
- 색순응 : 물체에 빛을 비추었을 때 색이 순간적으로 변해 보이는 현상, 곧 자신의 색으로 돌아온다.

정답 6. ④ 7. ① 8. ② 9. ① 10. ②

2010년 기출

11 골프코스 중 출발지점을 무엇이라 하는가?
① 티(Tee)
② 그린(Green)
③ 페어웨이(Fairway)
④ 러프(Rough)

해설 홀(Hall)의 구성
- 티(Tee) : 출발점 지역
- 그린(Green) : 종점 지역
- 페어웨이(Fairway) : 티와 그린 사이에 짧게 깎은 잔디지역
- 러프(Rough) : 페어웨이 주변의 깎지 않은 초지로 이루어진 지역
- 해저드(Hazard) : 장애지역

12 스페인 정원의 대표적인 조경양식은?
① 중정(Patio)정원
② 원로정원
③ 공중정원
④ 비스타(Vista)정원

해설 정형식 조경 중에서 이슬람양식의 스페인정원은 중정식, 무어식, 파티오식이라고 한다. 공중정원은 고대 서아시아, 비스타정원은 평면기하학식 정원의 프랑스정원 대표적인 것이다.

13 아미산 후원 교태전의 굴뚝에 장식된 문양이 아닌 것은?
① 반송
② 매화
③ 호랑이
④ 해태

해설 아미산 후원 4개의 굴뚝문양에 나타나는 소나무는 반송이 아니라 우리나라 전통의 수종인 적송의 그림이 있다. 그 밖에도 덩굴, 학, 박쥐, 봉황, 소나무, 매화, 국화, 불로초, 바위, 새, 사슴, 십장생과 사군자, 악귀를 막는 상서로운 짐승도 있다.

14 고대 로마의 정원 배치는 3개의 중정으로 구성되어 있었다. 그중 사적인 기능을 가진 제2중정에 속하는 곳은?
① 아트리움(Atrium)
② 지스터스(Xystus)
③ 페리스틸리움(Perisstylium)
④ 아고라(Agora)

해설 고대 로마 주택정원은 제1중정의 아트리움으로 공적장소로 손님접대로 무열주중정이며, 천창이 있고 임플루비움이라는 빗물받이와 바닥은 돌 포장에 화분을 장식해두었다. 제2중정 페레스틸리움은 사적인 가족의 공간으로 주랑식 중정으로 포장하지 않아 식재는 가능했고, 지스터스는 후원으로 5점형식재와 관목을 군식하였다.

15 괴석이라고도 불리는 태호석이 특징적인 정원요소로 사용된 나라는?
① 한국
② 일본
③ 중국
④ 인도

해설 중국 북송 때 태호석을 이용한 석가산수법이 유행하였다.

16 다음 접착제로 사용되는 수지 중 접착력이 제일 우수한 것은?
① 요소수지
② 에폭시수지
③ 멜라닌수지
④ 페놀수지

해설 열경화성수지는 일반적으로 내열성과 내약품성이 강하고 경도가 높고 기계적 성질과 전기적 성질이 뛰어나기 때문에 용기나 공업재료에 쓰인다. 대표적인 것으로 페놀수지, 요소수지, 멜라닌수지, 불포화 폴리에스터, 에폭시수지, 폴리우레탄수지 등이 있다. 이중에서 에폭시수지의 접착력이 가장 우수하다.

정답 11. ① 12. ① 13. ① 14. ③ 15. ③ 16. ②

17 한여름에 뿌리분을 크게 하고 잎을 모조리 따낸 후 이식하면 쉽게 활착할 수 있는 나무는?

① 소나무
② 목련
③ 단풍나무
④ 섬잣나무

해설 수목의 이식은 보통 봄과 가을에 실시하나 부득이하게 여름에 할 경우 단풍나무의 경우는 잎의 증산을 통한 수분손실을 방지하기 위하여 잎을 제거할 수 있으나, 상록침엽수나 목련 등의 잎이 두꺼운 수목은 잎의 재생이 어려워서 실시하지 않는다.

18 다음과 같은 특징을 갖는 시멘트는?

- 조기강도가 크다. (재령 1일에 보통 포틀랜드 시멘트의 재령 28일 강도와 비슷함)
- 산, 염류, 해수 등의 화학적 작용에 대한 저항성이 크다.
- 내화성이 우수하다.
- 한중 콘크리트에 적합하다.

① 알루미나 시멘트
② 실리카 시멘트
③ 포졸란 시멘트
④ 플라이애쉬 시멘트

해설 포졸란(실리카) 시멘트는 방수용으로 사용하며, 경화가 느리나 조기강도가 크다. 플라이애쉬 시멘트는 실리카 시멘트보다 후기 강도가 크며 건조수축이 적고 화학적 저항성과 장기강도가 좋다.

19 지피식물에 해당하지 않는 것은?

① 인동덩굴
② 송악
③ 금목서
④ 맥문동

해설 지피식물은 비교적 키가 30cm 미만의 작은 초본식물이나 관목이 해당되는 것으로서 금목서는 상록활엽관목으로 키가 3~6m 정도에 이른다.

20 흰색 계열의 작은 꽃은 5~6월에 피고 가을에 붉은 계통의 단풍잎 또는 관상가치가 있으며 음지사면에 식재하면 좋은 수종은?

① 왕벚나무
② 모과나무
③ 국수나무
④ 족제비싸리

해설 왕벚나무는 4월에 개화하고 모과나무는 분홍색 꽃을 피우며 족제비싸리는 황갈색꽃을 피운다.

21 다음 중 상록침엽수에 해당하는 수종은?

① 은행나무
② 전나무
③ 메타세콰이아
④ 일본잎갈나무

해설 은행나무는 낙엽침엽교목, 메타세콰이아와 일본잎갈나무는 침엽수임에도 불구하고 낙우송과 더불어 낙엽침엽교목에 해당한다.

22 표면이 거칠고 투수율이 크므로 연기나 공기의 환기통으로 사용하는 관은?

① 테라코타
② 토관
③ 강관
④ 콘크리트관

해설
- 토관은 저급 점토(진흙)를 원료로 모양을 만든 후 유약을 사용하지 않고 바로 구운 것으로서 표면이 거칠고 투수성, 통기성이 양호하다.
- 테라코타는 벽돌, 기와, 토관, 기물, 소상 등을 점토로 성형(成形)하여 초벌구이한 것으로서 석재보다 가벼워서 고대 그리스나 고대 중국에서 많이 사용하였다.
- 강관은 강철로 만든 바깥지름이 50cm 이하인 이음매가 없는 관으로서 가스나 물 등의 수송에 이용된다.

정답 17. ③ 18. ① 19. ③ 20. ③ 21. ② 22. ②

2010년 기출

23 목재의 심재에 대한 설명으로 틀린 것은?

① 변재보다 비중이 크다.
② 변재보다 신축이 크다.
③ 변재보다 내구성이 크다.
④ 변재보다 강도가 크다.

해설 심재는 목재의 중심부에 위치한 적갈색을 나타내는 부분으로 심재를 둘러쌓고 있는 변재보다 단단하다.

24 가을에 단풍이 노란색으로 물드는 수종은?

① 붉나무
② 붉은고로쇠나무
③ 담쟁이덩굴
④ 화살나무

해설 붉나무, 담쟁이덩굴, 화살나무는 모두 적색단풍이 든다. 붉은고로쇠나무는 고로쇠나무의 변종으로 엽병(잎줄기)가 적색으로서 단풍나무와 동일하게 노란색으로 단풍이 든다.

25 다음 중 단풍나무과 수종이 아닌 것은?

① 고로쇠나무
② 이나무
③ 신나무
④ 복자기

해설 이나무는 '이나무과' 수종으로 국내에는 산유자나무와 더불어 단지 2종만이 서식한다. 국내의 단풍나무과 식물은 모두 속명이 Acer로서 '①', '③', '④' 외에 고로쇠나무, 부게꽃나무, 산겨릅나무 등이 있다.

26 여러해살이 화초에 해당되는 것은?

① 베고니아
② 금어초
③ 맨드라미
④ 금잔화

해설 정답이 모호한 부적절한 문제로서 국내에 화단에 식재되는 베고니아(꽃베고니아)는 1년초에 속하기 때문에 (원산지에서는 다년초) 정답이 불가할 수도 있으며 금어초는 남유럽과 같은 원산지에서는 다년초에 해당하기 때문에 '②'도 정답이 될 수가 있다.

27 다음 중 한지형 잔디에 속하지 않는 것은?

① 버뮤다그래스
② 켄터키블루그래스
③ 퍼레니얼 라이그래스
④ 톨훼스큐

해설 잔디는 일반적으로 난지형과 한지형으로 구분되며 난지형 잔디에는 한국잔디와 버뮤다그라스가 있다.

28 다음 시멘트에 관한 설명 중 틀린 것은?

① 포틀랜드시멘트에는 보통, 조강, 중용열, 백색 등이 있다.
② 시멘트의 제조방법에는 건식법, 습식법, 반습식법이 있다.
③ 실리카 성분이 많아서 수화열이 작고 내구성이 좋아 댐과 같은 매시브한 콘크리트에 사용하는 것이 내황산염 포틀랜드시멘트이다.
④ 철분, 마그네시아가 적은 백색 점토와 석회석을 원료로 하고 소성연료는 중유를 사용하여 만들어지는 시멘트가 백색 포틀랜드시멘트이다.

해설 '③'은 중용열 시멘트를 설명한 내용이다. 내황산염 포틀랜드 시멘트는 바닷물이나 황산염이 함유된 토양에 접하는 콘크리트에 사용하는 시멘트로서 칼슘 알루미네이트의 함유량을 낮게 억제한다.

정답 23. ② 24. ② 25. ② 26. ① 27. ① 28. ③

29 비파괴검사에 의하여 검사할 수 없는 것은?

① 콘크리트 강도
② 콘크리트 배합비
③ 철근부식유무
④ 콘크리트 부재의 크기

해설 비파괴검사는 내부의 기공(氣孔)이나 균열 등의 결함, 용접부의 내부 결함 등을 지닌 제품을 파괴하지 않고 외부에서 검사하는 방법으로 콘크리크 배합비에 적용은 불가능하다.

30 콘크리트의 측압은 콘크리트 타설 전에 검토해야 할 매우 중요한 시공요인이다. 다음 중 콘크리트 측압에 영향을 미치는 요인에 대한 설명으로 틀린 것은?

① 콘크리트의 타설 높이가 높으면 측압은 커지게 된다.
② 콘크리트의 타설 속도가 빠르면 측압은 커지게 된다.
③ 콘크리트의 슬럼프가 커질수록 측압은 커지게 된다.
④ 콘크리트의 온도가 높을수록 측압은 커지게 된다.

해설 콘크리트 측압은 콘크리트 타설 시 거푸집에 가해지는 콘크리트의 수평 방향의 압력으로서 측압이 증가하는 요인은 다음과 같다.
1) 슬럼프가 클수록, 2) 벽두께가 얇을수록, 3) 부배합일수록, 4) 타설속도가 빠를수록, 5) 타설고가 높을수록, 6) 온도·습도가 낮을수록, 7) 철근량이 적을수록, 8) 혼화재(지연제)가 투입될수록, 8) 콘크리트 단위중량(비중)이 클수록

31 시멘트 공장에서 포틀랜드시멘트를 제조할 때 석고를 첨가하는 주요 이유는?

① 시멘트의 강도 및 내구성 증진을 위하여
② 시멘트의 장기강도 발현성을 높이기 위하여
③ 시멘트의 급격한 응결을 조정하기 위하여
④ 시멘트의 건조수축을 작게 하기 위하여

해설 시멘트의 급격한 응결을 조절하기 위한 지연제로서 석고를 첨가한다.

32 열가소성 수지의 일반적인 설명으로 부적합한 것은?

① 축합반응을 하여 고분자로 된 것이다.
② 열에 의해 연화된다.
③ 수장재로 이용된다.
④ 냉각하면 그 형태가 붕괴되지 않고 고체로 된다.

해설 열가소성 수지는 열을 가하여 성형 후에도 다시 열을 가하면 형태를 변형시킬 수 있는 수지로서 능률적으로 가공할 수 있다는 장점이 있으나 내열성·내용제성은 열경화성수지에 비해 약한 편이다.

33 화성암의 일종으로 돌 색깔은 흰색 또는 담회색으로 단단하고 내구성이 있어, 주로 경관석, 바닥포장용, 석탑, 석등, 묘석 등에 사용되는 것은?

① 석회암
② 점판암
③ 응회암
④ 화강암

해설 화강암은 화성암의 일종으로 압축강도가 크고 흰색을 나타내는 조경석 소재이다. 석회암과 응회암은 퇴적암이고, 점판암은 퇴적암인 혈암이 변성된 변성암이다.

정답 29. ② 30. ④ 31. ③ 32. ① 33. ④

2010년 기출

34 공해에 대한 저항성은 강하나 맹아력이 약한 수종은?

① 이팝나무
② 메타세콰이아
③ 쥐똥나무
④ 느티나무

해설 메타세콰이아는 공해와 맹아력이 모두 약하고, 쥐똥나무는 공해와 맹아력이 모두 강하다. 느티나무는 공해와 맹아력이 중간 정도에 속한다.

35 수성페인트칠의 공정에 관한 순서가 바르게 된 것은?

ㄱ. 바탕만들기	ㄴ. 퍼티먹임
ㄷ. 초벌칠하기	ㄹ. 재벌칠하기
ㅁ. 정벌칠하기	ㅂ. 연마작업

① ㄱ-ㄷ-ㄴ-ㅁ-ㅂ-ㄹ
② ㄱ-ㄷ-ㄴ-ㅂ-ㄹ-ㅁ
③ ㄱ-ㄴ-ㄷ-ㅂ-ㄹ-ㅁ
④ ㄱ-ㄴ-ㄷ-ㅁ-ㅂ-ㄹ

해설 퍼티는 탄산칼슘분말·돌가루·산화아연 등을 유성니스와 같은 전색제(展色劑)로 개어서 만든 페이스트 상태의 접합제이다. 물이나 가스의 누설을 방지하는 철관의 이음매 고정 등에 사용한다. 정벌칠(Finish Coat)은 칠공사에 있어서 마지막으로 하는 칠공정이다.

36 그해에 자란 가지에서 꽃눈이 분화하여 그해에 개화하기 때문에 2~3년 된 가지 등을 깊이 전정해도 좋은 수종은?

① 배롱나무
② 매화나무
③ 명자나무
④ 개나리

해설 당년생지(그 해에 자란 가지)에서 꽃이 피는 화목류로는 배롱나무, 무궁화, 능소화(주로 여름에 개화하는 수종) 등이 있고, 그 해에 자란 가지가 월동 후 봄에 개화하는 수종은 개나리, 단풍나무, 동백나무, 수수꽃다리, 왕벚나무, 목련, 철쭉(주로 봄에 개화하는 수종) 등이 있다.

37 설계도면에 표시하기 어려운 사항 및 공사수행에 관련된 제반 규정 및 요구사항 등을 구체적으로 글로 써서, 설계 내용의 전달을 명확히 하고 적정한 공사를 시행하기 위한 것은?

① 적산서
② 계약서
③ 현장설명서
④ 시방서

해설
- 시방서 : 시공조건, 규격, 허용범위 등을 표시한 것으로 도면에 기재할 수 없는 공사의 내용, 시공상의 일반적인 주의사항을 기재한 것으로 일반시방서, 특기시방서, 표준시방서가 있다.
- 적산서 : 공사목적물을 생산하는 데 소요되는 공사비를 수량산출 및 공사원가계산 관련서류이다.
- 계약서 : 발주자와 도급자 사이에 서명, 날인하여 체결한 계약내용이 나와 있는 문서로 계약이 체결되었음을 증명하기 위하여 작성하는 서류이다.
- 현장설명서 : 공사명, 하도급공사명, 공사기간, 공사범위, 지급자재, 견적조건, 첨부사항을 기재하여 공사현장에 대해 설명하는 문서이다.

38 다음 중 오리나무 갈색무늬병균의 전반에 대한 설명으로 옳은 것은?

① 곤충 및 소동물에 의해서 전반된다.
② 물에 의해서 전반된다.
③ 종자의 표면에 부착해서 전반된다.
④ 바람에 의해서 전반된다.

해설 갈색무늬병은 진균류 중에서 불완전균류에 의항 발병되는 병으로서 종자표면에 부착하여 전반(병원체가 병을 일으키기 위해 기주식물에 운반되는 현상)된다.

정답 34. ① 35. ② 36. ① 37. ④ 38. ③

39 자연상태의 토량 1000㎥을 굴착하면, 그 흐트러진 상태의 토양은 얼마가 되는가? (단, 토량변화율을 L=1.25, C=0.9라고 가정한다)

① 900㎥ ② 1000㎥
③ 1125㎥ ④ 1250㎥

해설 $L = \dfrac{\text{흐트러진 상태의 토량}}{\text{자연상태의 토량}} \times 100$

굴착하면 흐트러진 토양이 되므로 그 변화율을 곱해줘야 한다.
1000×1.25=1250㎥

40 다음 중 조경 수목의 병해와 방제 방법이 맞는 것은?

① 빗자루병 – 배수구 설치
② 검은점무늬병 – 만코제브수화제(다이센엠-45)
③ 잎녹병 – 페니트로티온수화제(메프치온)
④ 흰가루병 – 트리클로르폰수화제(디프록스)

해설 빗자루병은 옥시테트라사이클린을 수간 주입하거나 파라티온수화제, 메타유제액을 살포한다. 잎녹병은 중간기주인 향나무 근처에 장미과 수목을 식재하지 않고 중간기주에 티디폰수화제 등을 살포한다. 흰가루병은 일광·통풍을 좋게 하고, 병든 낙엽을 소각하거나 매몰한다.

41 일반적으로 대형나무 및 경관적으로 중요한 곳에 설치하며, 나무줄기의 적당한 높이에서 고정한 와이어로프를 세 방향으로 벌려서 지하에 고정하는 지주설치방법은?

① 삼발이형
② 당김줄형
③ 매몰형
④ 연결형

해설 삼발이형 지주는 수고 2m 이상의 나무에 적용하며, 지주와 땅 표면의 각도는 60도로 한다. 매몰형 지주는 경관상 매우 중요한 위치에 설치하는데 노력과 경비가 많이 든다.

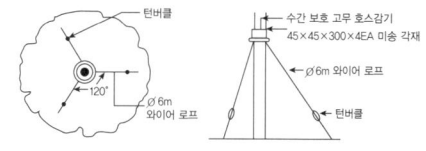
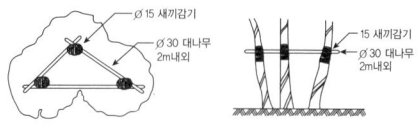
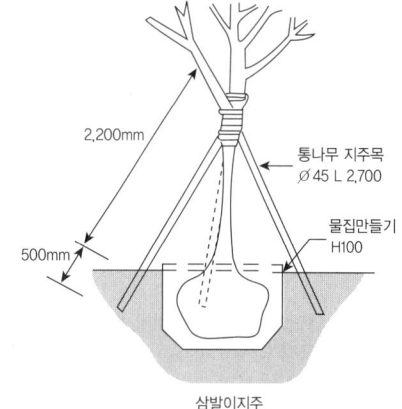

42 다음중 인공적인 수형을 만드는데 적합한 수종이 아닌 것은?

① 꽝꽝나무
② 아왜나무
③ 주목
④ 벚나무

해설 벚나무류는 전정에 약해서 맹아력이 저조하여 지엽(枝葉)이 치밀하게 형성되지 않는다. '①~③'은 맹아력이 강해 지엽이 치밀한 수종들로서 특정 수형을 만들거나 산울타리용 소재로 많이 사용된다.

정답 39. ④ 40. ② 41. ② 42. ④

2010년 기출

43 암거배수의 설명으로 가장 적합한 것은?
① 강우 시 표면에 떨어지는 물을 처리하기 위한 배수시설
② 땅 속으로 돌이나 관을 묻어 배수시키는 시설
③ 지하수를 이용하기 위한 시설
④ 돌이나 관을 땅에 수직으로 뚫어 기둥을 설치하는 시설

해설 수분이 많은 토양의 배수를 좋게 하기 위해 지하에 고랑을 파고 토관 따위를 묻어 배수하는 것으로서, 주로 농지의 관개 배수를 할 때 실시하며 명거배수는 지표면 위에서 행해지는 배수법이다.

44 벽천을 구성하고 있는 요소의 명칭이라고 할 수 없는 것은?
① 벽체
② 토수구
③ 수반
④ 낙수받이

해설 벽천(Wall Fountain, 壁泉)은 벽에 붙인 수구(水口) 또는 조각물의 입 등에서 물이 나오도록 만든 분수로서, '①~③'이 벽천의 3요소이다.

45 일반적으로 돌쌓기 시공상 유의할 점으로 틀린 것은?
① 밑돌은 가장 큰 돌을, 아래부위에 쌓을수록 비교적 큰 돌을 쌓아 안전도를 높인다.
② 돌끼리 접촉이 좋도록 하고, 굄돌을 사용하여 안정되게 놓는다.
③ 줄눈 두께는 9~12mm로 통줄눈이 되도록 한다.
④ 모르타르 배합비는 보통 1:2~1:3으로 한다.

해설 돌쌓기 시 세로 줄눈이 일직선이 되는 통줄눈이 가급적 피하고 막힌줄눈이 되도록 쌓는다.

46 잔디의 생육상태가 쇠약하고, 잎이 누렇게 변할 때에는 어떤 비료를 주는 것이 가장 효과적인가?
① 요소
② 과인산석회
③ 용성인비
④ 염화칼륨

해설 잎이 누렇게 변하는 것은 엽록소가 부족할 때 발생하는 현상으로 엽록소의 구성성분인 질소가 함유된 비료를 시비해야 한다. 요소는 화학식이 $CO(NH_2)_2$로서 질소를 함유하고 있다.

47 식물의 생육에 필요한 필수 원소 중 다량원소가 아닌 것은?
① Mg
② H
③ Ca
④ Fe

해설 3대 다량원소는 N(질소), P(인), K(칼륨), 6대 다량원소는 N, P, K, Ca(칼슘), Mg(마그네슘), S(황)이다. 미량원소로는 Fe(철), Mn(망간), Zn(아연), B(붕소), Cu(구리), Mo(몰리브덴) 등이 있다.

48 일반적으로 수목을 뿌리돌림 할 때, 분의 크기는 근원 지름의 몇 배 정도가 적당한가?
① 2배
② 4배
③ 8배
④ 12배

해설 뿌리돌림은 수목을 이식하는 경우 활착을 돕기 위하여 사전에 뿌리를 잘라 실뿌리를 발생시키는 방법으로서 근원 직경(지표면 부위의 나무줄기 직경)의 약 4배로 분의 크기를 만든다.

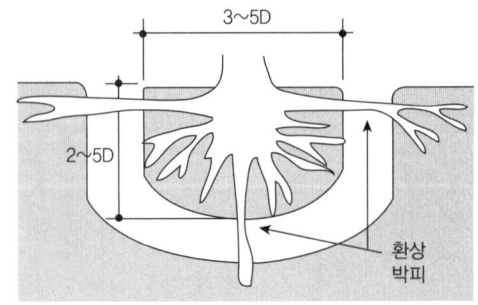

뿌리돌림 방법의 단면도

정답 43. ② 44. ④ 45. ③ 46. ① 47. ④ 48. ②

49 일반적인 가로수 식재 수종의 설명으로 부적합한 것은?

① 도시 중심가의 경우 직간의 높이는 2~2.3m 이상의 지하고를 가진 것을 택한다.
② 가지가 고르게 자리 잡아 어느 방향으로 보아도 정형적인 수형을 가진 것이 좋다.
③ 둥근 형태로 다듬어진 작은 수종이 적합하다.
④ 대기오염에 저항력이 강하고 생장이 빠른 것이 적합하다.

해설 가로수는 통행에 지장을 주지 않고 시야가 수목에 의하여 가려지면 안 되기 때문에 작은 수종은 적합하지 않다.

50 다음 중 가뭄에 잔디보다 강하며, 토양산도의 영향이 적어 잔디밭에 발생되는 잡초는?

① 쑥　　② 매자기
③ 벗풀　　④ 마디꽃

해설 '②~④'는 연못이나 습지 등에서 서식하는 초본식물이기 때문에 가뭄에 취약하다.

51 피고리 설치와 관련한 설명으로 부적합한 것은?

① 보행동선과의 마찰을 피한다.
② 높이에 비해 넓이가 약간 넓게 축조한다.
③ 파고라는 그늘을 만들기 위한 목적이다.
④ 불결하고 외진 곳을 피하여 배치한다.

해설 퍼걸러는 쉘터와 유사하나 지붕이 없이 골조만 갖추고 있는 시설물로서 조경설계 기준에 의한 배치기준으로는 ㉠ 휴게공간과 건물, 보행로 운동장, 놀이터 등에 배치하며, 보행동선과의 마찰을 피한다. ㉡ 조형성이 뛰어난 그늘시렁은 시각적으로 넓게 조망할 수 있는 곳이나 통경선이 끝나는 곳에 초점요소로 배치할 수 있다. ㉢ 여름에는 그늘을 제공하고 겨울에는 햇빛이 잘 들도록 대지의 조건 방위, 태양고도를 고려하여 배치한다. ㉣ 화장실, 급한 비탈면, 연약지반, 고압철탑, 전선 밑의 위험지역, 외진 곳 및 불결한 곳을 피하여 배치한다. ㉤ 비교적 긴 휴식에 이용되므로 휴지통, 공중전화부스, 음수대 등의 관리시설을 배치한다.

52 지주목 설치 요령 중 적합하지 않은 것은?

① 지주목을 묶어야 할 나무줄기 부위는 타이어튜브나 마대 혹은 새끼 등의 완충재를 감는다.
② 지주목의 아래는 뾰족하게 깎아서 땅속으로 30~50㎝ 정도의 깊이로 박는다.
③ 지상부의 지주는 페인트칠을 하는 것이 좋다.
④ 통행인이 많은 곳은 삼발이형, 적은 곳은 사각지주와 삼각지주가 많이 설치된다.

해설 삼발이형 지주는 수고 2m 이상의 나무에 적용하며, 사람 통행이 많지 않고 경관상 주요 지점이 아닌 곳에 설치한다. 사각지주와 삼각지주는 보행량이 많은 곳에 설치하며 금속제가 바람직하다. '①'은 수피가 상하지 않도록 조치를 취하는 방법이고 '③'은 방부처리를 위한 조치이다.

삼발이형 지주　　사각지주

정답 49. ③　50. ①　51. 공단에서 발표한 답은 ①이나 모두 정답　52. ④

2010년 기출

53 다음 중 봄에 꽃이 피는 진달래 등의 꽃나무류 전정시기로 가장 적당한 것은?

① 꽃이 진 직후
② 여름의 도장지가 무성할 때
③ 늦가을
④ 장마 이후

해설 봄에 피는 화목류는 꽃이 피기 전에 전정을 하면 꽃눈이 부착된 가지가 제거되어 봄에 개화가 불가능하므로 꽃이 진 직후에 전정을 하는 것이 바람직하다.

54 조경공사에서 이식 적기가 아닌 때 식재공사를 하는 방법으로 틀린 것은?

① 가지의 일부를 쳐내서 증산량을 줄인다.
② 뿌리분을 작게 만들어 수분조절을 해준다.
③ 증산억제제를 나무에 살포한다.
④ 봄철의 이식 적기보다 늦어질 경우 이른 봄에 미리 굴취하여 가식한다.

해설 이식 적기가 아닌 경우 식재공사방법으로 뿌리분을 크게 만들어야 뿌리가 수분을 흡수할 가능성이 높아 수분조절이 가능해진다.

55 다음 중 소나무재선충의 전반에 중요한 역할을 하는 곤충은?

① 북방수염하늘소
② 노린재
③ 혹파리류
④ 진딧물

해설 소나무재선충(소나무材線蟲)은 소나무, 잣나무 등에 기생해 나무를 갉아먹는 선충으로서 솔수염하늘소에 기생하며 솔수염하늘소를 통해 나무에 옮는다. 방제법으로는 현재 재선충에 감염된 소나무를 베고, 그루터기에 정제 형태의 훈증약제(인화늄 정제)를 뿌린 뒤 비닐로 덮어 씌워 완전히 박멸해야 한다.

56 일반적으로 수목에 거름을 주는 요령으로 맞는 것은?

① 밑거름은 늦가을부터 이른 봄 사이에 준다.
② 효력이 빠른 거름은 3월경 싹이 틀 때, 꽃이 졌을 때, 그리고 열매 따기 전 여름에 준다.
③ 산울타리는 수관선 바깥쪽으로 방사상으로 땅을 파고 거름을 준다.
④ 유기질 비료는 속효성이므로 덧거름을 준다.

해설 '②'는 속효성 비료로서 왕성한 생장을 나타내기 시작하는 3월경이나 열매 수확 전에 비료효과를 단기간에 나타내기 위하여 시비를 하나 여름 이후에는 주지 않는다. '③'은 산울타리와 같이 군식된 수목은 식재된 방향과 동일하게 수목밑동으로부터 일정한 간격을 두고 도랑 모양의 구덩이를 파서 거름을 주는 선상(線狀) 시비를 이용한다. '④'에서는 유기질비료는 지효성이고 화학비료가 속효성이다.

57 수목을 전정한 뒤 수분증발 및 병균 침입을 막기 위하여 상처 부위에 칠하는 도포제로 사용할 수 있는 것은?

① 유황
② 석회
③ 톱신페이스트
④ 다이센 M

해설 도포제는 약물을 물·알코올·에테르·글리세롤·지방유(脂肪油)·식물유 등에 용해한 액제로서 병균의 감염을 막아주고 물기에 젖어 부패되는 것을 방지하는 목적으로 사용된다.

정답 53. ① 54. ② 55. ① 56. ① 57. ③

58 흙쌓기 작업 시 시간이 경과하면서 가라앉을 것을 예측하여 더돋기를 하는데 이때 일반적으로 계획된 높이보다 어느 정도 더 높이 쌓아올리는가?

① 1~5%
② 10~15%
③ 20~25%
④ 30~35%

해설 더돋기의 높이는 일반적인 성토높이의 10~15%이다.

59 골프장의 잔디밭에 뗏밥넣기의 두께로 가장 적당한 것은?

① 0.1~0.2cm
② 0.3~0.7cm
③ 1.0~1.5cm
④ 1.6~2.5cm

해설 뗏밥의 두께는 가정용 0.5~1.0cm, 골프장 0.3~0.7cm, 일반용 0.5~0.6cm이다.

60 수목의 굴취 시 흉고직경에 의한 식재품을 적용한 것이 가장 적합한 수종은?

① 산수유
② 은행나무
③ 리기다소나무
④ 느티나무

해설
1) 근원직경을 적용하는 수종 : 감나무, 소나무, 꽃사과, 노각나무, 느티나무, 대추나무, 마가목, 매화나무, 모감주나무, 모과나무, 목련, 배롱나무, 산딸나무, 산수유, 이팝나무, 자귀나무, 층층나무, 쪽동백, 단풍나무, 회화나무, 후박나무, 등나무, 능소화, 참나무류
2) 흉고직경을 적용하는 수종 : 가중나무, 계수나무, 낙우송, 메타쉐쿼이어, 벽오동, 수양버들, 벚나무, 은단풍, 은행나무, 자작나무, 칠엽수, 튤립나무, 프라타너스, 현사시나무

정답 58. ② 59. ② 60. ②

국가기술자격검정 필기시험

2010년도 조경기능사 과년도 출제문제 제4회

자격종목 및 등급(선택분야)	종목코드	시험시간	문제지형별
조경기능사	6335	1시간	A

수검번호 / 성명

---

1 관찰자 시선의 중심선을 기준으로 형태감이나 색채감에서 양쪽의 크기나 무게가 안정감을 줄 때 나타나는 아름다움은?

① 대비미　　② 강조미
③ 균형미　　④ 반복미

해설 균형미란 한쪽으로 치우침이 없이 전체적으로 균등하게 배분된 구성이며, 대비미는 상이한 크기, 형태, 색채 또는 질감을 서로 대조시킴으로써 두드러지게 보이도록 하는 것으로 잘못하면 산만하고 어색한 구성이 되기도 쉽고 특정요소를 더욱 부각시키거나 단조로움을 없애고자 할 때 선별적으로 이용할 수 있다. 강조미는 동일한 형태나 색채들 사이에 이것과 이질적인 요소 혹은 강렬한 색채나 형태를 도입하여 전체적으로 산만함을 줄이고 통일성을 조성할 수 있다. 반복미는 동일하거나 유사한 요소를 반복시킴으로서 전체적으로 동질성을 부여하며 통일성을 이룰 수 있다.

2 1/100 축적의 설계 도면에서 1cm는 실제 공사현장에서는 얼마를 의미하는 것인가?

① 1cm　　② 1mm
③ 1m　　④ 10cm

해설 1/100축척에서 1mm는 실제 100mm를 의미한다. 그러므로 1cm는 10mm이므로 10x100=100mm이고 1m이다.

3 사적지 조경 시 민가 뒤뜰에 식재하는 수종으로 어울리지 않는 것은?

① 버즘나무
② 감나무
③ 앵두나무
④ 대추나무

해설 '②~④'는 전통조경수목이고, 버즘나무(Platanus 속)는 유럽 남서부와 아시아 남서부 원산이며, 발칸반도와 히말라야 지역에서 자생하는 수목으로서 약 100년 전에 도입되어 가로수로 이용되고 있다.

4 다음 중 인간적 척도(Human Scale)와 밀접한 관계를 갖기가 가장 어려운 경관은?

① 관개경관
② 지형경관
③ 세부경관
④ 위요경관

해설 인간적 척도는 손으로 만지고, 걷고, 앉고 하는 등의 인간활동에 관련된 적절한 규모 또는 크기를 말함. 지형경관은 지형이나 지물이 경관에서 지배적인 위치를 지닐 때의 경관, 관개경관은 교목의 수관 아래에 형성된 경관, 세부경관은 공간구성요소들의 세부적인 사항까지도 지각되는 경관, 위요경관은 울타리처럼 둘러싸여 있는 경관

5 선의 분류 중 모양에 따른 분류가 아닌 것은?

① 실선
② 파선
③ 1점 쇄선
④ 치수선

해설 치수선이란 제도에서 물품의 치수를 적기 위해 긋는 선

정답　1. ③　2. ③　3. ①　4. ②　5. ④

6. 서양에서 정원의 건축의 일부로 종속되던 시대에서 벗어나 건축물을 정원양식의 일부로 다루려는 경향이 나타난 시대는?

① 중세　　② 르네상스
③ 고대　　④ 현대

해설　르네상스 시대에는 봉건제도와 교회에 반항하여 인간 개성을 발휘, 자연을 객관적으로 바라보고 자연의 아름다움을 향유하였다. 이 시대에 이르러서 비로소 정원이 예술의 한 범주에 속하게 되었다.

7. 조경양식 발생요인 가운데 사회 환경 요인이 아닌 것은?

① 민족성　　② 사상
③ 종교　　　④ 기후

해설　조경양식의 발생요인은 자연환경 요인으로 기후, 지형, 식물, 토질, 암석 등과 인문환경요인으로 사상, 종교, 역사성, 민족성, 정치, 경제, 건축, 예술, 과학기술 등이 있다.

8. 우리나라에서 최초의 유럽식 정원이 도입된 곳은?

① 덕수궁 석조전 앞 정원
② 파고다 공원
③ 장충단 공원
④ 구 중앙정부청사 주위 정원

해설　석조전은 1909년 우리나라 최초의 이오니아식 서양식 건물이며 정관헌은 지붕과 난간은 한국적이고 기둥과 내부구조는 서양적이다. 석조전 앞의 좌우 대칭적인 기하학적 정원으로 우리나라 최초의 유럽식 정원 침상원이 있다.

9. 공원설계 시 보행자 2인이 나란히 통행 가능한 최소 원로 폭은?

① 4~5m
② 3~4m
③ 1.5~2m
④ 0.3~1.0m

해설　공원설계 시 적용되는 원로 폭
- 보행자와 트럭 한 대가 함께 통행 가능 : 6m 이상
- 관리용 트럭 통행 가능 : 3m
- 보행자 2인이 나란히 통행 가능 : 1.5~2m
- 보행자 1인이 통행 가능 : 0.8~1m

10. 조경을 프로젝트의 대상지별로 구분할 때 문화재 주변 공간에 해당되지 않는 곳은?

① 궁궐　　② 사찰
③ 유원지　④ 왕릉

해설　조경의 대상
- 정원 : 개인주택정원, 아파트단지
- 도시공원과 녹지 : 어린이공원, 근린공원, 묘지공원, 체육공원, 완충녹지, 경관녹지
- 자연공원 : 국립공원, 도립공원, 군립공원, 천연기념물보호구역 등
- 관광휴양시설 : 휴양지, 유원지, 골프장, 낚시터, 자연휴양림, 마리나, 골프장, 승마장, 해수욕장, 관광농원, 삼림욕장
- 문화재 : 목조와 석조 건축물, 궁궐터, 전통민가, 사찰, 성터, 고분 등의 사적지
- 기타 : 공업단지, 고속도로, 자전거도로, 보행자 전용도로

11. 도시공원 및 녹지 등에 관한 법률 시행규칙에 의해 도시공원의 효용을 다하기에 의하여 설치하는 공원시설 중 편익시설로 분류되는 것은?

① 야유회장
② 자연체험장
③ 정글짐
④ 전망대

해설　야유회장 : 유희시설, 자연체험장 : 교양시설, 정글짐 : 유희시설
공원시설의 편익시설로는 우체통, 공중전화, 휴게음식점, 일반음식점, 약국, 수화물 예치소, 전망대, 시계탑, 음수장, 다과점 및 사진관, 유스호스텔, 선수 전용숙소, 대형마트나 쇼핑센터

정답 6. ②　7. ④　8. ①　9. ③　10. ③　11. ④

2010년 기출

12 각종 기구(T자, 삼각자, 스케일 등)를 사용하여 설계자의 의사를 선, 기호, 문장 등으로 표시되어 전달하는 것은?

① 모델링   ② 계획
③ 제도   ④ 제작

해설
- 제도 : 설계도를 그려서 표현하는 작업
- 모델링 : 모형제작
- 계획 : 앞으로 할 일의 절차, 방법, 규모 등을 세우는 일
- 제작 : 재료를 가지고 기능과 내용을 가진 새로운 물건이나 예술 작품을 만드는 것

13 이탈리아 르네상스 시대의 조경 작품이 아닌 것은?

① 빌라 토스카나(Villa Toscana)
② 빌라 란셀로티(Villa Lancelotti)
③ 빌라 메디치(Villa Medici)
④ 빌라 란테(Villa lante)

해설 빌라 토스카나는 로마의 작은 필리니 소유의 도시형 별장이다. 이탈리아 르네상스의 조경작품으로는 15세기의 카레지오장, 메디치장, 16세기의 란테장, 에스테장, 파르네제장, 17세기의 란셀로티장, 감베라리아장, 이졸라벨라장, 가르조니장 등이 있다.

14 골프장의 각 코스를 설계할 때 어느 방향으로 길게 배치하는 것이 가장 이상적인가?

① 동서방향
② 남북방향
③ 동남방향
④ 북서방향

해설 골프장은 잔디를 위해 남사면이나 남동면에 위치하고 코스는 남북으로 길게 배치하는 것이 좋다.

15 영국의 스토우(Stowe)원을 설계했으며, 정원 내에 하하(ha-ha)의 기교를 생각해낸 조경가는?

① 브릿지맨
② 윌리엄 켄트
③ 험프리 랩턴
④ 에디슨

해설 하하기법은 담을 설치할 때 능선에 위치함을 피하고 도랑이나 계곡 속에 설치하여 외부로부터의 침입을 막고, 가축을 보호하며, 경관을 감상할 때 물리적 경계없이 전원을 볼 수 있게 한 것으로 동양의 차경과 유사하다.

16 다음 중 맹아력이 가장 약한 수종은?

① 가시나무
② 쥐똥나무
③ 벚나무
④ 사철나무

해설 맹아성은 줄기나 가지가 꺾기거나 다치면 그 부분에 있던 숨은 눈이 자라 싹이 나오는 것을 말한다. 장미과에 속하는 벚나무는 낙엽교목으로서 맹아력이 약하다. 반면에 '②'와 '④'는 맹아력이 강하여 산울타리용 식재 수종으로 사용하고 있다.

맹아력이 강한 수종

구분	수종
양지 바른 곳에 적합한 수종	향나무, 가이즈까향나무, 가시나무류, 탱자나무, 화백, 편백, 삼나무, 측백나무, 꽝꽝나무, 덩굴장미, 명자나무, 무궁화, 개나리, 피라칸사, 회양목, 보리수나무, 사철나무, 아왜나무 등
일조 부족이 예상되는 곳에 적합한 수종	주목, 눈주목, 식나무, 붉가시나무, 광나무, 비자나무, 동백나무, 솔송나무, 감탕나무, 회양목 등

17 외벽을 아름답게 나타내는데 사용하는 미장재료는?

① 타르   ② 벽토
③ 니스   ④ 래커

해설
- 벽토(壁土) : 진흙에 고운 모래, 짚여물, 착색안료와 물을 혼합하여 반죽한 것으로 미장재료 중에서 자연적인 분위기를 살릴 수 있는 제품으로 전통성을 강조하는 고유

정답 12. ③ 13. ① 14. ② 15. ① 16. ③ 17. ②

- 토담집 흙벽, 울타리, 담장에 사용된다.
- 타르 : 유기물을 분해증류하여 나오는 점성의 검은색 액체로서 대부분의 타르는 석탄으로부터 만들어지며 석유나 나무, 이탄(Peat)으로부터도 만들 수 있다.
- 니스 : 수지류를 건성유 또는 휘발유 용제로 용해시킨 투명한 도료로서 코팅두께가 얇아 외부구조물에 사용하기가 부적당하다.
- 래커 : 니스보다 고가로서 섬유소나 합성수지 용액에 수지, 가소제, 안료 등을 섞은 도료로서 쉽게 마르고 오래가며 번쩍거리지 않게 표면을 마감할 수 있다.

18 분쇄목인 우드칩(Wood Chip)을 멀칭재료로 사용할 때의 효과가 아닌 것은?

① 미관효과우수
② 잡초억제기능
③ 배수억제효과
④ 토양개량효과

[해설] 우드칩은 투과성이 높아 배수억제와는 무관하다.

19 잔디밭 조성 시 뗏장심기와 비교한 종자파종 방법의 이점이 아닌 것은?

① 비용이 적게 든다.
② 작업이 비교적 쉽다.
③ 균일하고 치밀한 잔디를 얻을 수 있다.
④ 잔디밭 조성에 짧은 시일이 걸린다.

[해설] 뗏징은 흙이 붙어 있는 상태로 뿌리째 떠낸 잔디의 조각으로 이미 충분한 생장이 이루어진 상태이기 때문에 종자파종을 녹화보다 생장이 빨라서 조기 녹화가 가능하다.

20 시멘트가 경화하는 힘의 크기를 나타내며, 시멘트의 분말도, 화합물 조성 및 온도 등에 따라 결정되는 것은?

① 전성
② 소성
③ 인성
④ 강도

[해설] 시멘트의 강도는 재료에 하중이 걸린 경우 재료가 파괴되기까지의 변형저항을 의미한다.
- 전성(Malleability, 展性) : 압축력에 대하여 물체가 부서지거나 구부러짐이 일어나지 않고, 물체가 얇게 영구변형이 일어나는 성질이다.
- 소성(Plasticity, 塑性) : 물체에 외력을 가해 변형시킬 때 외력이 어느 정도 이상이 되면 외력을 제거한 후에도 원래의 형으로 돌아가지 않는 성질이다.
- 인성(Toughness, 靭性) : 파괴에 대한 저항도를 뜻한다.

21 봄에 씨뿌림하는 1년초에 해당하지 않는 것은?

① 메리골드
② 페튜니아
③ 채송화
④ 샐비어

[해설] 1년생 초화류의 분류 : 1년생 초화류는 발아에서 개화, 결실 그리고 사멸까지의 기간이 1년 미만이 식물로서 다음과 같이 분류할 수 있다.
- 봄뿌림 일년초 : 맨드라미, 샐비어, 메리골드, 나팔꽃, 코스모스, 과꽃, 봉숭아, 채송화, 분꽃, 백일홍 등
- 가을뿌림 일년초 : 펜지, 페튜니아, 금잔화, 금어초, 패랭이꽃, 안개초, 스위트피 등

22 목재의 건조 조건목적과 가장 관련이 없는 것은?

① 부패방지
② 사용 후의 수축, 균열방지
③ 강도증진
④ 무늬 강조

[해설] 목재의 건조 목적
- 목재의 갈라짐이나 뒤틀림을 방지한다.
- 목재의 변색이나 부패를 방지한다.
- 탄성 및 강도를 높인다.
- 가공, 접착 및 칠이 잘되게 한다.
- 목재의 단열과 전기 절연효과를 높인다.

정답 18. ③ 19. ④ 20. ④ 21. ② 22. ④

2010년 기출

23 플라스틱 제품 제작 시 첨가하는 재료가 아닌 것은?

① 가소제   ② 안정제
③ 충진제   ④ A.E제

해설
- AE제(Air-entraining Agent) : 콘크리트 시공을 할 때 콘크리트 속에 있는 작은 공기 거품을 고르게 하기 위하여 사용하는 혼화제이다.
- 가소제(Plasticizer, 可塑劑) : 열가소성 플라스틱에 첨가하여 열가소성을 증대시킴으로써 고온에서 성형가공을 용이하게 하는 유기물질이다.
- 안정제(Stabilizer, 安定劑) : 플라스틱 등에 열화(劣化)를 방지하거나 또는 억제하기 위해서 첨가하는 화학약품이다.

24 일반적인 금속재료의 장점이라고 볼 수 없는 것은?

① 여러 가지 하중에 대한 강도가 크다.
② 재질이 균일하고 불연재이다.
③ 각기 고유의 광택이 있다.
④ 가열에 강하고 질감이 따뜻하다.

해설 금속재료의 특성
a. 장점
- 전성과 연성이 좋으며 경도가 크고 내마모성이 풍부하다.
- 일반적으로 불에 타지 않는다.
- 때가 잘 끼지 않고 깨끗하게 유지될 수 있다.
- 전기 및 열의 전도율이 크다.
- 금속광택을 띠며 열과 빛을 반사하는 힘이 크다.
- 강도가 크고 가공성이 좋다.

b. 단점
- 수분이나 산에 의해 부식되기 쉽다.
- 차가운 느낌을 준다.
- 녹이 생겨 미관을 해칠 수 있다.
- 다른 건설자재에 비해 값이 비싸다.
- 다양한 색채를 표현하기 힘들다.
- 가열 시 역학적 성질이 변한다.

25 다음 중 음수이며 또한 천근성인 수종에 해당되는 것은?

① 전나무
② 모과나무
③ 자작나무
④ 독일가문비나무

해설 '②'와 '③'은 양수이고, '①'은 음수이나 심근성이다.

26 우리나라에서 사용되고 있는 점토벽돌은 기존형과 표준형으로 분류되는데 그중 기존형 벽돌의 규격은?

① $20cm \times 9cm \times 5cm$
② $21cm \times 10cm \times 6cm$
③ $22cm \times 12cm \times 6.5cm$
④ $19cm \times 9cm \times 5.7cm$

해설 cm 단위과 mm 단위에 주의를 요한다. 1cm = 10mm. 표준 규격은 190×90×57mm이며, 기존 규격은 210×100×60mm이다.

27 다음에서 설명하는 합성수지의 종류는?

- 특히 내수성, 내열성이 우수하다.
- 내연성, 전기적 절연성이 있고 유리섬유판, 텍스, 피혁류 등의 접착이 가능하다.
- 용도는 방수제, 도료, 접착제로 사용된다.
- 500℃ 이상 견디는 수지다.

① 실리콘수지
② 멜라민수지
③ 푸란수지
④ 폴리에틸렌수지

정답 23. ④ 24. ④ 25. ④ 26. ② 27. ①

해설
- 멜라민수지는 멜라민과 폼알데하이드를 반응시켜 만드는 열경화성 수지로서 열·산·용제에 대하여 강하고, 전기적 성질도 뛰어나다.
- 프란수지는 퍼퓨랄 수지, 퍼퓨릴알코올 수지 등 퓨란 고리를 함유한 열경화성 플라스틱으로서 외관상 액체이지만, 열에 의해 경화되어 내수성 접착제로 사용된다.
- 폴리에틸렌수지는 에틸렌 가스를 중합하여 얻어지는 열가소성 수지로 내 충격성은 보통 수지의 4~6배이고 전기 절연성, 고주파 절연성이 좋다.

28 다음 중 석가산을 만들고자 할 때 적당한 돌은?

① 잡석 ② 괴석
③ 호박돌 ④ 자갈

해설 석가산(石假山)은 주로 괴석을 이용하여 자연의 기암 절벽을 모방하거나 신선세계를 꾸미려는 의도로 만들어진 산의 모형물로서 보통 지름 50~100cm의 돌을 사용한다.

29 주목(*Taxus cuspidata* S. et Z)에 관한 설명으로 부적합 것은?

① 9월경에 붉은 색의 열매가 열린다.
② 큰 줄기가 적갈색으로 관상 가치가 높다.
③ 맹아력이 강하며, 음수이나 양지에서 생육이 가능하나.
④ 생장속도가 매우 빠르다.

해설 주목은 '①~③' 이외에도 수명이 매우 긴 수목으로서 으며 생장속도가 매우 느리다.

30 목재의 옹이와 관련된 설명 중 틀린 것은?

① 옹이는 목재강도를 감소시키는 가장 흔한 결점이다.
② 죽은 옹이는 산 옹이보다 일반적으로 기계적 성질이 미치는 영향이 적다.
③ 옹이가 있으면 인장강도는 증가한다.
④ 같은 크기의 옹이가 한 곳에 많이 모인 집중옹이가 고루 분포된 경우보다 강도 감소에 끼치는 영향이 더욱 크다.

해설 목재의 옹이는 인장강도가 감소하는 등의 단점을 유발한다.

31 다음 일반적으로 봄에 가장 먼저 황색 계통의 꽃이 피는 수종은?

① 등나무 ② 산수유
③ 박태기나무 ④ 벚나무

해설 등나무는 5월에 자주색꽃, 박태기나무는 4~5월에 자수색꽃, 벚나무는 4~5월에 담홍색꽃을 피운다.

32 디딤돌로 사용하는 돌 중에서 보행 중 군데군데 잠시 멈추어 설수 있도록 설치하는 돌의 크기(지름)로 가장 적당한 것은? (단, 성인 기준으로 한다.)

① 10~15cm ② 20~25cm
③ 30~35cm ④ 50~55cm

해설 디딤돌은 납작하면서도 물이 고이지 않는 두둑한 것을 사용하며 배치간격은 성인기준 35~40cm 정도에 두께 10~15cm가 적당하고 잠시 멈춤용으로는 지름 50~55cm 정도가 적당하다. 돌 표면 지표보다 3~6cm 높게 설치한다.

33 토양 개량제로 활용되지 못하는 것은?

① 홀맥스콘
② 피트모스
③ 부엽토
④ 펄라이트

해설 '①'은 발근촉진용 생장조절물질이다. 특히 피트모스와 펄라이트는 토양경량재로서 일반토양과 혼합하는 비율은 사양토에 부엽토나 두엄을 같이 섞은 토양과 경량재를 3:1~5:1의 비율로 섞어 배합토를 만들어 사용한다.

정답 28. ② 29. ④ 30. ③ 31. ② 32. ④ 33. ①

2010년 기출

34 다음 중 일반적으로 살아있는 가지를 자를 경우 수종별 상처부위의 부후 위험성이 가장 적은 수종은?

① 왕벚나무
② 소나무
③ 목련
④ 느릅나무

> **해설** 부후(Deterioration, 腐朽)는 목재가 부패하는 것으로서 소나무는 상처부위에서 송진이 분비되어 외부와의 차단을 통해서 병원균의 침입을 방지해주는 역할을 한다.

35 조경용으로 벽돌, 도관, 타일, 기와 등을 만드는 재료로 가장 적당한 것은?

① 금속
② 플라스틱
③ 점토
④ 시멘트

> **해설** 점토는 암석이 오랜 기간에 걸쳐 풍화 또는 분해되어 생긴 세립(0.01m 이하) 또는 가루 집합체이다.

36 굳지 않은 콘크리트의 성질을 표시하는 용어 중 거푸집 등의 형상에 순응하여 채우기 쉽고, 분리가 일어나지 않는 성질을 가리키는 것은?

① 워커빌리티(Workability)
② 컨시스턴시(Consistency)
③ 플라스티서티(Plasticity)
④ 펌퍼빌리티(Pumpability)

> **해설**
> - 워커빌리티 : 채 굳어지지 않은 콘크리트의 중요한 성질로서 콘크리트를 혼합한 다음 운반해서 다져넣을 때까지 시공성의 좋고 나쁨을 나타내는 성질을 뜻한다.
> - 컨시스턴시 : 반죽질기를 나타내는 용어로서 콘크리트는 물의 다소에 따라 질거나 되게 되는 정도를 나타내는 용어이다.
> - 펌퍼빌리티 : 콘크리트 펌프에 의해 콘크리트를 압송할 때의 운반성을 뜻한다.

37 시공관리의 주요 계획 목표라고 볼 수 없는 것은?

① 우수한 품질
② 공사기간의 단축
③ 우수한 시각미
④ 경제적 시공

> **해설** 시공관리의 4대 관리 : 품질관리, 원가관리, 공정관리, 안전관리

38 추위에 의하여 나무의 줄기 또는 수피가 수선 방향으로 갈라지는 현상을 무엇이라 하는가?

① 고사
② 피소
③ 상렬
④ 괴사

> **해설** 상렬(霜裂)은 추위로 인해 나무의 줄기 또는 수피가 세로방향으로 갈라져 죽는 현상으로 늦겨울이나 이른 봄 남서면의 얼었던 수피가 햇빛을 받아 조직이 녹아 연해진 다음 밤중에 기온이 급속히 내려감으로써 증가된 물의 부피가 세포를 파괴하여 수피가 갈라져 발생한다. 특히 수피가 얇은 단풍나무, 배롱나무, 일본목련, 벚나무 등이 피해가 많다.

39 토공사에서 흐트러진 상태의 토양 변환율이 1.1일 때 터파기량이 10㎥, 되메우기량이 7㎥이라면 잔토처리량은?

① 3㎥
② 3.3㎥
③ 7㎥
④ 17㎥

> **해설** 잔토처리량에는 L값을 적용한다.
> (10−7) × 1.1 = 3.3㎥

정답 34. ② 35. ③ 36. ③ 37. ③ 38. ③ 39. ②

40 조경 공사에서 수목 및 잔디의 할증률은 몇 %인가?

① 1% ② 5%
③ 10% ④ 20%

해설 5%의 할증률을 적용하는 종류는 원형철근, 합판(수장용합판), 시멘트벽돌, 호안블록, 기와, 타일 등이 있다.

41 연못의 급배수에 대한 설명으로 부적합한 것은?

① 배수공은 연못 바닥의 가장 깊은 곳에 설치한다.
② 항상 일정한 수위를 유지하기 위한 시설을 토수구라 한다.
③ 순환펌프 시설이나 정수 시설을 설치 시 차폐식재를 하여 가려준다.
④ 급배수에 필요한 파이프의 굵기는 강우량과 급수량을 고려해야 한다.

해설 일정한 수위를 유지하기 위한 시설은 월류구라 한다.

42 새끼줄로 뿌리분을 감는 방법 중 석줄 두번 걸기를 표현한 것은?

① 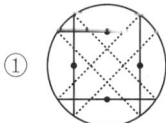 ②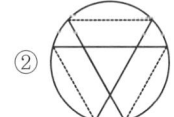

③ 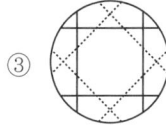 ④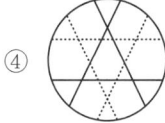

해설 '①'은 넉줄 한번 감기, '②'는 석줄 한번 감기, '③'은 넉줄 한 번 감기 이다.

43 다음 설명과 관련이 있는 잔디의 병은?

- 17~22℃ 정도의 기온에서 습운 시 잘 발생
- 질소질 비료 성분이 부족한 지역에서 발생하기 쉬움
- 담자균류에 속하는 곰팡이로서 년 2회 발생
- 디니코나졸수화제를 살포하여 방제

① 흰가루병
② 그을음병
③ 잎마름병
④ 녹병

해설 녹병은 6월 이후 여름철에 발생한다. '①'은 주로 늦가을에 발생한다. '②'는 진딧물·깍지벌레 등이 식물체를 가해한 후 그 분비물을 병원균이 섭취함으로써 번식한다. '③'은 봄철에 발생한다.

44 조경수목 중 탄수화물의 생성이 풍부할 때 꽃이 잘 필 수 있는 조건에 맞는 탄소와 질소의 관계로 가장 적당한 것은?

① N > C
② N = C
③ N < C
④ N ≥ C

해설 탄수화물(Carbohydrate, C)와 질소화합물(Nitrogen, N)의 비율에 의하여 꽃이 피는 원리로서 식물체 내에서 보통 C/N이 1을 초과하면 꽃을 피우게 된다.

정답 40. ③ 41. ② 42. ④ 43. ④ 44. ③

2010년 기출

45 좁은 정원에 식재된 나무가 필요 이상으로 커지지 않게 하기 위하여 녹음수를 전정하는 것은?

① 생장을 돕기 위한 전정
② 생장을 억제하는 전정
③ 생리조절을 위한 전정
④ 갱신을 위한 전정

해설 '①'은 묘목, 병충해를 입은 가지, 고사지, 손상지를 제거하여 생장을 조절하는 전정이고 '③'은 이식할 때 가지와 잎을 다듬어 주어 손상된 뿌리의 적당한 수분공급 균형을 취하기 위해 다듬어 주는 것이다.

46 낙엽수의 휴면기 겨울 전정(12~3월)의 장점으로 틀린 것은?

① 병충해의 피해를 입은 가지의 발견이 쉽다.
② 가지의 배치나 수형이 잘 드러나므로 전정하기가 쉽다.
③ 굵은가지를 잘라 내어도 전정의 영향을 거의 받지 않는다.
④ 막눈 발생을 유도하며 새가지가 나오기 전까지 수종 고유의 아름다운 수형을 감상할 수 있다.

해설 막눈은 정아(定芽)나 액아(腋芽)의 자리가 아닌 다른 자리에서 나는 싹을 뜻한다. 겨울 전정 시 고유의 수형을 감상할 수 없다.

47 잔디 1매(30×30cm)에 1본의 꼬치가 필요하다. 경사 면적이 45m²인 곳에 잔디를 전면 붙이기로 식재하려 한다면 이경사지에 필요한 꼬치는 약 몇 개인가? (단, 가장 근사값을 정한다)

① 46본
② 333본
③ 450본
④ 495본

해설 30×30cm = 0.3×0.3m = 0.09m². 1m²에는 11개의 꼬치가 필요하다.
45m² × 11 = 495매

48 덩굴식물이 시설물을 타고 올라가 정원적인 미를 살릴 수 있는 시설물이 아닌 것은?

① 파골라
② 테라스
③ 아치
④ 트렐리스

해설 테라스는 정원의 일부를 높게 쌓아올린 대지(臺地)를 말하는데, 옥외실로서의 이용, 건물의 안정감이나 정원과의 조화(調和), 정원이나 풍경의 관상 등을 하는데 이용된다. '①'은 덩굴식물의 나무가지를 얹어 그늘을 조성하기 위하여 나무 · 금속 · 플라스틱 등의 재료가 가로 · 세로로 짜서 만든 구조물이다. 트렐리스는 격자모양의 울타리이다.

파골라

트렐리스

정답 45. ② 46. ④ 47. ④ 48. ②

49 다음 중 제초제가 아닌 것은?

① 페니트로티온수화제
② 시마진수화제
③ 알라클로르유제
④ 패러쾃디클로라이드액제

해설 '①'은 살충제이다.

50 병·해충의 화학적 방제 내용으로 틀린 것은?

① 병·해충을 일찍 발견해야 방제효과가 크다.
② 될 수 있으면 발생 후에 약을 뿌려준다.
③ 병·해충이 발생하는 과정이나 습성을 미리 알아두어야 한다.
④ 약해에 주의한다.

해설 병해충 조절의 대원칙은 병해가 발생하기 전에 사전예방이 가장 중요하다. 약해(Phytotoxicity, 藥害)는 농약살포에 의해서 발생하는 동식물에 대한 해(害)를 뜻한다.

51 디딤돌 놓기의 방법 설명으로 틀린 것은?

① 디딤돌의 간격은 보폭을 고려하여야 한다.
② 디딤돌 놓기는 직선 위주로 놓는다.
③ 디딤돌 시작하는 곳, 끝나는 곳, 갈라지는 곳에는 다른 것에 비해 큰 디딤돌을 놓는다.
④ 디딤돌의 긴지름은 보행자 진행 방향과 수직을 이루어야 한다.

해설 디딤돌은 직선보다는 어긋나게 배치한다.

52 야외용 의자 제작 시 2인용을 기준으로 할 때 얼마 정도의 길이가 필요한가? (단, 여유 공간을 포함한다)

① 60cm 정도
② 120cm 정도
③ 180cm 정도
④ 200cm 정도

해설 1인용 : 450~470mm, 2인용 : 1,200mm, 3인용 : 2,500mm

53 다음 중 정구장과 같이 좁고 긴 형태의 전지역을 균일하게 배수하려는 암거 방법은?

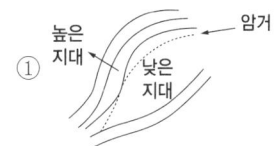

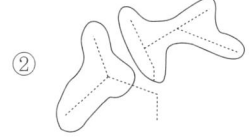

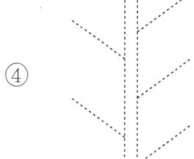

정답 49. ① 50. ② 51. ② 52. ② 53. ③

2010년 기출

54 돌가루와 아스팔트를 섞어 가열한 것을 식기 전에 다져 놓은 자갈층 위에 고르게 깔아 롤러로 다져 끝맺음한 포장 방법은?

① 소형고압블럭포장
② 콘크리트포장
③ 아스팔트포장
④ 마사토포장

해설 아스팔트는 주로 도로, 주차장 등에 쓰인다.

55 소나무 혹병의 환부가 4~5월경에 터져서 흩어져 나오는 포자는?

① 녹포자
② 녹병포자
③ 여름포자
④ 겨울포자

해설 녹포자는 녹균포자의 일종이다.

56 일반적으로 표면 배수 시 빗물받이는 몇 m 마다 1개씩 설치하는 것이 효과적인가?

① 1~10m
② 20~30m
③ 40~50m
④ 60~70m

해설 표면배수 시 빗물받이는 20~30m 이내

57 조경수목 중 낙엽수류의 일반적인 뿌리돌림 시기로 가장 알맞은 것은?

① 3월 중순~4월 상순
② 5월 상순~7월 상순
③ 7월 하순~8월 하순
④ 8월 상순~9월 상순

해설 뿌리돌림은 이식하기 6개월~3년 전에 실시하며, 주목적은 뿌리의 노화현상 방지와 지하부와 지상부의 균형, 아랫가지 발육 촉진 및 꽃눈수 증가 및 수목의 도장억제, 잔뿌리 발생촉진에 있다.

58 화단을 조성하는 장소의 환경 조건과 구성하는 재료 등에 따라 구분할 때 "경재화단"에 대한 설명으로 바른 것은?

① 화단의 어느 방향에서나 관상 가능하도록 중앙 부위는 높게, 가장 자리는 낮게 조성한다.
② 양쪽 방향에서 관상할 수 있으며 키가 작고 잎이나 꽃이 화려하고 아름다운 것을 심어준다.
③ 전면에서만 감상되기 때문에 화단 앞쪽은 키가 작은 것을, 뒤쪽으로 갈수록 큰 화초류를 심는다.
④ 가장 규모가 크고 아름다운 화단으로 광장이나 잔디밭 등에 조성되며 화려하고 복잡한 문양 등으로 펼쳐진다.

해설 경재(境栽)화단은 생울타리·벽·건물 등을 배경으로, 뒤에는 키가 큰 종류를, 앞에는 키가 작은 초화류(주로 1년초) 등을 심어 앞에서 관상할 수 있도록 만든 화단으로 색채에 따라 조화될 수 있도록 군식(群植)한다. 주로 한쪽에서만 감상할 있다. '①'은 기식화단(모둠화단), '④'는 양탄자 화단에 대한 설명이다.

59 세포분열을 촉진하여 식물체의 각 기관들의 수를 증가, 특히 꽃과 열매를 많이 달리게 하고, 뿌리의 발육, 녹말생산, 엽록소의 기능을 높이는데 관여하는 영양소는?

① N
② P
③ K
④ Ca

해설 '①'은 광합성 작용으로 잎과 줄기의 생장에 관한다. '③'은 꽃과 열매의 생장과 저항성 증가에 관련이 있으나 세포분열과는 무관하다. '④'는 세포막 형성, 산도의 중화 등과 관련이 있다.

정답 54. ③ 55. ① 56. ② 57. ① 58. ③ 59. ②

60 응애만을 죽이는 농약의 종류에 해당하는 것은?

① 살충제
② 살균제
③ 살비제
④ 살서제

해설 살비제(殺蜱濟)에서 비는 응애를 뜻한다.
예 파라티온·말라티온·EPN 등 유기인 살충제

정답 60. ③

국가기술자격검정 필기시험

2010년도 조경기능사 과년도 출제문제 제5회

자격종목 및 등급(선택분야)	종목코드	시험시간	문제지형별
조경기능사	6335	1시간	A

---

1. 다음 중 무리지어 나는 철새, 설경 또는 수면에 투영된 영상 등에서 느껴지는 경관은?

① 초점경관 ② 관개경관
③ 세부경관 ④ 일시경관

[해설]
- 일시경관 : 대기권의 기상변화에 따른 경관분위기의 변화, 수면에 투영 또는 반사된 영상, 동물의 일시적 출현 등 순간적 경관으로 계절감, 시간성, 자연의 다양성을 경험할 수 있다.
- 초점경관 : 시선이 한 초점으로 집중되는 경관. 비스타 경관이라고도 한다.
- 관개경관 : 교목의 수관 아래 형성되는 경관
- 세부경관 : 관찰자가 가까이 접근하여 나무의 모양, 잎, 열매 등을 상세히 보며 감상하는 경관

2. 다음 중 사군자(四君子)에 해당되지 않는 것은?

① 매화 ② 난초
③ 국화 ④ 소나무

[해설] 사군자는 매화(봄), 난초(여름), 국화(가을), 대나무(겨울)-매난국죽(梅蘭菊竹), 사절우(四節友)는 매화나무, 소나무, 국화, 대나무-매송국죽(梅松菊竹)

3. 조선시대 사대부나 양반 계급에 속했던 사람들이 시골별서에 꾸민 정원의 유적이 아닌 것은?

① 양산보의 소쇄원
② 윤선도의 부용동원림
③ 정약용의 다산정원
④ 퇴계 이황의 도산서원

[해설] 서원이란 유교사상을 바탕으로 학문연구와 선현 제향을 위해 사림에 의해 설립된 사설 교육기관이다.

4. 백제 무왕 35년(634년경)에 만들어진 조경 유적은?

① 안압지 ② 포석정
③ 궁남지 ④ 안학궁

[해설] 궁남지는 부여 현존하는 연못으로 634년 무왕 35년에 부여의 남쪽에 궁을 짓고 20여리 물을 끌어들어 만든 우리나라 최초의 신선사상을 배경으로 한 인공연못이다. 통일신라시대 안압지보다 40여년 먼저 만들어졌으며, 못 주위에는 버드나무가 식재되어 있고, 포룡정이라는 누각이 있으며 서동요로 알려진 신라 진평왕의 딸 선화공주와 백제 무왕의 사랑이야기가 전해내려오기도 한다.

5. 인도 정원에 해당하는 것은?

① 알함브라(Alhambra)
② 보르비콩트(Vaux-le-viconte)
③ 베르사이유(Versailles)궁원
④ 타자마할(Taj-mahal)

[해설] ① : 스페인, ②, ③ : 프랑스

6. 르네상스 문화와 더불어 최초로 노단건축식 정원이 발달한 곳은?

① 로마 ② 피렌체
③ 아테네 ④ 폼페이

[해설] 15세기 이탈리아 피렌체는 르네상스 운동의 발생지로서, 이탈리아 중부의 근대적인 대도시로서 피렌체 근교 구릉이 살기에 쾌적하여 미켈로지에 의해 설계된 메디치가문의 메디치장이 지형적인 여건을 이용하여 노단건축식 정원이 발달한 최초의 빌라가 있다.

정답 1.④ 2.④ 3.④ 4.③ 5.④ 6.②

7 자연식 조경 중 물을 전혀 사용하지 않고 나무, 바위와 왕모래 등으로 상징적인 정원을 만드는 양식은?

① 전원 풍경식
② 회유 임천식
③ 고산수식
④ 중정식

해설 고산수식은 선사상, 산수의 풍경을 추상적·상징적으로 구성하여 표현하였으며, 모래는 냇물이나 바다를 입석은 폭포, 다듬어 놓은 수목으로 먼산을 상징하는 경향이 나타났으며, 생장속도가 느린 상록활엽수를 전정하여 쓰다가 나중에는 완전히 배제하는 정원양식으로 발전하였다.

8 다음 조경의 대상 중 자연적 환경요소가 가장 빈약한 곳은?

① 도시공원
② 명승지, 천연기념물
③ 도립공원
④ 국립공원

9 조경 시 기본계획을 수립하는데 가장 기초로 이용되는 도면은?

① 조감도
② 입면도
③ 현황도
④ 상세도

해설 현황도는 주변의 현황을 알지 위하여 그리는 그림, 조감도, 입면도, 상세도는 기본설계 완성후 이용자들에게 좀 더 자세히 알 수 있게 작성하는 도면이다. 조감도(鳥瞰圖)는 새의 눈에서 바라본 것처럼 지표를 공중에서 비스듬히 내려다보았을 때의 모양을 그린 그림, 입면도(立面圖)는 물체를 정면에서 본 대로 그린 그림, 상세도(詳細圖)는 설계내용을 도면에 자세하게 표시해 놓은 것으로 건축분야에서는 특히 중요 부분을 확대하여 치수 및 마무리방법 등을 명확하게 나타내기 위하여 사용한다.

10 정숙한 장소로서 장래 시가화가 예상되지 않는 자연녹지 지역에 10만제곱미터 규모 이상 설치할 수 있는 기준을 적용하는 도시의 주제공원은? (단, 도시공원 및 녹지 등에 관한 법률 시행규칙을 적용한다)

① 어린이공원
② 체육공원
③ 묘지공원
④ 도보권 근린공원

해설 묘지공원은 10만㎡ 이상의 면적에 유치거리에 제한이 없으며, 공원시설은 부지면적의 20% 이하로 한다.

11 '조경가'에 관한 설명으로 부적합한 것은?

① 조경가와 건축가의 작업은 많은 유사성이 있다.
② 정원사와 같은 개념이다.
③ 미국의 옴스테드가 처음으로 용어를 사용했다.
④ 관을 조성하는 전문가이다.

해설 조경가는 미국의 프레드릭 로우 옴스테드가 1858년에 미국에 도시공원의 효시인 센트럴파크를 만들면서 처음 사용하였고 예술성을 지닌 실용적이고 기능적인 생활환경을 만드는 사람으로 정원사에서 확대된 개념이다.

12 인출선에 대한 설명으로 옳지 않은 것은?

① 수목명, 본수, 규격 등을 기입하기 위하여 주로 이용되는 선이다.
② 도면의 내용물 자체에 설명을 기입할 수 없을 때 사용하는 선이다.
③ 인출선의 긋는 방향과 기울기는 서로 다르게 하는 것이 효과적이다.
④ 인출선은 가는 실선을 사용하며, 한 도면 내에서는 그 굵기와 질은 동일하게 유지한다.

해설 한 도면 내에서는 인출선을 긋는 방향과 기울기를 가능하면 통일한다.

정답 7. ③ 8. ① 9. ③ 10. ③ 11. ② 12. ③

2010년 기출

13 다음 중 청(靑)나라 때의 대표적인 정원은?
① 원명원 이궁
② 온천궁
③ 상림원
④ 사자림

해설 온천궁 : 당나라, 상림원 : 한나라, 사자림 : 원시대

14 다음 중 플래니미터를 바르게 설명한 것은?
① 설계도상 부정형 지역의 면적 측정 시 주로 사용되는 기구이다.
② 수목 흉고직경 측정 시 사용되는 기구이다.
③ 수목의 높이를 관측하는 기구이다.
④ 설계도상의 곡선 길이를 측정하는 기구이다.

해설 플래니미터는 폐합된 곡선을 따라 움직이면 눈금이 달린 롤러가 회전하여 면적을 측정하는 기구이다.

15 프레드릭 로 옴스테드가 도시 한복판에 근대 공원의 면모를 갖추어 만든 최초의 공원은?
① 런던의 하이드 파크
② 뉴욕의 센트럴 파크
③ 파리의 태일리 원
④ 런던의 세인트 제임스 파크

해설 센트럴파크는 1858년 옴스테드와 건축가 보우가 그린스워드(Greenward) 안에 의해 설계된 최초의 도시공원으로 영국의 최초의 공공정원 버큰헤드공원의 영향을 받았으며, 국립공원운동의 계기가 되었다.

16 다음 중 수용성 목재 방부제이지만 성분상의 맹독성 때문에 사용을 금지하고 있는 것은?
① CCA계 방부제
② 크레오소트유
③ 콜타르
④ 오일스테인

해설 방부제의 종류
a. 수용성 방부제 : 실내 용제
 • CCA 방부제 : 크롬, 구리, 비소의 화합물로서 2007년부터 사용이 금지되었다.
 • ACC 방부제 : 구리와 크롬의 화합물, 광산의 갱목에만 사용된다.
b. 유용성 방부제 : 실외용제
 • 크레오소트유, 콜타르, 아스팔트, 유성페인트, 오일스테인 등이 있다.

17 다음 중 산울타리 및 은폐용 수종으로 적당하지 않은 것은?
① 꽝꽝나무
② 호랑가시나무
③ 사철나무
④ 눈향나무

해설 '①~③'은 맹아력이 강하고 지엽(枝葉)이 치밀하여 산울타리 및 은폐용으로 적합하나 '④'는 포복성으로 지피용 소재로 사용된다.

18 다음 중 양수(陽樹)로만 짝지어진 것은?
① 느티나무, 가죽나무
② 주목, 버즘나무
③ 아왜나무, 소나무
④ 식나무, 팔손이나무

해설 광선요구도에 따른 조경수목의 분류
a. 음수 : 약한 광선에서도 비교적 생육이 좋다. 전광선량의 50%가 필요하다.
 예 팔손이나무, 비자나무, 가시나무, 식나무, 후박나무, 동백나무, 사철나무, 회양목, 독일가문비, 맥문동, 호랑가시나무, 주목, 아왜나무, 전나무 등이 있다.
b. 양수 : 충분한 광선이 있어야 생육한다. 전광선량의 70% 이상이 필요하다.
 예 소나무, 해송, 낙엽송, 은행나무, 석류나무, 철쭉류, 느티나무, 무궁화, 백목련, 일본잎갈나무, 측백나무, 향나무, 포플러류, 가죽나무, 개나리, 플라타너스, 자작나무 등이 있다.

정답 13. ① 14. ① 15. ② 16. ① 17. ④ 18. ①

19 다음 각종 재료의 관리에 대한 설명으로 틀린 것은?

① 목재가 갈라진 경우에는 내부를 퍼티로 채우고 샌드페이퍼로 문질러 준 후 페인트로 마무리 칠한다.
② 철재에 녹이 슨 부분은 녹을 제거한 후 2회에 걸쳐 광명단 도료를 칠한다.
③ 콘크리트의 균열이 생긴 곳은 유성페인트를 칠한다.
④ 철재 시설의 회전부분에 마찰음이 나지 않도록 그리스를 주입한다.

해설 콘크리트 균열을 보수하는 방법으로는 표면처리 공법, 주입 및 충진 공법 등이 있다. 유성페인트는 유용성 방부제에 포함된다.

20 조경수목을 이용 목적으로 분류할 때 바르게 짝지어진 것은?

① 방풍용 – 회양목
② 방음용 – 아왜나무
③ 산울타리용 – 은행나무
④ 가로수용 – 무궁화

해설 방풍용은 교목이 적당하기 때문에 관목인 회양목은 부적당하다. 산울타리용은 관목이 적당한데 은행나무는 교목이다. 가로수용도 교목이 적당하여 관목인 무궁화는 부적당하다.
a. 방음용 수목의 역할
• 소음 차단 및 감소를 위한 교목으로 잎이 치밀한 상록수가 적절하다.
• 공해가 배기가스에 잘 견뎌야 한다.
㉠ 적용수종 : 녹나무, 참식나무, 태산목, 감탕나무, 아왜나무, 후피향나무, 참느릅나무, 플라타너스, 개나리, 히말라야시다. 사철나무, 식나무, 동백나무, 개잎갈나무 등이 있다.

21 수목과 열매의 색채가 맞게 연결된 것은?

① 사철나무 – 적색계통
② 산딸나무 – 황색계통
③ 붉나무 – 검정색계통
④ 화살나무 – 청색계통

해설 '붉나무'는 10월에 노랗고도 붉은 갈색으로 여물면서 열매 껍질에 시고 짠맛이 나는 흰가루가 생긴다.

열매의 색상으로 본 아름다운 조경수목의 구별

색상	아름다운 조경수목
노란색계통	은행나무, 회화나무, 명자나무, 상수리나무, 아그배나무, 살구나무, 매화나무, 탱자나무, 멀구슬나무
검정색계통	후박나무, 아왜나무, 벚나무, 왕벚나무, 꽝꽝나무, 생강나무, 쥐똥나무, 팽나무, 산초나무, 굴거리나무, 오갈피나무, 팔손이, 음나무
적색계통	주목, 산딸나무, 산수유, 감나무, 목련, 사철나무, 호랑가시나무, 매자나무, 화살나무, 보리장나무, 노박덩굴

22 수목과 관련된 설명 중 틀린 것은?

① 나무의 줄기가 2개는 쌍간, 갈래는 다간이라고 한다.
② 나무를 다듬어 짐승의 모양이나 어떤 사물의 모양을 만들어 내는 것을 토피어리라 한다.
③ 염해는 주로 잎의 표면에 붙은 염분이 원형질 분리 현상을 일으킨다.
④ 풍경식 정원에서 주로 정형수를 많이 쓴다.

해설 정형수는 정형식 정원에 주로 사용하고, 풍경식 정원에서는 정형화 되지 않은 자연스런 수형의 수목을 사용한다.
a. 정형식 정원
• 11∼17세기의 튜더왕조 이후 이탈리아, 프랑스의 영향으로 발달하였다.
• 축을 중심으로 한 기하학적 구성과 매듭화단(Knot Garden), 미원(迷園, 수목을 전정하여 정형적인 모양의 미로를 만든 것) 등을 조성하였다.

정답 19. ③ 20. ② 21. ① 22. ④

2010년 기출

- 정형식 정원의 특징은 테라스 설치, 곧은 길(Forthright), 약초원, 토피어리 등이다.
  b. 자연풍경식(전원풍경식) 정원
- 18세기의 낭만주의 운동과 계몽주의 사상, 산업혁명으로 인한 경제 성장 및 영국 국민들의 심리적 요구에 의해 형성되었다.
- 넓은 목초지 등의 지형적인 영향과 느릅나무 및 참나무의 무성한 숲, 교목과 산울타리 등 목가적인 풍경을 바탕으로 자연풍경식 정원이 발생하였다.

23 목재의 강도에 대한 설명으로 옳은 것은? (단, 가력방향은 섬유에 평행한다)

① 압축강도가 인장강도보다 크다.
② 인장강도가 압축강도보다 크다.
③ 인장강도와 압축강도가 동일하다.
④ 휨강도와 전단강도가 동일하다.

해설 인장강도(Tensile strength, 引張强度)는 재료에 하중을 가한 경우 재료가 파괴에 이를 때까지의 변형 저항이고, 압축강도(Crushing Strength, Compressive Strength, 壓縮强度)는 재료가 파괴되지 않고 견딜 수 있는 최대의 압축 응력을 뜻한다.

24 질감이 거칠어 큰 건물이나 서양식 건물에 가장 잘 어울리는 수종은?

① 철쭉류
② 소나무
③ 버즘나무
④ 편백

해설 보기 중에서 잎이 가장 큰 '③'의 질감이 가장 거칠다.

질감의 종류	특성 및 용도
거친 질감 (Coarse Texture)	- 큰 잎이나 두껍고 중량감이 있는 가지, 느슨하게 개방된 생육습성에 의해 나타난다. - 눈에 잘 띄고 윤곽이 굵으며 진취적이다. - 시선을 끌기 위한 초점 또는 강한 느낌의 분위기를 주기 위해 이용된다. - 버즘나무, 백합나무, 음나무 등이 있다.
중간 질감 (Medium Texture)	- 알맞은 정도의 잎의 크기나 가지, 적당한 밀도의 생육습성에 의해 나타난다. - 대부분의 수목은 중간 정도의 질감을 가져 가장 많은 구성 비율을 차지한다. - 거친 질감과 고운 질감을 이어주는 전이 요소로서의 역할을 한다. - 계수나무, 벚나무 등이 있다.
고운 질감 (Fine Texture)	- 많은 수의 잎, 작고 얇은 가지 또는 밀도 있는 생육습성에 의해 나타난다. - 외관이 부드럽고 섬세하며 구성 내에서 가장 늦게 지각되는 부분이다. - 단정하고 정교한 정형적 특성을 나타내고자 하는 공간 구성에 사용된다. - 쥐똥나무, 꽝꽝나무, 회양목 등이 있다.

25 다음 중 가로수용으로 사용되기 가장 부적합한 수종은?

① 은행나무
② 사스레피나무
③ 가중나무
④ 플라타너스

해설 가로수는 교목이 적합하기 때문에 상록활엽관목인 사스레피나무는 부적당하다.

26 재료가 외력을 받아서 변형을 일으킨 뒤 외력을 제거하면 다시 원형으로 돌아가는 성질은?

① 소성   ② 연성
③ 탄성   ④ 강성

해설
- 소성(Plasticity, 塑性) : 물체에 외력을 가해 변형시킬 때 외력이 어느 정도 이상이 되면 외력을 제거한 후에도 원래의 형으로 돌아가지 않는 성질이다.
- 연성(Ductility, 延性) : 탄성한계를 넘는 힘을 가함으로써 물체가 파괴되지 않고 늘어나는 성질이다.
- 강성(Rigidity, 剛性) : 구조물 또는 그것을 구성하는 부재는 하중을 받으면 변형하는데 이 변형에 대한 저항의 정도를 나타낸다.

정답 23. ② 24. ③ 25. ② 26. ③

27 시멘트의 저장방법 중 주의사항에 해당하지 않는 것은?

① 시멘트 창고 설치 시 주위에 배수도랑을 두고 누수를 방지한다.
② 저장 중 굳은 시멘트부터 가급적 빠른 시간 내에 공사에 사용한다.
③ 포대 시멘트는 땅바닥에서 30cm 이상 띄우고 방습 처리한다.
④ 시멘트의 온도가 너무 높을 때는 그 온도를 낮추어서 사용해야 한다.

해설 저장 중 굳은 시멘트는 사용해서는 안 된다. 또한 3개월 이상 장기간 저장한 시멘트는 사용하기 앞서 재시험을 실시하여 그 품질을 확인해야 한다.

28 다음 그림과 같은 돌 쌓기에 가장 적합한 재료는?

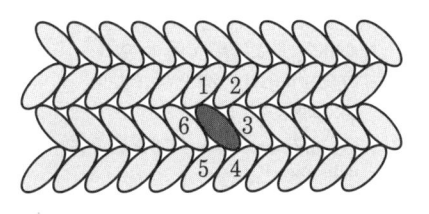

① 호박돌
② 마름돌
③ 잡석
④ 견치석

해설 호박돌 쌓기는 돌 하나를 6개가 에워싸고 있다고 해서 육법쌓기라고도 하며, 자연스러운 멋을 낼 때 사용한다.

29 크레오소트유를 사용하여 내용년수가 장기간 요구되는 철도 침목에 많이 이용되는 방부법은?

① 가압주입법
② 표면탄화법
③ 약제도포법
④ 상압주입법

해설 목재의 방부 처리법
- 가압주입법 : 목재 방부제의 처리법 중 효과가 가장 크며, 목재를 밀폐된 압력용기에 넣고 감압과 가압을 조합하여 목재의 내부 깊숙이 크레오소트, 염화아연 등을 강제적으로 주입하는 방법으로 목재의 내구성을 화학적으로 증대시켜 목재의 내구연한을 7~8배 이상 보장한다.
- 표면탄화법 : 목재의 표면을 탄화시키는 방법
- 약제도포법 : 크레오소트, 콜타르, 아스팔트, 페인트 등을 칠하는 방법
- 상압주입법 : 침지법과 유사하며 침지 후 다시 냉액 중에 5~6시간 침지시키는 방법
- 침지법 : 상온에서 방부제 용액 속에 목재를 수일간 침지시켜 주입하는 방법
- 생리적 주입법 : 수목을 벌채하기 전에 뿌리 부근에 방부제 용액을 뿌려서 수목이 이를 흡수하도록 하는 방법
- 도포법 : 가장 간단한 방법으로 방부전에 목재를 충분히 건조시킨 다음 균열이나 이음부 등에 주의 하여 솔 등으로 도포하는 것

30 지피식물로 지표면을 덮을 때 유의할 조건으로 부적합한 것은?

① 지표면을 치밀하게 피복해야 한다.
② 식물체의 키가 높고, 일년생이어야 한다.
③ 번식력이 왕성하고, 생장이 비교적 빨라야 한다.
④ 관리가 용이하고, 병충해에 잘 견뎌야 한다.

해설 지표면을 덮어주는 키가 작은 식물로서 지피식물의 조건
- 식물의 키가 작고, 지표면을 치밀하게 피복해야 한다.
- 번식력이 왕성하며 생장이 빨라야 한다.
- 환경조건에 대한 적응력이 좋아야 한다.
- 병충해에 잘 견디고 성질이 강해야 한다.
- 다년생으로 식물의 특성을 고루 갖춰야 한다.
- 부드럽고 내답압성이 좋아야 한다.
- 관리가 용이해야 한다.

정답 27. ② 28. ① 29. ① 30. ②

2010년 기출

31 건조 전 질량이 113kg인 목재를 건조시켜서 100kg이 되었다면 함수율은?

① 0.13%
② 0.30%
③ 3.00%
④ 13.00%

[해설] 함수율은 재료에 포함된 수분량의 비율로서 건조 후 질량을 기준으로 건조 전 함유된 수분함량의 비율을 뜻한다.

$$\frac{\text{건조 전 질량} - \text{건조 후 질량}}{\text{건조 후 질량}} \times 100 = \frac{113 - 100}{100} \times 100 = 13\%$$

32 조경의 목적을 달성하기 위해 식재되는 조경수목은 식재지의 위치나 환경 조건 등에 따라 적절히 선택되는데 다음 중 조경수목이 갖추어야 할 조건이 아닌 것은?

① 쉽게 옮겨 심을 수 있을 것
② 착근이 잘되고 생장이 잘되는 것
③ 그 땅의 토질에 잘 적응할 수 있는 것
④ 희귀하여 가치가 있는 것

[해설] '④'의 경우 확보가 어려워서 조경식재에 적용하기가 어렵다.

33 다음 중 이식에 대한 적응성이 강하여 이식이 가장 쉬운 수종으로만 짝지어진 것은?

① 소나무, 태산목
② 주목, 섬잣나무
③ 사철나무, 쥐똥나무
④ 백합나무, 감나무

[해설] 뿌리의 재생력이 강할수록 이식이 잘되며 보통 맹아력이 강한 수종의 이식력이 높다.
a. 이식이 쉬운 나무 : 메타세콰이아, 측백나무, 꽝꽝나무, 사철나무, 쥐똥나무, 미루나무, 은행나무, 플라타너스, 명자나무, 편백, 낙우송, 향나무, 철쭉류, 벽오동, 느티나무, 수양버들, 무궁화 등
b. 이식이 어려운 나무 : 독일가문비, 백송, 소나무, 굴참나무, 떡갈나무, 백합나무, 자작나무, 칠엽수, 감나무, 전나무, 섬잣나무, 가시나무, 굴거리나무, 목련, 튤립나무, 죽순대 등

34 다음 중 목련과(科)의 나무 아닌 것은?

① 태산목
② 튤립나무
③ 후박나무
④ 함박꽃나무

[해설] 후박나무는 녹나무과이다. 한편 일본목련을 한명(漢名)으로 후박(厚朴)이라고 불리우니 혼동하지 말아야 한다.

35 구근초화로서 봄심기를 하는 초화는?

① 맨드라미 ② 봉선화
③ 달리아   ④ 매리골드

[해설] '①~③'은 봄에 파종하는 일년생 초화류이다. 구근(球根)식물은 다년생 초화류인 알뿌리 식물로서 식재시기에 따라 다음과 같이 나눌 수 있다.
• 봄심기 : 달리아, 칸나, 아마릴리스, 글라디올러스, 상사화, 투베로즈, 진저 등
• 가을심기 : 히야신스, 아네모네, 튤립, 수선화, 크로커스, 백합, 아이리스 등

36 다음 중 루비깍지벌레의 구제에 가장 효과적인 농약은?

① 메피콰드클로라이드액제(나왕)
② 트리아디메폰수화제(바리톤)
③ 트리클로르폰수화제(디피록스)
④ 메티다티온유제(수프라사이드)

[해설] '①'은 착립증진용 생장조정제이고 '②'는 예방과 치료효과를 겸비한 침투성 살균제이고 '③'은 침투이행성 살충제로서 과수의 잎말이나방 방제에 주로 사용된다.

정답 31. ④ 32. ④ 33. ③ 34. ③ 35. ③ 36. ④

37 동일 면적에서 가장 많은 주차 대수를 설계할 수 있는 주차방식은?

① 직각주차방식
② 30° 주차방식
③ 45° 주차방식
④ 60° 주차방식

해설 주차방법 중 소요면적이 가장 적게 드는 것이 많은 주차를 할 수 있다.
직각주차 〉 60°주차 〉 45°주차 〉 평행주차

38 다음 중 보행에 큰 어려움을 느낄 수 있는 지형에서 약 얼마의 경사도를 넘을 때 계단을 설치해야 하는가?

① 3%   ② 5%
③ 8%   ④ 18%

해설 지형의 경사가 15% 이상 되면 계단을 설치한다.

39 다음 중 소형 고압 블록포장의 시공방법이 아닌 것은?

① 보도의 가장 자리는 보통 경계석을 설치하여 형태를 규정짓는다.
② 기존 지반을 잘 다진 후 모래를 3~5cm 정도 깔고 보도 블록을 포장한다.
③ 일반적으로 원로의 종단 기울기가 5% 이상인 구간의 포장은 미끄럼방지를 위하여 거친면으로 마감한다.
④ 보도블록의 최종 높이는 경계석의 높이보다 약간 높게 설치한다.

해설 보도블럭의 최종 높이는 경계석의 높이과 일치하도록 한다.

40 침엽수류와 상록활엽수류의 가장 일반적인 이식 적기는?

① 이른 봄   ② 초여름
③ 늦은 여름   ④ 겨울철 엄동기

해설 침엽수는 얼었던 땅이 풀리기 시작하는 2월 하순부터 4월 상순이 이식적기이고, 상록활엽수는 이른 봄 새잎이 나기 전인 3월 하순부터 4월 중순이 적기이다.

41 디딤돌(징검돌) 놓기에 대한 설명으로 옳지 못한 것은?

① 디딤돌로 사용되는 자연석은 윗면이 편평한 것으로 석질이 단단하여 쉽게 마멸되지 않아야 한다.
② 정원에서 디딤돌의 크기가 30~40cm인 경우에는 디딤돌의 상면이 지표면보다 3cm 정도 높게 배치한다.
③ 디딤돌 놓는 방향은 걸어가는 방향으로 디딤돌의 넓은 방향이 되도록 하고 지면보다 낮게 한다.
④ 공원에서 징검돌의 상단은 수면보다 15cm 정도 높게 배치하고, 한 면의 길이가 30~60cm 정도로 되게 한다.

해설 디딤돌의 장축이 진행방향에 직각이 되도록 배치하며 지면보다 3~6cm 높게 배치한다.

42 수목을 목적에 알맞은 수형으로 만들기 위해 나무의 일부분을 잘라주는 것을 무엇이라 하는가?

① 근접   ② 전정
③ 갱신   ④ 순자르기

해설 전정은 수목의 관상, 개화결실, 생육상태조절 등의 목적에 따라 가지나 줄기의 일부를 잘라내는 정리작업이다. '④'는 줄기의 정단부(頂端部)의 우세생장을 억제하여 가지의 충실을 촉진시키기 위하여 순자르기보다는 짧게 가지의 최선단을 잘라주는 것이다.

2010년 기출

43 중앙에 큰 맹암거를 중심으로 하여 작은 맹암거를 좌우에 어긋나게 설치하는 방법으로 평탄한 지역에 가장 적합한 형태로 설치되고 있는 맹암거 배치 형태는?

① 어골형
② 빗살형
③ 부채살형
④ 자유형

해설
- 어골형 : 경기장과 같이 평탄한 지역에서 전지역의 배수가 균일하게 요구되는 곳에 설치주선을 중앙에 경사지게 설치하며, 지관의 길이는 최장 30m 이하, 45° 이하의 교각, 4~5m 간격으로 설치한다.
- 빗살형(즐치형, 석쇠형, 평행형) : 비교적 좁은 면적에 전지역에 균일하게 배수할 때 이용
- 자연형 : 대규모 공원등 완전한 배수가 요구되지 않는 지역에서 지형에 따라 필요한 곳에 설치
- 선형(부채살형) : 1개의 지점으로 집중되게 설치하여 주관과 지관의 구분없이 같은 크기의 관을 사용
- 차단법 : 경사면 위나 자체의 유수를 막기 위해 사용

44 다음 평판 측량 방법과 관계가 없는 것은?

① 방사법
② 전진법
③ 좌표법
④ 교회법

해설 평판측량이란 평판을 삼각대 위에 올려 놓고 야외에서 간단한 방법으로 거리와 고도 또는 각도를 측정하여 현지의 지형을 간략하게 제도하기 위한 측량이다. 현장에서 직접 육안으로 관찰하여 제도하므로 결측이 없고 불규칙한 선을 스케치로 그릴 수 있어 주요 점만 실측하므로 시간이 절약된다. 실내 작업에 소요되는 시간이 적어 전체 측량시간이 단축되며, 2점문제, 3점문제로 표면상에 미지점의 위치를 찾아낼 수 있고 기구가 간단하고 저렴한 장점이 있다.
평판측량법에는 전진법은 측량할 지역안에 장애물이 많아 방사법이 불가능할 때, 방사법은 측량할 구역안에 장애물이 없고 비교적 좁은 구역에 적합하며, 교회법은 기지점에서 미지점의 위치를 결정하는 방법으로 측량지역이 넓고 장애물이 있어서 목표점까지 거리를 재기 곤란할 때 사용된다.

45 축척 1/100 도면에 0.6m×50m의 녹지면적을 H0.5×W0.3 규격의 수목으로 수관의 중복 없이 식재할 경우 약 몇 주가 필요한가?

① 225주
② 334주
③ 520주
④ 750주

해설 녹지면적은 0.6m × 50m = 30㎡, 관목의 폭이 0.3m × 0.3m = 0.09㎡, 30 / 0.09 = 약 334주

46 설계도서 중 일위대가표를 작성할 때 일위대가표의 금액란의 금액 단위 표준은?

① 0.01원
② 0.1원
③ 1원
④ 10원

해설 금액의 단위
- 설계서의 총계 : 단위(원), 1,000 이하 버림 단, 만 원 이하는 100원까지
- 설계서의 금액 : 단위(원), 1 미만 버림
- 일위대가표의 총액 : 단위(원), 1 미만 버림
- 일위대가표의 금액 : 단위(원), 0.1 미만 버림

47 다음 중 파이토플라스마에 의한 빗자루병에 잘 걸리는 수종은?

① 소나무
② 대나무
③ 오동나무
④ 낙엽송

해설 파이토플라즈마(Phytoplasma)는 식물과 관련된 마이코플라즈마로서 세균과 바이러스 중간 정도에 위치한 미생물로서 세포벽이 없고 원형질막이 존재한다. 대추나무·오동나무빗자루병과 뽕나무오갈병의 병원체이다.

정답 43. ① 44. ③ 45. ② 46. ② 47. ③

48 이용지도의 목적에 따른 분류에 해당되지 않는 것은?

① 공원녹지의 보전
② 안전·쾌적이용
③ 적절한 예산의 배정
④ 유효이용

해설 ③은 운영관리이다.

49 골프장 잔디의 거름주기 요령으로 옳지 않는 것은?

① 한국잔디의 경우에는 보통 5~8월에 집중적인 시비를 실시한다.
② 시비 시기는 잔디에 따라 다르지만 대체적으로 생육량이 늘어나기 시작할 때, 즉 생육이 앞으로 예상 때 비료를 주는 것이 원칙이다.
③ 일반적으로 관리가 잘된 기존 골프장의 경우 질소, 인산, 칼륨의 비율을 5:2:1 정도로 하여 시비할 것을 권장하고 있다.
④ 비배관리 시 다른 모든 요소가 충분히 있어도 한 요소가 부족하면 식물생육은 부족한 원소에 지배를 받는다.

해설 일반적으로 잔디의 연간 질소·인산·칼륨을 1㎡당 20g, 15g, 15g의 비율로 주는 것이 좋다. '④'는 최소량의 법칙(law of minimum, 最少量—法則)을 설명하는 내용이다.

50 줄기감기를 하는 목적이 아닌 것은?

① 수분 증발을 활성화시키고자
② 병해충의 침입을 막고자
③ 강한 태양 광선으로부터 피해를 방지하고자
④ 물리적 힘으로부터 수피의 손상을 방지하고자

해설 줄기감기는 이식한 나무가 줄기로부터 수분증산을 억제시켜서 수분부족 증산을 막기 위함이 하나의 목적이 된다.

51 KS 규격에서 정하는 설계 도면상 표현되는 대상물의 치수를 보여주는 기본단위는 무엇인가?

① 밀리미터(㎜)
② 센티미터(㎝)
③ 미터(m)
④ 인치(inch)

해설 치수의 단위는 ㎜로 하며, 단위표시는 하지 않는다.

52 굵은 골재의 최대치수, 잔골재율, 잔골재의 입도, 반죽질기 등에 따르는 마무리하기 쉬운 정도를 말하는 굳지 않은 콘크리트의 성질은?

① Workability
② Plasticity
③ Consistency
④ Finishability

해설 '①'은 콘크리트를 혼합한 다음 운반해서 다져넣음 때까지 시공성의 좋고 나쁨을 나타내는 성질로서, 시공성의 좋고 나쁨은 작업의 용이한 성노 및 재료의 분리에 저항하는 정도로 나타난다. '②'는 외부의 힘에 의하여 변형된 물체가 다시 원래의 형태로 돌아오지 않는 성질이고 마감성은 콘크리크 표면을 마무리할 때의 난이도를 뜻하는 용어이고 반죽질기(Consistency)는 콘크리트의 반죽이 되고 진 정도를 나타내는 굳지 않는 콘크리트의 성질을 뜻한다.

정답 48. ③ 49. ③ 50. ① 51. ① 52. ④

2010년 기출

53 다음 그림과 같이 쌓는 벽돌 쌓기의 방법은?

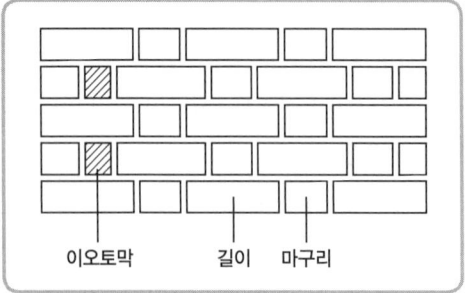

① 영국식쌓기
② 프랑스식쌓기
③ 영롱쌓기
④ 미국식쌓기

> **해설** 벽돌쌓기법
> • 영국식 : 한 켜는 길이, 다음 켜는 마구리쌓기를 번갈아 하며 쌓는 방법으로 벽의 끝이나 모서리 부분에서는 반절이나 이오토막을 사용한다. 가장 견고하고 튼튼하다.
> • 프랑스식 : 같은 켜에서 길이쌓기와 마구리쌓기가 번갈아 나타나며 벽돌 끝에는 이오토막을 사용한다. 외관이 아름다워 치장벽에 많이 사용하나 벽돌이나 시간이 많이 소요된다. 영국식보다 견고성도 떨어진다.
> • 네덜란드식 : 한 켜는 길이쌓기, 다음 켜는 마구리 쌓기를 번갈아 가며 벽의 끝이나 모서리 부분에는 칠오토막을 사용한다. 가장 많이 사용되는 방법이다.
> • 미국식 : 치장벽돌로 5켜 정도는 길이쌓기로 하고 다음 켜는 마구리쌓기로 뒷벽돌에 물려서 쌓는 방법이다.

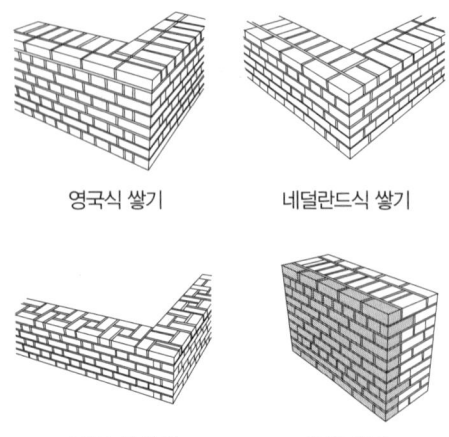

54 지형도에서 두 지점 사이의 고저차는 20m이고, 동일한 지형도에서 두 지점 사이의 수평거리는 100m일 때 경사도(%)는?

① 10%   ② 20%
③ 50%   ④ 80%

> **해설**
>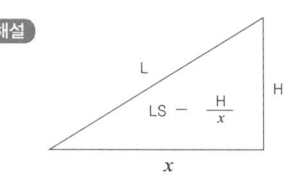
> 경사도(%) = (수직거리/수평거리) × 100, 수평거리는 100m, 수직거리는 20m이므로 (20/100) × 100 = 20%

55 농약의 사용 시 확인할 농약 방제 대상별 포장지와 색깔과 구분이 올바른 것은?

① 살균제 - 청색
② 제초제 - 분홍색
③ 살충제 - 초록색
④ 생장조절제 - 노란색

> **해설** 농약의 용도별 구분색은 다음과 같다.
> 분홍색 : 살균제
> 녹색 : 살충제
> 황색 : 제초제
> 청색 : 생장조절제
> 적색 : 맹독성
> 백색 : 기타
> 해당 약제색깔 병용 : 혼합제 및 동시 방제제

56 다음 중 공원의 산책로 등 자연의 질감을 그대로 유지하면서도 표토층을 보존할 필요가 있는 지역의 포장으로 알맞은 것은?

① 인터록킹 블록포장
② 판석 포장
③ 타일 포장
④ 마사토 포장

> **해설** 마사토는 화강암의 풍화되면서 흙으로 되는 과정의 풍화토로서 조경분야에서는 운동공간 또는 산책로, 고

정답 53. ② 54. ② 55. ③ 56. ④

궁의 보도 등에 사용되며 표면배수가 양호하고 자연적 질감을 지니며 시공이 용이하고 비용이 저렴한 장점이 있다.

57 수목의 한해(寒害)에 관한 설명 중 옳지 않은 것은?

① 동면(冬眠)에 들어가는 수종들은 특히 한해(寒害)에 약하다.
② 이른 서리는 특히 연약한 가지에 많은 피해를 준다.
③ 추위에 의해 나무의 줄기나 껍질이 수선 방향으로 갈라지는 현상을 상렬이라 한다.
④ 서리에 의한 피해는 일반적으로 침엽수가 낙엽수보다 강하다.

해설 동면에 들어간 수종은 휴면상태에 들어가면서 한해(寒害)에 강해진다.

58 다음 흙의 성질 중 점토와 사질토의 비교 설명으로 틀린 것은?

① 투수계수는 사질토가 점토보다 크다.
② 압밀속도는 사질토가 점토보다 빠르다.
③ 내부마찰각은 점토가 사질토보다 크다.
④ 동결피해는 점토가 사질토보다 크다.

해설 점토는 사질토보다 보유수분량이 많아서 겨울에 동결 시 더 많은 피해를 수목에 입힌다.

59 다음 중 식물체의 생리기능을 돕는 미량원소가 아닌 것은?

① Mn ② Zn
③ Fe ④ Mg

해설 3대 다량원소는 N(질소), P(인), K(칼륨), 6대 다량원소는 N, P, K, Ca(칼슘), Mg(마그네슘), S(황)이다.

60 도급공사는 공사실시 방식에 따른 분류와 공사비 지불방식에 따른 분류로 구분할 수 있다. 다음 중 공사 실시 방식에 따른 분류에 해당하는 것은?

① 분할도급
② 정액도급
③ 단가도급
④ 실비청산보수가산도급

해설
- 공사실시방식에 따른 분류 : 일식도급, 분할도급, 공동도급
- 공사비 지불방식에 따른 분류 : 정액도급, 단가도급, 실비정산 보수가산 도급

정답 57. ① 58. ③ 59. ④ 60. ①

국가기술자격검정 필기시험

2011년도 조경기능사 과년도 출제문제 제1회

자격종목 및 등급(선택분야)	종목코드	시험시간	문제지형별
조경기능사	6335	1시간	A

1. 식재설계 시 인출선에 포함되어야 할 내용이 아닌 것은?

① 수량
② 수목명
③ 규격
④ 수목 성상

해설 인출선에는 수목명, 본수, 규격이 기입된다.

2. 14세기경 일본에서 나무를 다듬어 산봉우리를 나타내고 바위를 세워 폭포를 상징하며 왕모래를 깔아 냇물처럼 보이게 한 수법은?

① 침전식
② 임천식
③ 축산고산수식
④ 평정고산수식

해설 일본조경양식의 발달
- 헤이안(평안)시대(8~11세기, 793~966) : 임천식 정원
- 가마쿠라(겸창)시대(12~14세기, 1192~1338) : 초기 주유식지천정원에서 회유식으로 변화하다 후기 회유식이 주를 이루었다.
- 무로마찌(실정)시대(14세기~15세기 후반, 1334~1573) : 초기 축산고산수식이 나타나다 후기에는 평정고산수식
- 모모야마(도산)시대(16세기, 1576~1615) : 다정양식
- 에도(강호)시대(17세기, 1603~1867) : 초기에는 지천회유식이다가 후기에는 자연 축경식

3. 통일신라시대의 안압지에 관한 설명으로 틀린 것은?

① 연못의 남쪽과 서쪽은 직선이고 동안은 돌출하는 반도로 되어 있으며, 북쪽은 굴곡 있는 해안형으로 되어 있다.
② 신선사상을 배경으로 한 해안풍경을 묘사하였다.
③ 연못 속에는 3개의 섬이 있는데 임해전의 동쪽에 가장 큰 섬과 가장 작은 섬이 위치한다.
④ 물이 유입되고 나가는 입구와 출구가 한군데 모여 있다.

해설 안압지는 연못이지만 물이 유입되는 입수부와 물이 빠지는 배수부가 따로 있다.

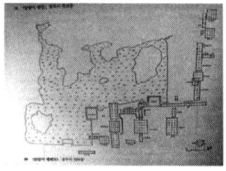 

그림 1   그림 2

〈 안압지 평면도와 전경사진 〉

4. 염분 피해가 많은 임해공업지대에 가장 생육이 양호한 수종은?

① 노간주나무
② 단풍나무
③ 목련
④ 개나리

해설 일반적으로 해안가에 서식하는 수목이 염해에 강하다.

정답 1. ④   2. ③   3. ④   4. ①

구분	수종
염해에 강한 수종	곰솔, 동백나무, 섬향나무, 쥐똥나무, 가시나무류, 벽오동, 은행나무, 식나무, 무화과나무, 꽝꽝나무, 천선과나무, 향나무, 팽나무, 자귀나무, 굴거리나무, 감탕나무, 노간주나무 등
염해에 약한 수종	독일가문비, 삼나무, 소나무, 잎본잎갈나무, 히말라야시더, 목련, 양버들, 중가시나무, 오리나무, 자목련, 단풍나무, 백목련, 일본목련, 중국단풍 등

5 다음 중 미기후에 대한 설명으로 가장 거리가 먼 것은?

① 호수에서 바람이 불어오는 곳은 겨울에는 따뜻하고 여름에는 서늘하다.
② 야간에는 언덕보다 골짜기의 온도가 낮고, 습도는 높다.
③ 야간에 바람은 산 위에서 계곡을 향해 분다.
④ 계곡의 맨 아래쪽은 비교적 주택지로서 양호한 편이다.

해설 미기후는 지형이나 풍향 등에 따른 부분적 장소에 따라서 독특한 기상상태를 의미한다. 산간 지역에서 일출 후 계곡과 산정 사이에서 일사에 의해 지면이 가열되는 시간적 차이로 산정이 먼저 기온이 상승하고 곡저 부분(저지대)이 나중에 상승하기 때문에 하루 중 낮에는 계곡에서 산정으로 바람이 분다. 반면에 야간에는 산정이 계곡보다 온도 하강속도가 빠르기 때문에서 반대로 산정에서 계곡 쪽으로 바람이 분다.

6 조경이 타 건설 분야와 차별화될 수 있는 가장 독특한 구성 요소는?

① 지형
② 암석
③ 식물
④ 물

해설 조경은 살아있는 생물을 이용하여 환경을 조성하는 특성이 있다.

7 정원의 개조 전후의 모습을 보여주는 레드북(Red Book)의 창안자는?

① 험프리 랩턴(Humphrey Repton)
② 윌리엄 켄트(William Kent)
③ 란 셀로트 브라운(Lan Celot Brown)
④ 브리지맨(Bridge Man)

해설 햄프리 랩턴은 '정원사(Landscape Gardener)'라는 용어를 처음 도입했으며, 사실주의 자연 풍경식 정원의 완성자

8 도형의 색이 바탕색의 잔상으로 나타나는 심리보색의 방향으로 변화되어 지각되는 대비 효과를 무엇이라고 하는가?

① 색상대비
② 명도대비
③ 채도대비
④ 동시대비

해설
• 색상대비(Color Contrast, 色相對比) : 색상이 다른 두 색을 동시에 이웃하여 놓았을 때, 두 색이 서로의 영향으로 색상차가 나는 현상
  예 하늘색 배경에서의 파란색보다 노랑색 배경에서의 파란색이 더 강함을 느낄 수 있다.
• 명도대비(Luminosity Contrast, 明度對比) : 명도가 다른 두 색을 이웃하거나 배색하였을 때, 밝은 색은 더 밝게, 어두운 색은 더욱 어둡게 보이는 현상
  예 검은색 배경에 있는 회색이 밝은 회색에 있는 것보다 더 밝아보이고, 반대로 밝은 회색에 있는 회색은 더 어두워 보인다.
• 채도대비(Chromatic Contrast, 彩度對比) : 채도가 다른 두 색을 인접시켰을 때 서로의 영향을 받아 채도가 높은 색은 더욱 높아보이고, 채도가 낮은 색은 더욱 낮아 보이는 현상
  예 채도(색의 순도)가 낮은 배경에서의 보라색이 더 맑고 깨끗해보여 채도가 높아보인다.

정답 5. ④ 6. ③ 7. ① 8. ①

2011년 기출

9. 수목 규격의 표시는 수고, 수관폭, 흉고직경, 근원직경, 수관길이를 조합하여 표시할 수 있다. 표시법 중 H×W×R로 표시할 수 있는 가장 적합한 수종은?

① 은행나무
② 사철나무
③ 주목
④ 소나무

해설) H(Height)는 수고, W(Width)는 수관폭, B(Breast)는 흉고직경, R(Root)은 근원직경을 나타낸다.

수목 규격 표시방법

성상	규격표시방법	수종	비고
교목	H × W	일반 상록수 (향나무, 주목, 측백 등)	
	H × B	가중나무, 계수나무, 메타세콰이아, 벽오동, 수양버들, 벚나무, 은단풍, 은행나무, 자작나무, 백합나무, 층층나무, 플라타너스, 현사시나무 등	
	H × R	소나무, 감나무, 꽃사과나무, 낙우송, 느티나무, 대추나무, 모과나무, 배롱나무, 목련나무, 산수유, 자귀나무, 단풍나무 등 대부분의 교목	흉고직경 측정이 곤란한 수종
관목	H × W	일반 관목(사철나무 등)	
	H × R	노박덩굴, 능소화	
	H × W × L	눈향나무	
	H × 가지의 수	개나리, 덩굴장미	
만경목	H × R	등나무	
묘목	줄기길이 × 근원직경 × 뿌리길이		

10. 경관 구성은 우세요소와 가변요소로 구분할 수 있는데, 다음 중 우세요소에 해당하지 않는 것은?

① 형태
② 위치
③ 질감
④ 시간

해설)
• 경관의 우세요소 : 형태, 선, 색채, 질감, 크기와 위치, 농담
• 경관의 가변요소 : 광선, 기상조건, 계절, 시간, 운동거리, 규모 등

11. 중국 송 시대의 수법을 모방한 화원과 석가산 및 누각 등이 많이 나타난 시기는?

① 백제시대
② 신라시대
③ 고려시대
④ 조선시대

해설) 고려시대 예종 8년 궁의 남쪽과 서쪽에 화원을 만들고 대와사를 만들어 높는 담을 설치하고 의종 6년(1152) 수창국 북원에 괴석을 쌓아 석가산을 만들고 만수정을 축조했다.
동사강목에 의하면 송에서 화훼를 들여온 기록이 있다.

12. 맥하그(Ian McHarg)가 주장한 생태적 결정론(Ecological Determinism)의 설명으로 옳은 것은?

① 자연계는 생태계의 원리에 의해 구성되어 있으며, 따라서 생태적 질서가 인간환경의 물리적 형태를 지배한다는 이론이다.
② 생태계의 원리는 조경설계의 대안결정을 지배해야 한다는 이론이다.
③ 인간환경은 생태계의 원리로 구성되어 있으며, 따라서 인간사회는 생태적 진화를 이루어 왔다는 이론이다.
④ 인간행태는 생태적 질서의 지배를 받는

정답 9. ④ 10. ④ 11. ③ 12. ①

다는 이론이다.

[해설] 맥하그는 적지 선정을 위해 Overlay Method(도면결합법)을 제시했으며 자연과학적 근거에서 인간의 환경문제를 파악하여 새로운 환경의 창조에 기여하도록 자연과 인간, 자연과학과 인간환경의 관계를 생태적 결정론으로 연결하였다. 새로운 환경 창조를 위해 생태학적 자료를 수입하여 이것을 형성과정으로 이해하여 인간의 가치를 찾아 건강한 환경을 이룩하고자 하는 이론이다.

13 자연공원을 조성하려 할 때 가장 중요하게 고려해야 할 요소는?

① 자연경관 요소
② 인공경관 요소
③ 미적 요소
④ 기능적 요소

[해설] 자연공원이란 자연 풍경지를 보호하고, 적정한 이용을 도모하여 국민의 보건휴양 및 정서생활의 향상에 기여함을 목적으로 지정, 이용, 관리하는 공원이다.

14 경관구성의 미적 원리는 통일성과 다양성으로 구분할 수 있다. 다음 중 통일성과 관련이 가장 적은 것은?

① 균형과 대칭
② 강조
③ 조화
④ 율동

[해설] 경관구성의 미적원리
- 통일성 : 조화, 균형과 대칭, 반복, 강조 등
- 다양성 : 비례, 율동, 대비

15 조선시대의 정원 중 연결이 올바른 것은?

① 양산보 – 다산초당
② 윤선도 – 부용동 정원
③ 정약용 – 운조루 정원
④ 이유주 – 소쇄원

[해설] 양산보의 소쇄원, 정약용의 다산초당, 유이주의 운조루정원

16 건조된 소나무(적송)의 단위 중량에 가장 가까운 것은?

① 250kg/㎥
② 360kg/㎥
③ 590kg/㎥
④ 1100kg/㎥

[해설] 참고로 건조된 미송의 단위중량은 400~700kg/㎥이다.

17 감수제를 사용하였을 때 얻는 효과로써 적당하지 않은 것은?

① 내약품성이 커진다.
② 수밀성이 향상되고 투수성이 감소된다.
③ 소요의 워커빌리티를 얻기 위하여 필요한 단위수량을 약 30% 정도 증가시킬 수 있다.
④ 동일 워커빌리티 및 강도의 콘크리트를 얻기 위하여 필요한 단위시멘트량을 감소시킨다.

[해설] 감수제(Water-reducing Agent, 減水劑)는 콘크리트의 워커빌리티(Workability)의 개선을 수목직으로 하는 혼합제이다. 감수제는 콘크리트의 양을 줄일 수 있고, 내구성도 개선되는 경우가 많고, 강도까지 향상되어 시멘트 절약에 도움이 되기도 한다. 시멘트의 분산제(分散劑)도 감수제의 한 종류이다.

18 다음 중 내식성이 가장 높은 재료는?

① 티탄
② 동
③ 아연
④ 스테인레스강

[해설] 내식성은 부식이 일어나기 어려운 성질로서 스테인리스강이나 티타늄은 일반적으로 탄소강보다 내식성이 높다.

[정답] 13. ① 14. ④ 15. ② 16. ③ 17. ③ 18. ①

2011년 기출

19 아스팔트의 양부를 판단하는데 적합한 것은?

① 연화도
② 침입도
③ 시공연도
④ 마모도

해설 양부(良否, 좋음과 좋지 못함)
침입도(Penetration, 針入度)는 아스팔트나 시멘트 등의 경도를 나타내는 수치로서 규정된 온도, 하중, 시간에 규정의 침(針)이 재료 속에 꿰뚫어 들어간 길이로 나타낸다.

20 다음 중 1속에서 잎이 5개 나오는 수종은?

① 백송
② 방크스소나무
③ 리기다소나무
④ 스트로브잣나무

해설 잎의 배열 중에서 5잎이 모여 나는 수종은 잣나무류가 포함된다.
• 2엽속생 : 소나무, 곰솔, 반송
• 3엽속생 : 백송, 리기다소나무, 대왕송
• 5엽속생 : 섬잣나무, 잣나무, 스트로브잣나무

21 목재의 심재와 비교한 변재의 일반적인 특징 설명으로 틀린 것은?

① 재질이 단단하다.
② 흡수성이 크다.
③ 수축변형이 크다.
④ 내구성이 작다.

해설 2010년 2회 23번 문제 참조
• 심재 : 목재의 수심 가까이에 있는 적갈색 부분으로, 단단하고 함수율이 적으며 강도와 내구성이 크다.
• 변재 : 목재 표면에 위치한 흰색 부분으로, 무르고 함수율이 높으며 강도가 내구성이 심재보다 작다.

22 황색 계열의 꽃이 피는 수종이 아닌 것은?

① 풍년화
② 생강나무
③ 금목서
④ 등나무

해설

색상	아름다운 조경수목
흰색 계통	조팝나무, 미선나무, 백철쭉, 백목련, 산딸나무, 일본목련, 회화나무, 쉬땅나무, 무궁화, 등나무, 수수꽃다리, 나무수국, 불두화, 팥배나무, 서어나무, 귀룽나무, 아그배나무, 야광나무, 백당나무, 아카시나무, 이팝나무, 쥐똥나무, 배롱나무
노란색 계통	백합나무, 산수유, 매자나무, 염주나무, 찰피나무, 만리화, 망종화, 생강나무, 개나리, 황매화, 매자나무, 화살나무, 죽도화, 괴불나무
붉은색 계통	댕강나무, 모란, 참싸리, 겹벚나무, 모과나무, 배롱나무, 진달래, 철쭉, 박태기나무, 명자나무, 붉은병꽃나무, 해당화, 올괴불나무, 분꽃나무, 수양벚나무
보라색 계통	정향나무, 자목련, 수수꽃다리, 산철쭉, 산수국, 무궁화, 등나무, 좀작살나무, 참오동나무

23 다음 중 이식의 성공률이 가장 낮은 수종은?

① 가시나무
② 버드나무
③ 은행나무
④ 사철나무

해설 2010년 5회 33번 기출문제 참조. 일반적으로 참나무류(Quercus속)는 이식이 어렵다.

24 액체 상태나 용융상태의 수지에 경화제를 넣어 사용하며 내산, 내알칼리성 등이 우수하여 콘크리트, 항공기, 기계부품 등의 접착에 사용되는 것은?

① 멜라민계접착제
② 에폭시계접착제
③ 페놀계접착제
④ 실리콘계접착제

정답 19. ② 20. ④ 21. ① 22. ④ 23. ① 24. ②

해설 열경화성 플라스틱의 하나로 내후성[재료를 옥외에서 사용하는 경우에 일광(자외선), 풍우, 더위, 추위 등의 기후 조건에 견디는 성질], 내부식성이 풍부하다.

25 유성도료에 관한 설명 중 옳지 않은 것은?

① 유성페인트는 내후성이 좋다.
② 유성페인트는 내알칼리성이 양호하다.
③ 보일드유와 안료를 혼합한 것이 유성페인트이다.
④ 건성유 자체로도 도막을 형성할 수 있으나 건성유를 가열 처리하여 점도, 건조성, 색채 등을 개량한 것이 보일드유이다.

해설 유성페인트는 내후성, 내수성은 좋지만 내산성, 내알칼리성은 약하다.

26 다음 중 속명(屬名)이 *Trachelospermum*이고, 영명이 Chinese Jasmine이며, 한자명이 백화등(白花藤)인 것은?

① 으아리 ② 인동덩굴
③ 줄사철 ④ 마삭줄

해설 '①'은 Clematis, '②'는 Lonicera, '③'은 Euonymus의 속명을 지닌다.

27 다음 중 인공폭포, 인공암 등을 만드는데 사용되는 플라스틱 제품인 것은?

① ILP ② FRP
③ MDF ④ OSB

해설
- '②'는 유리섬유강화 플라스틱(Fiberglass Reinforced Plastics) : 강도가 약한 플라스틱에 유리섬유를 넣어 강화시킨 제품으로 벤치, 화단징식지, 인공폭포, 인공암, 정원석 등을 만든다.
- '③'은 중밀도 섬유판(Medium Density Fiberboard) : 목질 재료를 주원료로 하여 고온에서 결합하여 얻은 목섬유를 합성수가 접착재로 결합시켜 성형하여 만든 제품으로 다루기 쉽고 마감이 매끄러워 다양한 용도로 사용된다.
- '④'는 배향성 스트랜드보드(Oriented Strand Board) : 목재 스트랜드에 접착제를 넣어 일정 두께가 되게 배열하고, 열과 압력으로 판상 형태로 제조되는 구조용 판넬이다.

28 한국산업표준(KS)에 규정된 벽돌의 표준형 크기는?

① 190×90×57㎜
② 195×90×60㎜
③ 210×100×60㎜
④ 210×95×57㎜

해설 cm 단위과 mm 단위에 주의를 요한다. 1cm = 10mm. 표준 규격은 190×90×57mm이며, 기존 규격은 210×100×60mm이다.

29 암석 재료의 특징에 관한 설명 중 틀린 것은?

① 외관이 매우 아름답다.
② 내구성과 강도가 크다.
③ 변형되지 않으며, 가공성이 있다.
④ 가격이 싸다.

해설 마름돌의 경우는 가공하여 사용하므로 가공성도 있다. 외부환경에 의해서 변형이 용이하지 않고 인위적인 석공기술로는 가공이 가능하기 때문에 ③은 맞는 내용이므로 ④만 적설하다.
a. 석재의 장점
- 외관이 아름답다.
- 내구성과 강도가 크가.
- 변형되지 않고 부식되지 않는다.

b. 석재의 단점
- 무게가 무거워서 가공 · 운반이 어렵다.
- 가격이 비싸다.

정답 25. ② 26. ④ 27. ② 28. ① 29. ④

2011년 기출

30 흰말채나무의 특징으로 틀린 것은?

① 노란색의 열매가 특징적이다.
② 층층나무과로 낙엽활엽관목이다.
③ 수피가 여름에는 녹색이나 가을, 겨울철의 붉은 줄기가 아름답다.
④ 잎은 대생하며 타원형 또는 난상타원형이고, 표면에 작은 털이 있으며 뒷면은 흰색의 특징을 갖는다.

해설 흰말채나무는 꽃과 열매가 백색이고 줄기는 적색이다.

31 다음 중 높이떼기의 번식방법을 사용하기 가장 적합한 수종은?

① 개나리
② 덩굴장미
③ 등나무
④ 배롱나무

해설 높이떼기는 영양번식인 취목의 일종인 고취법(高取法)으로서 가지가 휘어지지 않은 수종에 적용한다.
'①~③'은 모두 (반)덩굴성으로서 가지나 줄기가 휘어진다.

32 초기 강도가 매우 크고 해수 및 기타 화학적 저항성이 크며 열분해 온도가 높아 내화용 콘크리트에 적합한 시멘트는?

① 조강 포틀랜드 시멘트
② 알루미나 시멘트
③ 고로슬래그 시멘트
④ 플라이애쉬 시멘트

해설
• 조강 포틀랜드 시멘트 : 조기에 높은 강도로 급한 공사나 동결기 공사, 물 속 공사에 사용된다. 수화열이 커서 균열의 위험이 있지만 재령이 3일이면 210kg/cm² 이상의 강도가 생긴다.
• 슬래그 시멘트(고로시멘트) : 용광로에서 생성된 광재(Slag)를 넣어 만들었으며, 균열이 적어 폐수시설, 하수도, 항만에 사용된다.
• 플라이애쉬 시멘트 : 화력발전소와 같이 미분탄을 연소할 때 석탄재가 고온에 녹은 후 냉각되어 구상(球狀)이 된 미립분을 혼화재로 사용한 시멘트로서 콘크리트의 워커빌리티를 좋게 하며 수밀성을 크게 할 수 있는 시멘트이다.

33 죽(竹)은 대나무류, 조릿대류, 밤부류로 분류할 수 있다. 그 중 조릿대류로 길게 자라고, 생장 후에도 껍질이 떨어지지 않으며 붙어 있는 종류는?

① 죽순대
② 오죽
③ 신이대
④ 마디대

해설 '①'은 중국 원산으로 남부지방에 식재하며 주로 죽순은 식용으로 한다. '②'는 줄기가 첫해에는 녹색이고 솜대와 비슷하지만 2년째부터 검은 자색이 짙어져서 검은색으로 된다. 대가 아름답기 때문에 관상용으로 심고 또 성숙한 것은 여러 가지 세공 재료로 이용한다. '④'는 벼과의 왕대 속에 딸린 대로 중국원산으로 왕대와 비슷하지만 원줄기 높이 10m, 지름 2~3cm로서 낚시대나 지팡이를 만들고 죽순은 식용한다.

34 다음 수종 중 양수에 속하는 것은?

① 백목련
② 후박나무
③ 팔손이
④ 전나무

해설 나머지는 음수로서 그늘에 견디는 성질인 내음성(耐陰性)이 높은 나무이다. 팔손이나무, (개)비자나무, (눈)주목, 가시나무류, 회양목, 식나무, 아왜나무 등이 있고 석류나무는 양수이다.

35 재료의 기계적 성질 중 작은 변형에도 파괴되는 성질을 무엇이라 하는가?

① 취성
② 소성
③ 강성
④ 탄성

정답 30. ① 31. ④ 32. ② 33. ③ 34. ① 35. ①

> **해설**
> - 취성(Brittleness, 脆性) : 재료가 외력에 의하여 영구 변형을 하지 않고 파괴되거나 극히 일부만 영구변형을 하고 파괴되는 성질이다.
> - 소성(Plasticity, 塑性) : 물체에 외력을 가해 변형시킬 때 외력이 어느 정도 이상이 되면 외력을 제거한 후에도 원래의 형으로 돌아가지 않는 성질이다.
> - 강성(Rigidity, 剛性) : 구조물 또는 그것을 구성하는 부재는 하중을 받으면 변형하는데 이 변형에 대한 저항의 정도를 나타낸다.

36 잔디밭을 만들 때 잔디 종자가 사용되는데 다음 중 우량종자의 구비조건으로 부적합한 것은?

① 여러 번 교잡한 잡종 종자일 것
② 본질적으로 우량한 인자를 가진 것
③ 완숙종자일 것
④ 본질적으로 우량한 인자를 가진 것

> **해설** 여러 번 교잡한 경우는 유전형질이 섞여 있는 Hetero 상태로서 형질이 고정되어 있지 않기 때문에 다음 세대가 다른 형질로 나타날 가능성이 높아서 품질이 균일하지 못하다.

37 약제를 식물체의 뿌리, 줄기, 잎 등에 흡수시켜 깍지벌레와 같은 흡즙성 해충을 죽게 하는 살충제의 형태는?

① 기피제
② 유인제
③ 소화중독제
④ 침투성살충제

> **해설** '①'은 해충이나 작은 동물에 자극을 주어 가까이 오지 못하도록 하는 약제
> '②'는 곤충을 유인할 목적으로 사용하는 약제
> '③'은 곤충의 잎을 통하여 체내로 들어가 소화기관으로 흡수되어 중독작용을 일으켜 죽게 하는 약제

38 기본 설계도 중 위에서 수직 투영된 모양을 일정한 축척으로 나타내는 도면으로 2차원적이며, 입체감이 없는 도면은?

① 평면도
② 단면도
③ 입면도
④ 투시도

> **해설**
> - 평면도 : 투영법(投影法)에 의해 입체를 수평면상에 투영하여 그린 그림
> - 단면도(斷面圖) : 구조물을 수직으로 절단한 것으로 가정한 상태에서 그 면을 그린 그림
> - 입면도(立面圖) : 평면도와 같은 축척을 이용하여 정면에서 본대로 그린 그림으로 수직적 공간구성을 보여주기 위한 도면
> - 투시도(透視圖) : 평면도의 설계내용을 입체적인 그림으로 나타낸 그림

39 정원수 전정의 목적으로 부적합한 것은?

① 지나치게 자라는 현상을 억제하여 나무의 자라는 힘을 고르게 한다.
② 움이 트는 것을 억제하여 나무를 속성으로 생김새를 만든다.
③ 강한 바람에 의해 나무가 쓰러지거나 가지나 손상되는 것을 막는다.
④ 채광, 통풍을 도움으로서 병해충의 피해를 미연에 방지한다.

> **해설** 움이 트는 것을 억제하면 생장이 억제된다.

40 시방서의 기재사항이 아닌 것은?

① 재료의 종류 및 품질
② 건물인도의 시기
③ 재료에 필요한 시험
④ 시공방법의 정도 및 완성에 관한 사항

> **해설** 시방서는 공사의 개요, 도면에 기재할 수 없는 공사내용을 기재한 것으로 일반시방서, 특별시방서, 표준시방서 등이 있으며, 설계내용의 전달을 명확히 하고 적정한 공사를 시행하기 위한 목적으로 ①, ③, ④ 외에 시공에 대한 보충 및 일반적 주의사항 등과 시공 완성 후 뒤처리에 대한 사항이 포함한다.

정답 36. ① 37. ④ 38. ① 39. ② 40. ②

2011년 기출

41 벽돌쌓기 시공에서 벽돌 벽을 하루에 쌓을 수 있는 최대 높이는 몇 m 이하인가?

① 1.0m
② 1.2m
③ 1.5m
④ 2.0m

해설 벽돌 하루 쌓기 높이는 1.2m를 표준으로 하고 최대 1.5m 이내로 한다.

42 다음 중 거푸집을 빨리 제거하고 단시일에 소요강도를 내기 위하여 고온, 증기로 보양하는 것으로 한중콘크리트에도 유리한 보양법은?

① 습윤보양
② 증기보양
③ 전기보양
④ 피막보양

해설 양생(보양)이란 콘크리트를 치고 일정한 강도를 지니도록 보호하는 것
- 습윤보양 : 수중양생, 살수양생 등 가장 대중적인 방법으로 충분히 살수하고 방수지를 덮어서 봉합 양생한다.
- 증기보양 : 거푸집을 빨리 제거하고 단기간에 강도를 얻기 위해 고온, 고압의 증기로 양생한다.
- 전기보양 : 한중콘크리트에 이용되며, 저압 교류에 의한 전기 저항으로 발열하므로 철근의 부식이나 부착강도의 저하가 우려된다.
- 피막보양 : 피막양생제를 살포하고 방수막을 형성하여 수분증발을 방지하며 양생한다.

43 주거지역에 인접한 공장부지 주변에 공장경관을 아름답게 하고, 가스, 분진 등의 대기오염과 소음 등을 차단하기 위해 조성되는 녹지의 형태는?

① 차폐녹지
② 차단녹지
③ 완충녹지
④ 자연녹지

해설 도시공원법 및 녹지 등에 관한 법률에 의하면 녹지의 세분
- 완충녹지 : 대기오염, 소음, 진동, 악취 기타 이에 준하는 공해와 각종사고 자연재해 등의 방지를 위해 설치하는 녹지
- 경관녹지 : 도시의 자연적 환경을 보전하거나 이를 개선하고 이미 자연이 훼손된 지역을 복원, 개선함으로써 도시경관을 향상시키기 위하여 설치하는 녹지
- 연결녹지 : 도시 안의 공원, 하천, 산지 등을 유기적으로 연결하고 도시민에게 산책공간의 역할을 하는 등 여가, 휴식을 제공하는 선형의 녹지

44 측백나무 하늘소 방제로 가장 알맞은 시기는?

① 봄
② 여름
③ 가을
④ 겨울

해설 측백나무(향나무) 하늘소는 연 1회 발생하며 11월경 나무의 땅 가까운 곳 또는 뿌리에 구멍을 뚫고 들어가 수피 밑에서 성충으로 월동한다. 월동한 성충은 3월 말에서 4월 초에 수세가 약한 나무 또는 벌채목 등의 인피부에 들어가 수직으로 약 10cm의 터널을 뚫어 알을 낳기 때문에 이때 방제한다.

45 뿌리돌림의 방법으로 옳은 것은?

① 노목은 피해를 줄이기 위해 한 번에 뿌리돌림 작업을 끝내는 것이 좋다.
② 뿌리돌림을 하는 분은 이식할 당시의 뿌리분보다 약간 크게 한다.
③ 낙엽수의 경우 생장이 끝난 가을에 뿌리돌림을 하는 것이 좋다.
④ 뿌리돌림 시 남겨 둘 곧은 뿌리는 15~20cm의 폭으로 환상 박피한다.

해설
'①' 수세가 약하거나 대형목, 노목 등 이식이 어려운 나무는 1/2 또는 1/3씩 2~3년에 걸쳐서 실시한다.
'②' 이식에 필요한 뿌리분 크기보다 약간 작게 한다.
'③' 뿌리돌림 시기 – 뿌리의 생장이 가장 활발한 이른 봄에 실시한다.

정답 41. ③ 42. ② 43. ③ 44. ① 45. ④

46 점질토와 사질토의 특성 설명으로 옳은 것은?

① 투수계수는 사질토가 점질토보다 작다.
② 건조 수축량은 사질토가 점질토보다 크다.
③ 압밀속도는 사질토가 점질토보다 빠르다.
④ 내부마찰각은 사질토가 점질토보다 작다.

해설 '①' 사질토가 점질토보다 투수성이 높다.
'②' 사질토가 점질토보다 건조수축량이 크다.
'④' 내부마찰각은 사질토가 점질토보다 크다.

47 건설표준품셈에서 시멘트 벽돌의 할증율은 얼마까지 적용할 수 있는가?

① 3%
② 5%
③ 10%
④ 15%

해설 붉은 벽돌은 3%, 시멘트 벽돌은 5% 할증을 적용한다.

48 콘크리트 공사의 시공과정 중 휴식시간 등으로 응결하기 시작한 콘크리트에 새로운 콘크리트를 이어 칠 때 일체화가 저해되어 발생하는 줄눈의 형태는?

① 콜드 조인트(Cold Joint)
② 콘트롤 조인트(Control Joint)
③ 익스팬션 조인트(Expansion Joint)
④ 콘트랙션 조인트(Contraction Joint)

해설 콘크리트 조인트의 종류
- 콜드 조인트(Cold Joint) : 응결하기 시작한 콘크리트(초기경화가 시작한 콘크리트)에 새로운 콘크리트를 이어치면 구콘크리트와 신콘크리트가 일체화되지 않고 시공불량 이음부가 생긴다.
- 콘트롤 조인트(Control Joint) : 균열유도줄눈은 수축으로 인한 균열을 방지하기 위해 단면결손 부위로 균열을 유도하는 줄눈이다. 신축줄눈 또는 맹줄눈이라고도 한다.
- 익스팬션 조인트(Expansion Joint) : 신축이음은 온도변화, 건조수축, 기초의 침하 등에 의해 발생하는 변위를 허용하기 위해 균열발생이 예상되는 위치에 설치하는 이음이다. 구조체를 완전히 분리시키므로 분리줄눈이라고도 한다.
- 콘트랙션 조인트(Contraction Joint) : 시공줄눈은 기존 콘크리트에 새로운 콘크리트를 이어붓기 함으로 발생하는 줄눈으로 구조적으로 꼭 필요한 줄눈이라기보다는 시공과정상 발생하는 줄눈이다.

49 치장벽돌을 사용하여 벽체의 앞면 5~6켜까지는 길이쌓기로 하고 그 위 한켜는 마구리쌓기로 하여 본 벽돌벽에 물려 쌓는 벽돌쌓기 방식은?

① 불식쌓기
② 미식쌓기
③ 영식쌓기
④ 화란식쌓기

해설 벽돌쌓기법
- 영국식 : 한켜는 길이, 다음 켜는 마구리쌓기를 번갈하며 쌓는 방법으로 벽의 끝이나 모서리 부분에서는 반절이나 이오토막을 사용한다. 가장 견고 튼튼하다.
- 프랑스식 : 같은 켜에서 길이쌓기와 마무리쌓기가 번갈아 나타나며 벽돌끝에는 이오토막을 사용한다. 외관이 아름다워 치장벽에 많이 사용하나 벽돌이나 시간이 많이 소요된다. 영국식보다 견고성도 떨어진다.
- 네덜란드식 : 한켜는 길이쌓기, 다음 켜는 마무리 쌓기를 번갈아 가며 벽의 끝이나 모서리 부분에는 칠토막을 사용한다. 가장 많이 사용되는 방법으로 우리나라에서 많이 사용하고 있는 방법이다.
- 미국식 : 치장벽돌로 5켜 정도는 길이쌓기로 하고 다음 켜는 마구리쌓기로 뒷벽돌에 물려서 쌓는 방법이다.

2011년 기출

50 거푸집에 미치는 콘크리트의 측압에 관한 설명으로 틀린 것은?

① 시공연도가 좋을수록 측압은 크다.
② 수평부재가 수직부재보다 측압이 작다.
③ 경화속도가 빠를수록 측압이 크다.
④ 붓기 속도가 빠를수록 측압이 크다.

해설 측압은 액상의 생콘크리트를 타설하는 순간 거푸집 측변에 가해지는 압력으로 마감공사에 필요한 콘크리트 표면의 정밀도를 좌우하는 요소이다. 측압이 크게 작용하는 요인으로는 ① 콘크리트의 타설속도가 빠를 때, ② 콘크리트의 타설높이가 높을수록, ③ 슬럼프가 클수록, ④ 대기습도가 높을수록, ⑤ 온도가 낮을수록, ⑥ 거푸집의 수밀성이 높을수록, ⑦ 다짐이 많을수록 크다.

51 단독도급과 비교하여 공동도급(Joint Venture) 방식의 특징으로 거리가 먼 것은?

① 대규모 공사를 단독으로 도급하는 것보다 적자 등의 위험 부담이 분담된다.
② 공동도급에 구성된 상호 간의 이해충돌이 없고 현장관리가 용이하다.
③ 둘 이상의 업자가 공동으로 도급함으로써 자금 부담이 경감된다.
④ 각 구성원이 공사에 대하여 연대책임을 지므로 단독도급에 비해 발주자는 더 큰 안정성을 기대할 수 있다.

해설 공동도급은 이해의 충돌과 책임회피의 우려가 있으며, 사무관리 및 현장관리가 복잡하다.

52 수목의 흰가루병은 가을이 되면 병환부에 흰가루가 섞여서 미세한 흑색의 알맹이가 다수 형성되는데 다음 중 이것을 무엇이라 하는가?

① 균사(菌絲)
② 자낭구(子囊球)
③ 분생자병(分生子柄)
④ 분생포자(分生胞子)

해설 '①'은 진균(眞菌)식물의 영양체를 구성하는 분지(分枝)된 사상체(絲狀體)로서 키틴(kitin)이 주성분인 세포벽이 있고 내부에 세포막, 세포질, 핵, 세포소기관 등이 존재 '③'은 진균(眞菌)류가 만드는 무성포자(無性胞子)의 일종

53 다음 중 기준점 및 규준틀에 관한 설명으로 틀린 것은?

① 규준틀은 공사가 완료된 후에 설치한다.
② 규준틀은 토공의 높이, 나비 등의 기준을 표시한 것이다.
③ 기준점은 이동의 염려가 없는 곳에 설치한다.
④ 기준점은 최소 2개소 이상 여러 곳에 설치한다.

해설 ③ 이외에 향나무, 노간주나무 등이 있다.

54 다음 중 한발의 해에 가장 강한 수종은?

① 오리나무
② 버드나무
③ 소나무
④ 미루나무

해설 ③ 이외에 향나무, 노간주나무 등이 있다.

55 수목의 총중량은 지상부와 지하부의 합으로 계산할 수 있는데, 그 중 지하부(뿌리분)의 무게를 계산하는 식은 $W = V \times K$이다. 이 중 V가 지하부(뿌리분)의 체적일 때 K는 무엇을 의미하는가?

① 뿌리분의 단위체적 중량
② 뿌리분의 형상 계수
③ 뿌리분의 지름
④ 뿌리분의 높이

해설 뿌리분의 중량은 '체적 × 뿌리분의 단위체적 중량'

정답 50. ③ 51. ② 52. ② 53. ① 54. ③ 55. ①

56 자연석 무너짐 쌓기에 대한 설명으로 부적합한 것은?

① 크고 작은 돌이 서로 삼재미가 있도록 좌우로 놓아 나간다.
② 돌을 쌓은 단면의 중간이 볼록하게 나오는 것이 좋다.
③ 제일 윗부분에 놓이는 돌은 돌의 윗부분이 수평이 되도록 놓는다.
④ 돌과 돌이 맞물리는 곳에는 작은 돌을 끼워 넣지 않도록 한다.

[해설] 자연석 무너짐 쌓기는 비탈면, 연못의 호안이나 정원등 흙의 붕괴를 방지하여 경사면을 보호하고 또한 주변의 경관과 시각적으로 조화를 이룰 수 있도록 하는 시공이다. 밑돌(기초석)지면에 20~30cm 정도로 묻고 그 뒤에 선돌을 쌓고 돌틈식재를 해주고 다시 돌을 쌓고 하는 방식으로 뒤쪽으로 갈수록 들여쌓는 방법이다. 돌틈식재 또한 회양목이나 철쭉류를 주로 심고 돌과 돌사이는 작은 돌을 사용하여 흙이 새어나오지 못하도록 마무리한다.

57 축척 1/1000의 도면의 단위 면적이 16㎡인 것을 이용하여 축척 1/2000의 도면의 단위 면적으로 환산하면 얼마인가?

① 32㎡
② 64㎡
③ 128㎡
④ 256㎡

[해설] 1/1,000의 축척에서 단위면적이 16㎡이면 4m × 4m의 공간이 된다. 이것을 1/2,000의 축척에서는 4배가 되는 8m × 8m=64㎡

58 1/100 축척의 도면에서 가로 20m, 세로 50m의 공간에 잔디를 전면붙이기를 할 경우 몇 장의 잔디가 필요한가? (단, 잔디는 25×25cm 규격을 사용한다.)

① 5500장
② 11000장
③ 16000장
④ 22000장

[해설] 25 × 25cm = 0.25 × 0.25m = 0.0625㎡, 20 × 50m = 1,000㎡. 1,000㎡에는 1,000/0.0625= 16,000개가 필요하다.

59 비료는 화학적 반응을 통해 산성비료, 중성비료, 염기성비료로 분류되는데, 다음 중 산성비료에 해당하는 것은?

① 황산암모늄
② 과인산석회
③ 요소
④ 용성인비

[해설] 과인산석회도 생리적 반응으로 분류 시는 중성비료이지만 화학적 반응으로 분류할 때에는 산성비료이다. 산성비료는 그 자체의 화학적 반응과 토양에 사용된 후 용해 또는 분해되어 식물에 흡수된 뒤에 나타나는 반응이 산성을 보이는 것으로서 물에 용해 시 수소이온을 방출한다.
• 화학적반응
 – 산성비료 : 과인산석회, 중과인산석회, 황산암모늄 등
 – 중성비료 : 염화암모늄, 요소, 질산암모늄, 황산칼륨, 염화칼륨, 콩, 깻묵, 어박 등
 – 염기성비료 : 석회질소, 용성인비, 토머스인비, 나뭇재 등

60 석재의 가공 공정상 날망치를 사용하는 표면 마무리 작업은?

① 혹떼기
② 잔다듬
③ 정다듬
④ 도드락다듬

[해설] 석재의 가공순서
• 혹떼기 : 마름돌의 거친 면을 쇠메로 다듬은 것
• 정다듬 : 정으로 쪼아 평탄한 거친 면을 처리한 것
• 도드락다듬 : 정다듬한 것을 도드락 망치로 더욱 평탄하게 다듬은 것
• 잔다듬 : 도드락 다듬면 위에서 날망치로 곱게 쪼아 면을 다듬은 것
• 물갈기: 최종적으로 마무리하는 단계로 물을 사용

정답 56. ② 57. ② 58. ③ 59. ①, ② 60. ②

국가기술자격검정 필기시험

2011년도 조경기능사 과년도 출제문제 제2회

자격종목 및 등급(선택분야)	종목코드	시험시간	문제지형별
조경기능사	6335	1시간	A

1. 정원양식의 발생요인 중 자연환경 요인이 아닌 것은?

① 기후
② 지형
③ 식물
④ 종교

해설 정원의 발생요인
- 자연환경적 요인 : 지형, 기후, 식생, 토질, 암석
- 인문환경적 요인 : 종교, 민족성, 역사성, 토지이용, 건축, 예술

2. 다음 그림과 같이 구릉지의 맨 윗쪽에 세워진 건물은 토지의 이용방법 중 어떠한 것에 속하는가?

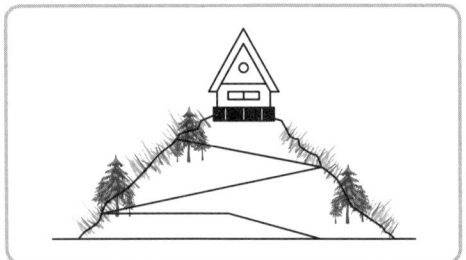

① 강조
② 통일
③ 대비
④ 보존

해설 강조 : 동질의 형태나 색채들 사이에 이것과 이질적인 요소 혹은 강렬한 색채나 형태를 도입하여 강조함으로써 전체적으로 산만함을 줄이고 통일성을 조성할 수 있다.

3. 녹지계통의 형태가 아닌 것은?

① 분산형(산재형)
② 환상형
③ 입체분리형
④ 방사형

해설 녹지계통의 형식
- 분산식 : 녹지대가 여기저기 여러 가지 형태로 배치된 상태
- 환상식 : 도시를 중심으로 환상형태로 5~10km 폭으로 조성된 것으로 도시가 확대되는 것을 방지하는데 큰 효과 예 오스트리아 빈
- 방사식 : 도시의 중심에서 외부로 방사상 녹지대를 조성하는 것 예 독일의 하노버, 비스바덴, 미국의 인디아나폴리스
- 방사환상식 : 방사식 녹지형태와 환상식 녹지를 결합하여 양자의 장점을 이용한 것으로 이상적인 도시녹지대의 형식 예 독일의 쾰른
- 위성식 : 대도시에만 적용되는 것으로 대도시의 인구 분산을 위해 환상 내부에 녹지대를 조성하고 녹지대 내에 소시가지를 위성적으로 배치하는 것 예 독일의 프랑크푸르트
- 평행식 : 도시의 형태가 대상형일 때 띠모양으로 일정한 간격을 두고 평행하게 녹지대를 조성하는 것 예 스페인의 마드리드, 러시아의 스탈린그라드

4. 회교문화의 영향을 입어 독특한 정원 양식을 보이는 곳은?

① 이탈리아정원   ② 프랑스정원
③ 영국정원   ④ 스페인정원

해설 스페인은 이슬람 종교의 영향을 받았으며 무어식, 중정식, 파티오식정원이라 한다.
이탈리아정원은 노단건축식, 프랑스정원은 평면기하학식정원, 영국정원은 자연풍경식정원

정답 1. ④ 2. ① 3. ③ 4. ④

5 우리나라 최초의 국립공원은?

① 설악산　② 한라산
③ 지리산　④ 내장산

해설 1967년 지리산국립공원이 최초로 지정되었으며 2014년 현재의 국립공원은 총 21개로 지리산, 경주지구, 계룡산, 한려해상, 설악산, 속리산, 한라산, 내장산, 가야산, 덕유산, 오대산, 주왕산, 태안해상, 다도해해상, 북한산, 치악산, 월악산, 소백산, 변산반도, 월출산, 무등산국립공원이 있다.

6 부귀나 영화를 등지고 자연과 벗하며 농경하고 살기 위해 세운 주거지를 별서(別墅)정원이라 한다. 우리나라의 현존하는 대표적인 것은?

① 윤선도의 부용동 원림
② 강릉의 선교장
③ 이덕유의 평천산장
④ 구례의 운조루

해설 윤선도의 부용동 원림은 전남 해남 보길도에 있으며, 낙선재와 곡수당, 동천석실, 세연정으로 구분되고, 원림마다 직선형 방지, 석계를 만들어 각종 화훼와 기암괴석을 배치하여 울타리가 없으며, 자연 자체에 최소한의 인위적 구성을 가미한 조선시대 대표적인 별서정원 중의 하나이다. ②, ④는 주택정원, ③은 당나라의 민간정원

7 등고선 간격이 20cm인 1/25000 지도의 지도상 인접한 등고선에 직간인 평면거리가 2cm인 두 지점의 경사도는?

① 2%　② 4%
③ 5%　④ 10%

해설 경사도(%) = 수직거리/수평거리 × 100
= 20 / 50 × 100 = 4%
2cm = 20mm, 20m = 20,000mm, 먼저 축척 1/25,000이므로 평면거리 × 축척 = 20mm × 25,000 = 500,000mm, 지도상의 2cm는 실제로 50m가 된다.

8 동양정원에서 연못을 파고 그 가운데 섬을 만드는 수법에 가장 큰 영향을 준 것은?

① 자연지형
② 기상요인
③ 신선사상
④ 생활양식

해설 연못의 섬은 신선사상의 선산(仙山)이 상징화한 것이다.

9 일본의 모모야마(桃山) 시대에 새롭게 만들어져 발달한 정원의 양식은?

① 회유임천식
② 축산고산수식
③ 홍교수법
④ 다정

해설 일본조경양식의 발달
• 헤이안(평안)시대(8~11세기, 793~966) : 침전식 정원
• 가마쿠라(겸창)시대(12~14세기, 1192~1338) : 초기 주유식지천정원에서 회유식으로 변화하다 후기 회유임천식이 주를 이루었다.
• 무로마찌(실정)시대(14세기~15세기 후반, 1334~1573) : 초기 축산고산수식이 나타나다 후기 평정고산수식
• 모모야마(도산)시대(16세기, 1576~1615) : 다정양식
• 에도(강호)시대(17세기, 1603~1867) : 초기에는 지천회유식, 원주파임천식
• 명치시대(1868~) : 축경식

10 전통민가 조경이 프로젝트의 대상이 되는 분야는?

① 기타시설　② 주거지
③ 공원　④ 문화재

해설 조경의 대상
• 정원 : 개인주택정원, 아파트단지
• 도시공원과 녹지 : 어린이공원, 근린공원, 묘지공원, 체육공원, 완충녹지, 경관녹지
• 자연공원 : 국립공원, 도립공원, 군립공원, 천연기념물보호구역 등
• 위락관광시설 : 휴양지, 유원지, 골프장, 낚시터, 자연휴

정답 5. ③　6. ①　7. ②　8. ③　9. ④　10. ④

양림, 마리나, 골프장, 승마장, 해수욕장, 관광농원, 삼림욕장
- 문화재 : 목조와 석조 건축물, 궁궐터, 전통민가, 사찰, 성터, 고분등의 사적지
- 기타 : 공업단지, 고속도로, 자전거도로, 보행자 전용도로

11 설계자의 의도를 개략적인 형태로 나타낸 일종의 시각 언어로서 도면을 단순화시켜 상징적으로 표현한 그림을 의미하는 것은?

① 상세도
② 다이어그램
③ 조감도
④ 평면도

해설
- 조감도(鳥瞰圖) : 새의 눈에서 바라본 것처럼 지표를 공중에서 비스듬히 내려다보았을 때의 모양으로 전체를 사실적으로 그대로 그린 그림
- 상세도(詳細圖) : 설계내용을 도면에 자세하게 표시해 놓은 것으로 건축분야에서는 특히 중요 부분을 확대하여 치수 및 마무리방법 등을 명확하게 나타내기 위하여 사용한다
- 평면도(平面圖) : 물체를 바로 위에서 투영하여 내려다 본 것으로 가정하고 작도하는 것으로 조경설계의 가장 기본적인 도면으로 식재평면도를 많이 사용한다.

12 자연공원법상 자연공원이 아닌 것은?

① 국립공원
② 도립공원
③ 군립공원
④ 생태공원

해설 자연공원법상 자연공원에는 국립공원은 풍경이 대표할 만한 수려한 자연풍경지로 환경부장관이 지정, 도립공원은 특별시장·광역시장 또는 도지사가 지정·관리, 군립공원은 시장·군수 도는 구청장이 지정·관리한다.

13 다음 중 수문(水文)계획에서 고려하여야 할 것은?

① 집수구역
② 식생분포
③ 야생동물
④ 식생구조

해설 수문계획 시 고려사항으로는 집수구역, 지하수 유입구역, 홍수범람지역을 고려하여야 한다.

14 옥상조경 토양경량제가 아닌 것은?

① 펄라이트
② 버미큘라이트
③ 피트모스
④ 마사토

해설 '①~③'은 식물 배양토로 많이 사용하고 있는 경량토에 포함된다. 마사토는 화강암이 풍화되어 생성된 흙으로 입자가 모래가 크고 매우 무겁다.

15 고대 그리스 조경에 관한 설명 중 틀린 것은?

① 구릉이 많은 지형에 영향을 받았다.
② 짐나지움(Gymnasium)과 같은 공공적인 정원이 발달하였다.
③ 히포다무스에 의해 도시계획에서 격자형이 채택되었다.
④ 서민들의 정원은 발달을 보지 못하였으나 왕이나 귀족의 저택은 대규모이며 사치스러운 정원을 가졌다.

해설 고대 그리스 조경은 민주사상의 발달로 개인의 정원보다 공공조경이 발달하였다.

정답 11. ② 12. ④ 13. ① 14. ④ 15. ④

16 다음 중 수종의 특성상 관상 부위가 주로 줄기인 것은?

① 자작나무
② 자귀나무
③ 수양버들
④ 위성류

해설 '①'은 수피가 백색으로 줄기의 관상가치가 높고 이외에 모과나무, 노각나무, 배롱나무 등의 줄기가 관상부위가 된다.

17 석재의 특성 중 장점에 해당되지 않는 것은?

① 불연성이며, 압축강도가 크고 내구성 내화성이 풍부하며 마모성이 적다.
② 종류가 다양하고 같은 종류의 석재라도 산지나 조직에 따라 여러 외관과 색조가 나타난다.
③ 외관이 장중하고 치밀하여 가공 시 아름다운 광택을 낸다.
④ 화열에 닿으면 화강암 등은 균열이 생기고, 석회암이나 대리석과 같이 분해가 일어나기도 한다.

해설 천연암석 중 현무암·안산암·석회암·경사암 등은 비교적 내화성이 크고, 화강암·편마암 등 조립(粗粒) 완정질의 것은 내화성이 작다.

18 콘크리트의 배합 방법 중에 1 : 2 : 4, 1 : 3 : 6과 같은 형태의 배합 방법으로 가장 적합한 것은?

① 용적배합
② 중량배합
③ 복식배합
④ 표준계량배합

해설 용적배합(Volume Mix, 容積配合) : 콘크리트의 재료인 시멘트·잔골재·굵은 골재의 양을 1m³ 제작에 필요한 용적에 의해 배합을 결정하는 것으로서, 시멘트 : 모래 : 자갈 = 1 : 2 : 4(철근콘크리트) 또는 1 : 3 : 6(무근콘크리트) 등으로 나타낸다.

19 다음 중 수목의 맹아성이 가장 약한 것은?

① 비자나무
② 능수버들
③ 회양목
④ 쥐똥나무

해설 주목을 제외하고는 침엽수는 일반적으로 맹아력이 약하다.
맹아력은 가지나 줄기가 상처를 입으면 그 부근에서 숨은 눈이 커져 싹이 나오는 것으로서 맹아력이 강한나무는 전정에 잘 견디므로 형상수(Topiary)나 산울타리로 이용된다.
a. 맹아력이 강한 나무 : 낙우송, 사철나무, 탱자나무, 회양목, 미루나무, 능수버들, 플라타너스, 무궁화, 개나리, 쥐똥나무 등
b. 맹아력이 약한 나무 : 소나무, 해송, 잣나무, 자작나무, 능수벚나무, 살구나무, 칠엽수, 감나무 등

20 다음 화초 중 재배 특성에 따른 분류 중 알뿌리 화초에 해당하는 것은?

① 크로커스
② 맨드라미
③ 과꽃
④ 백일홍

해설 알뿌리(구근, 球根)식물은 지하부의 기관에 저장양분이 저장되어 있는 것으로서 아마릴리스, 글라디올러스, 상사화, 히야신스, 아네모네, 튤립, 수선화, 크로커스, 백합, 아이리스, 크로커스 등이 있다. '②~④'는 1년초이다.

21 표준형 벽돌을 사용하여 줄눈 10㎜로 시공할 때 2.0B벽돌벽의 두께는? (단, 공간 쌓기는 아니다)

① 210㎜
② 390㎜
③ 320㎜
④ 430㎜

해설 벽돌의 크기 : 기존형(210×100×60㎜), 표준형(190 × 90 × 57㎜)
2.0B쌓기는 길이 방향으로 2장을 놓고 10㎜을 더하는 두께로 190 + 10 + 190 = 390㎜
㎡당 기준량은 298매가 소요된다.

정답 16. ① 17. ④ 18. ① 19. ① 20. ① 21. ②

2011년 기출

22 다음에서 설명하는 수종은?

- 원산지가 중국이다.
- 줄기 색채가 녹색이고, 6월경에 개화하여 꽃색은 황색이다.
- 성상은 낙엽활엽교목으로 열매는 5개의 분과로 익기 전에 벌어져서 완두콩 같은 종자가 보이고 10월에 익는다.

① 태산목
② 황매화
③ 벽오동
④ 노각나무

해설 '①'은 수피가 회갈색이고, '②'는 줄기가 녹색이나 낙엽활엽관목이다. '④'는 국내산으로서 수피가 울긋불긋하다.

23 다음 중 열경화성(축합형) 수지인 것은?

① 폴리에틸렌수지
② 폴리염화비닐수지
③ 아크릴수지
④ 멜라민수지

해설 열경화성수지는 일반적으로 내열성과 내약품성이 강하고 경도가 높고 기계적 성질과 전기적 성질이 뛰어나기 때문에 용기나 공업재료에 쓰인다.
예 페놀 수지, 요소수지, 멜라닌 수지, 불포화 폴리에스터, 에폭시수지, 폴리우레탄수지 등이 있다. 이 중에서 에폭시수지의 접착력이 가장 우수하다. ①, ②, ③은 열가소성수지이다.

24 다음 중 성형 가공이 자유롭지만 온도변화에 약한 제품은?

① 콘크리트 제품
② 플라스틱 제품
③ 금속 제품
④ 목질 제품

해설 플라스틱의 특성
a. 플라스틱의 장점
- 소성, 가공성이 좋아 성형이 자유롭다.
- 가볍고 강도와 탄력성이 크다.
- 착색이 자유롭고 광택이 좋다.
- 내산성과 내알칼리성이 크고 녹슬지 않는다.
- 접착력이 크고 전성이 있다.
- 투광성, 절연성이 있다.

b. 플라스틱의 단점
- 열전도율이 높고 불에 타기 쉽다.
- 내열성, 내후성, 내공성이 부족하다.
- 변색한다.
- 온도의 변화, 자외선에 약하다.
- 표면의 경도가 낮다.
- 정전기 발생량이 크다.

25 다음 중 내염성에 대해 가장 약한 수종은?

① 아왜나무
② 곰솔
③ 일본목련
④ 모감주나무

해설 일반적으로 내륙보다는 해안가에 서식하는 수종의 내염성이 강하다.
a. 내염성이 큰 수종 : 해송, 비자나무, 눈향나무, 해당화, 사철나무, 동백나무, 유카, 회양목, 찔레나무, 주목, 굴거리나무, 녹나무, 아왜나무, 감나무, 모감주나무, 호랑가시나무, 쥐똥나무, 꽝꽝나무, 진달래 등
b. 내염성이 작은 수종 : 독일가문비, 소나무, 낙엽송, 목련, 오리나무, 단풍나무, 일본목련, 개나리, 왕벚나무, 피나무, 버드나무 등

26 다음 중 목재에 관한 설명으로 틀린 것은?

① 단열성이 크다.
② 가공성이 좋다.
③ 소리, 전기 등의 전도성이 크다.
④ 건조가 불충분한 것은 썩기 쉽다.

해설 목재는 소리, 전기 등의 전도성과 열전도율, 열팽창률이 낮다.

정답 22. ③ 23. ④ 24. ② 25. ③ 26. ③

27 다음 중 일반적으로 자동차 매연에 대한 저항성이 가장 강한 수종은?

① 은행나무
② 소나무
③ 목련
④ 단풍나무

해설 은행나무는 대기오염에 강하기 때문에 가로수로 이용하고 있다.

배기가스에 강한 수종	비자나무, 편백, 향나무, 태산목, 가시나무류, 식나무, 가중나무, 물푸레나무, 버드나무류, 은행나무, 개나리, 말발도리, 등나무, 송악, 조릿대, 이대, 소철, 종려나무
배기가스에 약한 수종	삼나무, 소나무, 전나무, 금목서, 은목서, 단풍나무, 고로쇠나무, 벚나무, 목련, 백합나무, 팽나무, 감나무, 매화나무, 수수꽃다리, 무화과나무, 자목련, 자귀나무, 고광나무, 명자나무, 산수국, 화살나무

28 다음 중 상록수로만 짝지어진 것은?

① 섬잣나무, 리기다소나무, 동백나무, 낙엽송
② 소나무, 배롱나무, 은행나무, 사철나무
③ 철쭉, 주목, 모과나무, 장미
④ 사철나무, 아왜나무, 회양목, 독일가문비나무

해설 '①'의 낙엽송, '②'의 배롱나무와 은행나무, '③'의 철쭉, 모과나무, 장미는 낙엽수이다.

29 일반적으로 건설재료로 사용하는 목재의 비중이란 다음 중 어떤 상태의 것을 말하는가? (단, 함수율이 약 15% 정도일 때를 의미한다)

① 포수비중
② 절대비중
③ 잰비중
④ 기건비중

해설 기건비중은 공기 중의 습도와 평형이 되게 건조된 기건재의 비중이다. 절대비중은 100~105℃의 온도에서 수분을 완전 제거시킨 전건재의 비중이다.

30 시멘트를 만드는 과정에서 일정량의 석고를 첨가하는 목적은?

① 응결시간 조절
② 수밀성 증대
③ 경화촉진
④ 초기강도 증진

해설 특히 시멘트지연제용 석고는 시멘트의 응결속도를 느리게 하기 위해서 사용되는 석고이다.

31 다음 중 합판의 특징 설명으로 틀린 것은?

① 동일한 원재로부터 많은 정목판과 나무결 무늬판이 제조된다.
② 내구성, 내습성이 작다.
③ 폭이 넓은 판을 얻을 수 있다.
④ 팽창, 수축 등으로 생기는 변형이 거의 없다.

해설 합판의 특징
• 나뭇결이 아름답다.
• 수축, 팽창의 변형이 거의 없다.
• 고른 강도 유지하며, 넓은 판을 이용 가능하다.
• 내구성과 내습성이 크다.
• 홀수의 판을 압축하여 만든다.

32 다음 중 수목의 분류상 교목으로 분류할 수 없는 것은?

① 일본목련
② 느티나무
③ 목련
④ 병꽃나무

해설 '④'는 낙엽활엽관목이다.

정답 27. ① 28. ④ 29. ④ 30. ① 31. ② 32. ④

2011년 기출

33 목재를 방부 처리하고자 할 때 주로 사용되는 방부제는?

① 알코올
② 크레오소트유
③ 광명단
④ 니스

해설 '③'은 철재에 녹슨 부분을 제거 시 사용하는 도료이다.
목재용 방부제의 종류
a. 수용성 방부제 : 실내 용제
- CCA 방부제 : 크롬, 구리, 비소의 화합물, 현재 CCA 방부처리 목재의 생산을 중지, 금지한 상태이다.
- ACC 방부제 : 구리와 크롬의 화합물, 광산의 갱목에만 사용된다.

b. 유용성 방부제 : 실외용제
- 크레오소트유, 콜타르, 아스팔트, 유성페인트, 오일 스테인 등이 있다.

34 석회암이 변화되어 결정화한 것으로 석질이 치밀하고 견고할 뿐 아니라 외관이 미려하여 실내장식재 또는 조각재료로 사용되는 것은?

① 응회암
② 사문암
③ 대리석
④ 점판암

해설
- 대리석은 변성암의 일종으로 석회암이 변성된 암석으로 무늬가 화려하고 석질이 연해 가공하기 용이하다. 그러나 산과 열에 약하고 풍화가 잘되므로 내장용으로 쓰인다.
- 응회암은 수성암으로 흡수성이 크다.
- 사문암은 화성암으로 감람암 등의 초염기성암이 열수변성을 받아 만들어질 때가 많고 대부분 진한 녹색의 무늬가 있어 아름다우나 강도가 약하다.
- 점판암은 Slate는 '얇은 판으로 잘 깨지는'을 뜻하는 프랑스에서 유래되었으며, 셰일이 변한 변성암으로 판상 조직을 가진 건물의 지붕이나 벽, 바닥에 사용된다.

35 다음 중 식재 시 수목의 규격표기 방법이 다른 것은?

① 은행나무
② 메타세콰이아
③ 잣나무
④ 벚나무

해설

성상	규격표시 방법	수종	비고
교목	H × W	일반 상록수 (향나무, 잣나무, 주목, 측백 등)	
	H × B	가중나무, 계수나무, 메타세콰이아, 벽오동, 수양버들, 벚나무, 은단풍, 은행나무, 자작나무, 백합나무, 층층나무, 플라타너스, 현사시나무 등	
	H × R	소나무, 감나무, 꽃사과나무, 낙우송, 느티나무, 대추나무, 모과나무, 배롱나무, 목련나무, 산수유, 자귀나무, 단풍나무 등 대부분의 교목	흉고직경 측정이 곤란한 수종

36 다음 중 콘크리트 소재의 미끄럼대를 시공할 경우 일반적으로 지표면과 미끄럼판의 활강 부분이 수평면과 이루는 각도로 가장 적합한 것은?

① 70°
② 55°
③ 35°
④ 15°

해설 미끄럼틀
- 북향이나 동향으로 배치한다.
- 미끄럼판은 높이 1.2~2.2m의 규격을 갖는다.
- 미끄럼판의 기울기는 30~35°로 재질을 고려하여 설계한다.
- 1인용 미끄럼판의 폭은 40~50cm로 한다.
- 미끄럼판의 높이가 90cm 이상일 때 착지판(길이는 50cm, 2~4°)을 둔다.
- 미끄럼판의 높이가 1.2m 이상일 경우 양옆으로 높이 15cm 이상의 날개벽을 설치한다.

정답 33. ② 34. ③ 35. ③ 36. ③

37 다음 중 설계도면을 작성할 때 치수선, 치수보조선에 이용되는 선의 종류는?

① 1점 쇄선
② 2점 쇄선
③ 파선
④ 실선

> **해설**
> • 실선 : 물체의 보이는 부분을 나타내는 선, 외형선, 단면선, 치수선, 치수보조선, 지시선, 해칭선
> • 파선 : 물체의 보이지 않는 부분을 나타내는 선
> • 1점쇄선 : 중심선, 절단선, 부지경계선, 기준선
> • 2점쇄선 : 이동하는 부분의 이동 후의 위치를 가상하여 나타내는 선, 경계선이나 무게의 중심선

38 다음 중 잔디에 가장 많이 발생하는 병과 그에 따른 방제법이 맞는 것은?

① 녹병 : 헥사코나졸수화제(5%) 살포
② 엽진병 : 다이아지논유제
③ 흰가루병 : 디코플수화제(5%) 살포
④ 근부병 : 다이아지논분제 살포

> **해설** 녹병은 한국잔디의 대표적인 병으로 5~6월과 9~10월 고온다습 시 발생한다.

39 시멘트 500포대를 저장할 수 있는 가설창고의 최소 필요 면적은? (단, 쌓기 단수는 최대 13단으로 한다.)

① 15.4m²
② 16.5m²
③ 18.5m²
④ 20.4m²

> **해설** 가설창고면적 : (시멘트저장면적/쌓기단수)×0.4
> (500÷13)×0.4≒15.4㎡

40 다음 그림 중 수목의 가지에서 마디 위 다듬기의 요령으로 가장 좋은 것은?

①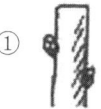
②
③
④

> **해설** 마디 위 다듬기의 요령 : 바깥눈 위에서 자를 경우 바깥눈 7~10mm 위쪽에서 눈과 평행한 방향으로 비스듬히 절단해야 눈을 보호할 수 있다.

41 다음 중 호박돌 쌓기의 방법 설명으로 부적합한 것은?

① 표면이 깨끗한 돌을 사용한다.
② 크기가 비슷한 것이 좋다.
③ 불규칙하게 쌓는 것이 좋다.
④ 기초공사 후 찰쌓기로 시공한다.

> **해설** 호박돌쌓기
> • 호박돌은 지름 18cm 이상의 둥근 자연석으로 수로의 사면보호, 연못바닥, 원로포장용으로 사용하며 육법쌓기에 의해 쌓는다.
> • 호박돌은 깨지지 않고 표면이 깨끗하고 크기가 비슷한 것으로 선택하여 사용한다.
> • 호박돌은 안정성이 없으므로 잘쌓기를 하는데 뒷길이가 긴 것을 쓰고 굄돌을 잘해야 한다.
> • 불규칙한 것보다 규칙적인 모양을 갖도록 쌓는 것이 보기에도 좋고 안정성이 있으며, 돌을 서로 어긋나게 놓아 +자 줄눈이 생기지 않도록 한다.
> • 쌓기 중에 모르타르가 돌의 표면에 묻지 않도록 하고, 돌 틈 사이에서 흘러나온 모르타르는 굳기 전에 깨끗이 제거한다.

2011년 기출

42 다음 중 뿌리분의 형태를 조개분으로 굴취하는 수종으로만 나열된 것은?

① 소나무, 느티나무
② 버드나무, 가문비나무
③ 눈주목, 편백
④ 사철나무, 사시나무

해설
- 접시분 : 천근성 수종-자작나무, 편백, 독일가문비, 향나무
- 보통분 : 일반적 수종-벚나무, 측백
- 조개분 : 심근성 수종-느티나무, 소나무, 회화나무, 주목

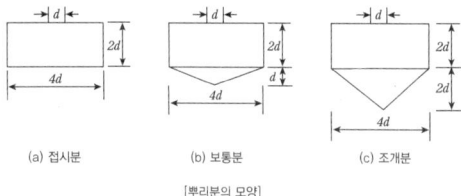
(a) 접시분   (b) 보통분   (c) 조개분
[뿌리분의 모양]

43 다음 중 건설 기계의 용도 분류상 굴착용으로 사용하기에 부적합한 것은?

① 클램쉘
② 파워쇼벨
③ 드래그라인
④ 스크레이퍼

해설 쇼벨계 굴착기계

클램쉘   파워쇼벨

드래그라인   스크레이퍼

- 파워쇼벨 : 기계보다 높은 곳의 굴착
- 드래그쇼벨(백호우) : 기계보다 낮은 곳. 수중 굴착도 가능
- 드래그라인 : 기계보다 낮은 곳 굴착 연약지반 및 수중 굴착 적합
- 클램쉘 : 기초지반을 파는데 사용되며 파는 힘은 약해 사질기반 굴착에 사용
- 스크레이퍼 : 토공기계로 굴착, 싣기, 운반, 하역 등의 작업을 연속적으로 행하는 토공 만능기

44 큰 돌을 운반하거나 앉힐 때 주로 쓰이는 기구는?

① 예불기
② 스크레이퍼
③ 체인블록
④ 쿨러

해설
- 예불기 : 풀베는 기계
- 스크레이퍼 : 굴삭, 적재, 운반, 사토, 정지
- 롤러 : 다짐기

45 철재(鐵材)로 만든 놀이 시설에 녹이 슬어 다시 페인트칠을 하려고 한다. 그 작업 순서로 옳은 것은?

① 녹닦기(샌드페이퍼 등) – 연단(광명단) 칠하기 – 에나멜페인트 칠하기
② 에나멜페인트 칠하기 – 녹닦기(샌드페이퍼 등) – 연단(광명단) 칠하기
③ 연단(광명단) 칠하기 – 녹닦기(샌드페이퍼 등) – 바니쉬 칠하기
④ 수성페인트 칠하기 – 바니쉬 칠하기 – 녹닦기(샌드페이퍼 등)

정답 42. ① 43. ④ 44. ③ 45. ①

46 다음 중 소나무 혹병의 중간 기주는?

① 송이풀
② 배나무
③ 참나무류
④ 향나무

해설

병원균	중간기주
잣나무털녹병균	송이풀, 까치밥나무
소나무잎녹병균	황벽나무, 참취, 잔대
소나무혹병균	참나무
배나무붉은별무늬병균	향나무

47 살수기 설계 시 배치 간격은 바람이 없을 때 기준으로 살수 작동 최대 간격을 살수직경의 몇 %로 제한하는가?

① 45~55%
② 60~65%
③ 70~75%
④ 80~85%

48 항공사진 측량 시 낙엽수와 침엽수, 토양의 습윤도 등의 판독에 쓰이는 요소는?

① 질감 ② 음영
③ 색조 ④ 모양

해설 침엽수는 활엽수보다 짙은 녹색의 수관을 갖고 있어 사진상에 나타나는 색조도 더 짙은 색으로 나타나 구별이 가능하다.
항공사진 판독의 요소로는 색조, 모양, 질감, 크기, 형상, 음영, 과고감 등이 있고 일반적인 순서는 ① 촬영계획 : 대상의 선정, 사진축척결정, 사진의 종류, 촬영일시, 렌즈의 산정, ② 촬영과 사진의 작성, ③ 판독기준의 작성 : 사진의 특징을 판독요소에 따라 정리, ④ 판독 : 지리조사계획병행, ⑤ 지리조사 : 판독결과확인, 보정, 정정, ⑥ 정리

49 성인이 이용할 정원의 디딤돌 놓기 방법으로 틀린 것은?

① 납작하면서도 가운데가 약간 두둑하여 빗물이 고이지 않는 것이 좋다.
② 디딤돌의 간격은 느린 보행 폭을 기준하여 35~50㎝ 정도가 좋다.
③ 디딤돌은 가급적 사각형에 가까운 것이 자연미가 있어 좋다.
④ 디딤돌 및 징검돌의 장축은 진행방향에 직각이 되도록 배치한다.

해설 디딤돌의 형태는 지름이 30~40cm 타원형으로 두께가 10~20cm 내외가 적당하다.

50 조경 수목의 관리 계획에는 정기 관리작업, 부정기 관리작업, 임시 관리작업으로 분류할 수 있다. 그 중 정기 관리작업에 속하는 것은?

① 고사목 제거
② 토양 개량
③ 세척
④ 거름주기

해설
• 정기작업 : 청소, 점검, 수목의 전정, 병충해 방제, 페인트칠, 시비 등
• 부정기작업 · 죽은 나무 제거 및 보식, 시설물의 보수 등

51 설계안이 완공되었을 경우를 가정하여 설계 내용을 실제 눈에 보이는 대로 절단한 면에서 먼 곳에 있는 것은 작게, 가까이 있는 것은 크고 깊이가 있게 하나의 화면에 그리는 것은?

① 평면도
② 조감도
③ 투시도
④ 상세도

> **해설**
> - 투시도(透視圖) : 평면도의 설계내용을 입체적인 그림으로 나타낸 그림.
> - 조감도(鳥瞰圖) : 새의 눈에서 바라 본 것 처럼 지표를 공중에서 비스듬히 내려다보았을 때의 모양으로 전체를 사실적으로 그대로 그린 그림
> - 상세도(詳細圖) : 설계내용을 도면에 자세하게 표시해 놓은 것으로 건축분야에서는 특히 중요 부분을 확대하여 치수 및 마무리방법 등을 명확하게 나타내기 위하여 사용한다.
> - 평면도(平面圖) : 물체를 바로 위에서 투영하여 내려다 본 것으로 가정하고 작도하는 것으로 조경설계의 가장 기본적인 도면으로 식재평면도를 많이 사용한다.

52 다음 중 굵은 가지를 전정하였을 때 다른 수종들보다 전정부위를 반드시 도포제를 발라 주어야 하는 것은?

① 잣나무
② 메타세콰이어
③ 느티나무
④ 자목련

> **해설** ①, ②, ③은 전정 등 상처부위에서 송진 등 치유물질이 분비된다.

53 다음 단계 중 시방서 및 공사비 내역서 등을 주로 포함하고 있는 것은?

① 기본구상
② 기본계획
③ 기본설계
④ 실시설계

> **해설** 실시설계는 실제 시공을 위한 시공도면을 만드는 과정으로 모든 종류의 설계도, 상세도, 시방서, 공정표, 수량산출서, 일위대가표 등을 작성한다.

54 비탈면 경사의 표시에서 1 : 2.5에서 2.5는 무엇을 뜻하는가?

① 수직고
② 수평거리
③ 경사면의 길이
④ 안식각

> **해설** 경사 = 수직거리 : 수평거리

55 일반적으로 식재할 구덩이 파기를 할 때 뿌리분의 크기의 몇 배 이상으로 구덩이를 파고 해로운 물질을 제거해야 하는가?

① 1.5
② 2.5
③ 3.5
④ 4.5

> **해설** 일반적으로 뿌리분 크기의 1.5~3배 정도의 구덩이를 파기 때문에 1.5배 이상이면 된다.

56 다음에서 설명하는 기상 피해는?

> 어린 나무에서는 피해가 거의 생기지 않고 흉고직경 15~20cm 이상인 나무에서 피해가 많다. 피해방향은 남쪽과 남서쪽에 위치하는 줄기부위이다. 특히 남서 방향의 1/2부위가 가장 심하며 북측은 피해가 없다. 피해 범위는 지제부에서 지상 2m 높이 내외이다.

① 볕데기(皮燒)
② 한해(寒害)
③ 풍해(風害)
④ 설해(雪害)

> **해설** 여름철의 높은 광도조건에서 고온과 가뭄이 지속되면 수피가 타는 현상(日燒)을 뜻한다.

정답 52. ④ 53. ④ 54. ② 55. ① 56. ①

57. 진딧물, 깍지벌레와 관계가 가장 깊은 것은?

① 흰가루병
② 빗자루병
③ 줄기마름병
④ 그을음병

해설 깍지벌레, 진딧물 등의 배출하는 분비물(Honey-dew)을 이용하는 진균(자낭균류)이 발육하여 잎을 검게 만들어서 식물의 광합성이 억제되는 병이다.

58. 다음 중 전정의 효과로 적합하지 않는 것은?

① 수목의 생장을 촉진시킨다.
② 수관 내부의 일조 부족에 의한 허약한 가지와 병충해 발생의 원인을 제거한다.
③ 도장지의 처리로 생육을 고르게 한다.
④ 화목류의 적절한 전정은 개화, 결실을 촉진시킨다.

해설 전정은 생육상태를 조절하나 생장을 촉진하기보다는 억제시키는 경향이 있다.

59. 다수진 25% 유제 100cc를 0.05%로 희석하려 할 때 필요한 물의 양은?

① 5L
② 25L
③ 50L
④ 100L

해설 100cc = 100mL, 0.05% = 5/10,000 0.05% 희석은 10,000/5 = 2,000배의 물을 필요로 한다. 따라서 100mL X 2,000 = 200,000mL = 200L가 필요하다. 그러나 25% = 1/4로 이미 희석되었기 때문에 200/4 L = 50L만이 필요하다.

60. 도급업자 입장에서 지급받을 수 있는 공사비 중 통상적으로 90%까지 지불받을 수 있는 공사비의 명칭은?

① 착공금(전도금)
② 준공불(완공불)
③ 하자보증금
④ 중간불(기성불)

해설
- 착공금 : 공사 시행 전 공사착수전에 도급금액의1/3 ~1/5 정도를 지불하는것
- 준공불(완공불) : 공사완료 후 준공검사를 끝내고 공사비 전액을 지불받는 것
- 하자보증금 : 수급인이 공사후에 발견될지 모르는 하자의 보수를 보증하기 위하여 도급인에게 예치하는 금전

국가기술자격검정 필기시험

2011년도 조경기능사 과년도 출제문제 제4회

자격종목 및 등급(선택분야)	종목코드	시험시간	문제지형별
조경기능사	6335	1시간	A

1. 다음 우리나라 조경 가운데 가장 오래된 것은?
   ① 소쇄원(瀟灑園)
   ② 순천관(順天館)
   ③ 아미산정원
   ④ 안압지(雁鴨池)

   해설
   - 안압지 : 통일신라시대(674년) 신선사상을 배경으로 한 삼신산과 무산12봉을 상징한 대표적 지원
   - 순천관 : 고려시대(918년) 개성에 있던 중국 사신이 머물던 관
   - 아미산정원 : 조선시대(1394년) 경복궁 교태전의 후원
   - 소쇄원 : 조선시대(1534년) 양산보의 대표적 조선시대 별서정원

2. 설계 도면에서 표제란에 위치한 막대 축척이 1/200이다. 도면에서 1cm는 실제 몇 m인가?
   ① 0.5m
   ② 1m
   ③ 2m
   ④ 4m

   해설 $\dfrac{1}{m} = \dfrac{도상거리}{실제거리}$, $\dfrac{1}{200} = \dfrac{0.01}{x}$
   $200 \times 0.01 = 2(m)$

3. 경관의 시각적 구성 요소를 우세요소와 가변요소로 구분할 때 가변요소에 해당하지 않는 것은?
   ① 광선
   ② 기상조건
   ③ 질감
   ④ 계절

   해설 경관의 구성요소
   - 경관의 우세요소 : 형태, 선, 색채, 질감, 위치 및 농담
   - 경관의 가변요소 : 운동, 빛, 기상조건, 계절, 관찰위치, 규모, 시간 등

4. 주택정원에 설치하는 시설물 중 수경시설에 해당하는 것은?
   ① 퍼걸러
   ② 미끄럼틀
   ③ 정원등
   ④ 벽천

   해설 벽천은 물을 동적으로 이용하는 수경시설이다.

5. 다음 골프와 관련된 용어 설명으로 옳지 않은 것은?
   ① 에프론 칼라(Apron Collar) : 임시로 그린의 표면을 잔디가 아닌 모래로 마감한 그린을 말한다.
   ② 코스(Course) : 골프장 내 플레이가 허용되는 모든 구역을 말한다.
   ③ 해저드(Hazard) : 벙커 및 워터 해저드를 말한다.
   ④ 티샷(Tee Shot) : 티그라운드에서 제 1타를 치는 것을 말한다.

   해설 에프론 칼라는 그린 가장자리의 그린보다 잔디를 길게 깎아 놓아 다른 지역과 구분하여 놓은 부분

6. 자연 그대로의 짜임새가 생겨나도록 하는 사실주의 자연풍경식 조경 수법이 발달한 나라는?
   ① 스페인
   ② 프랑스
   ③ 영국
   ④ 이탈리아

   해설 18세기 이후 영국은 낭만주의 영향과 자연조건에 부합되는 사실주의 자연풍경식정원이 발달하였다.

정답 1. ④ 2. ③ 3. ③ 4. ④ 5. ① 6. ③

7 조경식물에 대한 옛 용어와 현대 사용되는 식물명의 연결이 잘못된 것은?

① 자미(紫微) – 장미
② 산다(山茶) – 동백
③ 옥란(玉蘭) – 백목련
④ 부거(芙渠) – 연(蓮)

해설 자미(紫薇)는 배롱나무를 뜻한다. 장미는 〈양화소록〉에 '가우'라고 나온다.

8 다음 중 고대 로마의 폼페이 주택정원에서 볼 수 없는 것은?

① 아트리움
② 페리스틸리움
③ 포럼
④ 지스터스

해설 포룸은 로마시대 중심에 있던 공공장소로 정치와 사상의 토론장 역할을 하며 광장의 개념과 같다.

9 넓은 초원과 같이 시야가 가리지 않고 멀리 터져 보이는 경관을 무엇이라 하는가?

① 전경관
② 지형경관
③ 위요경관
④ 초점경관

해설 산림경관의 유형
- 거시 경관 – 전경관(파노라마 경관) : 시야가 제한을 받지 않고 멀리까지 트인 경관
  - 지형경관 : 지형, 지물이 경관에서 지배적인 위치를 지닐 때의 경관
  - 위요경관 : 울타리처럼 둘러싸여 있는 경관
  - 초점경관 : 관찰자의 시선이 어느 한 점으로 유도되도록 구성된 경관, 비스타경관
- 미시경관 – 관개경관 : 교목의 수관 아래에 형성된 경관
  - 세부경관 : 공간 구성요소들의 세부적인 사항까지도 지각되는 경관
  - 일시적경관 : 대기권의 상황변화에 따라 경관의 모습이 달라지는 경관

10 다음 중 차경(借景)을 가장 잘 설명한 것은?

① 멀리 보이는 자연풍경을 경관 구성 재료의 일부로 이용하는 것
② 산림이나 하천 등의 경치를 잘 나타낸 것
③ 아름다운 경치를 정원 내에 만든 것
④ 연못의 수면이나 잔디밭이 한눈에 보이지 않게 하는 것

해설 차경(借景)은 주위에 경관과 정원을 배치함으로 이미 있는 좋은 경치를 자기 정원의 일부인 것처럼 경치를 빌려다 쓴다는 의미로 공간구성에 깊이감을 줄 수 있고 전망이 좋은 곳에서 쉽게 적용시킬 수 있다. 용어 자체는 중국 명대에 간행된 책인(원치-1628)에 처음 쓰인 말로서 풍경을 활용하는 정원에 채용된 수법의 하나이다.
- 차경의 분류
  - 원차(遠借) : 멀리 있는 경치를 정원 안으로 끌어들이는 것
  - 인차(隣借) : 가까운 곳의 자연을 빌려 쓰는 것
  - 부차(俯借) : 낮은 곳에 펼쳐져 있는 경치를 빌려 오는 것
  - 앙차(仰差) : 높은 산악의 경치를 정원에 빌려 오는 것
  - 응시이차(應時而借) : 눈에 보이는 풍경에 따라 경치를 빌려오는 것

11 중국정원의 가장 중요한 특색이라 할 수 있는 것은?

① 조화   ② 대비
③ 반복   ④ 대칭

해설 중국정원은 자연적인 경관을 주 구성요소로 삼고 있으나 건물과 자연경관, 인공미와 자연미을 통한 대비에 중점을 두고 있다. 일본은 조화에 중점을 두고 있다.

12 정원에서 미적요소 구성은 재료의 짝지움에서 나타나는데 도면상 선적인 요소에 해당되는 것은?

① 분수   ② 독립수
③ 원로   ④ 연못

해설 • 미적요소의 구성인 점적요소 : 외딴집, 정자나무, 독립수, 분수, 경석, 음수대, 조각물 등

정답 7. ① 8. ③ 9. ① 10. ① 11. ② 12. ③

- 선적인 요소 : 하천, 도로, 가로수, 냇물, 원로, 생울타리 등
- 면적인 요소 : 호수, 경작지, 초지, 논답, 운동장 등

13 다음 중 조경가의 입장에서 가장 우선을 두어야 할 것은?

① 편리한 교통체계의 증설
② 공공을 위한 녹지의 조성
③ 미개발지의 화려한 개발촉진
④ 상업위주의 도입시설 증설

해설 조경가 입장에서는 공공 녹지 등 조경공간을 조성하는 것이 가장 중요하다.

14 백제시대에 정원의 점경물로 만들어졌고, 물을 담아 연꽃을 심고 부들, 개구리밥, 마름 등의 부엽식물을 곁들이며 물고기도 넣어 키웠던 것은?

① 석연지
② 석조전
③ 안압지
④ 포석정

15 일본 정원의 발달순서가 올바르게 연결된 것은?

① 임천식 → 축산고산수식 → 평정고산수식 → 다정식
② 다정식 → 회유식 → 임천식 → 평정고산수식
③ 회유식 → 임천식 → 평정고산수식 → 축산고산수식
④ 축산고산수식 → 다정식 → 임천식 → 회유식

해설 일본정원양식의 변천과정 : 임천식(헤이안시대, 평안)-회유임천식(가마꾸라시대, 겸창)-축산고산수식(무로마찌시대, 실정, 14세기)-평정고산수식(무로마찌시대, 실정, 15세기 후반)-다정식(모모야마시대, 도산)-원주파임천식(에도시대, 강호 초기)-축경식(에도시대, 강호 후기)

16 배수가 잘되지 않는 저습지대에 식재하려 할 경우 적합하지 않은 수종은?

① 메타세콰이어
② 자작나무
③ 오리나무
④ 능수버들

해설 자작나무는 고산성 수종이다.
a. 저습지대를 좋아하는 수종 : 낙우송, 메타세쿼이어, 주엽나무, 수국, 계수나무, 버드나무류, 위성류, 오동나무, 오리나무 등
b. 건조지를 좋아하는 수종 : 소나무, 향나무, 해송, 가중나무, 노간주나무, 사시나무, 자작나무, 산오리나무, 해당화 등

17 목재의 단면에서 수액이 적고 강도, 내구성 등이 우수하기 때문에 목재로서 이용가치가 큰 부위는?

① 변재
② 수피
③ 심재
④ 변재와 심재 사이

해설 심재는 목재의 중심부에 위치한 적갈색을 나타내는 부분으로 심재를 둘러쌓고 있는 변재보다 단단하다.

18 합판의 특징에 대한 설명으로 옳은 것은?

① 팽창, 수축 등으로 생기는 변형이 크다.
② 목재의 완전 이용이 불가능하다.
③ 제품이 규격화되어 사용에 능률적이다.
④ 섬유방향에 따라 강도의 차이가 크다.

해설 합판의 특징
- 나뭇결이 아름답다.
- 수축, 팽창의 변형 없다.
- 고른 강도 유지하며, 넓은 판을 이용 가능하다.
- 내구성과 내습성이 크다.

정답 13. ② 14. ① 15. ① 16. ② 17. ③ 18. ③

19 양질의 포졸란을 사용한 시멘트의 일반적인 특징 설명으로 틀린 것은?

① 수밀성이 크다.
② 해수(海水) 등에 화학 저항성이 크다.
③ 발열량이 적다.
④ 강도의 증진이 빠르니 장기강도가 작다.

> **해설** 포졸란 시멘트 : 화산재, 규조토, 규산백토 등의 실리카 혼화재를 넣어 만든 시멘트로 건축공사의 구조용 시멘트 또는 도장모르타르용 등으로 사용하며 경화가 느리나 조기강도가 크다. 알루미나 시멘트가 조기강도가 큰 시멘트이다.

20 미리 골재를 거푸집 안에 채우고 특수 혼화제를 섞은 모르타르를 펌프로 주입하여 골재의 빈틈을 메워 콘크리트를 만드는 형식은?

① 서중콘크리트
② 프리팩트콘크리트
③ 프리스트레스트콘크리트
④ 한중콘크리트

> **해설**
> - 서중콘크리트 : 하루 평균기온 25℃ 또는 최고온도 30℃를 넘으면 기온이 높아서 운반 중의 슬럼프 저하나 표면으로부터의 수분의 급격한 증발 등의 염려가 있는 시기에 타입하여 시공되는 콘크리트
> - 프리팩트콘크리트(Prepacked Concrete) : 구조물에 거푸집을 설치하고 그 속에 철근배근과 굵은 골재를 투입한 후 시멘트 모르타르를 주입하여 시공이음이 없는 일체화된 콘크리트를 말한다. 수중콘크리트 시공 및 기초 Pile 적용 시 저소음, 저진동으로 시공이 비교적 간단하다.
> - 프리스트레스콘크리트(Prestress Concrete) : PS,PS콘크리트라고도 하며, 미리 응력을 준 콘크리트, 철근콘크리트에서 철근 대신에 PC강선이라고 부르는 강철선으로 둘러싸게 하고 이 강선을 잡아당겨 인장에 강도를 증가시킨 것이다.
> - 한중콘크리트 : 일평균 기온이 4℃ 이하인 조건에서 타설하는 콘크리트

21 시공 시 설계도면에 수목의 치수를 구분하고자 한다. 다음 중 흉고직경을 표시하는 기호는?

① B
② C.L
③ F
④ W

> **해설** 수목의 치수
> - 수고 H(樹高, Tree Height) : 지표면에서 나무 정상까지의 수직거리, 단위 m
> - 수관폭 W(樹冠幅, Width of Crown) : 수관의 직경
> - 흉고직경 B(胸高直徑, Diameter at Breast Height) : 지표에서 1.2m 높이의 나무줄기의 직경, 단위 cm
> - 근원직경 R(根源直徑, Root-Collar Caliper) : 지표면 부위의 나무줄기 직경, 단위 cm
> - 수관길이 L(樹冠, Length) : 수평으로 자라는 성질을 가진 나무의 최대길이, 단위 m

22 다음 중 심근성 수종이 아닌 것은?

① 자작나무
② 전나무
③ 후박나무
④ 백합나무

> **해설**
> - 심근성 수종 : 소나무, 전나무, 후박나무, 동백나무, 느티나무, 백합나무, 벽오동, 상수리나무, 은행나무, 모과나무, 곰솔, 주목, 일본목련, 칠엽수, 백목련 등
> - 천근성 수종 : 자작나무, 독일가문비, 편백, 미루나무, 버드나무, 현사시나무, 황철나무(버드나무과), 매화나무, 아까시나무 등

정답 19. ④ 20. ② 21. ① 22. ①

2011년 기출

23 다음 설명하고 있는 수종은?

- 17세기 체코 선교사를 기념하는 데서 유래되었다.
- 상록활엽소교목으로 수형은 구형이다.
- 꽃은 1개씩 정생 또는 액생, 꽃받침과 꽃잎은 5~7개이다.
- 열매는 삭과, 둥글며 3개로 갈라지고, 지름 3~4cm 정도이다.
- 짙은 녹색의 잎과 겨울철 붉은 색 꽃이 아름다우며, 음수로서 반음지나 음지에 식재, 전정에 잘 견딘다.

① 생강나무
② 동백나무
③ 노각나무
④ 후박나무

해설 '①'과 '③'은 낙엽성이다. '④'는 황녹색 꽃이 피며 열매는 장과이다.

24 화강암(Granite)의 특징 설명으로 옳지 않은 것은?

① 조직이 균일하고 내구성 및 강도가 크다.
② 내화성이 우수하여 고열을 받는 곳에 적당하다.
③ 외관이 아름답기 때문에 장식재로 쓸 수 있다.
④ 자갈·쇄석 등과 같은 콘크리트용 골재로도 많이 사용 된다.

해설 화강암은 내화성이 약하다.

25 이른 봄에 꽃이 피는 수종끼리만 짝지어진 것은?

① 매화나무, 풍년화, 박태기나무
② 은목서, 산수유, 백합나무
③ 배롱나무, 무궁화, 동백나무
④ 자귀나무, 태산목, 목련

해설 은목서는 가을에 개화, 배롱나무와 무궁화, 자귀나무는 여름에 개화

26 기름을 뺀 대나무로 등나무를 올리기 위한 시렁을 만들면 윤기가 나고 색이 변하지 않는다. 대나무 기름 빼는 방법으로 옳은 것은?

① 불에 쬐어 수세미로 닦아 준다.
② 알코올 등으로 닦아 준다.
③ 물에 오래 담가 놓았다가 수세미로 닦아 준다.
④ 석유, 휘발유 등에 담근 후 닦아 준다.

27 골재의 표면에는 수분이 없으나 내부의 공극은 수분으로 가득 차서 콘크리트 반죽 시에 투입되는 물의 량이 골재에 의해 증감되지 않는 이상적인 골재의 상태를 무엇이라 하는가?

① 표면건조 포화상태
② 습윤상태
③ 공기 중 건조상태
④ 절대건조상태

정답 23. ② 24. ② 25. ① 26. ① 27. ①

28 다음 중 교목으로만 짝지어진 것은?

① 동백나무, 회양목, 철쭉
② 전나무, 송악, 옥향
③ 녹나무, 잣나무, 소나무
④ 백목련, 명자나무, 마삭줄

해설
- 교목 : 높이 3~4m 이상의 나무로 곧은 원줄기와 가지의 구분이 명확하다.
  예) 주목, 잣나무, 소나무, 전나무, 향나무, 동백나무, 은행나무, 자작나무, 느티나무, 백목련, 모과나무, 왕벚나무, 단풍나무, 배롱나무, 감나무, 대추나무
- 관목 : 높이 3~4m 이하의 나무로 뿌리부근으로부터 줄기가 여러 갈래로 나와 원줄기와 가지의 구분이 뚜렷하지 않다.
  예) 옥향, 돈나무, 피라칸사, 회양목, 사철나무, 팔손이, 협죽도, 모란, 수국, 명자나무, 장미, 조팝나무, 박태기, 탱자나무, 낙상홍, 진달래, 철쭉, 개나리, 쥐똥나무, 수수꽃다리, 무궁화, 미선나무
- 덩굴성식물(만경목) : 스스로 서지 못하고 다른 물체를 감거나 부착하여 지탱한다.
  예) 등나무, 으름이덩굴, 담쟁이덩굴, 포도나무, 송악, 머루, 오미자, 능소화, 마삭줄

29 일반적으로 여름에 백색 계통의 꽃이 피는 수목은?

① 산사나무
② 왕벚나무
③ 산수유
④ 산딸나무

해설

구분		빨간색	노란색	흰색	보라색
꽃	봄	홍매, 동백나무, 명자나무, 박태기나무, 진달래, 철쭉	개나리, 산수유, 황매화, 풍년화, 생강나무	백목련, 이팝나무, 왕벚나무, 철쭉, 산사나무, 수수꽃다리	등나무, 자목련, 수수꽃다리
	여름	장미, 배롱나무, 자귀나무, 협죽도, 석류나무, 모란	장미, 황매, 황철쭉, 능소화	산딸나무, 불두화, 층층나무, 백정화, 말발도리	무궁화, 수국, 모란, 정향나무, 멀구슬나무
	가을	부용	금목서	백정화, 팔손이, 호랑가시나무, 목서	싸리

30 흙막이용 돌쌓기에 일반적으로 가장 많이 사용되는 것으로 앞면의 길이를 기준으로 하여 길이는 1.5배 이상, 접촉부 나비는 1/10 이상으로 하는 시공 재료는?

① 호박돌
② 경관석
③ 판석
④ 견치돌

해설 송곳니를 닮았다고 해서 견치돌이라 불리우며, 모양이 사각뿔형에 가깝고, 길이를 앞면 길이의 1.5배 이상으로 다듬어 축석에 사용하는 석재이다. 옹벽 등의 쌓기용과 메쌓기나 찰쌓기에 사용하는 돌로 주로 흙막이용 돌쌓기에 사용되고 전면은 정사각형에 가깝다.

31 우리나라에서 사용하는 표준형 벽돌의 규격은? (단, 단위는 mm로 한다)

① 300×300×60
② 190×90×57
③ 210×100×60
④ 390×190×190

해설 벽돌의 표준 규격은 190×90×57mm이며, 기존 규격은 210×100×60mm이다.

정답 28. ③ 29. ④ 30. ④ 31. ②

2011년 기출

32 케빈 린치(K. Lynch)가 주장하는 경관의 이미지 요소 중에서 관찰자의 이동에 따라 연속적으로 경관이 변해가는 과정을 설명할 수 있는 것은?

① Landmark(지표물)
② Path(통로)
③ Edge(모서리)
④ District(지역)

해설 경관의 이미지 요소는 케빈 린치가 주장했으며, 랜드마크(Landmark), 통로(Path) : 길과 고속도로, 모서리(Edge) : 가장자리로 이어진 제방 등, 지역(District), 결절점(Node) 등이 있다.

33 일반적으로 추운 지방이나 겨울철에 콘크리트가 빨리 굳어지도록 주로 섞어 주는 것은?

① 석회
② 염화칼슘
③ 붕사
④ 마그네슘

해설 염화칼슘은 응결경화촉진제로 초기 강도를 증진시키고 저온에서도 강도 증진효과가 있어 한중콘크리트에 사용한다.

34 수목식재 후 지주목 설치 시에 필요한 완충재료로서 작업능률이 뛰어나고 통기성과 내구성이 뛰어난 환경 친화적인 재료이며, 상열을 막기 위해 사용하는 것은?

① 새끼
② 고무판
③ 보온덮개
④ 녹화테이프

해설 녹화마대(녹화테이프)는 천연식물섬유인 황마를 사용하여 만든 것으로 수목이식 후에 수간보호용 자재로 사용한다. 부피가 작고 운반이 용이하여 도시미관 조성에 적합하다.

35 다음 중 방음용 수목으로 사용하기 부적합한 것은?

① 아왜나무
② 녹나무
③ 은행나무
④ 구실잣밤나무

해설 '③'은 낙엽수이고 엽면적이 작아서 방음용으로는 부적절하다.
방음용 수목은 소음 차단 및 감소를 위한 나무로 잎이 치밀한 상록수가 적절하다.
예 녹나무, 참식나무, 태산목, 감탕나무, 아왜나무, 후피향나무, 참느릅나무, 플라타너스, 개나리, 히말라야시다, 사철나무, 식나무, 동백나무, 개잎갈나무 등이 있다.

36 배식설계도 작성 시 고려될 사항으로 옳지 않은 것은?

① 배식평면도에는 수목의 위치, 수종, 규격, 수량 등을 표기한다.
② 배식평면도에서는 일반적으로 수목수량표를 표제란에 기입한다.
③ 배식평면도는 시설물평면도와 무관하게 작성할 수 있다.
④ 배식평면도 작성 시 수목의 성장을 고려하여 설계할 필요가 있다.

해설 배식평면도는 시설물평면도를 바탕으로 작성한다.

37 다음 설계 기호는 무엇을 표시한 것인가?

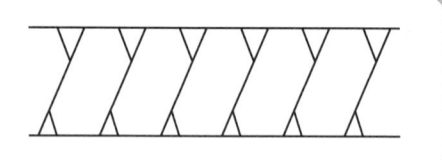

① 인조석다짐
② 잡석다짐
③ 보도블록포장
④ 콘크리트포장

해설 잡석다짐은 지반의 강화나 시공성의 향상을 위하여 실시한다.

정답 32. ② 33. ② 34. ④ 35. ③ 36. ③ 37. ②

38 비교적 좁은 지역에서 대축척으로 세부 측량을 할 경우 효율적이며, 지역 내에 장애물이 없는 경우 유리한 평판측량방법은?

① 방사법
② 전진법
③ 전방교회법
④ 후방교회법

[해설] 평판측량이란 평판을 삼각대 위에 올려 놓고 야외에서 간단한 방법으로 거리와 고도 또는 각도를 측정하여 현지의 지형을 간략하게 제도하기 위한 측량이다. 현장에서 직접 육안으로 관찰하여 제도하므로 결측이 없고 불규칙한 선을 스케치로 그릴 수 있어 주요 점만 실측하므로 시간이 절약된다. 실내 작업에 소요되는 시간이 적어 전체 측량시간이 단축되며, 2점문제, 3점문제로 표면상에 미지점의 위치를 찾아낼 수 있고 기구가 간단하고 저렴한 장점이 있다.
평판측량법에는 전진법은 측량할 지역안에 장애물이 많아 방사법이 불가능할 때, 방사법은 측량할 구역 안에 장애물이 없고 비교적 좁은 구역에 적합하며, 교회법은 기지점에서 미지점의 위치를 결정하는 방법으로 측량지역이 넓고 장애물이 있어서 목표점까지 거리를 재기 곤란할 때 사용된다.

39 다음 중 질소질 속효성 비료로서 주로 덧거름으로 쓰이는 비료는?

① 황산암모늄
② 두엄
③ 생석회
④ 깻묵

[해설] 덧거름 비료는 속효성인 추비(追肥)로서 화학비료가 많이 사용된다. '②~④'는 유기질비료로서 지효성이다.

40 터파기 공사를 할 경우 평균부피가 굴착 전보다 가장 많이 증가하는 것은?

① 모래
② 보통흙
③ 자갈
④ 암석

[해설] 흐트러진 상태의 부피는 공극에 따라 모래 < 보통흙 < 자갈 < 암석 순이다.

41 다음 도시공원 시설 중 유희시설에 해당되는 것은?

① 야영장
② 잔디밭
③ 도서관
④ 낚시터

[해설]
도시공원 및 녹지에 관한 법률에 의한 공원시설물

조경시설	플랜터, 잔디밭, 산울타리, 퍼걸러, 연못, 폭포, 정원석, 징검다리
휴양시설	야외탁자, 야유회장, 야영장, 노인정, 노인회관
유희시설	시소, 정글짐, 사다리, 순환회전차, 모노레일, 케이블카, 낚시터
운동시설	야구장, 농구장, 배구장, 실내사격장, 철봉, 평행봉, 탁구장, 태권도장, 롤러스케이트장
교양시설	도서관, 온실, 야외극장, 전시관, 문화회관
편익시설	우체통, 공중전화실, 대중음식점, 약국, 유스호스텔, 시계탑, 음수장, 수세장
관리시설	창고, 차고, 게시판, 표지, 조명시설, 쓰레기처리장, 수도, 우물

42 정원에서 간단한 눈가림 구실을 할 수 있는 시설물로 가장 적합한 것은?

① 파고라
② 트렐리스
③ 정자
④ 테라스

[해설] 트렐리스는 1.5m 높이의 격자형 울타리로 덩굴식물을 올리거나 간단한 눈가림 구실을 한다.

정답 38. ① 39. ① 40. ④ 41. ④ 42. ②

2011년 기출

43 수목을 옮겨심기 전에 뿌리돌림을 하는 이유로 가장 중요한 것은?

① 관리가 편리하도록
② 수목 내의 수분 양을 줄이기 위하여
③ 무게를 줄여 운반이 쉽게 하기 위하여
④ 잔뿌리를 발생시켜 수목의 활착을 돕기 위하여

해설 뿌리돌림의 목적은 뿌리의 노화현상 방지와 지하부와 지상부의 균형, 아랫가지 발육 촉진 및 꽃눈수 증가 및 수목의 도장억제, 잔뿌리 발생촉진에 있다.

44 오리나무잎벌레의 천적으로 가장 보호되어야 할 곤충은?

① 벼룩좀벌
② 침노린재
③ 무당벌레
④ 실잠자리

해설 '①'은 꽃매미 천적이다. 오리나무잎벌레의 천적은 무당벌레이다.

45 조경 수목에 거름 주는 방법 중 윤상 거름주기 방법으로 옳은 것은?

① 수목의 밑동으로부터 밖으로 방사상 모양으로 땅을 파고 거름을 주는 방식이다.
② 수관폭을 형성하는 가지 끝 아래의 수관선을 기준으로 환상으로 둥글게 하고 거름 주는방식이다.
③ 수목의 밑동부터 일정한 간격을 두고 도랑처럼 길게 구덩이를 파서 거름 주는 방식이다.
④ 수관선상에 구멍을 군데군데 뚫고 거름 주는 방식으로 주로 액비를 비탈면에 줄 때 적용한다.

해설 '①'은 방사상 거름주기, '③'은 선상 거름주기이다. 윤상(輪狀)은 둥근 원둘레 형태를 의미한다.

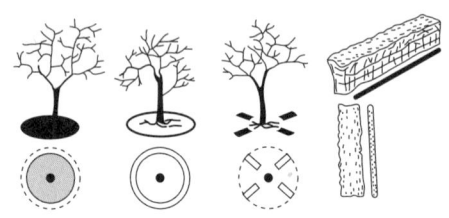

(가) 전면 거름주기 (나) 윤상 거름주기 (다) 방사상 거름주기 (라) 선상 거름주기

46 식물병의 발병에 관여하는 3대 요인과 가장 거리가 먼 것은?

① 일조부족
② 병원체의 밀도
③ 야생동물의 가해
④ 기주식물의 감수성

해설 '④'에서 기주식물은 기생생물(병원체)에게 장소나 양분을 주는 식물이고, 감수성 또는 이병성(罹病性)은 식물이 병에 걸리기 쉬운 성질로서 반대는 저항성이다.

47 제거대상 가지로 적당하지 않은 것은?

① 얽힌 가지
② 죽은 가지
③ 세력이 좋은 가지
④ 병해충 피해 입은 가지

해설
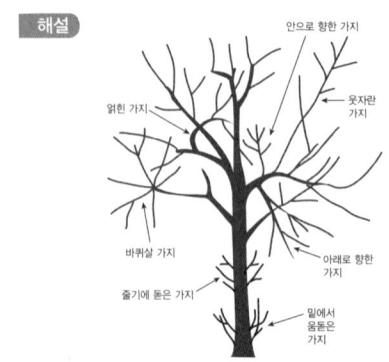

제거해야 할 가지의 종류

정답 43. ④ 44. ③ 45. ② 46. ③ 47. ③

48 소나무류를 옮겨 심을 경우 줄기를 진흙으로 이겨 발라 놓은 주요한 이유가 아닌 것은?

① 해충을 구제하기 위해
② 수분의 증산을 억제
③ 겨울을 나기 위한 월동 대책
④ 일시적인 나무의 외상을 방지

49 조경수목의 관리를 위한 작업 가운데 정기적으로 해주지 않아도 되는 것은?

① 전정(剪定) 및 거름주기
② 병충해 방제
③ 잡초제거 및 관수(灌水)
④ 토양개량 및 고사목 제거

해설
• 정기작업 : 청소, 점검, 수목의 전정, 병충해 방제, 페인트칠, 시비 등
• 부정기작업 : 죽은 나무 제거 및 보식, 시설물의 보수 등

50 경관석을 여러 개 무리지어 놓는 것에 대한 설명 중 틀린 것은?

① 홀수로 조합한다.
② 일식십상으로 놓는다.
③ 크기가 서로 다른 것을 조합한다.
④ 경관석 여러 개를 무리지어 놓는 것을 경관석 짜임이라 한다.

해설 경관석은 1개 또는 1, 3, 5, 7개 등 홀수로 서로 조화되게 놓으며, 부등변 삼각형을 이루도록 배치한다. 직선적 배치는 자연스러운 분위기의 조성이 어렵다.

51 울타리는 종류나 쓰이는 목적에 따라 높이가 다른데 일반적으로 사람의 침입을 방지하기 위한 울타리의 경우 높이는 어느 정도가 가장 적당한가?

① 20~30㎝
② 50~60㎝
③ 80~100㎝
④ 180~200㎝

해설 사람의 침입방지용이기 때문에 2m 정도는 되어야 한다.

52 콘크리트 부어 넣기의 방법이 옳은 것은?

① 비빔장소에서 먼 곳으로부터 가까운 곳으로 옮겨가며 붓는다.
② 계획된 작업구역 내에서 연속적인 붓기를 하면 안 된다.
③ 한 구역 내에서는 콘크리트 표면이 경사지게 붓는다.
④ 재료가 분리된 경우에는 물을 부어 다시 비벼 쓴다.

해설 ②는 연속부어넣기, ③은 수평으로 치기, ④ 분리된 콘크리트는 사용금지

53 수목 줄기의 썩은 부분을 노려내고 구멍에 충진 수술을 하고자 할 때 가장 효과적인 시기는?

① 1~3월
② 5~8월
③ 10~12월
④ 시기 상관없음

해설 수목의 외과수술(충진수술 등)은 유합(상처가 잘 아물어 붙는 것)이 잘되는 식물의 생장시기인 4~9월이 적당하다.

정답 48. ③ 49. ④ 50. ② 51. ④ 52. ① 53. ②

2011년 기출

54 비탈면에 교목과 관목을 식재하기에 적합한 비탈면 경사로 모두 옳은 것은?

① 교목 1 : 2 이하, 관목 1 : 3 이하
② 교목 1 : 3 이상, 관목 1 : 2 이상
③ 교목 1 : 2 이상, 관목 1 : 3 이상
④ 교목 1 : 3 이하, 관목 1 : 2 이하

해설 비탈면에 수목을 식재 시 교목은 1 : 3 이하, 관목은 1 : 2 이하, 잔디 및 초화류는 1 : 1 이하의 비탈면 경사에 식재한다. 비탈면의 경사는 수직높이를 1로 하고, 이에 대한 수평거리의 비율로 나타낸다.

55 아스팔트 포장에서 아스팔트 양의 과잉이나 골재의 입도불량일 때 발생하는 현상은?

① 균열   ② 국부침하
③ 파상요철   ④ 표면연화

해설 ④는 아스팔트 양의 과잉이나 골재의 입도가 불량일 때, 연질의 아스팔트 사용 및 텍코트의 과잉 사용 때 발생한다.

56 계절적 휴면형 잡초 종자의 감응 조건으로 가장 적합한 것은?

① 온도   ② 일장
③ 습도   ④ 광도

해설 식물은 계절변화를 일장(낮밤의 길이)의 차이로 인식한다.

57 2.0B 벽두께로 표준형 벽돌쌓기를 실시할 때 기준량(㎡당)은?

① 약 195장   ② 약 224장
③ 약 244장   ④ 약 298장

해설 벽돌쌓기 기준량(매/㎡)

구분	0.5B	1.0B	1.5B	2.0B
표준형	75	149	224	298
기존형	65	130	195	260

58 농약보관 시 주의하여야 할 사항으로 옳은 것은?

① 농약은 고온보다 저온에서 분해가 촉진된다.
② 분말제제는 흡습되어도 물리성에는 영향이 없다.
③ 유제는 유기용제의 혼합으로 화재의 위험성이 있다.
④ 고독성 농약은 일반 저독성 약제와 혼적하여도 무방하다.

해설 '①' 농약은 고온에서 분해가 촉진된다. '②' 분말성 농약이 수분을 흡습되면 물리성 악화로 사용할 수 없다. '④' 농약의 혼합은 농도에 관계없이 농약설명서 및 혼용가부(可否)표를 확인하고 적용 대상작물에만 사용해야 한다.

59 주로 수량의 다소에 따라서 반죽이 되고 진 정도를 나타내는 굳지 않은 콘크리트의 성질은?

① Workbility(워커빌리티)
② Plasticity(성형성)
③ Consistency(반죽질기)
④ Finishability(피니셔빌리티)

해설
- Workability(시공성) : 콘크리트를 혼합한 다음 운반해서 다져넣을 때까지 시공성의 좋고 나쁨을 나타내는 성질로서, 시공성의 좋고 나쁨은 작업의 용이한 정도 및 재료의 분리에 저항하는 정도로 나타난다.
- Plasticity(성형성) : 외부의 힘에 의하여 변형된 물체가 다시 원래의 형태로 돌아오지 않는 성질이다.
- Finishability(마감성) : 콘크리크 표면을 마무리할 때의 난이도를 뜻하는 용어이다.

정답 54. ④   55. ④   56. ②   57. ④   58. ③   59. ③

60 알루민산 석회를 주광물로 한 시멘트로 조기 강도(24시간에 보통포틀랜드 시멘트의 28일 강도)가 아주 크므로 긴급공사 등에 많이 사용되며, 해안공사, 동절기 공사에 적합한 시멘트의 종류는?

① 알루미나시멘트
② 백색포틀랜드시멘트
③ 팽창시멘트
④ 중용열포틀랜드시멘트

해설 '②'는 건축물의 도장 및 치장용 등 건축 미장용으로 쓰인다.
'③'은 팽창성 혼화재를 혼합한 시멘트로서 콘크리트의 수축에 의한 균열 발생을 방지할 목적으로 사용한다.
'④'는 수화열이 적어 균열이 방지되며, 댐이나 큰 구조물에 사용한다.

정답 60. ①

국가기술자격검정 필기시험

2011년도 조경기능사 과년도 출제문제 제5회

자격종목 및 등급(선택분야)	종목코드	시험시간	문제지형별
조경기능사	6335	1시간	A

1. 다음 중 날씨가 어두워지면 제일 먼저 보이지 않는 색은?

① 빨강　② 파랑
③ 노랑　④ 녹색

해설 푸르키니에 현상은 어두운 곳에서는 장파(빨강 700~610nm, 노랑 570~500nm)가 더 어둡게 보이고, 단파(녹색 500~450nm, 파랑 450~400nm)가 더 밝게 보인다.

2. 다음 중 옥상정원의 설계기준으로 옳지 않은 것은?

① 식재 토양의 깊이는 옥상이라는 점을 고려하여 가능한 한 깊어야 한다.
② 열악한 생육환경에 견딜 수 있고, 경관 구조와 기능적인 면에 만족할 수 있는 수종을 선택하여야 한다.
③ 건물구조에 영향을 미치는 하중문제를 우선 고려하여야 한다.
④ 바람, 한발, 강우 등 자연재해로부터의 안정성을 고려하여야 한다.

해설 옥상정원의 가장 중요한 요소는 하중의 문제이며, 하중을 고려하여 토양은 주로 경량재를 사용한다.

3. 어린이공원의 유치거리와 규모 기준으로 옳은 것은?

① 150m 이하, 1500㎡ 이상
② 200m 이하, 1000㎡ 이상
③ 250m 이하, 1500㎡ 이상
④ 500m 이하, 10000㎡ 이상

해설 어린이공원은 유치거리 250m 이하, 공원면적은 1,500㎡ 이상으로 놀이면적이 전 면적의 60% 이내이어야 한다. 모험놀이터는 관리, 감독이 용이하게 정형적인 것이 좋고, 병충해에 강하고 유지·관리가 용이한 수종을 선택한다. 튼튼하고 수형, 열매, 꽃등이 아름다우며, 독성, 가시가 없는 수종이 좋으며, 500세대 이상 단지는 화장실과 음수전을 반드시 설치한다.

4. 창덕궁 후원의 명칭이 아닌 것은?

① 비원(秘苑)
② 북원(北苑)
③ 능원(陵苑)
④ 금원(禁園)

해설 창덕궁 후원은 금원, 비원, 북원의 여러 이름으로 불리었다.

5. A2 도면의 크기 치수로 옳은 것은? (단, 단위는 mm이다)

① 841×1189
② 594×841
③ 420×594
④ 210×297

해설 제도지의 치수 mm : A0 841×1189, A1 594×841, A2 420×594, A3 297×420, A4 210×297

정답 1.① 2.① 3.③ 4.③ 5.③

6 다음의 설명은 어느 시대의 정원에 관한 것인가?

- 석가산과 원정, 화원 등의 특징이다.
- 대표적 정원 유적으로 동지(東池), 만월대, 수창궁원, 청평사 문수원 정원 등이 있다.
- 휴식과 조망을 위한 정자를 설치하기 시작하였다.
- 송나라의 영향으로 화려한 관상 위주의 이국적 정원을 만들었다.

① 고구려
② 백제
③ 고려
④ 통일신라

해설 고려시대의 정원은 불교와 중국 송나라·원나라의 영향으로 왕족·귀족의 향락적 호화생활을 중심으로 한 사치스러운 양식이 발달하게 되었다.

7 다음 중 점토의 함량이 가장 많은 토성은?

① 식토(Clay)
② 양토(Loam)
③ 마사토(Silt)
④ 식양토(Clay Loam)

해설
- 사토(砂土) : 점토함량이 적은 것(12.5% 이하)
- 양토(壤土) : 점토함량이 사토와 양토의 중간인 것 (25.0~37.5%)
- 식토(埴土) : 점토함량이 많은 것(50.0% 이상)

8 다음 중 백제 시대의 유적이 아닌 것은?

① 몽촌토성
② 임류각
③ 장안성
④ 궁남지

해설 안학궁과 함께 장안성은 고구려 시대 유적

9 유럽정원은 어느 조경 수법을 바탕으로 발달하였는가?

① 기하학식
② 풍경식
③ 자연식
④ 사의적 정원양식

해설 유럽정원 기하학식 정원이 바탕이 된 정형식 정원을 바탕으로 발달하였다.

10 다음 중 정원양식을 결정하는 사회적인 조건은?

① 식물
② 지형
③ 기상
④ 국민성

해설 정원의 발생요인
- 자연환경적 요인 : 지형, 기후, 식생, 토질, 암석
- 인문환경적 요인 : 종교, 민족성, 역사성, 토지이용, 건축, 예술

11 청나라의 건륭제가 조영하였으며, 만수산과 곤명호로 구성되어 있는 정원은?

① 서호
② 졸정원
③ 원명호
④ 이화원

해설 이화원은 금나라 때인 12세기 초에 처음 조성되어, 1750년 청나라 건륭제 때 대폭 확장하였다. 이화원은 만수산이궁이라고도 하며, 호수 중앙에 만수산이 있으며, 거대한 인공호수 총면적의 3/4의 곤명호와 높이 60m의 인공산을 중심으로 각종 전각, 사원, 회랑 등이 자연과 강한 대비를 이루었다. 항주의 서호를 모방하여 만든 것이라고 한다.

12 다음 중 조성시기가 가장 빠른 것은?

① 서울 부암정
② 강진 다산초당
③ 대전 남간정사
④ 영양 서석지

정답 6. ③ 7. ① 8. ③ 9. ① 10. ④ 11. ④ 12. ④

해설 영양 서석지 : 정영방(1640년경), 대전 남간정사 : 우암 송시열(숙종 9년 1683년), 강진 다산초당 : 정약용(1808년), 서울 부암정 : 윤용렬·윤치호(1840~1945년)

13 "수로의 중정", 캐널 양끝에는 대리석으로 만든 연꽃 모양의 분수반이 있고 물은 이곳을 통해 캐널로 흐르게 만든 파티오식 정원은?

① 알함브라 궁원
② 헤네랄리페 궁원
③ 알카자르 궁원
④ 나샤트바 궁원

해설 헤네랄리페 이궁은 '높이 솟은 정원'의 뜻으로 그라나다 왕들의 피서를 위한 은둔처로서 파티오식 정원으로 '캐널의 파티오', '사이프러스의 파티오', '연꽃의 분천' 등이 꾸며져 있다.

14 다음 중 주택정원에 사용하는 정원수의 아름다움을 표현하는 미적 요소로 가장 거리가 먼 것은?

① 색채미
② 형태미
③ 내용미
④ 조형미

해설 정원수의 아름다움을 나타내는 3요소는 재료미(색채미), 형식미(형태미), 내용미이다.

15 중국에서 자연식 정원의 대표적인 것 중 현존하지 않는 것은?

① 북해공원
② 이화원
③ 상림원
④ 만수산

해설 중국에서 가장 오래된 정원은 한나라의 상림원이다.

16 수목의 높이에 따른 분류 중 관목에 해당하는 수목은?

① 산당화
② 능수버들
③ 백합나무
④ 산수유

해설 낙엽활엽관목인 명자나무꽃을 산당화라고 하는데 일반적으로 명자나무와 혼용해서 사용한다. '②~④'는 모두 낙엽활엽교목이다.

17 목재의 기건 상태에서 건조 전의 무게가 250g이고, 절대건조 무게가 220g인 목재의 전건량 기준 함수율은?

① 12.6%
② 13.6%
③ 14.6%
④ 15.6%

해설 기건비중은 공기 중의 습도와 평형이 되게 건조된 기건재의 비중이다. 절대비중은 100~105℃의 온도에서 수분을 완전 제거시킨 것의 비중이다.

$$\frac{건조\ 전\ 질량 - 건조\ 후\ 질량}{건조\ 후\ 질량} \times 100 = \frac{250-220}{220} \times 100 = 13.6\%$$

18 기존의 퇴적암 또는 화성암이 지열, 지각의 변동에 의한 압력작용 및 화학작용 등에 의해 조직이 변화한 암석은?

① 화성암
② 수성암
③ 변성암
④ 석회질암

해설 암석은 생성원인에 따라 3가지로 구분된다.
• 화성암 : 지각 내부의 마그마가 굳어져서 형성된 암석
• 퇴적암 : 풍화물이 퇴적되어 굳어진 암석
• 변성암 : 화성암과 퇴적암이 열과 압력의 영향으로 변화된 암석으로 편마암, 대리석, 사문암, 결정편암 등이 있다.

정답 13. ② 14. ④ 15. ③ 16. ① 17. ② 18. ③

19 다음에서 설명하는 수지의 종류는?

- 상온에서 유백색의 탄성이 있는 열가소성수지
- 얇은 시트, 벽체 발포 온판 및 건축용 성형품으로 이용

① 폴리에틸렌수지
② 멜라민수지
③ 페놀수지
④ 아크릴수지

해설 '②'는 멜라민과 폼알데하이드를 반응시켜 만드는 열경화성 수지로서 열·산·용제에 대하여 강하고, 전기적 성질도 뛰어나다. '④'는 콘택트렌즈, 광고표지판에 이용된다.

20 사면(Slope)의 안정계산 시 고려해야 할 요소 중 가장 거리가 먼 것은?

① 흙의 간극비
② 흙의 점착력
③ 흙의 단위중량
④ 흙의 내부 마찰각

해설 사면의 안정해석에는 흙의 점착력, 흙의 단위중량, 흙의 내부 마찰각, 흙의 공극수압 등이 있다.

21 서양 잔디의 특성 설명으로 가장 부적합한 것은?

① 그늘에서도 비교적 잘 견딘다.
② 대부분 숙근성 다년초로 병충해에 강하다.
③ 일반적으로 씨뿌림으로 시공한다.
④ 상록성인 것도 있다.

해설 서양잔디는 한지형 잔디로서 한국형 잔디에 비하여 더운 곳에서 생장이 불량하다.

22 콘크리트에 사용되는 재료의 저장에 관한 설명으로 틀린 것은?

① 시멘트의 온도가 너무 높을 때는 그 온도를 65℃ 정도 이하로 낮춘 다음 사용한다.
② 잔골재 및 굵은 골재에 있어 종류와 입도가 다른 골재는 각각 구분하여 따로따로 저장한다.
③ 혼화재는 방습적인 사일로 또는 창고 등에 품종별로 구분하여 저장하고 입하된 순서대로 사용하여야 한다.
④ 혼화제는 먼지, 기타의 분순물이 혼입되지 않도록, 액상의 혼화제는 분리되거나 변질되거나 동결되지 않도록, 또 분말상의 혼화제는 습기를 흡수하거나 굳어지는 일이 없도록 저장하여야 한다.

해설 시멘트의 온도가 너무 높을 때는 온도를 50℃ 이하의 온도로 낮춘 시멘트를 사용하는 것이 좋다.

23 단위용적중량이 1700Kgf/㎥, 비중이 2.6인 골재의 실적률은?

① 65.4%
② 152.9%
③ 4.42%
④ 6.53%

해설 실적률이란 골재의 단위 용적(㎥) 중의 실적용적을 백분율(%)로 나타낸 값으로 단위는 ton/㎥이다. 단위용적중량의 1,700kgf를 ton으로 바꾸면 1.7이 된다.
실적율 공식 = (단위용적중량/비중) ×100
= (1.7/2.6) ×100
= 65.4%

24 녹화테이프, 녹화마대의 효과가 아닌 것은?

① 시간과 노동력이 감소된다.
② 인장강도가 볏짚제품보다 크다.
③ 미관에 좋고 가격이 저렴하다.
④ 천연소재로서 하자율이 많이 발생한다.

정답 19. ① 20. ① 21. ② 22. ① 23. ① 24. ④

2011년 기출

해설 녹화마대는 천연식물섬유인 황마를 사용하여 만든 것으로 수목이식 후에 수간보호용 자재를 사용한다. 부피가 작고 운반이 용이하여 도시미관 조성에 적합하다.

25 조경수목의 이용 목적으로 본 분류 중 설명에 해당하는 것은?

> 수형이나 잎의 모양 및 색깔이 아름다운 낙엽교목이어야 하며, 다듬기 작업이 용이해야 하고, 병충해 및 공해에 강한 수목

① 가로수
② 방음수
③ 방풍수
④ 생울타리

해설 '②'와 '③'은 지엽(枝葉)이 치밀한 상록교목이 바람직하고 '④'는 관목을 이용한다.

26 다음 중 작은 변형에도 쉽게 파괴되는 재료의 성질은?

① 연성
② 인성
③ 전성
④ 취성

해설
- 취성(Brittleness, 脆性) : 재료가 외력에 의하여 영구 변형을 하지 않고 파괴되거나 극히 일부만 영구변형을 하고 파괴되는 성질이다.
- 연성(Ductility, 延性) : 탄성한계를 넘는 힘을 가함으로써 물체가 파괴되지 않고 늘어나는 성질이다.
- 인성(Toughness, 靭性) : 보석 재료의 파괴에 대한 저항도를 뜻한다.
- 전성(Malleability, 展性) : 압축력에 대하여 물체가 부서지거나 구부러짐이 일어나지 않고, 물체가 얇게 영구변형이 일어나는 성질이다.

27 다음 중 목재의 건조방법 중 나머지 셋과 다른 것은?

① 수침법
② 자비법
③ 증기법
④ 훈연법

해설
- 수침법(침수법) : 원목을 담수에 1년 정도 잠기게 담가 놓는 법
- 자비법 : 목재를 열탕에 끓인 후에 꺼내서 대기에서 건조시키는 법
- 증기법 : 증기 가마에 목재를 넣고 밀폐 후에 포화 수증기로 목재의 함유물질을 유출시키는 법
- 훈연법 : 배기 및 연소가스를 건조실에 주입하여 건조시키는 방법

28 다음 건설재료 중 유기재료로 분류되는 것은?

① 강(Steel)
② 알루미늄(Aluminium)
③ 아스팔트(Asphalt)
④ 콘크리트(Concrete)

해설 유기재료는 탄소원소가 함유된 고분자 유기화합물로서 아스팔트는 석유원유의 성분 중에서 휘발성 유분이 대부분 증발하였을 때의 잔류물로서 주성분이 탄소원소로 구성되어 있다.

29 수로의 사면보호, 연못바닥, 원로의 포장 등에 주로 쓰이는 돌은?

① 산석
② 하천석
③ 잡석
④ 호박돌

정답 25. ① 26. ④ 27. ① 28. ③ 29. ④

30 합판의 특징으로 옳은 것은?
① 열과 소리의 전도율이 크다.
② 팽창 수축 등으로 생기는 변형이 거의 없다.
③ 제품의 규격화가 어렵고, 사용이 비능률적이다.
④ 강도가 커 곡면으로 된 판을 얻기 힘들다.

> **해설** 합판의 특징
> • 나뭇결이 아름답다.
> • 수축, 팽창의 변형 없다.
> • 고른 강도를 유지하며, 넓은 판을 이용 가능하다.
> • 내구성과 내습성이 크다.
> • 열과 소리의 전도율이 낮다.
> • 규격화가 가능하다.

31 다음 중 설명하는 수종은?

> – 수형이 단정하고, 지엽이 치밀하고 섬세하며, 아름다운 적황색단풍이 특징적이다.
> – 심근성인 전통적 정자목이다.
> – 군락식재, 녹음수로 널리 사용되며 가로수로도 적합하다.

① 느티나무
② 위성류
③ 일본목련
④ 모과나무

> **해설** 위성류는 황색단풍만 들고 가로수나 정자목으로는 사용하지 않는다. 일본목련은 황갈색의 단풍이 드나 특징적이지 않고 가로수와 정자목으로 이용하지 않고 일본에서 유입된 수종이다. 모과나무도 가로수나 정자목으로 이용하지 않는다.

32 암석의 규격재 종류 중 엄격한 규격에 맞추어 만들지 않고 견치돌과 비슷하게 크기가 지름 10~30cm 정도로 막 깨낸 돌로 흙막이용 돌쌓기 또는 붙임돌용으로 사용되는 것은?
① 각석
② 판석
③ 잡석
④ 마름돌

> **해설**
> • 각석 : 폭이 두께의 3배 미만이고 폭보다 길이가 긴 직육면체의 석재이다.
> • 판석 : 두께가 15cm 미만이고 폭이 두께의 3배 이상인 판 모양의 석재이다.
> • 마름돌 : 지정된 규격 따라 직육면체가 되도록 각 면을 다듬은 석재이다.

33 다음 중 낙우송과(Taxodiaceae) 수종은?
① 삼나무
② 백송
③ 비자나무
④ 은사시나무

> **해설** 백송은 소나무과, 비자나무는 주목과, 은사시나무는 버드나무과

34 봄에 강한 향기를 지닌 꽃이 피는 수종은?
① 치자나무
② 서향
③ 불두화
④ 튤립나무

> **해설** 치자나무도 강한 향기가 있으나 6~7월에 개화한다.

2011년 기출

35 다음 석재 중 압축강도(kgf/cm²)가 가장 큰 것은?

① 화강암
② 응회암
③ 안산암
④ 대리석

해설 화강암의 특징
- 한국 돌의 70% 차지하며, 압축강도가 가장 크다.
- 흰색 또는 담회색이며 단단하고 내구성이 크나, 내화성이 작다.
- 용도 : 경관석, 디딤돌, 포장, 계단, 경계석, 석탑, 석등 등

36 나무의 뿌리를 절단한 후 새로운 뿌리가 돋아 나오는 요인과 관계가 없는 것은?

① C/N율
② 토양수분
③ 온도
④ B-9처리

해설 B-9은 생장억제제이다.

37 다음 조경 구조물 중 계단의 설계 기준을 h(단 높이)와 b(단 너비)를 이용하여 바르게 나타낸 것은?

① h+b=60~65cm
② h+2b=60~65cm
③ 2h+b=60~65cm
④ 2h+2b=60~65cm

해설 일반적으로 계단 설계시 축상(h)과 답면(b)의 관계는 2h+b=60~65cm이다. 보행에 큰 어려움을 느낄 수 있는 지형에서 약 18%의 경사도를 넘을 때 계단을 설치한다.

38 진비중이 2.6이고, 가비중이 1.2인 토양의 공극률은 약 얼마인가?

① 34.2%
② 46.5%
③ 53.8%
④ 66.4%

해설 토양의 단위체적에 대한 공극들이 차지하는 체적 비율이다.

공극률(%) = $(1 - \frac{가비중}{진비중}) \times 100$

39 도급받은 건설공사의 전부 또는 일부를 도급하기 위하여 수급인이 제3자와 체결하는 계약을 무엇이라 하는가?

① 하도급
② 도급
③ 발주
④ 재하도급

해설
- 도급 : 당사자의 일방(수급인)이 어떤 일을 완성할 것을 약정하고, 상대방(도급인)이 그 일의 결과에 대하여 보수를 지급할 것을 약정함으로써 성립하는 계약
- 발주 : 주로 공사나 용역 따위의 큰 규모의 거래에서 이루어지는 주문
- 재하도급 : 도급 받은 회사가 다시 공사의 일정부분을 도급 주는 것

40 다음 중에서 경사도가 가장 완만한 것은?

① 1:1
② 1:2
③ 45%
④ 50°

해설 경사도(%) = 수직거리/수평거리 × 100, 1:1 → 1/1 × 100 = 100%, 1:2 → 1/2 × 100 = 50%, 50° → 약 1.2/1 × 100 = 120%

정답 35. ① 36. ④ 37. ③ 38. ③ 39. ① 40. ③

41 다음 중 수목의 흉고직경을 측정할 때 사용하는 기구는?

① 윤척
② 와이어제측고기
③ 덴드로메타
④ 경척

해설 윤척(Calipers, 輪尺)은 임목의 지름을 측정하는 기구, 측수기(Dendrometer, 測樹器)는 수고를 측정하는 기구, 덴드로메타(Dendrometer)는 측고기 수고 측정기구, 와이어제측고기는 수고 측정기

42 소나무의 순따기 설명으로 올바른 것은?

① 가지가 길게 자라게 하기 위해 실시한다.
② 새순이 나오는 이른 봄 3~4월에 주로 실시한다.
③ 필요하지 않다고 생각되는 방향으로 자라는 순은 밑동으로부터 따 버린다.
④ 원하지 않는 순을 제거 후 남은 것 중에서 자라는 힘이 지나친 것은 1/8~1/10 정도만 남기고 따 버린다.

해설 5~6월에 2~3개의 순을 남기고, 중심순을 포함한 나머지 순을 따버린다. 남긴 순은 자라는 힘이 지나치다고 생각될 때 1/3~1/2 정도만 남겨 두고 끝 부분을 손으로 딴다.

43 다음 중 호박돌 쌓기의 방식으로 가장 적합한 것은?

① 수평쌓기
② 세로쌓기
③ 육법쌓기
④ 무너짐쌓기

해설 육법쌓기는 6개의 돌에 의해 둘러 쌓이는 생김새로 쌓는 것을 말한다.

44 굴취해 온 수목을 현장의 사정으로 즉시 식재하지 못하는 경우 가식하게 되는데 그 가식 장소로 부적합한 곳은?

① 햇빛이 잘 드는 양지바른 곳
② 배수가 잘되는 곳
③ 식재할 때 운반이 편리한 곳
④ 주변의 위험으로부터 보호받을 수 있는 곳

해설 가식은 임시로 식재하기 때문에 아직 새로운 뿌리의 재생이 없어서 증산과다에 의한 수분부족현상으로 위조(萎凋)될 가능성이 높기 때문에 수분증산이 최소화할 수 있는 그늘진 곳을 가식장소로 선정해야 한다.

45 다음 중 살충제에 해당하는 것은?

① 아토닉액제
② 옥시테트라사이클린수화제
③ 시마진수화제
④ 포스파미돈액제

해설 아토닉액제는 식물생장조절제, 옥시테트라사이클린수화제는 살균제, 시마진수화제는 제초제용 농약에 해당한다.

46 벽돌쌓기의 여러 가지 기법 가운데 가장 튼튼하게 쌓을 수 있는 것은?

① 영국식 쌓기
② 미국식 쌓기
③ 네덜란드식 쌓기
④ 프랑스식 쌓기

해설 영국식 쌓기가 가장 튼튼하나 우리나라에서는 쌓기가 쉽고 일반적인 네덜란드식 쌓기를 가장 많이 사용한다.

정답 41. ① 42. ③ 43. ③ 44. ① 45. ④ 46. ①

47 시멘트 보관 및 창고의 구비조건 설명으로 옳은 것은?

① 간단한 나무구조로 통풍이 잘되게 한다.
② 시멘트를 쌓을 마루높이는 지면에서 10cm 정도로 유지한다.
③ 창고 둘레 주위에는 비가 내릴 때 물을 담아 공사 시 이용할 장소를 파 놓는다.
④ 시멘트 쌓기는 최대 높이 13포대로 한다.

> 해설 시멘트 저장은 지면에서 30cm 이상 바닥을 띄우고 방습처리 한다. 저장창고 주위에는 배수도랑을 만들고 우수의 침입을 방지한다. 시멘트는 13포 이상 쌓지 않고 장기간 저장할 경우 7포대 이상 쌓지 않는다.

48 다음 중 시설물 상세도의 표현 기호에 대한 설명이 틀린 것은?

① D : 지름
② H : 높이
③ R : 넓이
④ THK : 두께

> 해설 R(아르) : 반지름

49 등나무 등의 덩굴식물을 올려 가꾸기 위한 시렁과 비슷한 생김새를 가진 시설물로 여름철 그늘을 지어 주기 위한 것은?

① 플랜터(Planter)
② 파고라(Pergola)
③ 볼라드(Bollard)
④ 래더(Ladder)

> 해설
> • 플랜터는 식물을 식재할 수 있는 용기
> • 볼라드(Bollard)는 자동차가 인도(人道)에 진입하는 것을 막기 위해 차도와 인도 경계면에 세워 둔 구조물
> • 래더(Ladder)는 사다리

50 수목 동공의 외과수술 순서로 가장 적절한 것은?

① 부패부 제거 → 동공 가장자리의 형성층 노출 → 소독 및 방부처리 → 동공충전 → 방수처리 → 표면경화 처리 → 인공수피 처리
② 부패부 제거 → 소독 및 방부처리 → 동공 가장자리의 형성층 노출 → 방수처리 → 동공충전 → 표면경화 처리 → 인공수피 처리
③ 부패부 제거 → 동공 가장자리의 형성층 노출 → 동공충전 → 방수처리 → 소독 및 방부처리 → 표면경화 처리 → 인공수피 처리
④ 부패부 제거 → 동공 가장자리의 형성층 노출 → 방수처리 → 동공충전 → 표면경화 처리 → 소독 및 방부처리 → 인공수피 처리

> 해설 수목의 외과수술(충진수술 등)은 유합(상처가 잘 아물어 붙는 것)이 잘되는 식물의 생장시기인 4~9월이 적당하다. 이때 동공충전은 과거에 시멘트·콘크리트충전, 목재·충전, 고무밀납충전 등을 이용하였으나 지금은 에폭시레진, 불포화 폴리에스테르 수지, 폴리우레탄폼, 우레탄고무, 매트처리 등 인공수지를 이용한 방법도 사용하고 있다. 인공수피 처리는 동공충전 시 사용한 수지가 직사광선에 의한 자외선으로 인하여 변질·산화되는 것을 방지하기 위하여 고안한 방법으로 콜크분말을 아라비아 고무와 암모니아수로 반죽하여 충전 부위에 붙인다.

정답 47. ④ 48. ③ 49. ② 50. ①

51 관상용 열매의 착색을 촉진시키기 위하여 살포하는 농약은?

① 지베렐린산 수용제
② 다미노자이드 수화제
③ 글리포세이트 액제
④ 에테폰 액제

해설
- 에테폰은 식물의 노화를 촉진하는 식물호르몬의 일종인 에틸렌(Ethylene)을 생성함으로써 과채류 및 과실류의 착색을 촉진하고 숙기를 촉진하는 작용을 한다.
- 지베렐린은 개화 · 성숙과 세포의 신장과 관련한 식물호르몬이다.
- 다미노자이드(Daminozide, B-9)는 신장억제 및 왜화작용, 낙과방지용 식물생장억제제이다. 글리포세이트는 제초제의 일종이다.

52 복합비료의 표시가 21-17-18일 때 설명으로 옳은 것은?

① 인산 21%, 칼륨 17%, 질소 18%
② 칼륨 21%, 인산 17%, 질소 18%
③ 질소 21%, 인산 17%, 칼륨 18%
④ 인산 21%, 질소 17%, 칼륨 18%

해설 복합비료는 작물의 생장에 필요한 3요소인 질소, 인산, 칼리 중 2종 이상의 성분이 함유된 비료이다.

53 전정시기와 방법에 관한 설명 중 옳지 않은 것은?

① 상록활엽수는 겨울전정 시에 강전정을 하여야 한다.
② 화목류의 봄전정은 꽃이 진 후에 하는 것이 좋다.
③ 여름전정은 수광(受光)과 통풍을 좋게 할 목적으로 행한다.
④ 상록활엽수는 가을전정이 적기(適期)이다.

해설 상록활엽수는 추위에 약하므로 강전정을 피한다.

54 조경 수목의 연간 관리작업 계획표를 작성하려고 한다. 다음 중 작업 내용의 분류상 성격이 다른 하나는?

① 병 · 해충 방제
② 시비
③ 뗏밥 주기
④ 수관 손질

해설 뗏밥 주기는 조경수목이 아닌 잔디대상의 시비방법이다.

55 한중 콘크리트의 양생에 관한 설명으로 옳지 않은 것은?

① 골재가 동결되어 있거나 골재에 빙설이 혼입되어 있는 정도의 골재는 그대로 사용할 수 있다.
② 하루의 평균기온이 4℃ 이하가 예상되는 조건일 때는 콘크리트가 동결할 염려가 있으므로 한중 콘크리트 시공하여야 한다.
③ 한중 콘크리트에는 공기연행 콘크리트를 사용하는 것을 원칙으로 한다.
④ 물-결합재비는 원칙적으로 60% 이하로 하여야 한다.

해설 寒中(겨울철)에 골재가 동결되었을 경우 난로나 온풍기 등으로 4℃ 이상으로 맞춰야 한다.

56 일반적인 주택정원의 잔디깎는 높이로 가장 적합한 것은?

① 1~5mm
② 5~15mm
③ 15~25mm
④ 25~40mm

해설 잔디깎는 높이
- 가정, 공원, 공장 : 2~3(3~4)cm

정답 51. ④ 52. ③ 53. ① 54. ③ 55. ① 56. ④

- 골프장 : (그린 : 0.5~0.7cm, 티 : 1.0~1.2cm, 에이프런 : 1.5~1.8cm, 페어웨이 : 2.0~2.5cm)
- 축구장 : 1~2cm

57 다음에서 설명하고 있는 병은?

- 수목에 치명적인 병은 아니지만 발생하면 생육이 위축되고 외관이 나쁘게 된다.
- 장미, 단풍나무, 배롱나무, 벚나무 등에 많이 발생한다.
- 병든 낙엽을 모아 태우거나 땅속에 묻음으로써 전염원을 차단하는 것이 필수적이다.
- 통기불량, 일조부족, 질소과다 등이 발병유인이다.

① 흰가루병
② 녹병
③ 빗자루병
④ 그을음병

해설 흰가루병은 주야 온도차가 크고, 일조부족, 질소과다, 고온, 다습, 통풍불량인 환경에서 신초부위에 발생하며 잎에 흰곰팡이가 형성된다.

58 조경수목에 유기질 거름을 주는 방법으로 틀린 것은?

① 거름을 주는 양은 식물의 종류와 크기, 그 곳의 기후와 토질, 생육기간에 따라 각기 다르므로 자라는 상태를 보고 정한다.
② 거름 주는 시기는 낙엽이 진 후 땅이 얼기 전 늦가을에 실시하는 것이 가장 효과적이다.
③ 약간 덜 썩은 유기질 거름은 지속적으로 나무뿌리에 양분을 공급함으로 중간 정도 썩은 것을 사용한다.
④ 나무에 따라 거름 줄 위치를 정한 후 수관선을 따라 나비 20~30cm, 깊이 20~30cm 정도가 되도록 구덩이를 판다.

해설 유기질 비료는 완전히 썩힌 것을 사용해야 한다.

59 다음 중 바람에 대한 이식 수목의 보호조치로 가장 효과가 없는 것은?

① 큰 가지치기
② 지주목 세우기
③ 수피감기
④ 방풍막 치기

해설 수목의 이식 시 가장 주의를 요하는 것 중의 하나가 잎의 증산에 의한 수분부족현상으로서 수피에 의한 증산은 잎에 비하여 미비하다.

60 다음 중 재료별 할증율(%)의 크기가 가장 작은 것은?

① 조경용 수목
② 경계블록
③ 잔디 및 초화류
④ 수장용 합판

해설 할증률은 조경용 수목, 잔디 및 초화류 : 10%, 수장용 합판 : 8%, 경계블럭 : 5%

정답 57. ① 58. ③ 59. ③ 60. ②

국가기술자격검정 필기시험

2012년도 조경기능사 과년도 출제문제 제1회

자격종목 및 등급(선택분야)	종목코드	시험시간	문제지형별
조경기능사	6335	1시간	A

1 사대부나 양반 계급에 속했던 사람이 자연 속에 묻혀 야인으로서의 생활을 즐기던 별서 정원이 아닌 것은?

① 소쇄원
② 방화수류정
③ 다산초당
④ 부용동정원

해설 수원의 방화수류정은 1794년(정조 18년)에 수원으로의 천도를 위해 화성을 축조할 때 그 성곽 위에 세운 지방관아의 누각

2 다음 정원 중 우리나라 전통조경시설이 아닌 것은?

① 취병(생울타리)
② 화계
③ 벽천
④ 석지

해설 벽천(Wall Fountain, 壁泉) : 벽에 붙인 수구 또는 조각물의 입 등에서 물이 나오도록 만든 분수로 근대 독일의 구성주의적 양식에서 발달하여 실용과 미를 겸비하며, 넓은 면적을 요하지 않기 때문에 작은공원, 소광장, 공공정원에 어울린다.

3 사적인 정원 중심에서 공적인 대중공원의 성격을 띤 시대는?

① 14세기 후반 에스파니아
② 17세기 전반 프랑스
③ 19세기 전반 영국
④ 19세기 전반 미국

해설 19세기의 영국은 산업발달과 도시민의 욕구로 공 공정원의 필요성이 대두되어 1843년 최초의 공적 대중정원인 버큰헤드파크가 조성되었으며, 후에 미국 옴스테드에 의해 설계된 최초의 도시공원인 센트럴파크에 영향을 주었다.

4 조선시대 후원양식에 대한 설명 중 틀린 것은?

① 중엽이후 풍수지리설의 영향을 받아 후원양식이 생겼다.
② 건물 뒤에 자리 잡은 언덕배기를 계단 모양으로 다듬어 만들었다.
③ 각 계단에는 향나무를 주로 한 나무를 다듬어 장식하였다.
④ 경복궁 교태전 후원인 아미산, 창덕궁 낙선재의 후원 등이 그 예이다.

해설 화계에는 키가 작은 화목을 주로 심고, 세심석이나 괴석, 굴뚝으로 장식하였다.

5 영국 정형식 정원의 특징 중 매듭화단이란 무엇인가?

① 낮게 깎은 회양목 등으로 화단을 기하학적 문양으로 구획한 화단
② 수목을 전정하여 정형적 모양으로 만든 미로
③ 가늘고 긴 형태로 한쪽 방향에서만 관상할 수 있는 화단
④ 카펫을 깔아 놓은 듯 화려하고 복잡한 문양이 펼쳐진 화단

해설 ② 미원, ③ 경재화단, ④ 카펫화단

정답 1. ② 2. ③ 3. ③ 4. ③ 5. ①

2012년 기출

6 고대 그리스에서 아고라(Agora)는 무엇인가?
① 광장
② 성지
③ 유원지
④ 농경지

> 해설 그리스의 아고라(Agora) : 최초로 광장 개념이 등장하고, 물물교환 및 집회의 장소, 도시계획의 구심점으로 플라타너스 녹음수 식재, 조각상, 분수시설이 있었다. 후에 서양도시광장의 효시가 되었다.

7 고려시대 궁궐정원을 맡아보던 관서는?
① 원야
② 장원서
③ 상림원
④ 내원서

> 해설 ① 원야 : 중국의 작정서, ②, ③ 장원서와 상림원 : 조선시대 궁궐정원 관서

8 조경 양식을 형태적으로 분류했을 때 성격이 다른 것은?
① 평면기하학식
② 중정식
③ 회유임천식
④ 노단식

> 해설 ①, ②, ④ : 정형식 정원, ③ : 자연식정원-일본
> 정형식 정원에는 프랑스의 평면기하학식 정원, 이탈리아의 노단식, 중세, 스페인의 중정식

9 조감도는 소점이 몇 개인가?
① 1개
② 2개
③ 3개
④ 4개

> 해설 소점이란 물체의 모서리를 연장시키면, 한 점에서 만나게 되는 점

10 19세기 유럽에서 정형식 정원의 의장을 탈피하고 자연 그대로의 경관을 표현하고자 한 조경 수법은?
① 노단식
② 자연풍경식
③ 실용주의식
④ 회교식

11 다음 중 가장 가볍게 느껴지는 색은?
① 파랑
② 노랑
③ 초록
④ 연두

> 해설 명도가 높은 색(파랑 → 초록 → 연두 → 노랑)은 가벼워 보이고 팽창·진출해 보이므로 확장되어 보인다.

12 다음 중 도시공원 및 녹지 등에 관한 법률 시행규칙에서 공원 규모가 가장 작은 것은?
① 묘지공원
② 체육공원
③ 광역권근린공원
④ 어린이공원

> 해설 도시공원 및 녹지등에 관한 법률 시행규칙

정답 6. ① 7. ④ 8. ③ 9. ③ 10. ② 11. ② 12. ④

공원구분		설치기준	유치거리	규모	공원시설부지면적
소공원		제한없음	제한없음	제한없음	20% 이하
어린이공원		제한없음	250m 이하	1,500m² 이상	60% 이하
생활권공원	근린생활권근린공원	제한없음	500m 이하	10,000m² 이상	
	도보권근린공원	제한없음	1,000m 이하	30,000m² 이상	
근린공원	도시자연권근린공원	해당도시공원의 기능을 충분히 발휘할 수 있는 장소에 설치	제한없음	100,000m²	40% 이하
	광역권근린공원	해당 도시공원의 기능을 충분히 발휘할 수 있는 장소에 설치	제한없음	1,000,000m²	
역사공원		제한없음	제한없음	제한없음	제한없음
문화공원		제한없음	제한없음	제한없음	제한없음
주제공원	수변공원	하천, 호수 등의 수변과 접하고 있어 친수공간을 조성할 수 있는 곳에 설치	제한없음	제한없음	40% 이하
	묘지공원	정숙한 장소로 장래 시가화가 예상되지 아니하는 자연녹지지역에 설치	제한없음	100,000m²	20% 이하
	체육공원	해당 도시공원의 기능을 충분히 발휘할 수 있는 장소에 설치	제한없음	10,000m²	50% 이하
특별시·광역시 또는 도의 조례가 정하는 공원		제한없음	제한없음	제한없음	제한없음
도시농업공원		제한없음	제한없음	제한없음	제한없음

13 주차장법 시행규칙상 주차장의 주차단위구획 기준은? (단, 평행주차형식 외의 장애인 전용 방식이다.)

① 2.0m 이상 × 4.5m 이상
② 3.0m 이상 × 5.0m 이상
③ 2.3m 이상 × 4.5m 이상
④ 3.3m 이상 × 5.0m 이상

해설 일반주차(2.3m×5.0m), 평행주차(2.0m×6.0m), 장애인 주차면적은 3.3m ×5.0m 이상이다.

14 옴스테드와 캘버트 보가 제시한 그린 스워드 안의 내용이 아닌 것은?

① 평면적 동선체계
② 차음과 차폐를 위한 주변식재
③ 넓고 쾌적한 마차 드라이브 코스
④ 동적놀이를 위한 운동장

해설 조경가 옴스테드와 건축가 보우의 그린스워드(Greenseward)안은 입체적 동선체계, 차음 및 차폐를 위한 외주부식재, 아름다운 자연의 View와 Vista 조성, 건강, 위락, 운동을 위한 드라이브코스 설정, 산책, 대담, 만남 등을 위한 정형적인 몰과 대로, 넓고 쾌적한 마차 드라이브 코스, 동적놀이를 위한 경기장, 퍼레이드를 위한 장소로서 평소에는 잔디밭으로 사용, 교육적 효과를 위한 화단과 수목원, 스케이팅을 할 수 있는 넓은 호수가 있다.

15 보행에 지장을 주어 보행 속도를 억제하고자 하는 포장 재료는?

① 아스팔트   ② 콘크리트
③ 블록   ④ 조약돌

해설 조약돌 포장은 아스팔트, 아스콘, 블록포장에 비해 보행속도가 느려진다.

정답 13. ④ 14. ① 15. ④

2012년 기출

16 다음 중 가로수를 심는 목적이라고 볼 수 없는 것은?

① 녹음을 제공한다.
② 도시환경을 개선한다.
③ 방음과 방화의 효과가 있다.
④ 시선을 유도한다.

> [해설] 가로수와 방음·방화수목의 요구조건은 다르다.
> 방음과 방화용도의 수목의 조건
> • 맹아력이 좋아야 한다.
> • 수세회복이 빠른 나무여야 한다.
> • 잎이 두꺼워야 한다.
> • 수분의 함유량이 많아야 한다.
> • 넓은 잎을 가지고 수관이 치밀해야 한다.
> • 상록수여야 한다.
> • 수관의 중심이 추녀보다 낮은 위치에 있어야 한다.

17 근대 독일 구성식 조경에서 발달한 조경시설물의 하나로 실용과 미관을 겸비한 시설은?

① 연못
② 벽천
③ 분수
④ 캐스케이드

> [해설]
> • 연못 : 물을 정적으로 다루는 대표적인 표현기법
> • 분수 : 물을 아래에서 위로 솟치게 하여 물을 더욱 다이나믹하게 만든 것이다.
> • 케스케이드 : 고저차가 있는 지형에서 단을 지어 흐르는 인공적인 폭포 혹은 고저 양면에 있는 정원이나 샘을 상호 연결하는 일종의 수로이다.

18 다음 중 거푸집에 미치는 콘크리트의 측압 설명으로 틀린 것은?

① 경화속도가 빠를수록 측압이 크다.
② 시공연도가 좋을수록 측압은 크다.
③ 붓기속도가 빠를수록 측압이 크다.
④ 수평부재가 수직부재보다 측압이 작다.

> [해설] 측압은 거푸집에 가해지는 콘크리트의 수평 방향의 압력으로서 Slump가 크고, 벽두께가 두꺼울수록, 부어 넣는 속도가 빠르며, 대기습도가 높고 온도가 낮을수록 커진다.

19 다음 중 비옥지를 가장 좋아하는 수종은?

① 소나무
② 아까시나무
③ 사방오리나무
④ 주목

> [해설]
> • 척박지에 견디는 수종 : 소나무, 오리나무, 버드나무, 자작나무, 등나무, 아카시아, 보리수나무, 자귀나무 등
> • 비옥지를 좋아하는 수종 : 주목, 측백나무, 철쭉, 회양목, 벽오동, 벚나무, 장미, 불두화, 부용, 모란 등

20 용광로에서 선철을 제조할 때 나온 광석 찌꺼기를 석고와 함께 시멘트에 섞은 것으로서 수화열이 낮고, 내구성이 높으며, 화학적 저항성이 큰 한편, 투수가 적은 특징을 갖는 것은?

① 실리카시멘트
② 고로시멘트
③ 알루미나시멘트
④ 조강 포틀랜드시멘트

> [해설]
> • 슬래그시멘트(고로시멘트) : 용광로에서 생성된 광재(Slag)를 넣어 만들었으며, 균열이 적어 폐수시설, 하수도, 항만에 사용된다.
> • 포졸란시멘트(실리카시멘트) : 포졸란(화산재, 규조토 등으로 이루어진 혼화재)을 넣어 만든 시멘트로 동결 및 융해작용에 대한 저항성이 작고, 조기강도가 크나 경화가 느리다.
> • 알루미나 시멘트 : 조기강도가 큰 시멘트. 24시간에 보통 시멘트 28일 강도를 발휘, 동절기 공사에 적당하다.
> • 조강 포틀랜드시멘트 : 조기에 높은 강도로 급한 공사나 동결기 공사, 물 속 공사에 사용된다. 수화열이 커서 균열의 위험이 있지만 재령이 3일이면 210kg/cm² 이상의 강도가 생긴다.

정답 16. ③ 17. ② 18. ① 19. ④ 20. ②

21 다음 수목 중 봄철에 꽃을 가장 빨리 보려면 어떤 수종을 식재해야 하는가?

① 말발도리
② 자귀나무
③ 매실나무
④ 금목서

[해설] 꽃의 개화기로 본 조경수목의 구별

개화기	조경수목
2월	풍년화, 오리나무
3월	매화나무(매실나무), 생강나무, 올벚나무, 개나리, 산수유, 동백나무
4월	자목련, 개나리, 겹벚나무, 산딸나무, 꽃아그배나무, 목련, 백목련, 산벚나무, 왕벚나무, 이팝나무, 갯버들, 명자나무, 미선나무, 박태기나무, 산수유, 산철쭉, 수수꽃다리, 조팝나무, 진달래, 철쭉, 황철쭉, 동백나무, 소귀나무, 월계수, 만병초, 호랑가시나무, 남천, 등나무, 으름덩굴
5월	귀룽나무, 때죽나무, 백합나무, 산딸나무, 오동나무, 일본목련, 쪽동백나무, 채진목, 가막살나무, 모란, 병꽃나무, 장미, 쥐똥나무, 다정큼나무, 돈나무, 인동덩굴, 말발도리
6월	모감주나무, 층층나무, 개쉬땅나무, 수국, 아왜나무, 태산목
7월	노각나무, 배롱나무, 자귀나무, 무궁화, 부용, 협죽도, 능소화
8월	배롱나무, 자귀나무, 무궁화, 부용, 싸리나무
9월	배롱나무, 부용, 싸리나무
10월	장미, 호랑가시나무, 목서류
11월	호랑가시나무, 팔손이

22 다음 중 상록용으로 사용할 수 없는 식물은?

① 마삭줄
② 불로화
③ 골고사리
④ 남천

[해설] 불로화는 Ageratum 속으로 멕시코원산의 일년초이다.

23 다음에서 설명하는 식물은?

- 홍초과에 해당된다.
- 잎은 넓은 타원형이며 길이 30~40cm 로서 양끝이 좁고 밑부분이 엽초로 되어 원줄기를 감싸며 측맥이 평행하다.
- 삭과는 둥글고 잔돌기가 있다.
- 뿌리는 고구마 같은 굵은 근경이 있다.

① 히아신스
② 튤립
③ 수선화
④ 칸나

[해설] '①'과 '②'는 백합과, '③'은 수선화과이다.

24 다음 골재의 입도(粒度)에 대한 설명 중 옳지 않은 것은?

① 입도시험을 위한 골재는 4분법(四分法)이나 시료분취기에 의하여 필요한 량을 채취한다.
② 입도란 크고 작은 골재알(粒)이 혼합되어 있는 정도를 밀하며 체가름 시험에 의하여 구할 수 있다.
③ 입도가 좋은 골재를 사용한 콘크리트는 공극이 커지기 때문에 강도가 저하한다.
④ 입도곡선이란 골재의 체가름 시험결과를 곡선으로 표시한 것이며 입도곡선이 표준입도곡선 내에 들어가야 한다.

[해설] 입도가 좋은 골재를 사용한 콘크리트는 공극이 작아져서 강도가 증가한다.

[정답] 21. ③ 22. ② 23. ④ 24. ③

2012년 기출

25 조경 시설물 중 유리섬유강화플라스틱(FRP)으로 만들기 가장 부적합한 것은?

① 인공암
② 화분대
③ 수목 보호판
④ 수족관의 수조

해설 FRP는 강도가 약하기 때문에 수족관의 수조로는 부적합하다.
유리섬유강화 플라스틱(FRP, Fiberglass Reinforced Plastics) : 강도가 약한 플라스틱에 유리섬유를 넣어 강화시킨 제품으로 벤치, 화단장식재, 인공폭포, 인공암, 정원석 등을 만든다.

26 수준측량과 관련이 없는 것은?

① 레벨
② 표척
③ 앨리데이드
④ 야장

해설 앨리데이드(視準器)는 평판측량에 사용한다.
수준측량(Leveling, 水準測量) : 고저측량 또는 레벨측량이라고도 하며, 레벨을 사용하여 그 점에 세운 표척의 눈금차이로부터 직접 고저차를 구하는 직접수준측량이 있다. 간접수준측량은 트랜싯을 사용한 삼각법과 나침반을 이용하는법, 기압차에 의한 기압수준측량, 시거수준측량, 사진측정에 의한 방법 등이 있으며 접근이 어려운 두 점 사이의 고저차를 직접 또는 간접 수준측량에 의해 구하는 교호수준측량과 간단한 레벨로 수평을 보는 약수준측량이 있다.

27 다음 수종들 중 단풍이 붉은색이 아닌 것은?

① 신나무
② 복자기
③ 화살나무
④ 고로쇠나무

해설 대부분의 단풍나무류는 붉은색의 단풍이 드나 고로쇠나무는 황색이다.
- 홍색계통 단풍수종 : 화살나무, 담쟁이덩굴, 단풍나무류, 감나무, 검양옻나무, 옻나무, 붉나무, 단풍철쭉, 마가목, 산딸나무 등
- 황색계통 단풍수종 : 고로쇠나무, 은행나무, 느티나무,

백합나무, 갈참나무, 계수나무, 히어리, 마루나무, 배롱나무, 층층나무, 자작나무, 칠엽수, 벽오동, 일본잎갈나무, 메타세쿼이아, 튤립나무 등

28 다음 수목 중 일반적으로 생장속도가 가장 느린 것은?

① 네군도단풍
② 층층나무
③ 개나리
④ 비자나무

해설 비자나무, 개비자, 주목 등과 같은 주목과 수목은 생장속도가 느리다.

29 단위용적중량이 1.65 t/m³이고 굵은 골재 비중이 2.65일 때 이 골재의 실적률(A)과 공극률(B)은 각각 얼마인가?

① A : 62.3%, B : 37.7%
② A : 69.7%, B : 30.3%
③ A : 66.7%, B : 33.3%
④ A : 71.4%, B : 28.6%

해설 실적율은 골재의 단위용적(m³) 중의 실적용적을 백분율(%)로 나타낸 값을 말한다. 공극율이란 골재의 단위용적(m³) 중의 공극을 백분율(%)로 나타낸 것이다. 실적율은 (단위용적중량/비중) × 100 공식에 의해 1.65/2.65 × 100 = 62.26%이고 공극율은 (1 − (단위용적중량/비중)) × 100 = 37.74%가 된다.

30 스프레이 건(Spray Gun)을 쓰는 것이 가장 적합한 도료는?

① 수성페인트
② 유성페인트
③ 래커
④ 애나멜

해설 래커는 섬유소나 합성수지 용액에 수지, 가소제, 안료 등을 섞은 도료로서 쉽게 마르고 오래가며 번쩍거리지 않게 표면을 마감할 수 있다. '①', '②', '④'는 도포용이다.

정답 25. ④ 26. ③ 27. ④ 28. ④ 29. ① 30. ③

31 다음 중 수목을 기하학적인 모양으로 수관을 다듬어 만든 수형을 가리키는 용어는?

① 정형수
② 형상수
③ 경관수
④ 녹음수

해설 맹아력이 강한나무는 전정에 잘 견디므로 기하학적 무늬나 동물 모양인 형상수(Topiary)로 이용한다. 한편 정형수는 전정(剪定)과 정지(整枝)의 기술로 조경수목의 고유한 자연수형과 전혀 다르게 사용목적에 맞게 인위적으로 만들어낸 수목을 의미한다.

32 목재 방부제에 요구되는 성질로 부적합한 것은?

① 목재에 침투가 잘되고 방부성이 큰 것
② 목재에 접촉되는 금속이나 인체에 피해가 없을 것
③ 목재의 인화성, 흡수성에 증가가 없을 것
④ 목재의 강도가 커지고 중량이 증가될 것

해설 방부제는 물질의 부패를 막는 약제로서 '④'와는 무관하다.

33 다음에서 설명하고 있는 것은?

- 열경화성수지도료이다.
- 내수성이 크고 열탕에서도 침식되지 않는다.
- 무색투명하고 착색이 자유로우면 아주 굳고 내수성, 내약품성, 내용제성이 뛰어나다.
- 알키드수지로 변성하여 도료, 내수베니어합판의 접착제 등에 이용된다.

① 석탄산수지 도료
② 프탈산수지 도료
③ 염화비닐수지 도료
④ 멜라민 도료

해설 '③' 염화비닐수지는 열가소성수지이다.

34 유리의 주성분이 아닌 것은?

① 규산
② 소다
③ 석회
④ 수산화칼륨

해설 유리는 규사·탄산나트륨(소다)·탄산칼슘 등을 고온으로 녹인 후 냉각하면 생기는 투명도가 높은 물체이다. 종래에는 규산을 주체로 한 규산염유리가 대표적이었지만 현재는 붕산염유리·인산염유리 등의 산화물 유리가 대표적이다.

35 블리딩 현상에 따라 콘크리트 표면에 떠올라 표면의 물이 증발함에 따라 콘크리트 표면에 남는 가볍고 미세한 물질로서 시공 시 작업이음을 형성하는 것에 대한 용어로서 맞는 것은?

① Workability
② Consistency
③ Laitance
④ Plasticity

해설
- Workability(시공성) : 콘크리트를 혼합한 다음 운반해서 다져넣을 때까지 시공성의 좋고 나쁨을 나타내는 성질로서, 시공성의 좋고 나쁨은 작업의 용이한 정도 및 재료의 분리에 저항하는 정도로 나타난다.
- Plasticity(성형성) : 외부의 힘에 의하여 변형된 물체가 다시 원래의 형태로 돌아오지 않는 성질이다.
- Consistency(반죽질기) : 콘크리트의 반죽이 되고 진 정도를 나타내는 굳지 않는 콘크리트의 성질을 뜻한다.

정답 31. ② 32. ④ 33. ④ 34. ④ 35. ③

2012년 기출

36 거실이나 응접실 또는 식당 앞에 건물과 잇대어서 만드는 시설물은?

① 정자
② 테라스
③ 모래터
④ 트렐리스

해설 테라스(Terrace)는 옥외실로서 건물의 안정감이나 정원과의 조화, 정원이나 풍경을 관상하는 데 이용된다. 꼭 1층에만 설치가 가능하고(2층 이상에 주택에 마련된 공간은 베란다로 분류됨) 거실이나 주방과 바로 연결된 실내 바닥 높이보다 20cm 낮은 곳에 전용정원 형태로 주로 테이블을 놓아서 간단히 차를 마시거나 어린이들의 놀이공간, 일광욕 등을 할 수 있는 장소로 사용된다.

37 다음 보도블록 포장공사의 단면 그림 중 블록 아랫부분은 무엇으로 채우는 것이 좋은가?

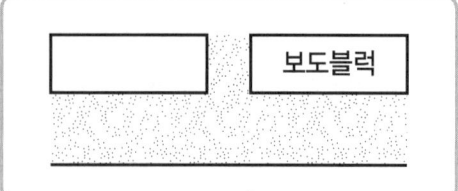

① 자갈
② 모래
③ 잡석
④ 콘크리트

해설 보도블럭과 보도블럭의 사이에는 충격이나 하중을 흡수할 수 있도록 모래로 채운다.

38 조경설계 과정에서 가장 먼저 이루어져야 하는 것은?

① 구상개념도 작성
② 실시설계도 작성
③ 평면도 작성
④ 내역서 작성

해설 구상개념도는 전체적인 설계개념을 이끌어내는 데 꼭 필요한 단계로서, 설계자의 개략적인 형태로 나타낸 일종의 시각 언어로 공간의 기본구상 수립단계에서 작성되는 도면

39 원로의 디딤돌 놓기에 관한 설명으로 틀린 것은?

① 디딤돌은 주로 화강암을 넓적하고 둥글게 기계로 깎아 다듬어 놓은 돌만을 이용한다.
② 디딤돌은 보행을 위하여 공원이나 정원에서 잔디밭, 자갈 위에 설치하는 것이다.
③ 징검돌은 상·하면이 평평하고 지름 또한 한 면의 길이가 30~60cm, 높이가 30cm 이상인 크기의 강석을 주로 사용한다.
④ 디딤돌의 배치간격 및 형식 등은 설계도면에 따르되 윗면은 수평으로 놓고 지면과의 높이는 5cm 내외로 한다.

해설 디딤돌은 보행의 편의와 지피식물의 보호, 시각적으로 아름답게 하고자 하는 돌 놓기로 한 면이 넓적하고 평평한 자연석, 화강석판, 천연점판암등의 판석, 통나무, 인조목 등이 사용된다.

정답 36. ② 37. ② 38. ① 39. ①

40 다음 중 전정을 할 때 큰 줄기나 가지자르기를 삼가야 하는 수종은?

① 벚나무
② 수양버들
③ 오동나무
④ 현사시나무

해설 맹아력이 강한나무는 전정에 잘 견딘다.
- 맹아력이 강한 나무 : 낙우송, 사철나무, 탱자나무, 회양목, 미루나무, 버들나무류, 플라타너스, 무궁화, 개나리, 쥐똥나무 등
- 맹아력이 약한 나무 : 소나무, 해송, 잣나무, 자작나무, 벚나무류, 살구나무, 칠엽수, 감나무 등

41 오늘날 세계 3대 수목병에 속하지 않는 것은?

① 잣나무 털녹병
② 느릅나무 시들음병
③ 밤나무 줄기마름병
④ 소나무류 리지나뿌리썩음병

해설
- 잣나무 털녹병 : 우리 나라의 5대 산림병해충(솔잎혹파리, 잣나무털녹병, 솔나방, 흰불나방, 오리나무잎벌레)의 하나인 잣나무털녹병은 곰팡이(眞菌)의 일종인 털녹병균(Cronartium ribicola J. C. Fisch. ex Rabenh.)에 의해 발생하는 병으로서, 우리나라뿐만 아니라, 북미, 구라파, 소련, 중국만주지방, 일본 등 전세계의 오엽송류분포지대에서 큰 피해를 주고 있는 오엽송류의 가장 중요한 병이다.
- 느릅나무 시들음병 : 매우 파괴적으로서 이 병에 감염되면 감염시점으로부터 수주 또는 수년 내에 가지와 나무 전체가 죽는다. 북미에서 유럽느릅나무좀과 미국느릅나무좀이라는 딱정벌레에 의하여 전파된다.
- 밤나무 줄기마름병 : 봄·가을에 발병이 많으며 나뭇가지나 줄기에 발병한다. 부위는 껍질이 적갈색으로 되고 함몰하여 습하면 갈색의 포자를 형성하므로 끝내는 시들어 말라 죽는다. 병원균(Endothia parasitica)은 자낭균으로, 일기가 습하면 병자각(柄子殻)에서 병포자가 나와 빗물·곤충·조류 등에 의해서 옮겨지며, 기주체에 침입하면 바로 상처로 통한다. 병원균은 균사 또는 포자형으로 월동한다.

42 자연석(조경석) 쌓기의 설명으로 옳지 않은 것은?

① 크고 작은 자연석을 이용하여 잘 배치하고, 견고하게 쌓는다.
② 사용되는 돌의 선택은 인공적으로 다듬은 것으로 가급적 벌어짐이 없이 연결될 수 있도록 배치한다.
③ 자연석으로 서로 어울리게 배치하고 자연석 틈 사이에 관목류를 이용하여 채운다.
④ 맨 밑에는 큰 돌을 기초석을 배치하고, 보기 좋은 면이 앞면으로 오게 한다.

해설 자연석 쌓기는 기초부분은 터파기한 지면을 다지거나 콘크리트기초를 하며 크고 작은 자연석을 서로 어울리게 쌓되 노출면은 자연상태의 면이 보이게 하고 서로 맞닿는 면은 잘 물려지게 돌을 쌓는다. 뒷부분에는 고임돌 및 뒷채움돌을 써서 튼튼하게 쌓아야 하며, 필요에 따라 중간에 뒷길이 60~90cm 정도의 돌을 맞물려 쌓아 붕괴를 방지한다. 인공적으로 다듬은 돌이 아닌 자연석으로 자연스런 경관을 만든다.

43 벽돌쌓기 시공에 대한 주의사항으로 틀린 것은?

① 굳기 시작한 모르타르는 사용하지 않는다.
② 붉은 벽돌은 쌓기 전에 충분한 물 축임을 실시한다.
③ 1일 쌓기 높이는 1.2m를 표준으로 하고, 최대 1.5m 이하로 한다.
④ 벽돌벽은 가급적 담장의 중앙부분을 높게 하고 끝부분을 낮게 한다.

해설 벽돌은 각부를 가급적 동일한 높이로 쌓아 올라가고, 벽면의 일부 또는 국부적으로 높게 쌓지 않는다.

2012년 기출

44 다음 중 농약의 혼용사용 시 장점이 아닌 것은?

① 약해 증가
② 독성 경감
③ 약효 상승
④ 약효지속기간 연장

해설
- 혼용의 장점
  - 농약살포횟수를 줄여 방제비용 및 노력 절감
  - 서로 다른 병해충의 동시방제를 통한 약효 증진
  - 같은 약제의 지속적인 사용에 따른 병해충의 내성 억제
- 약해의 정의
  처리된 약제에 의해 작물이 생리상태에 이상을 일으켜 나타나는 해(害) 작용으로서 주로 작물조직의 파괴와 증산·동화·호흡작용 등을 방해하여 정상적인 생육을 저해

45 실내조경 식물의 선정 기준이 아닌 것은?

① 낮은 광도에 견디는 식물
② 온도 변화에 예민한 식물
③ 가스에 잘 견디는 식물
④ 내건성과 내습성이 강한 식물

해설 실내조경식물은 사람이 거주하는 공간의 환경에 적용하는 식물로 낮은 광도·습도에 잘 견디고 주·야간 온도변화에도 민감하지 않은 식물이어야 한다.

46 나무를 옮겨 심었을 때 잘려진 뿌리로부터 새 뿌리가 오게 하여 활착이 잘되게 하는데 가장 중요한 것은?

① 호르몬과 온도
② C/N율과 토양의 온도
③ 온도와 지주목의 종류
④ 잎으로부터의 증산과 뿌리의 흡수

해설 이식 시 잔뿌리가 일부 절단되어 수분흡수는 곤란하나 잎으로부터의 증산에 의한 수분손실이 지속되어 물 부족 증상이 발생할 수 있다. 따라서 수분손실을 최소화 해야 한다.

47 퍼걸러(Pergola) 설치 장소로 적합하지 않은 것은?

① 건물에 붙여 만들어진 테라스 위
② 주택 정원의 가운데
③ 통경선의 끝 부분
④ 주택 정원의 구석진 곳

해설 공원 등 옥외에 그늘을 만들기 위해 주어진 기둥과 선반으로 이루어지는 구조물을 말하며, 일반적으로 덩굴식물을 올려서 차광조건을 조성한다.

48 경사가 있는 보도교의 경우 종단 기울기가 얼마를 넘지 않도록 하며, 미끄럼을 방지하기 위해 바닥을 거칠게 표면처리 하여야 하는가?

① 3°
② 5°
③ 8°
④ 15°

해설 경사로(Ramp)는 신체장애자 휠체어를 위한 경사로의 너비는 최소 1.2m 이상, 적정 너비는 1.8m 이상이고 경사로의 기울기는 가능한 8% 이내로 제한하되 8% 이상에서는 난간을 병행하거나 바닥면을 거칠게 표면처리한다. 원로의 경사가 15° 이상일 때에는 일반적으로 계단을 설치한다.

49 벽돌쌓기에서 사용되는 모르타르의 배합비 중 가장 부적합한 것은?

① 1 : 1
② 1 : 2
③ 1 : 3
④ 1 : 4

정답 44.① 45.② 46.④ 47.② 48.③ 49.④

해설 1 : 1 치장용, 1 : 2 아치용, 1 : 3 조적용

50 조경수 전정의 방법이 옳지 않은 것은?

① 전체적인 수형의 구성을 미리 정한다.
② 충분한 햇빛을 받을 수 있도록 가지를 배치한다.
③ 병해충 피해를 받은 가지는 제거한다.
④ 아래에서 위로 올라가면서 전정한다.

해설 전정은 위에서 아래로, 오른쪽에서 왼쪽으로 돌아가면서 전정한다.

51 직영공사의 특징 설명으로 옳지 않은 것은?

① 공사내용이 단순하고 시공 과정이 용이할 때
② 풍부하고 저렴한 노동력, 재료의 보유 또는 구입 편의가 있을 때
③ 시급한 준공을 필요로 할 때
④ 일반도급으로 단가를 정하기 곤란한 특수한 공사가 필요할 때

해설 직영공사는 시공주가 자신의 감독하에 시공하는 방법으로 공사기간의 연장 우려가 있고 시기적 여유가 있을 때 시행한다.

52 솔수염하늘소의 성충이 최대로 출연하는 최성기로 가장 적합한 것은?

① 3~4월
② 4~5월
③ 6~7월
④ 9~10월

해설 솔수염치레하늘소는 알·애벌레·번데기·어른벌레를 거치는 갖춘탈바꿈(완전변태)을 하고, 6~9월에 100여 개의 알을 소나무류의 수피(樹皮) 속에 놓는다. 1~2개월간은 소나무류 수피 밑의 형성층(形成層) 부위를 갉아 먹으면서 자란다. 성충은 5월 하순부터 7월 하순에 걸쳐 6mm 정도의 둥근 구멍을 뚫고 밖으로 나와, 소나무의 어린 가지 수피를 갉아 먹는다 암컷은 우화한 뒤 20일 무렵, 쇠약하거나 고사한 나무의 수피를 물어 뜯어 1개씩 알을 낳는다. 기주식물은 소나무·곰솔·젓나무·잣나무·삼나무·오키나와소나무·가문비나무 등이다. 특히 소나무 에이즈로 불리는 재선충병의 재선충(소나무선충)을 매개하는 매개곤충으로, 자력으로 이동하지 못하는 재선충을 이동시켜 주는 역할을 한다. 일단 재선충에 감염된 소나무는 100% 말라 죽는다. 한국·중국·일본·타이완 등에 분포한다.

53 다음 중 일반적인 토양의 상태에 따른 뿌리 발달의 특징 설명으로 옳지 않은 것은?

① 비옥한 토양에서는 뿌리목 가까이에서 많은 뿌리가 갈라져 나가고 길게 뻗지 않는다.
② 척박지에서는 뿌리의 갈라짐이 적고 길게 뻗어 나간다.
③ 건조한 토양에서는 뿌리가 짧고 좁게 퍼진다.
④ 습한 토양에서는 호흡을 위하여 땅 표면 가까운 곳에 뿌리가 퍼진다.

해설 비옥한 토양에서는 충분한 양·수분 때문에 뿌리 뻗음이 저조하고, 척박한 토양에서는 양분확보 공간을 확보하기 위해서 길고 넓게 퍼진다.

54 비탈면의 기울기는 관목 식재 시 어느 정도 경사보다 완만하게 식재하여야 하는가?

① 1 : 0.3보다 완만하게
② 1 : 1보다 완만하게
③ 1 : 2보다 완만하게
④ 1 : 3보다 완만하게

해설 비탈면에 수목을 식재 시 교목은 1 : 3 이하, 관목은 1 : 2 이하, 잔디 및 초화류는 1 : 1 이하의 비탈면 경사에 식재한다. 비탈면의 경사는 수직높이를 1로 하고, 이에 대한 수평거리의 비율로 나타낸다.

정답 50. ④ 51. ③ 52. ③ 53. ③ 54. ③

2012년 기출

55 조경 시설물 중 관리 시설물로 분류되는 것은?

① 분수, 인공폭포
② 그네, 미끄럼틀
③ 축구장, 철봉
④ 조명시설, 표지판

해설 관리시설에는 관리사무소, 출입문, 울타리, 담장, 창고, 차고, 게시판, 표지판, 조명시설, 쓰레기처리장, 쓰레기통, 수도, 우물, 태양광발전시설 등이 있다.

56 다음 중 공사 현장의 공사 및 기술관리, 기타 공사업무 시행에 관한 모든 사항을 처리하여야 할 사람은?

① 공사 발주자
② 공사 현장대리인
③ 공사 현장감독관
④ 공사 현장감리원

해설 현장대리인(현장소장)은 관계법규에 의하여 수급이 지정하는 책임시공기술자로서 그 현장의 공사관리 및 기술관리, 기타 공사업무를 시행하는 현장요원을 말한다.

57 다음 배수관 중 가장 경사를 급하게 설치해야 하는 것은?

① ϕ 100mm
② ϕ 200mm
③ ϕ 300mm
④ ϕ 400mm

해설 관의 직경이 작은 것일수록 급하게 해야 한다.

58 지역이 광대해서 하수를 한 개소로 모으기가 곤란할 때 배수지역을 수개 또는 그 이상으로 구분해서 배관하는 배수 방식은?

① 직각식
② 차집식
③ 방사식
④ 선형식

해설 하수도의 배수계통
- 직각식 : 도시 중앙에 큰 강이 흐를 때나 해안을 따라 개발된 도시에서 하수가 강이나 바다에 직각으로 연결되는 하수관거에 의해 배출시키는 형식
- 차집식 : 토구가 많은 직각식의 결점을 보완한 방법으로 하천을 따라 차집거를 설치하여 간설하수거로 흐른 하수를 차집러에서 집수하여 하수종말처리장으로 흐르도록 배치하는 형식
- 선형식 : 지형이 한 방면으로 규칙적으로 경사를 이루거나 혹은 하수처리 관계상 전 지역의 하수를 한 개의 한정된 장소로 집수시킬 경우에 그 배수계통을 나뭇가지 형태로 배치하는 형식
- 방사식 : 지역이 방대해서 하수를 한 장소에 모으기가 곤란할 때 배수지역을 여러 개로 구분해서 중앙부터 방사형으로 배관하고 각 장소별로 처분하는 형식
- 평형식 : 지형상 고지대와 저지대가 공존할 때 고지대는 자연적으로 흐르게 하고 저지대는 펌프배수 등의 각각의 적합한 방법으로 처리장까지 하수를 유입시키는 방법
- 집중식 : 사방에서 한 지점을 향해 집중적으로 흐르게 하여 그곳에서 어떤 간선하수거나 처리장 등으로 하수를 펌프로 압송하하는 방법

59 다음 수목 중 식재 시 근원직경에 의한 품셈을 적용할 수 있는 것은?

① 은행나무
② 왕벚나무
③ 아왜나무
④ 꽃사과나무

해설
- 근원직경을 적용하는 수종 : 감나무, 소나무, 꽃사과나무, 노각나무, 느티나무, 대추나무, 마가목, 매화나무, 모감주나무, 모과나무, 목련, 배롱나무, 산딸나무, 산수유, 이팝나무, 자귀나무, 층층나무, 쪽동백, 단풍나무, 회화나무, 후박나무, 등나무, 능소화, 참나무류
- 흉고직경을 적용하는 수종 : 가중나무, 계수나무, 낙우송, 메타쉐쿼이어, 벽오동, 수양버들, 벚나무, 은단풍, 은행나무, 자작나무, 칠엽수, 튤립나무, 프라타너스, 현사시나무

정답 55. ④ 56. ② 57. ① 58. ③ 59. ④

60 항공사진측량의 장점 중 틀린 것은?

① 축척 변경이 용이하다.
② 분업화에 의한 작업능률성이 높다.
③ 동적인 대상물의 측량이 가능하다.
④ 좁은 지역 측량에서 50% 정도의 경비가 절약된다.

해설 항공사진 측량은 항공기 또는 비행선, 헬리콥터 등을 이용하여 공중에서 지상을 향하여 촬영한 사진을 이용한 사진측량으로 사진상의 점의 위치, 표고 등을 구하고 지형도를 작성하는 방법으로 기존의 측량에 비래 정량적 및 정성적 측정이 가능하고 정도가 균일하며 분업화에 의한 작업능률성이 높다. 또한 축척의 변경이 용이하고 4차원적 측정이 가능하며 접근이 곤란한 지역의 측정도 가능한 반면 좁은 지역에서는 비경제적이고 일기에 영향을 받으며 기자재가 고가에 지명이나 건물의 식별이 난해한 단점도 있다.

정답 60. ④

국가기술자격검정 필기시험

2012년도 조경기능사 과년도 출제문제 제2회

자격종목 및 등급(선택분야)	종목코드	시험시간	문제지형별
조경기능사	6335	1시간	A

---

1 다음 중 별서의 개념과 가장 거리가 먼 것은?

① 은둔생활을 하기 위한 것
② 효도하기 위한 것
③ 별장의 성격을 갖기 위한 것
④ 수목을 가꾸기 위한 것

> **해설** 별서정원(別墅庭園)은 세속의 벼슬이나 당파싸움에 야합하지 않고 자연에 귀의하여 전원이나 산속 깊숙한 곳에 집을 짓고 농경하며 살기 위해 세운 정원이다.

2 메소포타미아의 대표적인 정원은?

① 마야사원
② 베르사이유 궁전
③ 바빌론의 공중정원
④ 타지마할 사원

> **해설** 공중정원은 고대 서아시아 BC600년경 신바빌로니아왕조(BC625~BC539)의 네부카드네자르 2세가 왕비 아미티스를 위해 조성한 것으로 인공관수, 방수층을 만들어 식물을 식재한 세계 7대 불가사의 중의 하나로 벽은 벽돌로 축조한 것으로 추측되며 최초의 옥상정원이다.
> ① 마야문명, ② 프랑스, ④ 인도

3 조경의 직무는 조경설계기술자, 조경시공기술자, 조경관리기술자로 크게 분류 할 수 있다. 그 중 조경설계기술자의 직무내용에 해당하는 것은?

① 식재공사
② 시공감리
③ 병해충방제
④ 조경묘목생산

> **해설** ①. 조경시공, ③. ④ 조경관리기술자

4 오방색 중 황(黃)의 오행과 방위가 바르게 짝지어진 것은?

① 금(金) – 서쪽
② 목(木) – 동쪽
③ 토(土) – 중앙
④ 수(水) – 북쪽

> **해설**
>
> | 방위 | 중앙 | 동 | 서 | 남 | 북 |
> |---|---|---|---|---|---|
> | 오행 | 토 | 목 | 금 | 화 | 수 |
> | 색 | 황 | 청 | 백 | 적 | 흑 |

5 다음 ( ) 안에 들어갈 디자인 요소는?

> 형태, 색채와 더불어 ( )은(는) 디자인의 필수 요소로서 물체의 조성 성질을 말하며, 이는 우리의 감각을 통해 형태에 대한 지식을 제공한다.

① 질감
② 광선
③ 공간
④ 입체

> **해설** 질감은 물체의 표면이 빛을 받았을 때 생겨나는 밝고 어두움의 배합률에 따라 시각적으로 느껴지는 감각

정답 1. ④ 2. ③ 3. ② 4. ③ 5. ①

6 영국인 Brown의 지도하에 덕수궁 석조전 앞뜰에 조성된 정원 양식과 관계되는 것은?

① 빌 메디치
② 보르비콩트 정원
③ 분구원
④ 센트럴파크

해설 덕수궁의 석조전 앞뜰의 정원양식은 브라운의 발의와 하딩의 설계로 프랑스의 정원양식을 도입하였다. 보르비콩트정원은 최초의 평면 기하학식 정원으로 건축은 루이르보, 조경은 르노트르가 설계하였으며, 조경이 주요소이고 건물이 2차적 요소로 산책로, 총림, 비스타(Vista) 좌우로의 시선이 숲 등에 의하여 제한되고 정면의 한 점으로 시선이 모이도록 구성되어 주 축선이 강조되게 하는 경관수법, 자수화단 등이 특징이다. 루이 14세의 베르사이유 정원을 만들게 한 계기가 되었다.

7 먼셀의 색상환에서 BG는 무슨 색인가?

① 연두색
② 남색
③ 청록색
④ 보라색

해설 먼셀의 색상환 기본색 : 빨강(R), 노랑(Y), 초록(G), 파랑(B), 보라(P) 중간색 : 주황(YR), 연두(GY), 청록(BG), 남색(PB), 자주9RP)을 넣어 10가지 색상으로 분류한다.

8 중국 청나라 때의 유적이 아닌 것은?

① 자금성 금원
② 원명원 이궁
③ 이화원
④ 졸정원

해설 졸정원은 명나라(1368~1644) 소주의 중국 대표의 사가 정원으로 1509년에 지어졌다. 반이상이 물공간이며 원향당은 주돈이의 애련설에서 유래하였다.

9 다음 설명에 해당하는 도시공원의 종류는?

- 설치기준의 제한은 없으며, 유치거리 500m 이하, 공원면적 10,000㎡ 이상으로 할 수 있다.
- 주로 인근에 거주하는 자의 이용에 제공할 목적으로 설치한다.

① 어린이공원
② 근린생활권근린공원
③ 도보권근린공원
④ 묘지공원

해설 도시공원 및 녹지 등에 관한 법률 시행규칙에 의하면 도시공원의 설치규모가 어린이공원은 1,500㎡ 이상, 도보권근린공원은 30,000㎡, 묘지정원은 100,000㎡ 이상으로 정하고 있다.

10 경관구성의 미적 원리를 통일성과 다양성으로 구분할 때, 다음 중 다양성에 해당하는 것은?

① 조화
② 균형
③ 강조
④ 대비

해설 다양성을 달성하기 위해서는 변화, 리듬, 점층, 대비효과를 이용하며 통일성을 이루려면 조화, 균형과 대칭, 반복, 강조의 수법을 이용한다.

11 정형식 배식 방법에 대한 설명이 옳지 않은 것은?

① 단식 – 생김새가 우수하고, 중량감을 갖춘 정형수를 단독으로 식재
② 대식 – 시선축의 좌우에 같은 형태, 같은 종류의 나무를 대칭 식재
③ 열식 – 같은 형태와 종류의 나무를 일정한 간격으로 직선상에 식재
④ 교호식재 – 서로 마주보게 배치하는 식재

정답 6. ② 7. ③ 8. ④ 9. ② 10. ④ 11. ④

[해설] 서로 마주보게 배치하는 수법은 대식이며 교호식 재는 같은 간격으로 서로 어긋나게 식재하는 방법이다.

12 다음과 같은 목적의 뜰은 주택정원의 어디에 해당하는가?

- 응접실이나 거실 쪽에 면한다.
- 주택정원의 중심이 된다.
- 가족의 구성단위나 취향에 따라 계획한다.

① 안뜰 ② 앞뜰
③ 뒤뜰 ④ 작업뜰

[해설]
- 전정(앞뜰) : 대문과 현관 사이의 공간으로 바깥의 공적인 분위기에서 사적인 분위기로의 전이공간이다. 주택의 첫인상을 좌우하는 공간으로 가장 밝은 공간이며 입구로서의 단순성을 강조한다.
- 주정(안뜰) : 가장 중요한 공간으로 응접실이나 거실쪽에 면한 뜰로 옥외생활을 즐길 수 있는 곳으로 휴식과 단란이 이루어지는 공간으로 가장 특색있게 꾸밀 수 있다.
- 후정(뒤뜰) : 조용하고 정숙한 분위기로 침실에서 전망이나 동선은 살리되 외부에서 시각적, 기능적으로 차단하며, 사생활이 최대한 보장되는 공간이다.
- 측정(작업뜰) : 주방, 세탁실과 연결되어 일상생활의 작업을 행하는 장소로 전정과 후정을 시각적으로 어느 정도 차폐하고 동선만 연결하며 차폐식재나 초화류, 관목 식재를 하며 바닥은 먼지가 나지 않게 포장한다.

13 주축선 양쪽에 짙은 수림을 만들어 주축선이 두드러지게 하는 비스타(Vista)수법을 가장 많이 이용한 정원은?

① 영국정원
② 독일정원
③ 이탈리아정원
④ 프랑스정원

[해설] 영국은 자연풍경식, 독일은 구성식, 이탈리아는 노단건축식, 프랑스는 평면기하학식

14 실선의 굵기에 따른 종류(가는선, 중간선, 굵은선)와 용도가 바르게 연결되어 있는 것은?

① 굵은선 - 도면의 윤곽선
② 중간선 - 치수선
③ 가는선 - 단면선
④ 가는선 - 파선

[해설]
- 굵은선 : 도면의 외곽, 단면선, 중요시설물, 식생표현
- 중간선 : 입면선, 외형선
- 가는선 : 마감선, 인출선, 해칭선, 치수선, 치수보조선 등

15 우리나라에서 처음 조경의 필요성을 느끼게 된 가장 큰 이유는?

① 인구증가로 인해 놀이, 휴게시설의 부족 해결을 위해
② 고속도로, 댐 등 각종 경제개발에 따른 국토의 자연훼손의 해결을 위해
③ 급속한 자동차의 증가로 인한 대기오염을 줄이기 위해
④ 공장폐수로 인한 수질오염을 해결하기 위해

[해설] 1970년대 급속한 경제개발과 국토의 훼손을 방지하고자 대두되었다.

16 다음 설명하는 수종은?

- 낙엽활엽교목으로 부채꼴형 수형이다.
- 야합수(夜合樹)라 불리기도 한다.
- 여름에 피는 꽃은 분홍색으로 화려하다.
- 천근성 수종으로 이식에 어려움이 있다.

[정답] 12. ① 13. ④ 14. ① 15. ② 16. ①

① 자귀나무
② 치자나무
③ 은목서
④ 서향

해설 자귀나무는 밤에는 잎이 휴면하는 특성이 있으므로 정원에 심으면 부부의 사이가 좋아진다 하여 합환수(야합수)라 명칭. 치자나무와 은목서, 서향은 상록활엽관목

17 다음 중 화성암 계통의 석재인 것은?
① 화강암　　② 점판암
③ 대리석　　④ 사문암

해설
- 화성암 : 지각 내부의 마그마가 굳어져서 형성된 암석
 예) 화강암, 섬록암, 유문암, 안산암, 현무암, 반려암 등
- 퇴적암 : 풍화물이 퇴적되어 굳어진 암석 예) 사암, 혈암, 석회암, 응회암, 역암
- 변성암 : 화성암과 퇴적암이 열과 압력의 영향으로 변화된 암석
 예) (화강)편마암, 점판암, 대리석, 규암, 사문암

18 산울타리에 적합하지 않은 식물 재료는?
① 무궁화
② 측백나무
③ 느릅나무
④ 꽝꽝나무

해설 산울타리 소재는 맹아력이 강하고 지엽이 치밀한 관목이 적합하다. 느릅나무는 낙엽활엽교목이다.

19 시멘트 액체방수제의 종류가 아닌 것은?
① 염화칼슘계
② 지방산계
③ 비소계
④ 규산소다계

해설 시멘트 액체방수란 물에 방수성향을 가진 재료를 혼입하여 시멘트모르타르와 혼합한 반죽상태의 것을 바탕 표면에 일정 이상 두께로 발라서 방수층을 형성하는 공법

이다.
- 무기질계 : 염화칼슘계, 유산소다계, 규산질분말계
- 유기질계 : 지방산계, 파라핀계
- 폴리머계 : 합성고무 라텍스계, 아크릴 에멀젼계

20 활엽수이지만 잎의 형태가 침엽수와 같아서 조경적으로 침엽수로 이용하는 것은?
① 은행나무
② 산딸나무
③ 위성류
④ 이나무

해설 은행나무는 침엽수이지만 잎의 형태가 활엽수 같다.

21 수종에 따라 또는 같은 수종이라도 개체의 성질에 따라 삽수의 발근에 차이가 있는데 일반적으로 삽목 시 발근이 잘되지 않는 수종은?
① 오리나무
② 무궁화
③ 개나리
④ 꽝꽝나무

해설 일반적으로 자작나무과 식물(오리나무 등)은 삽목 발근이 곤란하고 종자로 번식한다.

22 다음 중 인공지반을 만들려고 할 때 사용되는 경량토로 부적합한 것은?
① 버미큘라이트
② 모래
③ 펄라이트
④ 부엽토

해설 모래와 마사토는 화강암이 풍화되어 생성된 흙으로 입자가 크고 매우 무겁다.

정답 17. ① 18. ③ 19. ③ 20. ③ 21. ① 22. ②

2012년 기출

23 다음 조경 수목 중 음수인 것은?

① 비자나무
② 소나무
③ 향나무
④ 느티나무

해설 음수는 그늘에 견디는 성질인 내음성(耐陰性)이 높은 나무로서 팔손이나무, (개)비자나무, (눈)주목, 가시나무류, 회양목, 식나무, 아왜나무 등이 있고 '②~④'는 양수이다.

24 형상수로 이용할 수 있는 수종은?

① 주목
② 명자나무
③ 단풍나무
④ 소나무

해설 맹아력이 강하고 지엽이 치밀한 나무는 형상수(Topiary)로 이용된다. 명자나무와 단풍나무도 맹아력이 강하나 지엽이 치밀하지 못하다.

25 조경 수목이 규격에 관한 설명으로 옳은 것은? (단, 괄호 안의 영문은 기호를 의미한다)

① 흉고직경(R) : 지표면 줄기의 굵기
② 근원직경(B) : 가슴 높이 정도의 줄기의 지름
③ 수고(W) : 지표면으로부터 수관의 하단부까지의 수직높이
④ 지하고(BH) : 지표면에서 수관이 맨 아랫가지까지의 수직높이

해설 조경수목의 규격표시
- 수고(H) : 지표면으로부터 수관의 상단부까지의 수직높이이다. 단위는 m이다.
- 수관 폭(W) : 보통 수관 폭의 최대를 측정하나, 타원형의 일반 수형은 최대 폭과 최소 폭의 평균값으로 측정한다. 단위는 m이다.
- 흉고직경(B) : 지상 120cm 정도 높이의 줄기 굵기이다. 단위는 cm이다.
- 근원직경(R) : 흉고직경을 측정할 수 없는 관목이나 흉고직경 이하에서 줄기가 여러 갈래로 갈라진 교목, 덩굴성수목 등에 적용한 지표면 줄기의 굵기이다. 단위는 cm이다.
- 수관길이(L) : 수평으로 자라는 나무의 최대 길이이다. 단위는 m이다.
- 지하고(BH) : 지표면에서 수관 맨 아래까지의 수직 높이이다. 녹음수나 가로수에 많이 쓰인다.

26 석재의 분류방법 중 가장 보편적으로 사용되는 방법은?

① 화학성분에 의한 방법
② 성인에 의한 방법
③ 산출상태에 의한 방법
④ 조직구조에 의한 방법

해설 석재는 성인(成因, 생성원인)에 따라 3가지로 구분된다.
- 화성암 : 지각 내부의 마그마가 굳어져서 형성된 암석
- 퇴적암 : 풍화물이 퇴적되어 굳어진 암석
- 변성암 : 화성암과 퇴적암이 열과 압력의 영향으로 변화된 암석

27 목재의 방부처리 방법 중 일반적으로 가장 효과가 우수한 것은?

① 침지법
② 도포법
③ 생리적 주입법
④ 가압 주입법

해설 방부제 처리법
- 도장법 : 목재를 충분히 건조시킨 후 균열이나 이음부에 페인트, 니스, 콜타르, 크레오소트, 아스팔트 등의 방부제를 도포하는 방법이다. 가장 일반적으로 쓰인다.
- 표면탄화법 : 표면을 3~10mm 깊이 태워 탄화시키는 방법이다. 지속력이 짧다.
- 침지법 : 상온에서 CCA, 크레오소트 등에 목재를 침지하는 방법이다. 방부제를 가열하면 침투 효과가 높아진다.
- 주입법 : 방부제 용액 안에 목재를 침지하는 상압주입법과 압력용기에 목재를 넣어 고압으로 방부제를 주입하는 가압주입법이 있다. 가장 효과적이다.

정답 23. ① 24. ① 25. ④ 26. ② 27. ④

28. 기건상태에서 목재 표준함수율은 어느 정도인가?

① 5% ② 15%
③ 25% ④ 3%

해설
- 목재함수율 : 목재의 부피에서 물의 양을 백분율로 계산한 것이다.
- 섬유포화점 : 목재의 유리수와 흡착수가 증발되는 경계점으로 함수율은 30% 정도이다.
- 기건재 : 대기 중 습도와 균형을 이루고 있는 상태로 함수율은 15% 정도이다.
- 전건재 : 함수율 0%의 완전 건조 상태의 목재이다.

29. 다음 중 압축강도(kgf/cm²)가 가장 큰 목재는?

① 삼나무
② 낙엽송
③ 오동나무
④ 밤나무

해설 낙엽송 > 삼나무 > 밤나무 > 오동나무

30. 홍색(紅色) 열매를 맺지 않는 수종은?

① 산수유
② 쥐똥나무
③ 주목
④ 사철나무

해설 쥐똥나무는 쥐똥과 비슷한 모양과 색의 열매를 갖기 때문에 흑색이다.

31. 생태복원을 목적으로 사용하는 재료로서 가장 거리가 먼 것은?

① 식생매트
② 잔디블록
③ 녹화마대
④ 식생자루

해설 녹화마대는 수간감기에 사용하거나 뿌리분을 싸는데 사용하는 환경적 재료

32. 혼화재의 설명 중 옳은 것은?

① 혼화재는 혼화제와 같은 것이다.
② 종류로는 포졸란, AE제 등이 있다.
③ 종류로는 슬래그, 감수제 등이 있다.
④ 혼화재료는 그 사용량이 비교적 많아서 그 자체의 부피가 콘크리트의 배합계산에 관계된다.

해설 AE제와 감수제는 혼화제이다.
혼화재는 콘크리트 등에 특별한 성질을 주기 위해 반죽 혼합 전 이나 혼합 중에 가해지는 시멘트, 물, 골재 이외의 재료로서 플라이애시, 고로슬래그, 미분말 포졸란 등으로서 반죽된 용적에 산입되는 것이다.
혼화제로서 혼화 재료 중에서 그 자체의 용적이 보통의 경우 콘크리트 등의 반죽된 용적에 산입되지 않는 것이다.

33. 줄기의 색이 아름다워 관상가치를 가진 대표적인 수종의 연결로 옳지 않은 것은?

① 백색계의 수목 : 자작나무
② 갈색계의 수목 : 편백
③ 적갈색계의 수목 : 소나무
④ 흑갈색계의 수목 : 벽오동

해설 줄기가 아름다운 조경수목의 식별

구분	조경수목
흰색 계통	백송, 분비나무, 플라타너스류, 자작나무, 서어나무, 동백나무 등
갈색 계통	편백, 배롱나무, 철쭉류 등
흑갈색 계통	해송, 독일가문비, 히말라야시다 등
적갈색 계통	소나무, 주목, 삼나무, 노각나무, 섬잣나무, 모과나무 등
녹색 계통	벽오동, 황매화, 식나무 등

정답 28. ② 29. ② 30. ② 31. ③ 32. ④ 33. ④

2012년 기출

34 쾌적한 가로환경과 환경보전, 교통제어, 녹음과 계절성, 시선유도 등으로 활용하고 있는 가로수로 적합하지 않은 수종은?

① 이팝나무
② 은행나무
③ 메타세콰이어
④ 능소화

해설 '①~③'은 교목이고 능소화는 만경목이다.

35 좋은 콘크리트를 만들려면 좋은 품질의 골재를 사용해야 하는데, 좋은 골재에 관한 설명으로 옳지 않은 것은?

① 골재의 표면이 깨끗하고 유해 물질이 없을 것
② 굳은 시멘트 페이스트보다 약한 석질일 것
③ 납작하거나 길지 않고 구형에 가까울 것
④ 굵고 잔 것이 골고루 섞여 있을 것

해설 골재는 시멘트 페이스트보다 강해야 한다.

36 다음 입찰의 순서로 옳은 것은?

```
ㄱ.입찰공고    ㄴ.입찰
ㄷ.낙찰        ㄹ.계약
ㅁ.현장설명    ㅂ.개찰
```

① ㄱ-ㄴ-ㄷ-ㄹ-ㅁ-ㅂ
② ㄱ-ㅁ-ㄴ-ㅂ-ㄷ-ㄹ
③ ㄱ-ㄴ-ㅂ-ㄷ-ㄹ-ㅁ
④ ㅁ-ㅂ-ㄱ-ㄴ-ㄷ-ㄹ

해설 입찰공고→현장설명→입찰→개찰→낙찰→계약

37 다음 중 교목의 식재 공사 공정으로 옳은 것은?

① 구덩이 파기 → 물 죽쑤기 → 지주세우기 → 수목방향 정하기 → 물집 만들기
② 구덩이 파기 → 수목방향 정하기 → 묻기 → 물 죽쑤기 → 지주세우기 → 물집 만들기
③ 수목방향 정하기 → 구덩이파기→ 물 죽쑤기 → 묻기 → 지주세우기 → 물집 만들기
④ 수목방향 정하기 → 구덩이 파기 → 묻기 → 지주세우기 → 물 죽쑤기 → 물집 만들기

해설 물 죽쑤기는 수목을 땅에 묻은 후에 주변을 삽 등으로 쑤셔서 흙이 가라앉게 하는 행위이다.

38 질소기아 현상에 대한 설명으로 옳지 않은 것은?

① 탄질율이 높은 유기물이 토양에 가해질 경우 발생한다.
② 미생물과 고등식물 간에 질소경쟁이 일어난다.
③ 미생물 상호 간의 질소경쟁이 일어난다.
④ 토양으로부터 질소의 유실이 촉진된다.

해설 질소기아(饑餓)는 토양 중에 있는 질소의 양이 작물의 생육에는 부족하지 않으나, 탄질율이 30 이상의 높은 유기물(혹은 부식되지 않은 퇴비) 형태로 존재할 경우 미생물이 원래 토양 중에 있는 질소를 빼앗아 이용함으로써 작물이 일시적으로 질소의 부족증상을 일으키는 현상이다.
• 일반적으로 탄소화합물은 질소화합물에 비하여 분해가 어렵다.

정답 34. ④ 35. ② 36. ② 37. ② 38. ④

39 다음 중 세균에 의한 수목병은?

① 밤나무 뿌리혹병
② 뽕나무 오갈병
③ 소나무 잎녹병
④ 포플러 모자이크병

해설 '②'는 파이토플라즈마, '③'은 진균류, '④'는 바이러스에 의한 병해이다.

40 겨울 전정의 설명으로 틀린 것은?

① 12~3월에 실시한다.
② 상록수는 동계에 강전정하는 것이 가장 좋다.
③ 제거 대상가지를 발견하기 쉽고 작업도 용이하다.
④ 휴면 중이기 때문에 굵은 가지를 잘라내어도 전정의 영향을 거의 받지 않는다.

해설 겨울전정은 휴면기에 실시하는 것으로 내한성이 강한 낙엽수가 해당되기 때문에 상록활엽수는 추위에 약하기 때문에 겨울의 강전정을 피한다.

41 공사의 실시방식 중 공동 도급의 특징이 아닌 것은?

① 공사이행의 확실성이 보장된다.
② 여러 회사의 참여로 위험이 분산된다.
③ 이해 충돌이 없고, 임기응변 처리가 가능하다.
④ 공사의 하자책임이 불분명하다.

해설 공동도급(公同都給)이란 2인 이상의 사업자가 공동으로 어떤 일을 도급받아 공동 계산하에 계약을 이행하는 특수한 도급형태를 말한다. 장점은 위험요소를 각 구성원에게 분산시킬 수 있고 공사이행의 확실성이 보장되는 점이 있지만 이해의 충돌과 책임회피의 우려가 있고 단독도급보다 더욱 임기응변의 처리가 어렵다.

42 다음 중 수간주입 방법으로 옳지 않은 것은?

① 구멍 속의 이물질과 공기를 뺀 후 주입관을 넣는다.
② 중력식 수간주사는 가능한 한 지제부 가까이에 구멍을 뚫는다.
③ 구멍의 각도는 50~60도 가량 경사지게 세워서, 구멍지름 20mm 정도로 한다.
④ 뿌리가 제구실을 못하고 다른 시비방법이 없을 때 빠른 수세회복을 원할 때 사용한다.

해설 수간주사는 쇠약한 나무, 이식한 큰 나무, 외과수술을 받은 나무, 병충해 피해를 받은 나무 등에 인위적으로 영양제, 발근촉진제, 살균제, 살충제 등을 나무줄기에 주입하는 것이다. 4~9월 증산작용이 왕성한 맑은 날에 실시한다. 방법은 수간 밑 5~10cm, 반대쪽 지상 10~15(20)cm 2곳에 구멍 뚫기. 구멍각도는 20~30도, 구멍지름은 5~6mm, 깊이는 3~4cm, 수간 주입기는 높이 180cm에 고정한다.

43 다음 중 뿌리분의 형태별 종류에 해당하지 않는 것은?

① 보통분
② 사각분
③ 접시분
④ 조개분

해설

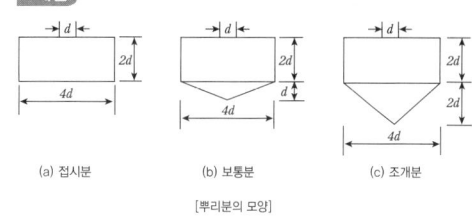

(a) 접시분 (b) 보통분 (c) 조개분

[뿌리분의 모양]

정답 39. ① 40. ② 41. ③ 42. ③ 43. ②

2012년 기출

44 공원 행사의 개최 순서대로 나열한 것은?

> ㉠ 제작 ㉡ 실시
> ㉢ 계획 ㉣ 평가

① ㉠-㉡-㉢-㉣
② ㉢-㉠-㉡-㉣
③ ㉣-㉠-㉡-㉢
④ ㉠-㉣-㉢-㉡

해설 공원행사의 개최순서로는 계획 → 제작 → 실시 → 평가

45 다음 중 수목의 굵은 가지치기 방법으로 옳지 않은 것은?

① 잘라낼 부위는 먼저 가지의 밑동으로부터 10~15cm 부위를 위에서부터 아래까지 내리 자른다.
② 잘라낼 부위는 아래쪽에 가지 굵기의 1/3 정도 깊이까지 톱자국을 먼저 만들어 놓는다.
③ 톱을 돌려 아래쪽에 만들어 놓은 상처보다 약간 높은 곳을 위에서부터 내리 자른다.
④ 톱으로 자른 자리의 거친 면은 손칼로 깨끗이 다듬는다.

해설 굵은 가지치기는 한 번에 자르면 쪼개지므로 밑에서 위쪽으로 굵기의 1/3 정도 깊이까지 톱질을 한다. 다음에 위에서 아래로 잘라 무거운 가지를 떨어뜨리고 남은 가지의 밑을 톱으로 깨끗하게 자른다.

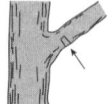 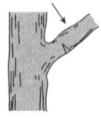  
(a) (b) (c) (d)
[굵은 가지를 치는 요령]

46 지형도에서 U자 모양으로 그 바닥이 낮은 높이의 등고선을 향하면 이것은 무엇을 의미하는가?

① 계곡
② 능선
③ 현애
④ 동굴

해설 등고선의 형태에서 계곡은 V자 모양으로 바닥이 높은 쪽을 향하게 된다.

47 크롬산아연을 안료로 하고, 알키드 수지를 전색료로 한 것으로서 알루미늄 녹막이 초벌칠에 적당한 도료는?

① 광명단
② 파커라이징
③ 그라파이트
④ 징크로메이트

해설
- 광명단(Red Lead, 연단)은 적색안료에서 사용한다.
- 파커라이징은 강의 표면에 인산염의 피막을 형성시켜 녹스는 것을 방지하는 방법으로 비철금속에는 사용할 수 없다.
- 그라파이트는 탄소섬유인 카본을 한 번 더 고온에서 태운 것이다.

48 한국 잔디의 해충으로 가장 큰 피해를 주는 것은?

① 풍뎅이 유충
② 거세미나방
③ 땅강아지
④ 선충

정답 44. ② 45. ① 46. ② 47. ④ 48. ①

49 생울타리처럼 수목이 대상으로 군식되었을 때 거름 주는 방법으로 가장 적당한 것은?

① 전면 거름주기
② 방사상 거름주기
③ 천공 거름주기
④ 선상 거름주기

해설 선상(線狀) 거름주기는 산울타리처럼 일직선상으로 열식(列植)된 수목에 적용되는 방법이다.

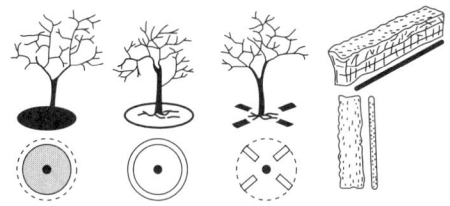

(가) 전면 거름주기　(나) 윤상 거름주기　(다) 방사상 거름주기　(라) 선상 거름주기

50 정원수의 거름주기 설명으로 옳지 않은 것은?

① 속효성 거름은 7월 이후에 준다.
② 지효성의 유기질 비료는 밑거름으로 준다.
③ 질소질 비료와 같은 속효성 비료는 덧거름으로 준다.
④ 지효성 비료는 늦가을에서 이른 봄 사이에 준다.

해설 속효성 비료는 효력이 빠른 비료로 3월경 싹이 나왔을 때와 꽃이 졌을 때, 열매를 땄을 때 주며 7월 이후에는 주지 않는다.

51 배수공사 중 지하층 배수와 관련된 설명으로 옳지 않은 것은?

① 지하층 배수는 속도랑을 설치해 줌으로써 가능하다.
② 암거배수의 배치형태는 어골형, 평행형, 빗살형, 부채살형, 자유형 등이 있다.
③ 속도랑의 깊이는 심근성보다 천근성 수종을 식재할 때 더 깊게 한다.
④ 큰 공원에서는 자연 지형에 따라 배치하는 자연형 배수방법이 많이 이용된다.

해설 속도랑(암거)의 깊이는 뿌리가 깊은 심근성 수종을 식재할 때 더 깊게 한다.

52 흙깎기(切土) 공사에 대한 설명으로 옳은 것은?

① 보통 토질에서는 흙깎기 비탈면 경사를 1 : 0.5 정도로 한다.
② 흙깎기를 할 때는 안식각보다 약간 크게 하여 비탈면의 안정을 유지한다.
③ 작업물량이 기준보다 작은 경우 인력보다는 장비를 동원하여 시공하는 것이 경제적이다.
④ 식재공사가 포함된 경우의 흙깎기에서는 지표면 표토를 보존하여 식물생육에 유용하도록 한다.

해설 ① 1 : 1, ② 안식각보다 약간 작게, ③ 인력이 경제적이다.

53 콘크리트를 혼합한 다음 운반해서 다져 넣을 때까지 시공성의 좋고 나쁨을 나타내는 성질, 즉 콘크리트의 시공성을 나타내는 것은?

① 슬럼프시험
② 워커빌리티
③ 물·시멘트비
④ 양생

해설 슬럼프시험은 워커빌리티를 측정하기 위한 수단으로 반죽의 질기를 측정한다. 슬럼프 수치가 높을수록 나쁘며, 단위는 cm를 사용하고 콘크리트의 난이도를 측정한다.

정답　49. ④　50. ①　51. ③　52. ④　53. ④

2012년 기출

54 참나무 시들음병에 대한 설명으로 옳지 않은 것은?

① 매개충은 광릉긴나무좀이다.
② 피해목은 초가을에 모든 잎이 낙엽이 된다.
③ 매개충의 암컷 등판에는 곰팡이를 넣는 균낭이 있다.
④ 월동한 성충은 5월경에 침입공을 빠져 나와 새로운 나무를 가해한다.

해설 광릉긴나무좀이 원인매개체로, 참나무에 구멍을 내어 그 안에 라펠리아 병원균을 퍼트려 감염시킨다. 줄기의 수분 통로를 막아 말라 죽게 한다.

55 공사원가에 의한 공사비 구성 중 안전관리비가 해당되는 것은?

① 간접재료비   ② 간접노무비
③ 경비   ④ 일반관리비

해설 경비란 공사의 시공을 위하여 소모되는 공사원가 중 재료비와 노무비를 제외한 원가로써, 전력비, 수도광열비, 운반비, 보험료, 특허권 사용료, 기술료, 안전관리비 등이 있다.

56 다음 설명하는 해충으로 가장 적합한 것은?

- 유충은 적색, 분홍색, 검은색이다.
- 끈끈한 분비물을 분비한다.
- 식물의 어린잎이나 새가지, 꽃봉오리에 붙어 수액을 빨아먹어 생육을 억제한다.
- 점착성분비물을 배설하여 그을음병을 발생시킨다.

① 응애   ② 솜벌레
③ 진딧물   ④ 깍지벌레

해설 깍지벌레도 분비물을 분비하여 그을음병을 발생시키나 보통 흰색과 적갈색이 많다.

57 잔디의 상토소독에 사용하는 약제는?

① 디캄바
② 에테폰
③ 메티다티온
④ 메틸브로마이드

해설 상토(토양)소독제에는 메틸브로마이드 외에도 Methyl bromide, Chloropicrin, Aluminium phosphate, Hydrogen cyanide 등이 있다.

58 다음 중 학교 조경의 수목 선정 기준에 가장 부적합한 것은?

① 생태적 특성
② 경관적 특성
③ 교육적 특성
④ 조형적 특성

59 어린이 놀이 시설물 설치에 대한 설명으로 옳지 않은 것은?

① 시소는 출입구에 가까운 곳, 휴게소 근처에 배치하도록 한다.
② 미끄럼대의 미끄럼판의 각도는 일반적으로 30~40도 정도의 범위로 한다.
③ 그네는 통행이 많은 곳을 피하여 동서방향으로 설치한다.
④ 모래터는 하루 4~5시간의 햇볕이 쬐고 통풍이 잘되는 곳에 위치한다.

해설 그네는 북향 또는 동향으로 배치한다.

정답 54. ② 55. ③ 56. ③ 57. ④ 58. ④ 59. ③

60 토공 작업 시 지반면보다 낮은 면의 굴착에 사용하는 기계로 깊이 6m 정도의 굴착에 적당하며, 백호우라고도 불리는 기계는?

① 클램 쉘
② 드랙 라인
③ 파워 쇼벨
④ 드랙 쇼벨

해설 클램 쉘(Clamshell)은 그래브 버킷이라고도 하며 조개모양의 뚜껑이 달린 굴착기이다. 드랙 라인(Drag Line)은 지반보다 낮은 곳을 파는 굴착기이다. 파워 쇼벨은 파워 셔블(Power Shovel) 기계가 지면보다 높은 곳을 굴착할 때 적당하다.

정답 60. ④

국가기술자격검정 필기시험

2012년도 조경기능사 과년도 출제문제 제4회

자격종목 및 등급(선택분야)	종목코드	시험시간	문제지형별
조경기능사	6335	1시간	A

1 다음 중 정형식 정원에 해당하지 않는 양식은?

① 평면기하학식
② 노단식
③ 중정식
④ 회유임천식

[해설] 정원의 양식 중 정형식 정원은 서아시아, 유럽 등에서 나타나며, 평면기하학식은 프랑스, 노단식은 이탈리아, 중정식은 스페인, 인도가 대표적이다. 자연식으로 회유임천식은 일본, 중국과 영국의 자연풍경식, 일본의 고산수정원이 대표적이다.

2 다음 중 식물재료의 특성으로 부적합한 것은?

① 생물로서 생명 활동을 하는 자연성을 지니고 있다.
② 불변성과 가공성을 지니고 있다.
③ 생장과 번식을 계속하는 연속성이 있다.
④ 계절적으로 다양하게 변화함으로써 주변과의 조화성을 가진다.

[해설] 식물재료는 자연성, 연속성, 조화성, 다양성의 특징이 있다. 불변성과 가공성은 인공재료에 속한다.

3 우리나라 후원양식의 정원수법이 형성되는데 영향을 미친 것이 아닌 것은?

① 불교의 영향
② 음양오행설
③ 유교의 영향
④ 풍수지리설

[해설] 불교사상은 사찰의 정원을 중심으로 극락정토사상에서 근거한 극락의 세계관으로 사탑이나 사원건축에서 나타난다.

4 조선시대 정자의 평면유형은 유실형(중심형, 편심형, 분리형, 배면형)과 무실형으로 구분할 수 있는데 다음 중 유형이 다른 하나는?

① 광풍각
② 임대정
③ 거연정
④ 세연정

[해설] 정자(亭子)는 '경치가 좋은 곳에 놀기 위하여 지은 집'의 뜻으로 휴식과 주변의 수려한 경관을 감상하기 위한 건축물의 일종이다. 이규보의 '사륜정기'에서는 "사방이 툭 트이고 텅 비고 높다랗게 만든 것이 정자"라고 했다. 조선시대 정자는 방의 유무에 따라 방이 있는 유실형과 방이 없는 무실형이 있는데 양산보의 소쇄원에 있는 광풍각과 윤선도의 부용동정원에 있는 세연정은 방이 한칸 중심에 있으며, 전남 화순에 있는 조선 후기 민주현이 1862년에 지은 별서정원의 임대정은 방이 뒷면에 있는 유실배면형(有室背面形)이다. 경남 함양에 있는 거연정은 무실형(無室形)이나 가운데 벽이 세워져 있다.

5 노외주차장의 구조·설비기준으로 틀린 것은? (단, 주차장법 시행규칙을 적용한다.)

① 노외주차장의 출구와 입구에서 자동차의 회전을 쉽게 하기 위하여 필요한 경우에는 차로와 도로가 접하는 부분을 곡선형으로 하여야 한다.
② 노외주차장의 출구 부근의 구조는 해당 출구로부터 2m를 후퇴한 노외주차장의 차로의 중심선상 1.0m의 높이에서 도

정답 1. ④ 2. ② 3. ① 4. ③ 5. ②

로의 중심선에 직각으로 향한 왼쪽·오른쪽 각각 45도의 범위에서 해당 도로를 통행하는 자를 확인할 수 있도록 하여야 한다.

③ 노외주차장의 출입구 너비를 3.5m 이상으로 하여야 하며, 주차대수 규모가 50대 이상인 경우에는 출구와 입구를 분리하거나 너비 5.5m 이상의 출입구를 설치하여 소통이 원활하도록 하여야 한다.

④ 노외주차장에서 주차에 사용되는 부분의 높이는 주차바닥면으로부터 2.1m 이상으로 하여야 한다.

> **해설** 주차장법 시행규칙에 의하면 노외주차장은 해당 출구로부터 2m를 후퇴한 노외주차장의 차로의 중심선상 1.4m 높이에서 도로의 중심선에 직각으로 향한 왼쪽·오른쪽 각각 60°의 범위에서 해당도로를 통행하는 자를 확인할 수 있도록 하여야 한다.

6 우리나라 고유의 공원을 대표할만한 문화재적 가치를 지닌 정원은?

① 경복궁의 후원
② 덕수궁의 후원
③ 창경궁의 후원
④ 창덕궁의 후원

> **해설** 창덕궁 후원 또는 비원은 자연미와 인공미가 잘 어우러진 곳으로 세계문화유산으로 지정되어 있으며, 창덕궁 북쪽에 창경궁과 붙어있는 한국 최대의 궁중정원이다. 금원(禁苑), 북원(北苑), 후원(後園)으로도 불리며, 조선시대 임금의 산책지로 1405년(태종5년) 이궁으로 지었으나 1592년 임진왜란 때 없어졌다가 1609년 광해군 1년에 다시 세워 규장각과 더불어, 영화당, 주합루, 서향각, 영춘루, 부용정, 소요정, 태극정, 연경당 등 여러 정자와 옥류천 등이 있다.

7 화단의 초화류를 엷은 색에서 점점 짙은 색으로 배열할 때 가장 강하게 느껴지는 조화미는?

① 통일미
② 균형미
③ 점층미
④ 대비미

> **해설**
> - 점층미 : 형태나 크기의 연속적 변화 또는 색상, 명도의 연속적 변화 등을 통해 하나의 성질이 조화적인 단계에 의해 일정한 질서를 가지고 증가하거나 감소하는 것으로 인식이 흐르는 연속감을 느낄 수 있게 하는 것이다. '반복'보다는 훨씬 동적이며 아름답고 복잡한 미를 가지며, 흥미를 자아내게 하는 특성이 있다.
> - 통일미 : 조화, 균형과 대칭, 반복, 강조 등의 수법을 이용하여 시각적 질서와 안정감을 주기도 하지만 지나치면 단조롭고 지루할 수 있다.
> - 균형미 : 공간에 질서를 실현할 수 있게 하는 방법 중의 하나로 대칭과 비대칭을 이용하여 이룰 수 있다.
> - 대비미 : 서로 다른 크기, 형태, 색채, 질감을 서로 대조시킴으로써 더욱 두드러지게 보이도록하는 아름다움이다.

8 센트럴파크(Central Park)에 대한 설명 중 틀린 것은?

① 르코르뷔지에(Le corbusier)가 설계하였다.
② 19세기 중엽 미국 뉴욕에 조성되었다.
③ 면적은 약 334헥타르의 장방형 슈퍼블록으로 구성되었다.
④ 모든 시민을 위한 근대적이고 본격적인 공원이다.

> **해설** 센트럴파크는 옴스테드와 보우에 의해 설계되었고 르코르뷔지에는 프랑스 평면기하학식정원의 대표적 설계가이다.

정답 6. ④ 7. ③ 8. ①

2012년 기출

9 조경 제도 용품 중 곡선자라고 하여 각종 반지름의 원호를 그릴 때 사용하기 가장 적합한 재료는?

① 원호자 ② 운형자
③ 삼각자 ④ T자

해설 운형자는 불규칙한 곡선을 그릴 때

10 다음 중 사절우(四節友)에 해당되지 않는 것은?

① 소나무 ② 난초
③ 국화   ④ 대나무

해설 사절우는 매송국죽(梅松菊竹), 사군자는 매난국죽(梅蘭菊竹)

11 주변지역의 경관과 비교할 때 지배적이며, 특징을 가지고 있어 지표적인 역할을 하는 것을 무엇이라고 하는가?

① Vista
② Districts
③ Nodes
④ Landmarks

해설
- Vista(통경선) : 좌우로 시선이 제한되어 전방의 일정지점으로 시선이 모이도록 구성된 경관을 이루도록 하는 기법
- Districts : 특정한 특징이 있는 지구, 구역
- Nodes : 통로나 도로의 교차점이나 집합점

12 조선시대 경승지에 세운 누각들 중 경기도 수원에 위치한 것은?

① 연광정
② 사허정
③ 방화수류정
④ 영호정

해설
- 연광정 : 평양에 있는 조선시대 정자
- 사허정 : 평양에 있는 고구려시대 누정
- 영호정 : 전남 나주에 있는 조선시대 정자

13 다음 중 조화(Harmony)의 설명으로 가장 적합한 것은?

① 각 요소들이 강약, 장단의 주기성이나 규칙성을 가지면서 전체적으로 연속적인 운동감을 가지는 것
② 모양이나 색깔 등이 비슷비슷하면서도 실은 똑같지 않은 것끼리 균형을 유지하는 것
③ 서로 다른 것끼리 모여 서로를 강조시켜 주는 것
④ 축선을 중심으로 하여 양쪽의 비중을 똑같이 만드는 것

해설 ① 율동(리듬), ③ 강조, ④ 대칭

14 단독 주택정원에서 일반적으로 장독대, 쓰레기통, 창고 등이 설치되는 공간은?

① 뒤뜰   ② 안뜰
③ 앞뜰   ④ 작업뜰

해설
- 전정(앞뜰) : 대문과 현관 사이의 공간으로 바깥의 공적인 분위기에서 사적인 분위기로의 전이공간이다. 주택의 첫인상을 좌우하는 공간으로 가장 밝은 공간이며 대문, 진입로, 주차장, 차고 등 으로 구성되며 입구로서의 단순성을 강조한다.
- 주정(안뜰) : 가장 중요한 공간으로 응접실이나 거실쪽에 면한 뜰로 옥외생활을 즐길 수 있는 곳으로 휴식과 단란이 이루어지는 공간으로 연못, 화단, 산책길, 수영장등 가장 특색있게 꾸밀 수 있다.
- 후정(뒤뜰) : 조용하고 정숙한 분위기로 침실에서 전망이나 동선은 살리되 외부에서 시각적, 기능적으로 차단하며, 사생활이 최대한 보장되는 공간이다.
- 측정(작업뜰) : 주방, 세탁실과 연결되어 일상생활의 작업을 행하는 장소로 전정과 후정을 시각적으로 어느 정도 차폐하고 동선만 연결하며 차폐식재나 초화류, 관목 식재를 하며 바닥은 먼지가 나지 않게 포장한다.

정답 9. ① 10. ② 11. ④ 12. ③ 13. ② 14. ④

15 다음 중 색의 3속성에 관한 설명으로 옳은 것은?

① 감각에 따라 식별되는 색의 종명을 채도라고 한다.
② 두 색상 중에서 빛의 반사율이 높은 쪽이 밝은 색이다.
③ 색의 포화상태, 즉 강약을 말하는 것은 명도이다.
④ 그레이 스케일(Gray Scale)은 채도의 기준척도로 사용된다.

해설 감각에 따라 식별되는 색의 종명은 색상이며, 색의 포화상태 즉 강약을 말하는 것은 채도, 그레이 스케일은 명도의 기준척도로 사용된다.

16 가을에 그윽한 향기를 가진 등황색 꽃이 피는 수종은?

① 금목서
② 남천
③ 팔손이나무
④ 생강나무

해설 남천은 6~7월에 백색꽃이 핀다. 팔손이나무는 11~12월에 백색으로 꽃이 피고 향기가 없다. 생강나무는 3월에 황색꽃이 핀다.

17 석재를 형상에 따라 구분할 때 견치돌에 대한 설명으로 옳은 것은?

① 폭이 두께의 3배 미만으로 육면체 모양을 가진 돌
② 치수가 불규칙하고 일반적으로 뒷면이 없는 돌
③ 두께가 15cm 미만이고, 폭이 두께의 3배 이상인 육면체 모양의 돌
④ 전면은 정사각형에 가깝고, 뒷길이, 접촉면, 뒷면 등의 규격화 된 돌

해설 ① 각석, ② 할석(깬돌), ③ 판석
견칫돌은 돌을 뜰 때 치수를 지정해서 깨낸 직육면체의 석재로 1개의 무게는 약 70~100kg이다.

18 다음 중 음수대에 관한 설명으로 옳지 않은 것은?

① 표면재료는 청결성, 내구성, 보수성을 고려한다.
② 양지 바른 곳에 설치하고, 가급적 습한 곳은 피한다.
③ 유지관리상 배수는 수직 배수관을 많이 사용하는 것이 좋다.
④ 음수전의 높이는 성인, 어린이, 장애인 등 이용자의 신체특성을 고려하여 적정 높이로 한다.

해설 배수구는 청소가 쉬운 구조와 형태로 설계한다.

19 투명도가 높으므로 유기유리라는 명칭이 있고 착색이 자유로워 채광판, 도어판, 칸막이판 등에 이용되는 것은?

① 아크릴수지
② 멜라민수지
③ 알키드수지
④ 폴리에스테르수지

해설
- 아크릴수지 : 강도나 굳기, 내열성은 작지만 물, 산, 알칼리에 강해 유기(有機)유리라고도 한다.
- 멜라민수지 : 멜라민과 포름알데히드를 반응시켜 만든 열경화성 수지이다. 열과 산, 용제에 강하며 가벼워 식기류와 잡화, 전기류에 쓰인다.
- 알키드수지 : 다가알코올과 다가산의 축합중합으로 생성된 수지의 총칭으로 프탈산 수지도료라고도 하며 열경화성수지로 70%가 유지 변성형이며 그중 거의 절반이 도료용이고 그 밖에 접착제도 있다.
- 폴리에스테르수지 : 분자 내에 에스테르결합-CO-O-을 갖는 고분자화합물의 총칭으로 열경화성수지에 속하며 PET는 섬유재료·필름재·엔지니어링세라믹스에, PBT(폴리부틸렌테레프탈레이트)는 기계부품·전

정답 15. ② 16. ① 17. ④ 18. ③ 19. ①

기절연재료에 쓰이고 불포화폴리에스테르수지는 내열성·내약품성이 뛰어나 공업용으로 쓰인다.

20 콘크리트의 흡수성, 투수성을 감소시키기 위해 사용하는 방수용 혼화제의 종류(무기질계, 유기질계)가 아닌 것은?

① 염화칼슘
② 탄산소다
③ 고급지방산
④ 실리카질 분말

해설 시멘트 액체방수란 물에 방수성향을 가진 재료를 혼입하여 시멘트모르타르와 혼합한 반죽상태의 것을 바탕 표면에 일정 이상 두께로 발라서 방수층을 형성한다.
- 무기질계 : 염화칼슘계, 유산소다계, 규산질분말계
- 유기질계 : 지방산계, 파라핀계
- 폴리머계 : 합성고무 라텍스계, 아크릴 에멀전계

21 정원수는 개화 생리에 따라 당년에 자란 가지에 꽃 피는 수종, 2년생 가지에 꽃 피는 수종, 3년생 가지에 꽃 피는 수종으로 구분한다. 다음 중 2년생 가지에 꽃 피는 수종은?

① 장미
② 무궁화
③ 살구나무
④ 명자나무

해설
- 당년에 자란 가지에서 개화 : 장미, 무궁화, 배롱나무, 나무수국, 능소화, 대추나무, 포도나무, 감나무, 등나무, 불두화, 싸리, 찔레나무 등이 있다.
- 2년생 가지에서 개화 : 매화나무, 수수꽃다리, 개나리, 박태기나무, 벚나무, 수양버들, 목련, 진달래, 철쭉류, 복사나무, 생강나무, 산수유, 앵두나무, 살구나무, 모란 등
- 3년생 가지에서 개화 : 사과나무, 배나무, 명자나무 등

22 다음 합판의 제조 방법 중 목재의 이용효율이 높고, 가장 널리 사용되는 것은?

① 로타리 베니어(Rotary Veneer)
② 슬라이스 베니어(Sliced Veneer)
③ 쏘드 베니어(Sawed Veneer)
④ 플라이우드(Plywood)

해설
- 로타리 베니어 : 원목을 회전하여 넓은 대팻날로 두루마리처럼 연속적으로 벗기는 방식으로 이용효율이 높고 가장 널리 사용하는 방법
- 슬라이스 베니어 : 상·하수평으로 이동하면서 얇게 절단하는 방식
- 쏘드 베니어 : 띠톱으로 얇게 쪼개어 단면을 만드는 방식
- 플라이우드 : 건축, 세공, 비행기 제조 등에 사용하는 방식

23 우리나라 들잔디(Zoysia Japonica)의 특징으로 옳지 않은 것은?

① 여름에는 무성하지만 겨울에는 잎이 말라 죽어 푸른빛을 잃는다.
② 번식은 지하경(地下莖)에 의한 영양번식을 위주로 한다.
③ 척박한 토양에서 잘 자란다.
④ 더위 및 건조에 약한 편이다.

해설 들잔디의 특성 : 가장 많이 이용되며 산지에서 자생한다. 강건하고 답압에 잘 견딘다. 여름에는 잘 자라나 추운 지방에서는 생육이 나쁘다.

24 담금질을 한 강에 인성을 주기 위하여 변태점 이하의 적당한 온도에서 가열한 다음 냉각시키는 조작을 의미하는 것은?

① 풀림   ② 사출
③ 불림   ④ 뜨임질

해설 철강의 열처리법
- 불림(Normalizing) : 변태점 이상에서 가열하여 공기 중에서 냉각하며 가공으로 응력을 제거한다.
- 풀림(Annealing) : 변태점 이상에서 가열하여 노(Furnace), 재에서 서서히 냉각하며 금속의 기계적 성질을 개선하기 위한 것이다.
- 담금질(Quenching) : 변태점 이상에서 가열하여 물, 기름에서 급랭하여 단단한 조직을 얻을 수 있고 뜨임처리

정답 20. ② 21. ③ 22. ① 23. ④ 24. ④

가 필요하다.
- 뜨임(Tempering) : 변태점 이하에서 재가열하여 공기 중에서 냉각하며 열처리로 응력이 제거되고 인성이 증가된다.
- 사출 : 원하는 모양의 틀 안에 완전히 녹은 뜨거운 플라스틱을 고압으로 주사하여 순간적으로 식으면 몰드가 열리고 제품이 튀어나오는 방법이다.

25 심근성 수종에 해당하지 않은 것은?

① 섬잣나무
② 태산목
③ 은행나무
④ 현사시나무

해설 현사시나무(버드나무과)는 천근성이다.

26 흰말채나무의 설명으로 옳지 않은 것은?

① 층층나무과로 낙엽활엽관목이다.
② 노란색의 열매가 특징적이다.
③ 수피가 여름에는 녹색이나 가을, 겨울철의 붉은 줄기가 아름답다.
④ 잎은 대생하며 타원형 또는 난상타원형이고, 표면에 작은 털, 뒷면은 흰색의 특징을 갖는다.

해설 흰말채나무는 흰색열매이다.

27 미장재료 중 혼화재료가 아닌 것은?

① 방수제
② 방동제
③ 방청제
④ 착색제

해설 혼화재료는 콘크리트의 기본구성재료인 시멘트, 물, 골재 외에 부가적으로 첨가하여 콘크리트에 특수한 성능을 부여하는 등의 목적으로 사용하는 혼화제 및 혼화재를 총칭한다.
방청제(Rust Inhibitor)는 금속이 부식되는 것을 방지하는 물질이다.

28 목재의 강도에 대한 설명 중 가장 거리가 먼 것은?

① 휨강도는 전단강도보다 크다.
② 비중이 크면 목재의 강도는 증가하게 된다.
③ 목재는 외력이 섬유방향으로 작용할 때 가장 강하다.
④ 섬유포화점에서 전건상태에 가까워짐에 따라 강도는 작아진다.

해설 목재는 함수율이 낮고, 비중이 높을수록 강도가 증가한다.

29 보통포틀랜드 시멘트와 비교했을 때 고로(高爐) 시멘트의 일반적 특성에 해당하지 않은 것은?

① 초기강도가 크다.
② 내화성이 크고 수밀성이 양호하다.
③ 해수(海水)에 대한 저항성이 크다.
④ 수화열이 적어 매스콘크리트에 적합하다.

해설 슬래그시멘트(고로시멘트) : 용광로에서 생성된 광재(Slag)를 넣어 만들었으며, 균열이 적어 폐수시설, 하수도, 항만에 사용되는 것이다. 수화열이 낮고 내구성이 높으며, 화학적 저항성과 초기강도는 낮지만, 투수가 적다.

30 인공폭포나 인공동굴의 재료로 가장 일반적으로 많이 쓰이는 경량소재는?

① 복합 플라스틱 구조재(FRP)
② 레드우드(Red Wood)
③ 스테인레스 강철(Staninless Steel)
④ 폴리에틸렌(Polyethylene)

해설 유리섬유강화 플라스틱(FRP, Fiberglass Reinforced Plastics) : 강도가 약한 플라스틱에 유리섬유를 넣어 강화시킨 제품으로 벤치, 화단장식재, 인공폭포, 인공암, 정원석 등을 만든다. 스테인리스 스틸(Stainless Steel)은 Fe(철)에 Cr(크롬)이 11% 이상 첨가된 철합금

정답 25. ④ 26. ② 27. ③ 28. ④ 29. ① 30. ①

2012년 기출

31 콘크리트에 사용되는 골재에 대한 설명으로 옳지 않은 것은?

① 잔 것과 굵은 것이 적당히 혼합된 것이 좋다.
② 불순물이 묻어 있지 않아야 한다.
③ 형태는 매끈하고 편평, 세장한 것이 좋다.
④ 유해물질이 없어야 한다.

해설 골재의 모양은 납작하거나 길지 않고 구형에 가까워야 한다.

32 다음 중 줄기의 색채가 백색 계열에 속하는 수종은?

① 모과나무
② 자작나무
③ 노각나무
④ 해송

해설

구분	아름다운 조경수목
흰색 계통	백송, 분비나무, 플라타너스류, 자작나무, 서어나무, 동백나무 등
갈색 계통	편백, 배롱나무, 철쭉류 등
흑갈색 계통	해송, 독일가문비, 히말라야시다 등
적갈색 계통	소나무, 주목, 삼나무, 노각나무, 섬잣나무, 모과나무 등
녹색 계통	벽오동, 황매화, 식나무 등

33 벽돌쌓기 방법 중 가장 견고하고 튼튼한 것은?

① 영국식 쌓기
② 미국식 쌓기
③ 네덜란드식 쌓기
④ 프랑스식 쌓기

34 다음 중 차폐식재로 사용하기 가장 부적합한 수종은?

① 계수나무
② 서양측백
③ 호랑가시
④ 쥐똥나무

해설 계수나무는 교목으로서 지하고가 높다.

	조건	적용수종
차폐 식재	• 지하고가 낮고 잎과 가지가 치밀한 수종 • 전정에 강하고 유지 관리가 용이한 수종 • 아랫가지가 말라죽지 않는 상록수	주목, 잣나무, 서양측백, 화백, 측백, 쥐똥나무, 사철나무, 옥향, 눈향나무 등

35 다음 중 점토에 대한 설명으로 옳지 않은 것은?

① 암석이 오랜 기간에 걸쳐 풍화 또는 분해되어 생긴 세립자 물질이다.
② 가소성은 점토입자가 미세할수록 좋고 또한 미세부분은 콜로이드로서의 특성을 가지고 있다.
③ 화학성분에 따라 내화성, 소성 시 비틀림 정도, 색채의 변화 등의 차이로 인해 용도에 맞게 선택된다.
④ 습윤 상태에서는 가소성을 가지고 고온으로 구우면 경화되지만 다시 습윤 상태로 만들면 가소성을 갖는다.

해설 점토 재료의 특성
• 암석이 오랜 기간에 걸쳐 풍화 또는 분해되어 생긴 세립(0.01m 이하) 또는 가루 집합체이다.
• 습윤 상태에서 가소성을 나타낸다.
• 건조하면 강성을 나타내며, 고온에서 구우면 경화된다.
④ 가소성은 물기가 있는 찰흙에서 외부의 힘을 가하여 여러 형태로 변형시킨 뒤 더이상 외부에서 힘을 가하지 않아도 점토는 그대로 모양을 유지한다. 추가로 힘을 가하지 않는 이상 변형된 상태가 영구적으로 유지된다. 찰흙의 성질과 같은 성질이며 소성(塑性)이라고 한다.

정답 31. ③ 32. ② 33. ① 34. ① 35. ④

36 비중이 1.15인 이소푸로치오란 유제(50%) 100ml로 0.05% 살포액을 제조하는데 필요한 물의 양은?

① 104.9L
② 110.5L
③ 114.9L
④ 124.9L

> **해설** 살포제의 희석농도 계산식
>
> 희석할 물의 양 : 원액의 용량 × ($\frac{원액의 농도}{원액의 용량}$ −1) × 원액의 비중
>
> ↓
>
> = 100㎖ × ($\frac{50}{0.05}$ −1) × 1.15 = 114.88 ≒ 114.9

37 한 켜는 마구리쌓기, 다음 켜는 길이쌓기로 하고 길이켜의 모서리와 벽 끝에 칠오토막을 사용하는 벽돌쌓기 방법은?

① 네덜란드식 쌓기
② 영국식 쌓기
③ 프랑스식 쌓기
④ 미국식 쌓기

> **해설** 벽돌쌓기법
> - 영국식 : 한 켜는 길이, 다음 켜는 마구리쌓기를 번갈아 하며 쌓는 방법으로 벽의 끝이나 모서리 부분에서는 반절이나 이오토막을 사용한다. 가장 견고 튼튼하다.
> - 프랑스식 : 같은 켜에서 길이쌓기와 마무리쌓기가 번갈아 나타나며 벽돌끝에는 이오토막을 사용한다. 외관이 아름다워 치장벽에 많이 사용하나 벽돌이나 시간이 많이 소요된다. 영국식보다 견고성도 떨어진다.
> - 네덜란드식 : 한 켜는 길이쌓기, 다음 켜는 마무리 쌓기를 번갈아 가며 벽의 끝이나 모서리 부분에는 칠오토막을 사용한다. 가장 많이 사용되는 방법이다.
> - 미국식 : 치장벽돌로 5켜 정도는 길이쌓기로 하고 다음 켜는 마구리쌓기로 뒷벽돌에 물려서 쌓는 방법이다.

38 중앙에 큰 암거를 설치하고 좌우에 작은 암거를 연결시키는 형태로, 경기장과 같이 전 지역의 배수가 균일하게 요구되는 곳에 주로 이용되는 형태는?

① 어골형
② 즐치형
③ 자연형
④ 차단법

> **해설**
> - 어골형 : 경기장과 같은 평탄한 지형에 적합하며, 전 지역의 배수가 균일하게 요구되는 지역에 적합하며, 주관을 경사지게 배치하고 양측에 설치
> - 차단형 : 도로법면에 많이 사용하며 경사면 자체 유수방지
> - 자유형 : 대규모 공원 등 완전한 배수가 요구되지 않는 지역에 사용
> - 즐치형(석쇠형, 빗살형) : 좁은 면적의 전 지역을 균일하게 배수할 때 이용

39 상해(霜害)의 피해와 관련된 설명으로 틀린 것은?

① 분지를 이루고 있는 우묵한 지형에 상해가 심하다.
② 성목보다 유령목에 피해를 받기 쉽다.
③ 일차(日差)가 심한 남쪽 경사면보다 북쪽 경사면이 피해가 심하다.
④ 건조한 토양보다 과습한 토양에서 피해가 많다.

> **해설** 상해의 발생지역은 오목한 지형(찬 기운이 모임), 남쪽 경사면(높은 일교차), 어린 나무, 과습한 토양, 초봄과 늦가을에 많이 발생한다.

40 하수도시설기준에 따라 오수관거의 최소관경은 몇 ㎜를 표준으로 하는가?

① 100㎜ ② 150㎜
③ 200㎜ ④ 250㎜

정답 36. ③ 37. ① 38. ① 39. ③ 40. ③

해설 하수도 시설기준에 따라 오수관거 최소관경 : 200mm, 우수관거 최소관경 : 250mm

41 상록수를 옮겨심기 위하여 나무를 캐 올릴 때 뿌리분의 지름으로 가장 적합한 것은?

① 근원직경의 1/2배
② 근원직경의 1배
③ 근원직경의 3배
④ 근원직경의 4배

해설
a. 접시분 : 천근성 수종-자작나무, 편백, 독일가문비, 향나무
b. 보통분 : 일반적 수종-벚나무, 측백
c. 조개분 : 심근성 수종-느티나무, 소나무, 회화나무, 주목

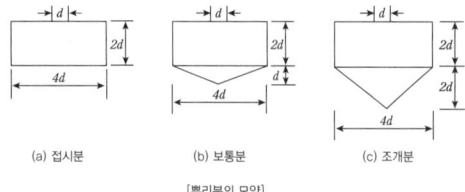

[뿌리분의 모양]

42 솔나방의 생태적 특성으로 옳지 않은 것은?

① 식엽성 해충으로 분류된다.
② 줄기에 약 400개의 알을 낳는다.
③ 1년에 1회로 성충은 7~8월에 발생한다.
④ 유충이 잎을 가해하며, 심하게 피해를 받으면 소나무가 고사하기도 한다.

43 일반적인 조경관리에 해당되지 않는 것은?

① 운영관리
② 유지관리
③ 이용관리
④ 생산관리

해설 조경관리의 구분
• 운영관리 : 예산, 조직, 재산, 제무제도 등의 관리
• 이용관리 : 주민참여의 유도, 안전관리, 홍보, 이용지도, 행사프로그램 주도
• 유지관리 : 잔디, 초화류, 식재수목, 기반시설물, 편의 및 유희시설물, 건축물의 관리

44 다음 해충 중 성충의 피해가 문제되는 것은?

① 솔나방
② 소나무좀
③ 뽕나무하늘소
④ 밤나무순혹벌

해설 소나무좀은 나무좀과에 속하는 곤충으로 6월 초 탈피한 성충은 나무에 구멍을 뚫어 수분과 양분의 이동을 막아 고사시킨다. 나머지는 애벌레나 유충이 문제가 된다.

45 조경설계기준에서 인공지반에 식재된 식물과 생육에 필요한 최소 식재토심으로 옳은 것은? (단, 배수구배는 1.5~2%, 자연토양을 사용)

① 잔디 : 15cm
② 초본류 : 20cm
③ 소관목 : 40cm
④ 대관목 : 60cm

해설 식물 생육에 필요한 토심(cm)

분류	생존 최소깊이	생육 최소깊이
심근성 교목	90	150
천근성 교목	60	90
관목	30	60
잔디 및 초본류	15	30

46 다음 중 한발이 계속될 때 짚 깔기나 물주기를 제일 먼저 해야 될 나무는?

① 소나무
② 향나무
③ 가중나무
④ 낙우송

정답 41. ④ 42. ② 43. ④ 44. ② 45. ① 46. ④

해설 낙우송은 수분이 많은 토양을 필요로 하므로 한발(旱魃, 가뭄)에 매우 취약하다.

47 우리나라의 조선시대 전통정원을 꾸미고자 할 때 다음 중 연못시공으로 적합한 호안공은?

① 자연석 호안공
② 사괴석 호안공
③ 편책 호안공
④ 마름돌 호안공

해설
- 사괴석 호안공 : 사방 200~250mm의 방형 육면체의 화강석으로 쌓는 방법
- 마름돌 호안공 : 각 면마다 가공된 직육면체로 일정한 형태, 치수로 깎아낸 석재. 맞댄면을 일정한 모양으로 가공하여 줄눈 바르게 쌓은 것
- 편책 호안공 : 통나무, 대나무, 갈대, 수수깡, 사리 따위를 박거나 엮어 편책을 이용하여 물에 접한 부분이 침식되는 것을 막기 위한 방법

48 다음 중 농약의 보조제가 아닌 것은?

① 증량제
② 협력제
③ 유인제
④ 유화제

해설 유인제는 독성이 있는 먹이로 유인하여 해충을 죽이는 약제로서 보조제에 포함되지 않는다.

〈농약의 효능을 높이기 위해 첨가되는 보조제〉

전착제(展着劑)	농약의 주성분을 병해충이나 식물체에 잘 전착시키기 위한 약제 • 약제의 확전성, 현수성, 고착성을 증진 • 유제농약 제제 시 계면활성제를 첨가
증량제(增量劑)	입제, 분제, 수화제 등과 같은 고체농약의 주성분 농도를 낮추고 부피를 증대시켜 농약의 주성분을 목적물에 균일하게 살포하기 위한 보조제
용제 (용매, 溶劑, solvent)	액상의 농약제조 시 약제의 유효 성분을 용해시키는 약제 (물에 잘 녹지 않는 식물성 농약 및 유기합성 농약 등은 유기용매를 사용)
유화제 (乳化劑, 계면활성제)	유제를 균일하게 분산(유화성)시키는 약제
협력제 (協力劑, 효력증진제)	유효성분의 효력을 증진시키는 약제
약해방지제	작물에 약해를 일으키는 인자를 제거시켜 주는 화학물질 예 Fenclorim : 벼농사 제초제인 Pretilachlor : 사용 시 혼합 Oxabetrinil : 사탕수수 등 종자처리제로 사용

49 주로 종자에 의하여 번식되는 잡초는?

① 올미
② 가래
③ 피
④ 너도방동사니

해설 올미, 가래, 너도방동사니는 다년생 초본으로서 주로 지하경(지하줄기)로 번식한다.

50 표면건조 내부 포수상태의 골재에 포함하고 있는 흡수량의 절대 건조상태의 골재 중량에 대한 백분율은 다음 중 무엇을 기초로 하는가?

① 골재의 함수율
② 골재의 흡수율
③ 골재의 표면수율
④ 골재의 조립률

해설 골재의 흡수율은 표면 건조 포화수 상태에 있어서 골재립에 포함되어 있는 전체 수량을 골재의 흡수량이라 하며, 이 흡수한 수량의 비율을 흡수율이라 한다. 흡수량은 골재립 내부의 공극 정도를 나타내기 때문에 보통 골재의 경우는 골재 중량의 1% 또는 그 이하, 인공 경량 골재에서는 6~8%이다.

정답 47. ② 48. ③ 49. ③ 50. ②

2012년 기출

51 삼각형의 세 변의 길이가 각각 5m, 4m, 5m 라고 하면 면적은 약 얼마인가?

① 약 8.2㎡
② 약 9.2㎡
③ 약 10.2㎡
④ 약 11.2㎡

해설 삼각형의 세 변의 길이가 주어졌으므로 헤론의 공식을 사용
$S = \sqrt{s(s-a)(s-b)(s-c)}$
여기서, $s = \dfrac{a+b+c}{2}$
$s = (5+4+5)/2 = 7$
$S = \sqrt{7(7-5)(7-4)(7-5)} = 9.16㎡ ≒ 9.2㎡$

52 곁눈 밑에 상처를 내어 놓으면 잎에서 만들어진 동화물질이 축적되어 잎눈이 꽃눈으로 변하는 일이 많다. 어떤 이유 때문인가?

① C/N율이 낮아지므로
② C/N율이 높아지므로
③ T/R율이 낮아지므로
④ T/R율이 높아지므로

해설 탄질율(炭窒率, C/N ratio, Carbon-Nitrogen ratio) : 유기물을 구성하고 있는 탄소와 질소의 비율을 뜻한다. C/N율이 10이 넘으면 꽃눈으로 분화한다.

53 관상하기에 편리하도로고 땅을 1~2m 깊이로 파내려가 평평한 바닥을 조성하고, 그 바닥에 화단을 조성한 것은?

① 기식화단
② 모둠화단
③ 양탄자화단
④ 침상화단

해설 다음의 표를 참조한다.

화단의 종류		식재 방법 및 특징
평면 화단	카펫화단 (화문화단) (Carpet Flower Bed)	양탄자화단, 자수화단, 모전화단이라고도 하며, 규모도 크고, 기하학적 문양으로 화단중에서도 가장 아름답게 느껴짐
	리본화단 (Ribbon Flower Bed)	넓은 부지의 원로에 통로, 보행로, 도로 등과 산울타리, 담장주변의 좁고 길게 조성하는 화단, 키가 작은 화초 식재
	포석화단 (鋪石化壇)	정원의 통로, 연못, 분수나 조각물 주변에 디딤돌 크기의 편평한 돌을 깔고 돌과 돌 사이에 키가 낮은 화초를 심는 화단
입체 화단	경재화단 (境栽化壇) (Flower Boarder)	전면 한쪽에서만 감상, 맨 앞쪽에는 키가 작은 화초, 중간은 중간크기 화초, 담이나 울타리, 건물쪽의 맨 끝지역은 키가 큰 화초를 줌
	기식화단 (寄檀化壇) (Assorted Flower Bed)	사방에서 감상할 수 있도록 정원의 중심부에 마련되는 화단으로 모둠화단이라고도 한다. 광장, 잔디밭의 중앙과 축의 교차점에 위치하며 화단 가운데 가장 큰 화초를 심음
	노단화단 (露壇化壇) (Terrace Flower Bed)	경사지에 계단모양으로 돌을 쌓고 축대 위에 초화를 심는 것으로 화초뿐만 아니라 관목도 식재
특수 화단	암석화단 (Rock Garden)	자연석 등을 쌓아 식물을 만들 수 있는 곳을 만들고 식재
	침상화단 (Sunken Garden)	보도에서 1m 정도 낮은 평면에 기하학적 모양의 아름다운 화단을 조성
	수재화단 (Water Garden)	물에 사는 수생식물을 물고기와 함께 식재

54 다음 중 줄기의 수피가 얇아 옮겨 심은 직후 줄기감기를 반드시 하여야 되는 수종은?

① 배롱나무
② 소나무
③ 향나무
④ 은행나무

해설 비교적 수피가 매끄럽고 얇은 느티나무, 단풍나무, 벚나무, 배롱나무, 일본목련 등의 수목은 옮겨 심은 직후 줄기감기를 해주어야 한다.

정답 51. ② 52. ② 53. ④ 54. ①

55 돌쌓기 시공상 유의해야 할 사항으로 옳지 않은 것은?

① 서로 이웃하는 상하층의 세로줄눈을 연속하게 된다.
② 돌쌓기 시 뒤채움을 잘하여야 한다.
③ 석재는 충분하게 수분을 흡수시켜서 사용해야 한다.
④ 하루에 1~1.2m 이하로 찰쌓기를 하는 것이 좋다.

해설 돌쌓기시 세로줄눈이 연속되게 되면 부등침하가 생기므로 통줄눈을 피하고 막힌줄눈이 되도록 쌓는다.

56 잔디밭의 관수시간으로 가장 적당한 것은?

① 오후 2시 경에 실시하는 것이 좋다.
② 정오경에 실시하는 것이 좋다.
③ 오후 6시 이후 저녁이나 일출 전에 한다.
④ 아무 때나 잔디가 타면 관수한다.

해설 낮에 관수를 할 경우 물방울이 볼록렌즈역할을 하여서 잎이 타는 경우가 있어서 금물이다.

57 다음 중 무거운 돌을 놓거나, 큰 나무를 옮길 때 신속하게 운반과 적재를 동시에 할 수 있어 편리한 장비는?

① 체인블록
② 모터그레이더
③ 트럭크레인
④ 콤바인

해설 트럭크레인(Truck Crane) : 크레인을 설치한 자동차로 운반과 적재를 동시에 할 수 있다.
• 체인블록(Chain Block) : 큰 돌을 운반하거나 앉힐 때 주로 쓰이는 기구
• 모터 그레이더(Moter Garder) : blade를 부착하여 노면을 평탄하게 하는 토공기계
• 콤바인(Combine) : 농토위를 주행하면서 벼, 보리, 밀, 목초등을 동시에 탈곡 및 선별작업을 하는 수확기계

58 내충성이 강한 품종을 선택하는 것은 다음 중 어느 방제법에 속하는가?

① 물리적 방제법
② 화학적 방제법
③ 생물적 방제법
④ 재배학적 방제법

해설 재배적 방제(경종적 방제)에는 그 밖에 건전종묘의 이용, 윤작, 재배법의 개선, 포장(圃場)위생 등이 있다.

59 작물·잡초 간의 경합에 있어서 임계 경합기간(Critical Period of Competition)이란?

① 경합이 끝나는 시기
② 경합이 시작되는 시기
③ 작물이 경합에 가장 민감한 시기
④ 잡초가 경합에 가장 민감한 시기

60 다음 중 정원수의 덧거름으로 가장 적합한 것은?

① 요소
② 생석회
③ 두엄
④ 쌀겨

해설 덧거름 비료는 속효성인 추비(追肥)로서 화학비료가 많이 사용되며 질소원소가 주로 함유되어 있다. 생석회는 칼슘성분 있는 석회질비료이고 두엄과 쌀겨는 주로 기비(밑거름)으로 사용된다.

정답 55. ① 56. ③ 57. ③ 58. ④ 59. ③ 60. ①

국가기술자격검정 필기시험

2012년도 조경기능사 과년도 출제문제 제5회

자격종목 및 등급(선택분야)	종목코드	시험시간	문제지형별
조경기능사	6335	1시간	A

---

1 다음 중 순공사원가에 해당되지 않는 것은?

① 이윤 ② 재료비
③ 노무비 ④ 경비

해설 · 순공사원가 = 재료비 + 노무비 + 경비
총공사원가 = 순공사원가 + 일반관리비 + 이윤 + 세금

2 "용적률 = (A) / 대지면적" 식의 'A'에 해당하는 것은?

① 건축연면적 ② 건축면적
③ 1호당면적 ④ 평균층수

해설 "건축연면적"이란 하나의 건축물에서 각 층 바닥면적의 합계를 말한다.

3 조경계획을 위한 경사분석을 할 때 등고선 간격 5m, 등고선에 직각인 두 등고선의 평면거리 20m로 조사 항목이 주어질 때 해당 지역의 경사도는 몇 %인가?

① 4% ② 10%
③ 25% ④ 40%

해설 경사도(%) = 수직거리 / 수평거리 × 100
5 / 20 × 100 = 25%

4 주택단지 안의 건축물 또는 옥외에 설치하는 계단의 경우 공동으로 사용할 목적인 경우 최소 얼마 이상의 유효폭을 가져야 하는가? (단, 단 높이는 18cm 이하, 단 너비는 26cm 이상으로 한다)

① 100cm ② 120cm
③ 140cm ④ 160cm

5 주택정원의 세부공간 중 가장 공공성이 강한 성격을 갖는 공간은?

① 작업뜰 ② 안뜰
③ 앞뜰 ④ 뒤뜰

해설
· 앞뜰(前庭)
  – 대문에서 현관 사이에 설치하는 정원으로, 집안 사람이나 외부 사람이 처음 접하는 공간이므로 따뜻한 인상을 받도록 설계
  – 심는 식물로는 4계절의 변화를 느낄 수 있는 것 중에서 시선을 끌 수 있는 수목이나 초화류를 선택
  – 조각품이나 경관석 등의 형상물을 배치하여 악센트
  – 집 내부가 들여다보이는 경우에 담을 쌓는 것보다는 수벽(樹壁)을 이용하도록 하며, 가능한 담을 낮게 하거나 산울타리 등 식물을 이용한 울타리를 설치
  – 주요시설물로는 대문에서 현관까지 조명등, 형상물, 차고, 원로 등이 있고, 원로 포장은 자연석, 판석, 벽돌, 소형 고압 블럭, 콘크리트 등의 재료를 이용
  – 원로의 폭은 보행자 한 사람이 걸어 다닐 수 있는 너비가 0.8~1m, 두 사람이 나란히 걸어다닐 수 있는 너비가 1.5~2m, 승용차가 출입할 수 있는 너비 2.5m

· 안뜰(主庭)
  – 안뜰은 정원에서 옥외 생활을 할 수 있는 가장 중요한 부분으로, 양지바른 위치에 넓게 자리 잡도록 함
  – 거실에서의 조망과 다목적 이용을 위하여 트인 공간을 조성하고, 프라이버시를 보호하기 위한 조치를 함
  – 수목은 미적, 계절적 감각이나 방풍, 차폐, 방음 등 기능적인 면을 고려하여 자연스럽게 배치
  – 정적인 휴식공간을 마련하여 독서, 야외 식사 등을 할 수 있도록 하며, 가벼운 운동이나 놀이 등을 할 수 있도록 설계
    한 가지 주제를 강조하고 다른 요소는 종속되도록 처리하여 혼잡스러워지지 않게 함
  – 안뜰에 설치하는 시설물로는 퍼걸러, 야외탁자, 벤치, 바비큐장, 연못, 분수, 수중조명등, 벽천, 실개천 등

· 뒤뜰(後庭)
  – 우리나라 전통건축의 후원과 비슷한 공간으로, 침실과 연결되어 정숙한 분위기를 나타내도록 함
  – 일광욕 등 가족만의 휴식공간으로 방에서 내다보이도

정답 1. ① 2. ① 3. ③ 4. ② 5. ③

록 하되, 차폐식재를 하여 외부에서는 차단되어 사생활이 보호되도록 조성하나, 부지가 좁은 곳에서는 통로의 기능만을 지니게 함
- 작업뜰(側庭)
  - 일상생활을 영위하기에 필요한 작업을 하는 공간으로, 부엌이 있는 공간에 만들어지도록 함
  - 통풍, 채광, 배수가 잘되도록 조성하며, 바닥은 콘크리트나 타일 등으로 포장
  - 대지 경계 부위에 차폐를 위하여 작은 교목을 식재하고, 초화류로 아름답게 화단을 만들거나 잔디를 심어 자연미가 나도록 하면서 동시에 기능적인 측면을 강조
  - 필요 시설물로는 장독대, 빨래건조대, 쓰레기통, 창고 등

6 다음 중 1858년에 조경가(Landscape Architect)라는 말을 처음으로 사용하기 시작한 사람이나 단체는?

① 르 노트르(Le Notre)
② 미국조경가협회(ASLA)
③ 세계조경가협회(IFLA)
④ 옴스테드(F. L. Olmsted)

해설 도시공원의 효시가 된 미국의 센트럴 파크를 설계하면서 조경은 "인간과 자연에게 봉사하는 분야"라고 정의하면서 조경가라는 말을 처음 사용

7 다음 중 위요경관에 속하는 것은?

① 숲속의 호수
② 계곡 끝의 폭포
③ 넓은 초원
④ 노출된 바위

해설 ② 계곡 끝의 폭포 – 초점경관, ③ 넓은초원 – 전경관, ④ 노출된 바위 – 지형경관

8 다음 중 성목의 수간 질감이 가장 거칠고, 줄기는 아래로 처지며, 수피가 회갈색으로 갈라져 벗겨지는 것은?

① 벽오동
② 주목
③ 개잎갈나무
④ 배롱나무

해설 ③은 소나무과로서 히말라야시다라고도 하며, 세계 3대 조경수 중의 하나이다. 수관선(樹冠線)이 포물선처럼 쳐져서 관상미가 높다.

9 우리나라의 정원 양식이 한국적 색채가 짙게 발달한 시기는?

① 고조선시대
② 삼국시대
③ 고려시대
④ 조선시대

10 우리나라에서 세계문화유산으로 등록되어지지 않은 곳은?

① 경주 역사유적지구
② 고인돌 유적
③ 독립문
④ 수원화성

해설 우리나라 세계문화유산 : 창덕궁, 수원화성, 석굴암/불국사, 해인사 장경판전, 종묘, 경주 역사지구, 고인돌 유적, 제주 화산섬/용암동굴, 조선시대 왕릉 40기, 안동하회마을/경주 양동마을, 남한산성

11 자연 경관을 인공으로 축경화(縮景化)하여 산을 쌓고, 연못, 계류, 수림을 조성한 정원은?

① 중정식
② 전원 풍경식
③ 고산수식
④ 회유 임천식

해설 헤이안시대 형성된 조경양식으로 기암절벽, 폭포, 산, 연못, 절, 탑 다리 등을 한눈에 감상할 수 있게 있도록 만든 양식임

12 다음 중 중국 정원의 특징에 해당하는 것은?

① 침전조정원
② 직선미
③ 정형식
④ 태호석

해설 중국 송나라 휘종은 수산(壽山)의 간악(艮嶽)을 건립하기 위하여 강남지역의 태호석 등을 화석강으로 운반, 이때부터 정원조성에 자연미와 인공미를 더하여 표현하는 대비수법의 기본원칙으로 자리잡는데 큰 역할을 함

정답 6. ④ 7. ① 8. ② 9. ④ 10. ③ 11. ④ 12. ④

2012년 기출

13 다음 중 이탈리아 정원의 가장 큰 특징은?

① 노단건축식
② 평면기하학식
③ 자연풍경식
④ 중정식

> **해설**
> - 노단건축식 : 경사진 지형을 이용, 테라스를 쌓아 만든 정원으로 강한 축을 중심으로 정형적 대칭, 장식적 요소가 강조된 형식
> - 평면기하학식 : 프랑스의 대표적 양식
> - 자연풍경식 : 영국의 대표적 양식
> - 중정식 : 스페인의 대표적 양식

14 스페인의 코르도바를 중심으로 한 지역에서 발달한 정원양식은?

① Atrium
② Peristylium
③ Patio
④ Court

> **해설**
> - Patio(파티오) : 스페인은 다양한 중정식 안뜰로 파티오를 조성
> - Atrium(아트리움) : 고대 로마 폼페이의 주택정원에서 엿볼 수 있는 주택 입구에 접해있는 제 1중정
> - Peristylium(페레스틸리움) : 로마의 주택정원의 제 2중정으로 주정으로 가족 또는 사적인 공간
> - Court(코트) : 그리스시대 주택정원에 등장한 내향식 중정

15 일본 정원에서 가장 중점을 두고 있는 것은?

① 조화
② 대비
③ 대칭
④ 반복

16 콘크리트용 골재의 흡수량과 비중을 측정하는 주된 목적은?

① 혼화재료의 사용여부를 결정하기 위하여
② 콘크리트의 배합설계에 고려하기 위하여
③ 공사의 적합여부를 판단하기 위하여
④ 혼합수에 미치는 영향을 미리 알기 위하여

> **해설** 배합설계는 시멘트, 물, 골재, 혼화재료 등을 적정한 비율로 배합하여 강도, 내구성, 수밀성을 가진 경제적인 콘크리트를 얻기 위한 설계를 뜻한다. 따라서 알맞은 입도를 갖는 양질의 골재를 사용하기 위하여 흡수량과 비중을 측정한다.

17 다음 중 콘크리트 타설 시 염화칼슘의 사용 목적은?

① 고온증기 양생
② 황산염에 대한 저항성 증대
③ 콘크리트의 조기 강도
④ 콘크리트의 장기 강도

> **해설** 염화칼슘은 $CaCl_2$로 표시되는 백색 결정 또는 덩어리로써 자동차 엔진의 냉각수 동결의 방지제, 겨울에 콘크리트 공사를 할 때 동결 방지 및 경화촉진제로 사용된다.

18 콘크리트용 혼화재료로 사용되는 플라이애시에 대한 설명 중 틀린 것은?

① 플라이애시의 비중은 보통포틀랜드 시멘트보다 작다.
② 포졸란 반응에 의해서 중성화 속도가 저감된다.
③ 플라이애시는 이산화규소(SiO_2)의 함유율이 가장 많은 비결정질 재료이다.
④ 입자가 구형이고 표면조직이 매끄러워 단위수량을 감소시킨다.

> **해설** 플라이애시는 석탄이나 중유 등을 연소했을 때에 생성되는 미세한 입자의 재로서 실리카를 주성분으로 하며, 시멘트의 혼화재로 이용되고 있다. 한편 중성화는 콘크리트에 포함된 수산화칼슘이 공기 중의 탄산가스와 반응하여, 수산화칼슘이 소비되어 알칼리성을 잃는 현상으로서 시간이 흐르면서 공기중의 탄산가스 등에 의해 알카리 성분이 중화되어 콘크리트의 중성화가 진행된다. 따라서 플라이애시가 함유된 시멘트는 수화작용으로 생기는 수산화칼슘이 적으므로 중성화 속도가 빨라진다.

정답 13. ① 14. ③ 15. ① 16. ② 17. ③ 18. ②

19 다음 그림과 같은 콘크리트 제품의 명칭으로 가장 적합한 것은?

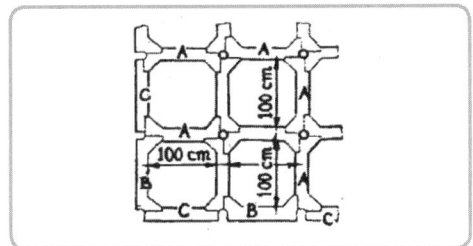

① 기본블록   ② 견치블록
③ 격자블록   ④ 힘줄블록

20 다음 중 보도 포장 재료로서 부적당한 것은?

① 외관 및 질감이 좋을 것
② 자연 배수가 용이할 것
③ 내구성이 있을 것
④ 보행 시 마찰력이 전혀 없을 것

해설 보행 시 마찰력이 전혀 없을 시 미끄러질 염려가 있다.

21 철근을 D13으로 표현했을 때, D는 무엇을 의미 하는가?

① 둥근 철근의 길이
② 이형 철근의 길이
③ 둥근 철근의 지름
④ 이형 철근의 지름

해설 둥근(원형)철근의 지름 : Φ

22 다음 중 건축과 관련된 재료의 강도에 영향을 주는 요인으로 가장 거리가 먼 것은?

① 재료의 색
② 온도와 습도
③ 하중시간
④ 하중속도

23 자연석 중 눕혀서 사용하는 돌로, 불안감을 주는 돌을 받쳐서 안정감을 갖게 하는 돌의 모양은?

① 횡석
② 환석
③ 평석
④ 입석

해설 ② 둥근 생김새의 돌, ③ 윗부분이 평평한 돌, ④ 세워 쓰는 돌

24 일반적인 목재의 특성 중 장점에 해당되는 것은?

① 충격의 흡수성이 크고, 건조에 의한 변형이 크다.
② 충격, 진동에 대한 저항성이 작다.
③ 열전도율이 낮다.
④ 가연성이며 인화점이 낮다.

해설 목재의 장점
• 색깔 및 무늬 등의 외관이 아름답다.
• 재질이 부드럽고 촉감이 좋다.
• 무게가 가볍고 가공이 용이하다.
• 무게에 비해 강도가 크다.
• 도장이 가능하며, 녹슬거나 부식되지 않는다.
• 산과 알칼리에 대한 저항성이 높다.
• 색채, 무늬에 있어 의장에 유리하다.

정답 19. ③   20. ④   21. ④   22. ①   23. ①   24. ③

25 목재의 건조방법은 자연건조법과 인공건조법으로 구분될 수 있다. 다음 중 인공건조법이 아닌 것은?

① 훈연 건조법
② 고주파 건조법
③ 증기법
④ 침수법

해설 자연건조법에는 ④ 이외에 공기 건조법이 있다.

26 식물의 분류와 해당 식물들의 연결이 옳지 않은 것은?

① 덩굴성 식물류 : 송악, 칡, 등나무
② 한국 잔디류 : 들잔디, 금잔디, 비로드잔디
③ 소관목류 : 회양목, 이팝나무, 원추리
④ 초본류 : 맥문동, 비비추, 원추리

해설 ③의 원추리는 숙근초에 포함된다.

27 학명은 "Betula schmidtii Regel"이고, Schmidt birch 또는 단목(檀木)이라 불리기도 하며, 곧추 자라나 불규칙하며, 수피는 흑색이고, 5월에 개화하고 암수한그루이며, 수형은 원추형, 뿌리는 심근성, 잎의 질감이 섬세하여 녹음수로 사용 가능한 수종은?

① 오리나무
② 박달나무
③ 소사나무
④ 녹나무

해설 ①도 ②와 같이 자작나무과에 포함되지만 학명은 Alnus japonica이다.

28 1년 내내 푸른 잎을 달고 있으며, 잎이 바늘처럼 뾰족한 나무를 가리키는 명칭은?

① 상록활엽수
② 상록침엽수
③ 낙엽활엽수
④ 낙엽침엽수

29 덩굴로 자라면서 여름(7~8월경)에 아름다운 주황색 꽃이 피는 수종은?

① 등나무
② 홍가시나무
③ 능소화
④ 남천

해설 ①도 덩굴성이지만 봄에 흰색 또는 남색 꽃이 핀다.

30 가로수로서 갖추어야 할 조건을 기술한 것 중 옳지 않은 것은?

① 강한 바람에도 잘 견딜 수 있는 수종
② 여름철 그늘을 만들고 병해충에 잘 견디는 수종
③ 사철 푸른 상록수
④ 각종 공해에 잘 견디는 수종

해설 가로수는 여름에 녹음을 제공해주고, 겨울에는 일조량을 확보하기 위하여 낙엽수가 바람직하다.

31 수목을 관상적인 측면에서 본 분류 중 열매를 감상하기 위한 수종에 해당되는 것은?

① 은행나무
② 모과나무
③ 반송
④ 낙우송

해설 ②는 가을에 황색의 향기가 있는 열매가 달리기 때문에 관상가치가 높다.

정답 25. ④ 26. ③ 27. ② 28. ② 29. ③ 30. ③ 31. ②

32 산울타리용 수종으로 부적합한 것은?
① 개나리   ② 칠엽수
③ 꽝꽝나무 ④ 명자나무

해설 산울타리용 조건은 성상이 관목이어야 하는데 ②는 교목이다.

33 줄기의 색이 아름다워 관상가치 있는 수목들 중 줄기의 색 계열과 그 연결이 옳지 않은 것은?
① 청록색계의 수목 : 식나무(Aucuba Japonica)
② 갈색계의 수목 : 편백(Chamaecyparis Obtusa)
③ 적갈색계의 수목 : 서어나무(Carpinus Laxiflora)
④ 백색계의 수목 : 백송(Pinus Bungeana)

해설 ③은 회백색의 매끄러운 수피를 지니고 있다.

34 형상수(Topiary)를 만들기에 알맞은 수종은?
① 느티나무 ② 주목
③ 단풍나무 ④ 송악

해설 형상수는 맹아력이 강하고 지엽이 치밀한 수종이 적합하다.

35 두 종류 이상의 제초제를 혼합하여 얻은 효과가 단독으로 처리한 반응을 각각 합한 것보다 높을 때의 효과는?
① 독립 효과(Independent Effect)
② 부가 효과(Additive Effect)
③ 상승 효과(Synergistic Effect)
④ 길항 효과(Antagonistic Effect)

해설 ④는 상반되는 2가지 요인이 동시에 작용하여 그 효과를 서로 상쇄시키는 작용을 뜻한다.

36 조경설계기준상 휴게시설의 의자에 관한 설명으로 틀린 것은?
① 의자의 길이는 1인당 최소 45㎝를 기준으로 하되, 팔걸이부분의 폭은 제외한다.
② 체류시간을 고려하여 설계하며, 긴 휴식에 이용되는 의자는 앉음판의 높이가 낮고 등받이를 길게 설계한다.
③ 등받이 각도는 수평면을 기준으로 85~95°를 기준으로 한다.
④ 앉음판의 높이는 34~46㎝를 기준으로 하되 어린이를 위한 의자는 낮게 할 수 있다.

해설 등받이 각도 : 가벼운 휴식용 105°~일반휴식용 110°

37 기본계획 수립 시 도면으로 표현되는 작업이 아닌 것은?
① 식재계획
② 시설물 배치계획
③ 집행계획
④ 동선계획

해설 집행계획은 투자계획과 법규검토 및 유지관리에 관한 계획

38 마스터플랜(Master Plan)이란?
① 수목 배식도이다.
② 실시설계이다.
③ 기본계획이다.
④ 공사용 상세도이다.

해설 기본구상에 의해 도출된 기본계획으로 토지이용계획, 교통동선계획, 시설물배치계획, 식재계획, 하부구조계획, 집행계획 등으로 나누어짐

정답 32. ② 33. ③ 34. ② 35. ③ 36. ③ 37. ③ 38. ③

39 공사 일정 관리를 위한 횡선식 공정표와 비교한 네트워크(Net Work) 공정표의 설명으로 옳지 않은 것은?

① 일정의 변화를 탄력적으로 대처할 수 있다.
② 간단한 공사 및 시급한 공사, 개략적인 공정에 사용된다.
③ 공사 통제 기능이 좋다.
④ 문제점의 사전 예측이 용이하다.

해설
- 횡선식 공정표 : 간단한 공사, 시급을 요하며 개략적인 공정에 사용, 공정별 공사와 전체 공사시기 등이 일목요연하고 착공일과 완료일이 명료하여 일반인도 이해하기 쉬우나 작업 간 관계가 명확하지 않고 작업상황 변동 시 탄력성이 없는 단점도 있음
- 네트워크 공정표 : 대형공사, 복잡하고 중요한 공사에 사용, 최적의 비용으로 공기 단축이 가능하며, 작업의 문제점 예측이 가능하고 상호 간의 작업관계가 명확하나 공정표 작성에 숙련이 요구되며 수정 및 변경에 많은 시간이 요구됨

40 다음 중 관리하자에 의한 사고에 해당되지 않는 것은?

① 시설의 노후, 파손에 의한 것
② 시설의 구조 자체의 결함에 의한 것
③ 위험장소에 대한 안전대책 미비에 의한 것
④ 위험물 방치에 의한 것

해설
- 설치하자 : 시설의 구조자체에 결함에 의한 것, 시설설치의 미비, 시설배치의 미비
- 이용자 부주의의 하자 : 이용자 자신의 부주의, 부적정한 이용, 유아와 아동의 감독 및 보호의 불충분, 행사 주최자의 관리 불충분

41 AE콘크리트의 성질 및 특징 설명으로 틀린 것은?

① 콘크리트 경화에 따른 발열이 커진다.
② 수밀성이 향상된다.
③ 일반적으로 빈배합의 콘크리트일수록 공기연행에 의한 워커빌리티의 개선효과가 크다.
④ 입형이나 입도가 불량한 골재를 사용할 경우에 공기연행의 효과가 크다.

해설 AE제를 사용하여 콘크리트 속에 미세한 공기를 섞어 성질을 개선한 콘크리트이다. 공기량의 작용으로 콘크리트의 응집력이 커지고 유동성이 좋아져 부어넣기 작업이 쉽다. 방수성이 뛰어나고 화학작용에 대한 저항성이 커지므로 재치장 콘크리트 시공에 알맞다. 또한 블리딩, 재료분리 및 경화에 따른 발열이 감소한다. 그러나 공기량이 1% 늘어나면 압축강도가 4~5% 떨어지고, 철근과의 부착강도와 마감 모르타르의 부착력이 떨어진다.

42 다음 콘크리트와 관련된 설명 중 옳은 것은?

① 콘크리트는 원칙적으로 공기 연행제를 사용하지 않는다.
② 콘크리트의 굵은 골재 최대 치수는 20mm이다.
③ 물-결합재비는 원칙적으로 60% 이하이어야 한다.
④ 강도는 일반적으로 표준양생을 실시한 콘크리트 공시체의 재령 30일일 때 시험값을 기준으로 한다.

해설 ① 공기연행제는 AE제를 뜻하는 것으로 콘크리트 성질을 개선하기 위하여 사용한다.
② 골재 최대치수는 40mm이다.
④ 재령 30일이 아니고 28일이다.

정답 39. ② 40. ② 41. ① 42. ③

43 건물과 정원을 연결시키는 역할을 하는 시설은?

① 테라스 ② 트렐리스
③ 퍼걸러 ④ 아치

> **해설**
> - 테라스 : 꼭 1층에만 설치가 가능하고(2층 이상에 주택에 마련된 공간은 베란다로 분류됨) 거실이나 주방과 바로 연결된 실내바닥 높이보다 20cm 낮은 곳에 전용정원 형태로 주로 테이블 놓아서 간단히 차를 마시거나 어린이들의 놀이 공간, 일광욕 등을 할 수 있는 장소로 사용
> - 트렐리스 : 격자형 울타리, 간단한 눈가림 구실을 하며, 정원을 넓어보이는 역할도 함
> - 퍼걸러 : 휴식을 위해 그늘을 제공하는 것으로 등나무 등을 덮어 광선을 차단
> - 아치 : 중문의 역할을 하며 장미 덩굴을 올리기도 함

44 거푸집에 쉽게 다져 넣을 수 있고 거푸집을 제거 하면 천천히 형상이 변화하지만 재료가 분리되거나 허물어지지 않는 굳지 않은 콘크리트의 성질은?

① Finishability
② Workbility
③ Consistency
④ Plasticity

> **해설**
> ① 마무리성으로 콘크리트의 표면을 마무리 할 때 난이정도를 나타내는 용어
> ② 경연성 혹은 시공성으로 반죽질기에 따라 비비기, 운반, 다지기 등의 작업난이 정도와 재료분리에 저항하는 정도를 나타내는 용어
> ③ 콘크리트의 반죽이 되고 진 정도를 나타내는 굳지 않는 콘크리트의 성질을 나타내는 용어

45 원로의 시공계획 시 일반적인 사항을 설명한 것 중 틀린 것은?

① 원칙적으로 보도와 차도를 겸할 수 없도록 하고, 최소한 분리시키도록 한다.
② 보행자 2인이 나란히 통행 가능한 원로폭은 1.5~2.0m이다.
③ 원로는 단순 명쾌하게 설계, 시공이 되어야 한다.
④ 보행자 한 사람이 통행 가능한 원로폭은 0.8~1.0m이다.

> **해설** 보행자와 트럭 1대가 함께 통행 가능한 원로폭은 6m 이상으로 관리용 차를 고려하여야 함

46 시설물의 기초부위에서 발생하는 토공량의 관계식으로 옳은 것은?

① 잔토처리 토량 = 기초 구조부 체적 - 터파기 체적
② 잔토처리 토량 = 되메우기 체적 - 터파기 체적
③ 되메우기 토량 = 터파기 체적 - 기초 구조부 체적
④ 되메우기 토량 = 기초 구조부 체적 - 터파기 체적

47 흙을 이용하여 2m 높이로 마운딩하려 할 때, 더돋기를 고려해 실제 쌓아야 하는 높이로 가장 적합한 것은?

① 2m ② 2m 20cm
③ 3m ④ 3m 30cm

> **해설** 여성토는 침하할 것을 대비 10% 정도 더 쌓아야 함
> 2 × 0.1 = 0.2m이므로 20cm, 기존 2m + 20cm

정답 43. ① 44. ④ 45. ① 46. ③ 47. ②

2012년 기출

48 창살울타리(Trellis)는 설치 목적에 따라 높이가 차이가 결정되는데 그 목적이 적극적 침입방지의 기능일 경우 최소 얼마 이상으로 하여야 하는가?

① 50cm ② 1m
③ 1.5m ④ 2.5m

49 가로수는 키큰나무(교목)의 경우 식재간격을 몇 m 이상으로 할 수 있는가? (단, 도로의 위치와 주위 여건, 식재수종의 수관폭과 생장 속도, 가로수로 인한 피해 등을 고려하여 식재간격을 조정할 수 있다)

① 6m ② 8m
③ 10m ④ 12m

해설 가로수의 식재간격은 6~8m이다.

50 다음 중 전정의 목적 설명으로 옳지 않은 것은?

① 미관에 중점을 두고 한다.
② 실용적인 면에 중점을 두고 한다.
③ 생리적인 면에 중점을 두고 한다.
④ 희귀한 수종의 번식에 중점을 두고 한다.

해설 전정의 목적 : 수목의 조형미 증진, 수목의 건강 증진, 수목의 형태를 원하는 모양으로 유지, 생장이 불량한 수목의 생장을 왕성하게 유도하는 갱신을 촉진, 이식목의 활착을 촉진하기 위하여 가지와 잎의 양을 적절히 조절, 개화와 결실 촉진

51 나무의 특성에 따라 조화미, 균형미, 주위 환경과의 미적 적응 등을 고려하여 나무 모양을 위주로한 전정을 실시하는데, 그 설명으로 옳은 것은?

① 상록수의 전정은 6~9월이 좋다.
② 조경수목의 대부분에 적용되는 것은 아니다.
③ 전정 시기는 3월 중순~6월 중순, 10월 말~12월 중순이 이상적이다.
④ 일반적으로 전정작업 순서는 위에서 아래로 수형의 균형을 잃은 정도로 강한 가지, 얽힌 가지, 난잡한 가지를 제거한다.

해설 ① 상록수는 가을(9~11월)에 전정을 실시한다.
② 조경수 대부분에 적용된다.
③ 대부분의 조경 수목은 겨울에 전정한다(11~3월).

52 꽃이 피고 난 뒤 낙화할 무렵 바로 가지다듬기를 해야 하는 좋은 수종은?

① 사과나무 ② 철쭉
③ 명자나무 ④ 목련

해설 ② 낙화 30~40일 후에 꽃눈이 생기므로 그 전에 전정을 해주어야 한다.
③ 3년지에서 개화하는 수종으로 꽃피기 직전인 4월에 전정을 실시한다.

53 화단에 초화류를 식재하는 방법으로 옳지 않은 것은?

① 식재하는 줄이 바뀔 때마다 서로 어긋나게 심는 것이 보기에 좋고 생장에 유리하다.
② 식재할 곳에 1m²당 퇴비 1~2kg, 복합비료 80~120g을 밑거름으로 뿌리고 20~30cm 깊이로 갈아 준다.
③ 큰 면적의 화단은 바깥쪽부터 시작하여 중앙부위로 심어 나가는 것이 좋다.
④ 심기 한나절 전에 관수해 주면 캐낼 때 뿌리에 흙이 많이 붙어 활착에 좋다.

해설 큰 면적의 화단은 중앙부위로부터 시작하여 바깥쪽으로 심어 나가는 것이 좋다.

정답 48. ③ 49. ② 50. ④ 51. ④ 52. ② 53. ③

54 관수의 효과가 아닌 것은?
① 지표와 공중의 습도가 높아져 증산량이 증대된다.
② 토양 중의 양분을 용해하고 흡수하여 신진대사를 원활하게 한다.
③ 증산작용으로 인한 잎의 온도 상승을 막고 식물체 온도를 유지한다.
④ 토양의 건조를 막고 생육 환경을 형성하여 나무의 생장을 촉진시킨다.

해설 대기 습도가 높아지면 식물의 증산량이 감소되어 기공이 닫힌다.

55 일반적으로 빗자루병이 가장 발생하기 쉬운 수종은?
① 향나무 ② 대추나무
③ 동백나무 ④ 장미

해설 ② 이외에 오동나무와 벚나무 등이 빗자루병에 감염된다.

56 Methidathion(메치온) 40% 유제를 1000배액으로 희석해서 10a당 6말(20L/말)을 살포하여 해충을 방제하고자 할 때 유제의 소요량은 몇 mL인가?
① 100 ② 120
③ 150 ④ 240

해설 6말은 120L(= 6 × 20L), 120L = 120,000mL, 1,000배 희석이므로 120,000mL/1,000 = 120mL이다.

57 가해 수종으로는 향나무, 편백, 삼나무 등이 있고, 똥을 줄기 밖으로 배출하지 않기 때문에 발견하기 어렵고, 기생성 천적인 좀벌류, 맵시벌류, 기생파리류로 생물학적 방제를 하는 해충은?
① 장수하늘소 ② 미끈이하늘소
③ 측백나무하늘소 ④ 박쥐나방

해설 ③은 애벌레가 줄기 속을 가해한다.

58 소량의 소수성 용매에 원제를 용해하고 유화제를 사용하여 물에 유화시킨 액을 의미하는 것은?
① 용액 ② 유탁액
③ 수용액 ④ 현탁액

해설 ④는 액체 속에 미소한 고체의 입자가 분산해서 떠 있는 것이다.

59 다음 잔디종자 파종작업들을 순서대로 바르게 나열한 것은?
① 정지작업 → 파종 → 전압 → 복토 → 기비살포 → 멀칭 → 경운
② 기비살포 → 파종 → 정지작업 → 복토 → 멀칭 → 전압 → 경운
③ 파종 → 기비살포 → 정지작업 → 복토 → 전압 → 경운 → 멀칭
④ 경운 → 기비살포 → 정지작업 → 파종 → 복토 → 전압 → 멀칭

60 다음 뗏장을 입히는 방법 중 줄붙이기 방법에 해당하는 것은?

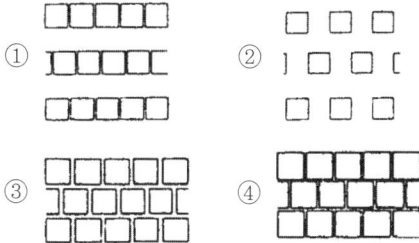

해설 ② 어긋나게 붙이기, ③ 이음매 붙이기, ④ 전면 떼붙이기

정답 54. ① 55. ② 56. ② 57. ③ 58. ② 59. ④ 60. ①

국가기술자격검정 필기시험

2013년도 조경기능사 과년도 출제문제 제1회

자격종목 및 등급(선택분야)	종목코드	시험시간	문제지형별
조경기능사	6335	1시간	A

---

1 다음 중 조선시대 중엽 이후에 정원양식에 가장 큰 영향을 미친 사상은?

① 음양오행설
② 신선설
③ 자연복귀설
④ 임천회유설

> **해설** 음양오행설은 우주나 인간 사회의 모든 현상 및 만물의 생성 소멸을 음양과 오행 : 목, 화, 토, 금, 수의 소장(消長), 변천으로 설명하려는 이론. 중국 전국 시대에 각각 성립된 음양설과 오행설이 한나라 때에 합쳐진 세계관으로, 특히 역법과 결합하여 중국, 한국, 일본의 일상생활에 큰 영향을 끼쳤다. 방지원도형의 연못형태에 영향을 끼쳤다.

2 다음 중 일본에서 가장 먼저 발달한 정원 양식은?

① 고산수식
② 회유임천식
③ 다정
④ 축경식

> **해설** 일본 정원의 양식변화 : 임천식-회유임천식-축산고산수식-평정고산수식-다정식-원주파임천식

3 공공의 조경이 크게 부각되기 시작한 때는?

① 고대
② 중세
③ 근세
④ 군주시대

4 골프장에서 우리나라 들잔디를 사용하기가 가장 어려운 지역은?

① 페어웨이
② 러프
③ 티
④ 그린

> **해설** 골프장의 그린 : '벤트그라스' 한지형잔디

5 다음 중 몰(Mall)에 대한 설명으로 옳지 않은 것은?

① 도시환경을 개선하는 한 방법이다.
② 차량은 전혀 들어갈 수 없게 만들어진다.
③ 보행자 위주의 도로이다.
④ 원래의 뜻은 나무그늘이 있는 산책길이란 뜻이다.

> **해설** Mall은 「나무 그늘의 산책로」라는 원래의 뜻에서 출발하여 요즘은 미국 문화에서 빼놓을 수 없는 거대한 쇼핑 단지를 일컫게 되었으며, 상업 용어로는 쇼핑센터 등의 통로를 뜻하기도 함. 단지 쇼핑 상점만 아니라 영화관, 오락실, 레스토랑, 잡화점 및 개인 병원까지 있음. 따라서 쇼핑몰은 상점가 전체를 건축적 구성에 의해 종합한 것으로 광대한 주차장과 보행자의 쇼핑로를 중심으로 지붕이 있는 아케이드로 이루어져 있거나 건물 내에 산책로 겸 통로가 설비되어 있어서 기후에 관계없이 쾌적한 시설로 휴일에 즐겨 찾는 장소임

6 프랑스의 르 노트르(Le Notre)가 유학하여 조경을 공부한 나라는?

① 이탈리아
② 영국
③ 미국
④ 스페인

정답 1. ① 2. ② 3. ③ 4. ④ 5. ② 6. ①

7 조경의 대상을 기능별로 분류해 볼 때 「자연공원」에 포함되는 것은?

① 묘지공원
② 휴양지
③ 군립공원
④ 경관녹지

[해설] 「자연공원」에는 국립공원, 도립공원, 군립공원, 천연기념물보호구역 등이 있다.

8 통일신라 문무왕 14년에 중국의 무산 12봉을 본 딴 산을 만들고 화초를 심었던 정원은?

① 비원
② 안압지
③ 소쇄원
④ 향원지

[해설] 삼국사기에 보면 통일신라 674년 문무왕 14년에 궁성 안에 못을 파고 산을 만들어 화초를 기르고 진금이수(珍禽異獸)을 양육하였다라고 하였으며 그때 판 못이며 임해전에 딸린 것으로 동서 20m, 남북 180m의 안압지는 면적 40,000㎡, 연못은 17,000㎡로 신선사상을 배경으로 하고 3개의 섬이 있다. 통일신라시대의 대표적 유적으로 신선사상을 배경으로 하는 3개의 섬이 있으며 당나라 장안성의 금원을 모방하여 연못과 무산십이봉을 본뜬 석가산을 축조했다. 한자의 해석은 '기러기 안, 오리 압, 연못 지'이다.

9 다음 중 중국 4대 명원(四大名園)에 포함되지 않은 것은?

① 작원(勺園)
② 사자림(獅子林)
③ 졸정원(拙政園)
④ 창랑정(滄浪亭)

[해설] 중국의 4대 명원 : 북경에 이화원, 소주의 졸정원과 유원, 승덕의 피서산장
소주의 4대 명원 : 사자림(원)-주덕윤, 창랑정(북송)-소순흠, 졸정원(명)-왕헌신, 유원(명)-서태시
• 작원은 명나라 말에 미만종이 조영함

10 우리나라 산림대별 특징 수종 중 식물의 분류학상 한대림(Cold Temperate Forest)에 해당하는 것은?

① 아왜나무
② 구실잣밤나무
③ 붉가시나무
④ 잎갈나무

[해설] '①~③'은 남부수종이다.

11 도시공원 및 녹지 등에 관한 법률에 의한 어린이공원의 기준에 관한 설명으로 옳은 것은?

① 유치거리는 500미터 이하로 제한한다.
② 1개소 면적은 1200㎡ 이상으로 한다.
③ 공원시설 부지면적은 전체 면적의 60% 이하로 한다.
④ 공원구역 경계로부터 500미터 이내에 거주하는 주민 250명 이상의 요청시 어린이공원조성계획의 정비를 요청할 수 있다.

[해설] 어린이공원의 유치거리는 250m 이내이고 1개소의 면적은 1,500㎡ 이상

12 디자인 요소를 같은 양, 같은 간격으로 일정하게 되풀이하여 움직임과 율동감을 느끼게 하는 것으로 리듬의 유형중 가장 기본적인 것은?

① 반복
② 점층
③ 방사
④ 강조

[해설]
• 반복 : 같은 양, 같은 간격에서 힌트
• 점층 : 형태나 크기의 연속적 변화 또는 색상, 명도의 연속적 변화 등을 통해 하나의 성질이 조화적인 단계에 의해 일정한 질서를 가지고 증가하거나 감소하는 것으로

[정답] 7. ③ 8. ② 9. ① 10. ④ 11. ③ 12. ①

인식이 흐르는 연속감을 느끼며 반복보다 훨씬 동적이고 흥미를 자아낸다.
• 강조 : 동질의 형태나 색채들 사이에 이것과 이질적인 요소 또는 강렬한 색채나 형태를 도입하여 강조함으로 전체적으로 산만함을 줄이고 통일성을 조성할 수 있다.

13 계단의 설계 시 고려해야 할 기준으로 옳지 않은 것은?

① 계단의 경사는 최대 30~35°가 넘지 않도록 해야 한다.
② 단, 높이를 h, 단 너비를 b로 할 때 2h+b=60~65cm가 적당하다.
③ 진행 방향에 따라 중간에 1인용일 때 단 너비 90~110cm 정도의 계단참을 설치한다.
④ 계단의 높이가 5cm 이상이 될 때에만 중간에 계단참을 설치한다.

[해설] 계단참은 건축법에는 3m 이내마다 폭 1.2m 이상, 주택법에는 2m 이내마다 설치하도록 되어 있다.

14 다음 중 조경에 관한 설명으로 옳지 않은 것은?

① 주택의 정원만 꾸미는 것을 말한다.
② 경관을 보존 정비하는 종합과학이다.
③ 우리의 생활환경을 정비하고 미화하는 일이다.
④ 국토 전체 경관의 보존, 정비를 과학적이고 조형적으로 다루는 기술이다.

15 다음 중 경복궁 교태전 후원과 관계없는 것은?

① 화계가 있다.
② 상량전이 있다.
③ 아미산이라 칭한다.
④ 굴뚝은 육각형 4개가 있다.

[해설] 상량정은 창덕궁의 낙선재 후원에 있는 육각형의 정자

16 다음 조경용 소재 및 시설물 중에서 평면적 재료에 가장 적합한 것은?

① 잔디
② 조경수목
③ 퍼걸러
④ 분수

[해설] 조경수목, 퍼걸러, 분수는 입체적 재료

17 콘크리트용 혼합재로 실리카흄(Silica Fume)을 사용한 경우 효과에 대한 설명으로 잘못된 것은?

① 내화학약품성이 향상된다.
② 단위수량과 건조수축이 감소된다.
③ 알칼리 골재반응의 억제효과가 있다.
④ 콘크리트의 재료분리 저항성, 수밀성이 향상된다.

[해설] 포촐란시멘트(실리카시멘트) : 포촐란(화산재, 규조토 등으로 이루어진 혼화재)을 넣어 만든 시멘트로 동결 및 융해작용, 바닷물에 대한 저항성이 작고, 조기강도가 크나 경화가 느리다.

[정답] 13. ④ 14. ① 15. ② 16. ① 17. ②

18 다음 중 열경화성 수지의 종류와 특징 설명이 옳지 않은 것은?

① 페놀수지 : 강도·전기절연성·내산성·내수성 모두 양호하나 내알칼리성이 약하다.
② 멜라민수지 : 요소수지와 같으나 경도가 크고 내수성은 약하다.
③ 우레탄수지 : 투광성이 크고 내후성이 양호하며 착색이 자유롭다.
④ 실리콘수지 : 열절연성이 크고 내약품성·내후성이 좋으며 전기적 성능이 우수하다.

해설
- 멜라민수지는 멜라민과 폼알데하이드를 반응시켜 만드는 열경화성 수지로서 열·산·용제에 대하여 강하고, 전기적 성질도 뛰어나다.
- 요소수지는 내수성(耐水性)이 좋지 못하나, 멜라민수지는 우수하다.
- 우레탄수지는 투광성이 없다.

19 목재가 통상 대기의 온도, 습도와 평형된 수분을 함유한 상태의 함수율은?

① 약 7%
② 약 15%
③ 약 20%
④ 약 30%

해설 목재함수율 : 목재의 부피에서 물의 양을 백분율로 계산한 것이다.
- 기건재 : 대기 중 습도와 균형을 이루고 있는 상태로 함수율은 15% 정도이다.
- 섬유포화점 : 목재의 유리수와 흡착수가 증발되는 경계점으로 함수율은 30% 정도이다.
- 전건재 : 함수율 0%의 완전 건조 상태의 목재이다.

20 목재의 심재와 변재에 관한 설명으로 옳지 않은 것은?

① 심재는 수액의 통로이며 양분의 저장소이다.
② 심재의 색깔은 짙으며 변재의 색깔은 비교적 엷다.
③ 심재는 변재보다 단단하여 강도가 크고 신축 등 변형이 적다.
④ 변재는 심재 외측과 수피 내측 사이에 있는 생활세포의 집합이다.

해설 심재는 나무의 심부를 말하는 것으로 나무 줄기의 횡단면에서 수심과 변재 사이의 암색을 띠는 부분. 모든 세포의 기능이 정지된 짙은 색깔을 띠는 수간의 중심부위이다.

21 점토, 석영, 장석, 도석 등을 원료로 하여 적당한 비율로 배합한 다음 높은 온도로 가열하여 유리화 될 때까지 충분히 구워 굳힌 제품으로서, 대개 흰색 유리질로서 반투명하여 흡수성이 없고 기계적 강도가 크며, 때리면 맑은 소리를 내는 것은?

① 토기
② 자기
③ 도기
④ 석기

해설
- 토기 : 점토를 물에 개어 빚은 후 불에 구워 만든 용기로 유리화가 진행될 때까지 굽지는 않는다.
- 도기 : 유약을 발라 구운 것으로 그 물리적 특성에 따라 토기, 도기, 석기(炻器), 자기로 분류되나 확실한 개념적인 규정은 없으며 도기는 소지가 구워져서 유리화한 자기와는 명확한 차이가 있다.

정답 18. ②, ③ 19. ② 20. ① 21. ②

2013년 기출

22 구조재료의 용도상 필요한 물리·화학적 성질을 강화시키고, 미관을 증진시킬 목적으로 재료의 표면에 피막을 형성시키는 재료를 무엇이라고 하는가?

① 도료
② 착색
③ 강도
④ 방수

23 겨울철 화단용으로 가장 알맞은 식물은?

① 팬지
② 피튜니아
③ 샐비어
④ 꽃양배추

해설 화단용 초화류
a. 봄 화단용
- 1, 2년생 초화류 : 팬지, 금어초, 금잔화, 패랭이꽃, 안개초 등
- 다년생 초화류 : 데이지, 베고니아 등
- 구근 초화류 : 튤립, 수선화 등

b. 여름, 가을 화단용
- 1, 2년생 초화류 : 채송화, 봉숭아, 과꽃, 메리골드, 페튜니아, 샐비어, 코스모스, 맨드라미, 아게라텀, 색비름, 분꽃, 백일홍 등
- 다년생 초화류 : 국화, 부용, 꽃창포 등
- 구근 초화류 : 칸나, 달리아 등

c. 겨울 화단용 : 꽃양배추

24 수목의 규격을 "H×W"로 표시하는 수종으로만 짝지어진 것은?

① 소나무, 느티나무
② 회양목, 장미
③ 주목, 철쭉
④ 백합나무, 향나무

해설 수목 규격 표시방법

성상	규격 표시방법	수종	비고
교목	H × W	일반 상록수 (향나무, 주목, 측백 등)	
	H × B	가중나무, 계수나무, 메타세콰이아, 벽오동, 수양버들, 벚나무, 은단풍, 은행나무, 자작나무, 백합나무, 층층나무, 플라타너스, 현사시나무 등	
	H × R	소나무, 감나무, 꽃사과나무, 낙우송, 느티나무, 대추나무, 모과나무, 배롱나무, 목련나무, 산수유, 자귀나무, 단풍나무, 백합나무 등 대부분의 교목	흉고직경측정이 곤란한 수종
관목	H × W	일반 관목(사철나무 등)	
	H × R	노박덩굴, 능소화	
	H × W × L	눈향나무	
	H × 가지의 수	개나리, 덩굴장미	
만경목	H × R	등나무	
묘목	줄기길이 × 근원직경 × 뿌리길이		

25 정적인 상태의 수경경관을 도입하고자 할 때 바른 것은?

① 하천
② 계단 폭포
③ 호수
④ 분수

해설 하천, 계단 폭포, 분수는 동적인 수경경관이다.

정답 22. ① 23. ④ 24. ③ 25. ③

26 다음 중 석탄을 235~315℃에서 고온건조하여 얻은 타르제품으로서 독성이 적고 자극적인 냄새가 있는 유성 목재방부제는?

① 콜타르
② 크레오소트유
③ 플로오르화나트륨
④ 펜타클로르페놀(PCP)

해설 크레오소트유는 타르를 200℃ 이상으로 증류 시 나오는 유출유

27 다음 중 목재 할렬(Checks)은 어느 때 발생하는가?

① 목재의 부분별 수축이 다를 때
② 건조 초기에 상대습도가 높을 때
③ 함수율이 높은 목재를 서서히 건조할 때
④ 건조 응력이 목재의 횡인장강도보다 클 때

해설 할렬 : 목재의 건조과정 중 재면의 표면에 발생하는 갈라지는 현상

28 다음 중 목재 접착제 중 내수성이 큰 순서대로 바르게 나열된 것은?

① 요소수지 > 아교 > 페놀수지
② 아교 > 페놀수지 > 요소수지
③ 페놀수지 > 요소수지 > 아교
④ 아교 > 요소수지 > 페놀수지

해설 페놀수지는 내수성이 강해 외장용, 요소수지는 내장용

29 다음 석재 중 일반적으로 내구연한이 가장 짧은 것은?

① 석회암
② 화강석
③ 대리석
④ 석영암

해설 석회암은 3대 광물 중에서 가장 강도가 약한 퇴적암에 포함된다. 화강석은 화성암, 대리석은 석회암의 변성 결과인 변성암이다.

30 여름철에 강한 햇빛을 차단하기 위해 식재되는 수목을 가리키는 것은?

① 녹음수
② 방풍수
③ 차폐수
④ 방음수

해설 차폐수는 햇빛을 가리는 것이 아니고 불필요하거나 미관을 해치는 요소를 차단하는 수종이다.

31 다음 중 조경수의 이식에 대한 적응이 가장 쉬운 수종은?

① 벽오동
② 전나무
③ 섬잣나무
④ 가시나무

해설 침엽수와 참나무류는 보통 이식이 어렵다.

이식에 대한 적응성
a. 이식이 쉬운 나무 : 메타세콰이아, 측백나무, 꽝꽝나무, 사철나무, 쥐똥나무, 미루나무, 은행나무, 플라타너스, 명자나무, 편백, 낙우송, 향나무, 철쭉류, 벽오동, 느티나무, 수양버들, 무궁화 등
b. 이식이 어려운 나무 : 독일가문비, 백송, 소나무, 굴참나무, 떡갈나무, 백합나무, 자작나무, 칠엽수, 감나무, 전나무, 섬잣나무, 가시나무, 굴거리나무, 목련, 튤립나무, 죽순대 등

정답 26. ② 27. ④ 28. ③ 29. ① 30. ① 31. ①

2013년 기출

32 건물 주위에 식재 시 양수와 음수의 조합으로 되어 있는 수종들은?

① 눈주목, 팔손이나무
② 사철나무, 전나무
③ 자작나무, 개비자나무
④ 일본잎갈나무, 향나무

해설
- 음수 : 약한 광선에서도 비교적 생육이 좋다. 전광선량의 50%가 필요하다.
  예) 팔손이나무, 비자나무, 가시나무, 식나무, 후박나무, 동백나무, 사철나무, 회양목, 독일가문비, 맥문동, 호랑가시나무, 주목, 아왜나무, 전나무 등
- 양수 : 충분한 광선이 있어야 생육한다. 전광선량의 70% 이상이 필요하다.
  예) 소나무, 해송, 낙엽송, 은행나무, 석류나무, 철쭉류, 느티나무, 무궁화, 백목련, 일본잎갈나무, 측백나무, 향나무, 포플러류, 가죽나무, 개나리, 플라타너스, 자작나무 등

33 강(鋼)과 비교한 알루미늄의 특징에 대한 내용 중 옳지 않은 것은?

① 강도가 작다.
② 비중이 작다.
③ 열팽창율이 작다.
④ 전지 전도율이 높다.

해설 알루미늄은 철(鋼)보다 2배의 열팽창율을 가진다.

34 다음 중 낙우송의 설명으로 옳지 않은 것은?

① 잎은 5~10cm 길이로 마주나는 대상이다.
② 소엽은 편평한 새의 깃모양으로서 가을에 단풍이 든다.
③ 열매는 둥근 달걀 모양으로 길이 2~3cm, 지름 1.8~3.0cm의 암갈색이다.
④ 종자는 삼각형의 각모에 광택이 있으며 날개가 있다.

해설 대생인 메타쉐쿼이어와 달리 어긋난다(호생).

35 두께 15cm 미만이며, 폭이 두께의 3배 이상인 판 모양의 석재를 무엇이라고 하는가?

① 각석
② 판석
③ 마름돌
④ 견치돌

해설
- 각석 : 폭이 두께의 3배 미만이고 폭보다 길이가 긴 직육면체의 석재이다.
- 판석 : 두께가 15cm 미만이고 폭이 두께의 3배 이상인 판 모양의 석재이다.
- 마름돌 : 지정된 규격에 따라 직육면체가 되도록 각 면을 다듬은 석재이다.
- 견치돌 : 돌을 뜰 때 치수를 지정해서 깨낸 직육면체의 석재로 1개의 무게는 약 70~100kg이다.

36 다음 제초제 중 잡초와 작물 모두를 살멸시키는 비선택성 제초제는?

① 디캄바액제
② 글리포세이트액제
③ 펜티온유제
④ 에테폰액제

37 소나무류의 순따기에 알맞은 적기는?

① 1~2월
② 3~4월
③ 5~6월
④ 7~8월

해설 5~6월에 2~3개의 순을 남기고, 중심순을 포함한 나머지 순을 따버린다.

정답 32. ③ 33. ③ 34. ① 35. ② 36. ② 37. ③

38 다음 설명하는 잡초로 옳은 것은?

- 일년생 광엽잡초
- 논잡초로 많이 발생할 경우는 기계수확이 곤란
- 줄기 기부가 비스듬히 땅을 기며 뿌리가 내리는 잡초

① 메꽃
② 한련초
③ 가막사리
④ 사마귀풀

해설 메꽃은 들에서 서식하는 다년생 잡초. 한련초와 가막사리는 줄기가 곧게 자란다.

39 다음 가지다듬기 중 생리조정을 위한 가지다듬기는?

① 병·해충 피해를 입은 가지를 잘라 내었다.
② 향나무를 일정한 모양으로 깎아 다듬었다.
③ 늙은 가지를 젊은 가지로 갱신하였다.
④ 이식한 정원수의 가지를 알맞게 잘라 냈다.

해설 이식 후 증산에 의한 수분스트레스를 방지하기 위한 수단이다.

40 평판측량에서 평판을 정치하는데 생기는 오차 중 측량결과에 가장 큰 영향을 주므로 특히 주의해야 할 것은?

① 수평맞추기 오차
② 중심맞추기 오차
③ 방향맞추기 오차
④ 앨리데이드의 수준기에 따른 오차

해설 평판의 3대요소
- 정준 : 평판이 수평이 되도록 하는 것
- 구심 : 지상의 측점과 도상의 측점을 일치시키는 것
- 표정 : 평판을 일정한 방향에 따라 고정시키는 것 → 오차중 측량결과에 가장 큰 영향을 주는 오차

41 조경설계기준상 공동으로 사용되는 계단의 경우 높이가 2m를 넘는 계단에는 2m 이내마다 당해 계단의 유효폭 이상의 폭으로 너비 얼마 이상의 참을 두어야 하는가? (단, 단높이는 18cm 이하, 단너비는 26cm 이상이다)

① 70cm   ② 80cm
③ 100cm ④ 120cm

해설 계단의 물매는 30~35°이고 답면의 표면경사는 1~2%, 계단참은 1인용 90~110cm, 2인용 130cm 정도, 계단의 폭이 3m 초과 시 3m 이내마다 난간을 설치한다.

42 잔디밭을 조성하려 할 때 뗏장붙이는 방법으로 틀린 것은?

① 뗏장붙이기 전에 미리 땅을 갈고 정지(整地)하여 밑거름을 넣는 것이 좋다.
② 뗏장붙이는 방법에는 전면붙이기, 어긋나게 붙이기, 줄붙이기 등이 있다.
③ 줄붙이기나 어긋나게 붙이기는 뗏장을 절약하는 방법이지만, 아름다운 잔디밭이 완성되기까지에는 긴 시간이 소요된다.
④ 경사면에는 평떼 전면붙이기를 시행한다.

해설 평떼 붙이기는 절토지역 경사가 완만한 지역에 붙이는 방법이다. 줄떼 붙이기는 성토지역 경사지에 적용하는 방법이다.

정답 38. ④ 39. ③ 40. ③ 41. ④ 42. ④

2013년 기출

43 시멘트의 각종 시험과 연결이 옳은 것은?

① 비중시험-길모아 장치
② 분말도시험-루사델리 비중병
③ 응결시험-블레인법
④ 안정성시험-오토클레이브

해설
- 응결시험-길모아 장치 : 시멘트의 응결시간을 측정하는 기구
- 비중시험-르샤틀리에 비중병 : 콘크리트의 배합설계에서 있어서 시멘트가 차지하는 용적을 계산하려면 비중을 알아야 비중값으로 시멘트가 공기 중에서 얼마나 풍화 되었는지 정도를 알 수 있다.
- 혼합시멘트의 분말도시험-블레인법 : 시멘트의 클링커를 분해할 때 그 입자의 고운 정도, 분말도가 높을수록 수화 작용이 빠르므로 조기강도가 높고 발열량도 약간 높아지며, 워커빌리티(시공연도), 공기량, 수밀성, 내구성 등에도 영향을 준다.
- 안정성시험-오토플레이브 팽창 : 고온, 고압의 수증기 속에 재료를 두고 하는 시험. 시멘트의 안정성이나 애자의 열화를 살피는 시험

44 다음 중 식엽성(食葉性) 해충이 아닌 것은?

① 솔나방   ② 텐트나방
③ 복숭아명나방   ④ 미국흰불나방

해설 ③은 년 2회 발생하며 다 자란 유충으로 고치 속에서 월동 후 제1회 성충은 6월에 우화하여 복숭아 등 과실에 산란하며, 1마리가 여러 개의 과실을 파먹는다.

45 경석(硬石)의 배석(配石)에 대한 설명으로 옳은 것은?

① 원칙적으로 정원 내에 눈에 뜨이지 않는 곳에 두는 것이 좋다.
② 차경(借景)의 정원에 쓰면 유효하다.
③ 자연석보다 다소 가공하여 형태를 만들어 쓰도록 한다.
④ 입석(立石)인 때에는 역삼각형으로 놓는 것이 좋다.

해설 경관석은 조경상 포인트가 되는 장소나 입구를 막아 설치하고 주변의 경관을 짜임새있게 하거나 하나의 경치가 되도록 배치하는 것으로 돌 하나하나의 개성을 살려 전체 경관을 맞추며 경취(景趣)를 풍부하게 할 수 있다. 고유의 특징을 살릴 수 있도록 배치하되 주위 미관과 조화되도록 하며 1개 또는 2~3개의 돌을 3,5,7 홀수로 배치하고 가장 중심이 되는 자리에 가장 크고 기품이 있는 경관석을 중심석으로 배치한다. 또한 전체적으로 힘의 방향이 분산되지 않아야 한다.
소정의 깊이를 터파기하여 앉히고 옆은 돌받침, 돌굄, 콘크리트뒷채움 등을 하여 흔들리지 않게 한 다음 주의 흙을 빈 틈없이 밀어넣어져 다져메우며, 세운돌, 빗세운돌 설치에 있어서는 쓰러지지 않도록 깊이 묻거나 돌받침, 콘크리트 뒷채움 등을 튼튼히 하고 주위 흙을 채워 다진다. 채우는 흙의 두께 30cm마다 충분히 다진다.

46 다음 중 시멘트의 종류 중 혼합시멘트가 아닌 것은?

① 알루미나 시멘트
② 플라이 애시 시멘트
③ 고로 슬래그 시멘트
④ 포틀랜드 포졸란 시멘트

해설 알루미나 시멘트는 특수 시멘트이다.
a. 포틀랜드 시멘트
- 보통 포틀랜드시멘트 : 제조공정이 간단하고 저렴하여 가장 많이 사용한다.
- 중용열시멘트 : 수화열이 적어 균열이 방지되며, 댐이나 큰 구조물에 사용한다.
- 조강 포틀랜드 시멘트 : 조기에 높은 강도로 급한 공사나 동결기 공사, 물 속 공사에 사용된다. 수화열이 커서 균열의 위험이 있지만 재령이 3일이면 $210kg/cm^2$ 이상의 강도가 생긴다.
- 백색 포틀랜드 시멘트 : 건축물의 도장 및 치장용 등 건축 미장용으로 쓰인다.

b. 혼합 시멘트
- 슬래그 시멘트(고로시멘트) : 용광로에서 생성된 광재(Slag)를 넣어 만들었으며, 균열이 적어 폐수시설, 하수도, 항만에 사용된다.
- 플라이 애시 시멘트 : 분탄이 연료인 보일러 연통에서 채집한 재(Fly Ash)를 넣어 만들었으며, 강도가 크고 슬래그와 같은 용도로 쓰인다.
- 포졸란 시멘트(실리카시멘트) : 포졸란(화산재, 규조토 등으로 이루어진 혼화재)을 넣어 만든 시멘트로 동결 및 융해작용에 대한 저항성이 작고, 조기강도가 크나 경화가 느리다.

정답 43. ④ 44. ③ 45. ② 46. ①

47 조형(造形)을 목적으로 한 전정을 가장 잘 설명한 것은?

① 고사지 또는 병지를 제거한다.
② 밀생한 가지를 솎아준다.
③ 도장지를 제거하고 결과지를 조정한다.
④ 나무 원형의 특징을 살려 다듬는다.

해설 전정의 목적은 미관상, 실용상, 생리상의 목적으로 나눌 수 있는데 '①~③'은 생리상의 목적에 해당된다.

48 다져진 잔디밭에 공기 유통이 잘되도록 구멍을 뚫는 기계는?

① 소드 바운드(Sod Bound)
② 론 모우어(Lawn Mower)
③ 론 스파이크(Lawn Spike)
④ 레이크(Rake)

해설 Lawn Mower는 잔디깎기 기계, Rake는 땅바닥에 말린 목초를 긁어 모으는 작업도구이다. 통기작업에는 Spike를 이용한 Spiking과 Core Aerification, Slicing, Vertical Mowing 등이 있다.

49 지하층의 배수를 위한 시스템 중 넓고 평탄한 지역에 주로 사용되는 것은?

① 어골형, 평행형
② 즐치형, 선형
③ 자연형
④ 차단법

해설
- 어골형(魚骨形) : 배수관거의 배치형태가 주선을 중심으로 지선(45° 이하교각, 4~5m 간격, 최장 30m 이하)을 양측에 설치, 소규모의 평탄한 지역(경기장, 소규모운동장, 광장, 놀이터, 골프장)의 배수에 적합하며 전 지역의 균일한 배수가 이루어진다.
- 평행형(平行形) : 지선을 주선과 직각으로 접속하고, 지선은 일정한 간격으로 평행하게 배치하여 배수, 즐치형, 빗살형이라고도 한다. 넓고 평탄한 지역, 운동장과 대규모 지역 심토층배수에 사용한다.
- 선형(扇形) : 부채살 모양으로 1개의 지점으로 집중하도록 설치하여 집수후 배수하는 방식으로 부채형이라고도 한다. 지형적으로 침된 곳이나 한 지점으로 경사를 이루고 있는 소규모 지역에 사용, 시설 설치의 효율성이 낮다.
- 차단형 : 경사면의 내부에 불투수층이 형성되어 있어 지하로 유입된 우수가 원활하게 배출되지 못하거나 사면에서 용출되는 물을 제거하기 위하여 사용되는 방식으로 도로의 사면에 많이 적용한다.
- 자연형(自然形) : 대규모 공원과 같이 완전한 배수가 요구되지 않는 지역에서 등고선을 고려하여 주관을 설치하고 주관을 중심으로 양측에 지관을 지형에 따라 필요한 곳에 설치하는 방법이다. 지형의 기복이 심한 소규모 공간에 물이 정체되는 곳이나 평탄면에 배수가 원활하지 못한 곳에 적용한다.

50 다음 중 흙쌓기에서 비탈면의 안정효과를 가장 크게 얻을 수 있는 경사는?

① 1 : 0.3
② 1 : 0.5
③ 1 : 0.8
④ 1 : 1.5

해설 경사도(%) = 수직거리/수평거리
따라서 수평거리가 가장 긴 1 : 1.5가 가장 안정효과가 있다.

51 다음 중 들잔디의 관리 설명으로 옳지 않은 것은?

① 들잔디의 깎기 높이는 2~3cm로 한다.
② 뗏밥은 초겨울 또는 해동이 되는 이른 봄에 준다.
③ 해충은 황금충류가 가장 큰 피해를 준다.
④ 병은 녹병의 발생이 많다.

해설 난지형 잔디인 들잔디는 6~8월에 뗏밥을 주고 한지형 잔디는 9월에 준다.

정답 47. ④ 48. ③ 49. ① 50. ④ 51. ②

2013년 기출

52 생울타리를 전지·전정하려고 한다. 태양의 광선을 골고루 받게 하여 생울타리의 밑가지 생육을 건전하게 하려면 생울타리의 단면 모양은 어떻게 하는 것이 가장 적합한가?

① 삼각형
② 사각형
③ 팔각형
④ 원형

53 설계도서에 포함되지 않는 것은?

① 물량내역서
② 공사시방서
③ 설계도면
④ 현장사진

> [해설] 설계도서 우선순위
> ① 특별시방서, ② 설계도면, ③ 일반시방서, 표준시방서, ④ 수량산출내역서, ⑤ 승인된 시공도면 순

54 다음 중 파이토플라스마에 의한 수목병은?

① 뽕나무 오갈병
② 잣나무 털녹병
③ 밤나무 뿌리혹병
④ 낙엽송 끝마름병

> [해설] '②'와 '④'는 곰팡이(진균류), '③'은 세균에 의한 병이다.

55 골재알의 모양을 판정하는 척도인 실적률(%)을 구하는 식으로 옳은 것은?

① 공극률(%) − 100
② 100 − 공극률(%)
③ 100 − 조립률(%)
④ 조립률(%) − 100

> [해설]
> • 실적률 : 골재의 단위 용적(㎥) 중의 실적 용적을 백분(%)율로 나타낸 값
> • 공극률 : 골재의 단위용적(㎥) 중의 공극을 백분율(%)로 나타낸 값
> • 실적율이 클 경우 : 시멘트풀 량이 감소, 건조수축이 감소, 수화발열량이 감소, 단위수량 감소하며 표준 실적율은 55% 이상이며 고강도일 경우 59% 이상이다.

56 건물이나 담장 앞 또는 원로에 따라 길게 만들어지는 화단은?

① 모듬화단
② 경재화단
③ 카펫화단
④ 침상화단

> [해설]
> • 모듬화단 : 기식화단이라고도 하고 사방에서 감상할 수 있도록 정원의 중심부에 마단하여 화단 가운데에 가장 키가 큰 화초를 중간지역은 중간크기 화초를 심어 우산 모양의 화단이 되게 한다.
> • 카펫화단 : 화문화단, 자수화단이라고도 하며, 광장이나 녹지의 잔디밭 가운데에 만드는 화단으로 카펫을 깔아 놓은 문양과 같이 주로 키가 작은 화초를 심어서 꾸며진 화단이다.
> • 침상화단 : 보도에서 1~2m 정도 낮은 평면에 기하학적 모양의 아름다운 화단을 만드는 것이다.

57 표준형 벽돌을 사용하여 1.5B로 시공한 담장의 총 두께는? (단, 줄눈의 두께는 10mm이다)

① 210mm
② 270mm
③ 290mm
④ 330mm

> [해설] 단위 mm
>
> | 구분 | 0.5B | 1.0B | 1.5B | 2.0B |
> | --- | --- | --- | --- | --- |
> | 표준형
(190×90×57) | 90 | 190 | 290 | 390 |
> | 기존형
(210×100×60) | 100 | 210 | 320 | 430 |

정답 52. ① 53. ④ 54. ① 55. ② 56. ② 57. ③

58 수간에 약액 주입 시 구멍 뚫는 각도로 가장 적절한 것은?

① 수평
② 0°~10°
③ 20°~30°
④ 50°~60°

해설 수간주사는 쇠약한 나무, 이식한 큰 나무, 외과수술을 받은 나무, 병충해 피해를 받은 나무 등에 인위적으로 영양제, 발근촉진제, 살균제, 살충제 등을 나무줄기에 주입하는 것이다. 4~9월 증산작용이 왕성한 맑은 날에 실시한다. 방법은 수간 밑 5~10cm, 반대쪽 지상 10~15(20)cm 2곳에 구멍 뚫기이다. 구멍각도는 20~30도, 구멍지름은 5~6mm, 깊이는 3~4cm, 수간 주입기는 높이 180cm에 고정한다.

59 토양의 입경조성에 의한 토양의 분류를 무엇이라고 하는가?

① 토성
② 토양통
③ 토양반응
④ 토양분류

해설 토성 : 점토 0.002mm 이하
미사 : 0.002~0.02mm
모래 : 0.02~2mm
토양통은 토양분류에서 가장 기본이 되는 토양 분류단위. 토양반응은 토양의 산성성노를 나타내는 화학적 분류기준이다.

60 비료의 3요소가 아닌 것은?

① 질소(N)
② 인산(P)
③ 칼슘(Ca)
④ 칼륨(K)

해설 3대 다량원소는 N(질소), P(인), K(칼륨), 6대 다량원소는 N, P, K, Ca(칼슘), Mg(마그네슘), S(황)이다. 미량원소로는 Fe(철), Mn(망간), Zn(아연), B(붕소), Cu(구리), Mo(몰리브렌) 등이 있다.

정답 58. ③ 59. ① 60. ③

국가기술자격검정 필기시험

2013년도 조경기능사 과년도 출제문제 제2회

자격종목 및 등급(선택분야)	종목코드	시험시간	문제지형별
조경기능사	6335	1시간	A

---

1 그리스 시대 공공건물과 주랑으로 둘러싸인 다목적 열린 공간으로 다목적열린 공간으로 무덤의 전실을 가리키기도 했던 곳은?

① 포름
② 빌라
③ 테라스
④ 키넬

[해설]
- 포름 : 공공건물과 주랑으로 둘러싸인 다목적 열린공간, 원래 공공건물이나 입구 앞에 있는 공간에 널리 붙여졌던 용어는 '무덤의 전실'을 가리키기도 했고, 로마 군대에서는 진영의 정문 옆에 있는 개활지를 가리키기도 했다.
- 빌라 : 건축형태를 가리키는 말이지만 사회적으로는 근심과 경제적 빈곤으로부터 자유로운 이상적인 생활도 함축하고 로마 공화정시대에 경작과 채소원의 목적이었다가 기원전 1세기경 생활의 풍요로 농촌주택, 시골저택, 화려한 도시의 고급주택으로 바뀌었고 후에 15, 16세기 르네상스 이탈리아정원의 발달에 바탕을 이루었다.
- 테라스 : 실내에서 직접 밖으로 나갈 수 있도록 방의 앞면으로 가로나 정원에 뻗쳐 나온 곳, 일광을 하거나 휴식처, 놀이터로 쓰인다.
- 키넬(canal) : 수로

2 다음 중 본격적인 프랑스식 정원으로서 루이 14세 당시의 니콜라스 푸케와 관련 있는 정원은?

① 보르뷔콩트(Vaux-le-Vicoate)
② 베르사유(Versailles)공원
③ 퐁텐블로(Fontainebleau)
④ 생 클루(Saint-Cloud)

[해설]
- 보르뷔콩트 : 1656년부터 10여 년간의 소요로 만들어졌으며, 르노트르에 의해 프랑스 평면기하학식 정원을 대표하는 첫 번째 작품이다. 루이 14세를 자극하여 베르사이유정원을 만드는 계기가 되었다.
- 베르사이유궁전 : 루이 14세 때 르노트르에 의해 만들어진 프랑스 평면기하학식의 대표적 정원으로 그의 부친의 오랜 사냥터였던 부지를 개조해서 1661년부터 25년간 걸쳐 만들어졌으며 약 300헥타르에 이른다. 중심축과 여러 개의 횡축과 방사축을 사용함으로써 전체 부지에 뚜렷한 질서와 틀을 구성하고 각 단위공간의 요소요소에 분수, 작은 연못, 조각품, 기하학적 자수화단과 수목을 배치하여 다양하고 흥미로운 장소들을 조성했다.
- 퐁텐블로(Fountainebleau) : 르노트르에 의해 대담하면서도 간결하게 재설계, 왕의화단(310m×395m)을 만들고 그 가운데 방형의 연못을 만들고 가운데 분수를 조성했다.
- 생 클루(Saint-Cloud) : 르 노트르의 또 다른 작품의 하나로 경사지인 부지의 특성으로 계단과 경사로가 도입되고 동서남북으로 가로수길이 도입되었다. 이 정원이 최초 주인이 이탈리아인이었고, 경사지라는 입지특성으로 인해 이탈리아 양식적 특징도 볼 수 있다.

3 오방색 중 오행으로는 목(木)에 해당하며 동방(東方)의 색으로 양기가 가장 강한 곳이다. 계절로는 만물이 생성하는 봄의 색이고 오륜은 인(仁)을 암시하는 색은?

① 적(赤)
② 청(靑)
③ 황(黃)
④ 백(白)

[해설]

방위	중앙	동	서	남	북
오행	토	목	금	화	수
색	황	청	백	적	흑

정답 1. ① 2. ① 3. ②

4 다음 중 정원에서의 눈가림 수법에 대한 설명으로 틀린 것은?

① 좁은 정원에서는 눈가림 수법은 쓰지 않는 것이 정원을 더 넓게 보이게 한다.
② 눈가림은 변화와 거리감을 강조하는 수법이다.
③ 이 수법은 원래 동양적인 것이다.
④ 정원이 한층 더 깊이가 있어 보이게 하는 수법이다.

해설 눈가림 수법은 정원이 한층 더 깊이가 있어 보이게 하는 수법으로 변화와 깊이감을 강조하는 수법이고 좁은 정원에서의 눈가림수법은 정원을 더 넓게 보이게 한다.

5 빠른 보행을 필요로 하는 곳에 포장재료로 사용되기 가장 부적합한 것은?

① 아스팔트
② 콘크리트
③ 조약돌
④ 소형고압 블록

해설 조약돌이나 판석 종류는 느린 보행을 필요할 때 사용된다.

6 작은 색견본을 보고 색을 선택한 다음 아파트 외벽에 칠했더니 명도와 채도가 높아져 보였다. 이러한 현상을 무엇이라고 하는가?

① 색상대비
② 한난대비
③ 면적대비
④ 보색대비

해설
• 명도대비(Luminosity Contrast, 明度對比) : 명도가 다른 두 색을 이웃하거나 배색하였을 때, 밝은 색은 더 밝게, 어두운 색은 더 어둡게 보이는 현상이다.
• 색상대비(Color Contrast, 色相對比) : 색상이 다른 두 색을 동시에 이웃하여 놓았을 때 두 색이 서로의 영향으로 색상 차가 나는 현상. 1차색끼리 잘 일어나며, 2차색과 3차색이 될수록 그 대비 효과는 적게 나타난다.
• 한난대비(寒暖對比) : 색의 차고 따뜻한 느낌의 지각 차이로 인해서 변화가 오는 대비현상으로 모든 색채대비에서의 기초적 감정으로서 중요시된다.
• 보색대비(補色對比) : 색상환에서 서로 마주보는 위치에 있는 색을 보색이라 하는데, 혼합하면 회색이 되는 보색이 나란히 놓여질 때 서로의 채도를 높여 강렬하고 선명하게 보이는 현상, 교통표지판에서 많이 나타난다.
• 면적대비(面積對比) : 면적이 넓은 쪽의 색이 명도와 채도가 더 높아보이는 현상이다.
• 연변대비(緣邊對比) : 나란히 단계적으로 균일하게 채색되어 있는 색의 경계부분에서 일어나는 대비현상으로 색과 색이 접하는 부분에서 흰색과 접하는 부분의 회색이 더 진해 보인다.

7 도시공원 및 녹지 등에 관한 법률 시행규칙상 도시의 소공원 공원시설 부지면적 기준은?

① 100분의 20 이하
② 100분의 30 이하
③ 100분의 40 이하
④ 100분의 60 이하

해설 도시공원 및 녹지에 관한 법률에서 공원시설의 부지면적에 대한 기준
• 어린이공원 : 60% 이하
• 근린공원 : 40% 이하
• 소공원 : 20% 이하
• 체육공원 : 50% 이하
• 도시농업공원 : 40% 이하

정답 4. ① 5. ③ 6. ③ 7. ①

2013년 기출

8 조경식재 설계도를 작성할 때 수목명, 규격, 본수 등을 기입하기 위한 인출선 사용의 유의사항으로 올바르지 않은 것은?

① 가는 선으로 명료하게 긋는다.
② 인출선의 수평부분은 기입 사항의 길이와 맞춘다.
③ 인출선간의 교차나 치수선의 교차를 피한다.
④ 인출선의 방향과 기울기는 자유롭게 표기하는 것이 좋다.

해설 인출선의 방향과 기울기는 통일하도록 한다.

9 '사자(死者)의 정원'이라는 이름의 묘지정원을 조성한 고대 정원은?

① 그리스 정원
② 바빌로니아 정원
③ 페르시아 정원
④ 이집트 정원

해설 이집트인들은 인간은 육체와 영혼으로 이루어져 양자의 분리는 죽음이지만 死者는 영혼이 머무는 곳에서 시체가 멸하지 않고 공물(供物)을 받을 수 있다면 죽은 자도 저승에서 계속 산다고 믿었다.

10 미적인 형 그 자체로는 균형을 이루지 못하지만 시각적인 힘의 통합에 의해 균형을 이룬 것처럼 느끼게 하여 동적인 감각과 변화 있는 개성적 감정을 불러일으키며, 세련미와 성숙미 그리고 율동감과 유연성을 주는 미의 원리는?

① 비례
② 비대칭
③ 집중
④ 대비

해설
- 비례 : 대·소, 상·단의 차이, 부분과 부분, 부분과 전체의 수량적 관계가 미적으로 분할 되때 좋은 비례가 된다.
- 집중 : 한 곳의 중심으로 모이게 하는 것
- 대비 : 상이한 크기, 형태, 색채, 질감을 서로 대조시킴으로써 두드러지게 보이는 것

11 다음 중 "피서산장, 이화원, 원명원"은 중국의 어느 시대 정원인가?

① 진   ② 명
③ 청   ④ 당

해설
- 진시대 : 아방궁, 시황제 때 신선이 산다는 봉래산을 난지궁에 만들었음, 여산릉과 만리장성을 축조
- 당시대 : 온천궁, 화청궁, 흥경궁, 구성궁
- 명시대 : 소주를 중심으로 졸정원, 유원, 작원이 만들어짐

12 다음 중 온도감이 따뜻하게 느껴지는 색은?

① 보라색
② 초록색
③ 주황색
④ 남색

해설 따뜻한 느낌의 난색으로는 빨강, 주황, 노랑색 등이 있고 차가운 느낌의 한색으로는 파랑, 남색 등이 있다.

13 다음 ( )에 들어갈 적당한 공간 표현은?

> 서오능 시민 휴식공원 기본계획에는 왕릉의 보존과 단체 이용객에 대한 개방이라는 상충되는 문제를 해결하기 위하여 ( )을(를) 설정함으로써 왕릉과 공간을 분리시켰다.

① 진입광장
② 동적공간
③ 완충녹지
④ 휴게공간

정답 8. ④ 9. ④ 10. ② 11. ③ 12. ③ 13. ③

해설 완충녹지는 수질오염·대기 오염·소음·진동 등 공해의 발생원이 되는 곳 또는 가스폭발, 유출 등 재해가 생겨날 우려가 있는 지역과 주거지역이나 상업지역 등을 분리시킬 목적으로 두 지역 사이에 설치하는 녹지대를 말한다. 서로 기능상의 마찰을 일으킬 수 있는 지역 사이에 설치된다. 즉 도로나 철도 주변 주거지대 등, 상호 토지 이용의 혼란방지 등의 공공 재해를 줄이고 푸른녹지 보전을 목적으로 하는 녹지를 말한다.

14 다음 중 물체가 있는 것으로 가상되는 부분을 표시하는 선의 종류는?

① 실선
② 파선
③ 1점쇄선
④ 2점쇄선

해설
- 실선 : 외형선, 단면선, 인출선, 치수선, 치수보조선
- 파선 : 숨은선, 보이지 않는 선
- 1점쇄선 : 부지 경계선, 절단선, 중심선, 기준선

15 다음 중 창덕궁 후원 내 옥류천 일원에 위치하고 있는 궁궐 내 유일의 초정은?

① 애련정
② 부용정
③ 관람정
④ 청의정

해설 청의정은 옥류천의 물을 저장한 못을 만들고 못 속에 섬을 만들어 심에 세운 초정이다. 우리나라 초정(짚으로 지붕을 얹음) 중에서 가장 오래되고 가장 아름다운 정자이다.

16 비금속재료의 특성에 관한 설명 중 옳지 않은 것은?

① 납은 비중이 크고 연질이며, 인성이 풍부하다.
② 알루미늄은 비중이 비교적 작고 인질이며 강도도 낮다.
③ 아연은 산 및 알칼리에 강하나 공기 중 및 수중에서는 내식성이 작다.
④ 동은 상온의 건조공기 중에서 변화하지 않으나 습기가 있으면 광택을 소실하고 녹청색으로 된다.

해설 아연은 실온에서는 단단하고 부서지기 쉬우며 전성과 연성이 거의 없으나, 100~150℃에서는 전성을 띠게 되어 가는 선이나 얇은 판으로 가공할 수 있다. 비교적 좋은 전기 전도체이며, 산, 알칼리, 여러 비금속 원소들과 쉽게 반응을 하고 내식성이 강하다.

17 다음 석재 중 조직이 균질하고 내구성 및 강도가 큰 편이며, 외관이 아름다운 장점이 있는 반면에 내화성이 작아 고열을 받는 곳에는 적합하지 않은 것은?

① 응회암
② 화강암
③ 편마암
④ 안산암

해설 천연암석 중 현무암·안산암·석회암·경사암 등은 비교적 내화성이 크고, 화강암·편마암 등 조립(粗粒) 완정질의 것은 내화성이 작다.

18 합성수지 중에서 파이프, 튜브, 물받이통 등의 제품에 가장 많이 사용되는 열가소성수지는?

① 페놀수지
② 멜라민수지
③ 염화비닐수지
④ 폴리에스테르수지

해설
- 페놀수지 : 전기·전자부품, 기계부품, 자동차부품 등의 성형 재료, 판·막대·관 등의 적층품(積層品)에 이용
- 멜라민수지 : 성형 재료, 접착제, 도료, 직물의 완성제 등으로 쓰인다.
- 폴리에스테르수지 : FRP의 매트릭스로서, 욕조와 자동차 바디, 요트의 선체, 가솔린 탱크, 모터용 절연판, 극장과 스타디움의 의자 등에 이용한다.
- ①, ②, ④ 모두 열경화성 수지이다.

정답 14. ④ 15. ④ 16. ③ 17. ② 18. ③

2013년 기출

19 목구조의 보강철물로서 사용되지 않는 것은?

① 나사못
② 듀벨
③ 고장력볼트
④ 꺽쇠

해설
- 보강철물(Reinforcing Metal) : 목작업 시 이음과 접합부위에 보강을 위해 덧대는 철물
- 듀벨 : 두 목재 사이의 접합부에 끼워 볼트 접합을 보강하기 위한 철물
- 꺽쇠 : 양쪽 끝을 꺾어 꼬부려서 주로 'ㄷ' 자 모양으로 만든 쇠토막, 두 개의 물체를 겹쳐대어 서로 벌어지지 않게 하는데 쓰인다.
- 고장력볼트 : 철골구조에 사용한다.

20 정원의 한 구석에 녹음용수로 쓰기 위해서 단독으로 식재하려 할 때 적합한 수종은?

① 홍단풍
② 박태기나무
③ 꽝꽝나무
④ 칠엽수

해설 녹음수는 잎이 넓은 교목이 적합하다. 박태기나무와 꽝꽝나무는 관목이고 홍단풍은 교목이나 침엽수에 비하여 수고가 낮고 잎이 작다.

21 강을 적당한 온도(800~1000°C)로 가열하여 소정의 시간까지 유지한 후에 로(爐) 내부에서 천천히 냉각시키는 열처리법은?

① 풀림(Annealing)
② 불림(Normalizing)
③ 뜨임질(Tempering)
④ 담금질(Quenching)

해설
- Normalizing : 결정(結晶) 조직이 큰 것, 또는 변형이 있는 것을 정상 상태로 만들기 위하여 보통 강을 오스테나이트 범위까지 가열한 다음 서서히 공기 속에서 방랭(放冷)한다.
- Tempering : 열처리의 일종으로 담금질한 강은 경도(硬度)는 높아지나 재질이 여리게 되므로 A1 변태점 이하의 온도로 재가열하여 주로 경도를 낮추고, 점성(粘性)을 높이기 위한 열처리이다.
- Quenching : 물이나 기름에서 급랭(急冷)함으로써 금속이나 합금의 내부에서 일어나는 변화를 저지(沮止)하여, 고온에서의 안정상태 또는 중간상태를 저온·온실에서 유지하는 조작이다.

22 흙에 시멘트와 다목적 토양개량제를 섞어 기층과 표층을 겸하는 간이포장 재료는?

① 우레탄
② 콘크리트
③ 카프
④ 칼라 세라믹

해설 우레탄-자동차 내장재에서 침구 매트리스에 이르기까지 다양한 용도로 쓰인다.

23 다음 중 난대림의 대표 수종인 것은?

① 녹나무
② 주목
③ 전나무
④ 분비나무

해설 ②~④는 한대성(고산성) 수종이다.

24 투명도가 높으므로 유기유리라는 명칭이 있으며, 착색이 자유롭고 내충격 강도가 크고, 평판, 골판 등의 각종 형태의 성형품으로 만들어 채광판, 도어판, 칸막이벽 등에 쓰이는 합성수지는?

① 요소수지
② 아크릴수지
③ 에폭시수지
④ 폴리스티렌수지

정답 19. ③ 20. ④ 21. ① 22. ③ 23. ① 24. ②

해설
- 요소수지 : 요소와 포르말린으로 축합한 수지로 무색투명, 견경하다. 내열성은 100℃ 이하에서는 연속 사용할 수 있고 약산, 약 알칼리, 벤졸, 알코올, 유지류 등에는 거의 침해되지 않는다. 공업용보다는 일용품, 장식품 등에 많이 사용한다.
- 에폭시수지 : 에폭시수지는 비중 1.230~1.1890이며, 굽힘강도·굳기 등 기계적 성질이 우수하다. 가연성·내약품성이 크지만 강한 산과 강한 염기에는 약간 침식된다. 안료(顔料)를 첨가함으로써 마음대로 착색할 수 있고, 또 내일광성도 크다. 이상과 같은 성능을 이용하여 접착제(금속과 금속의 접합에 가장 알맞다)·도료·라이닝 재료·주형품 재료·적층판(積層板)·염화비닐수지의 안정제 등 그 용도가 다양하다.
- 폴리스티렌수지 : 석유화학계 열가소성 수지의 한 종류로서 플라스틱 중에서 가장 가공하기 쉬운 것으로, 높은 굴절률을 지니고 있다. GP급과 H급은 성형가공용이며 대부분은 전기공업·일반공업용이고, 나머지는 잡화용이다. 특히 가정용 전기기기(텔레비전·냉장고)와 용기(容器)·문방구 등으로 사용된다.

25 다음 재료 중 기건상태에서 열전도율이 가장 작은 것은?

① 유리
② 석고보드
③ 콘크리트
④ 알루미늄

해설 상온 상압(常溫常壓)의 공기는 0.022, 유기 액체는 0.1~0.3, 강(鋼)은 37~46, 구리는 332, 콘크리트는 1.4, 석고보드는 0.05이다.

26 재료의 역학적 성질 중 탄성에 관한 설명으로 옳은 것은?

① 재료가 작은 변형에도 쉽게 파괴하는 성질
② 물체에 외력을 가한 후 외력을 세거시켰을 때 영구변형이 남는 성질
③ 물체에 외력을 가란 후 외력을 제거하면 원래의 모양과 크기로 돌아가는 성질
④ 재료가 하중을 받아 파괴될 때까지 높은 응력에 견디며 큰 변형을 나타내는 성질

해설
- 취성 : 외력을 받았을때 작은 변형에도 파괴되는 성질
- 인성 : 충격에 대한 저항성으로 높은 응력에 견디고 동시에 큰 변형이 되는 성질
- 연성 : 탄성한계 이상의 힘을 받아도 파괴되지 않고 늘어지는 성징
- 전성 : 금속을 가늘고 넓게 판상으로 소성변형시키는 성질
- 탄성 : 외력을 받아 변형을 일으킨 뒤 외력을 제거하면 원형으로 돌아가는 성질

27 다음 중 이와 같은 특성을 지닌 정원수는?

- 형상수로 많이 이용되고, 가을에 열매가 붉게 된다.
- 내음성이 강하며, 비옥지에서 잘 자란다.

① 주목
② 쥐똥나무
③ 화살나무
④ 산수유

해설 주목과 쥐똥나무, 화살나무 모두 지엽이 밀생하여 형상수 조건이 되나 이중에서 붉은 열매는 주목과 화살나무이고 디욱이 내음성이 강한 수종은 오로지 주목뿐이다.

28 수확한 목재를 주로 가해하는 대표적 해충은?

① 흰개미
② 매미
③ 풍뎅이
④ 흰불나방

해설 풍뎅이와 흰불나방은 수목의 잎을 먹는다.

정답 25. ② 26. ③ 27. ① 28. ①

2013년 기출

29 물의 이용 방법 중 동적인 것은?
① 연못
② 케스케이드
③ 호수
④ 풀

해설 케스케이드(Cascade) : 물계단

30 양질의 포졸란(Pozzolan)을 사용한 콘크리트의 성질로 옳지 않은 것은?
① 수밀성이 크고 발열량이 적다.
② 화학적 저항성이 크다.
③ 워커빌리티 및 피니셔빌리티가 좋다.
④ 강도의 증진이 빠르고 단기강도가 크다.

해설 포졸란시멘트는 화산재, 규조토 등으로 이루어진 혼화재를 넣어 만든 시멘트로 동결 및 융해작용에 대한 저항성이 작고, 조기강도가 낮고 경화가 느리다(강도의 증진이 느리다).

31 다음 중 목재 방부법에 사용되는 방부제는?

- 방부력이 우수하고 내습성도 있으며 값이 싸다.
- 냄새가 좋지 않아서 실내에 사용할 수 없다.
- 미관을 고려하지 않은 외부에 사용된다.

① 광명단
② 물유리
③ 크레오소트
④ 황암모니아

해설 광명단(Red Lead, 연단)은 적색안료에서 사용한다.

32 여름에 꽃피는 알뿌리 화초인 것은?
① 히아신스
② 글라디올러스
③ 수선화
④ 백합

해설 구근 초화류
• 봄에 개화하는 알뿌리 화초 : 히아신스, 아네모네, 튤립, 수선화, 크로커스, 백합, 아이리스 등
• 여름에 개화하는 알뿌리 화초 : 달리아, 칸나, 아마릴리스, 글라디올러스, 상사화, 투베로즈, 진저 등

33 토양수분과 조경 수목과의 관계 중 습지를 좋아하는 수종은?
① 주엽나무
② 소나무
③ 신갈나무
④ 노간주나무

해설 '②~④'는 척박지에서 서식하는 수종이다. 습지를 좋아하는 수종에는 주엽나무 외에 낙우송, 수국, 계수나무, 버드나무류, 위성류, 오동나무, 메타세콰이아 등이 있다.

34 나무 줄기의 색채가 흰색계열이 아닌 수종은?
① 분비나무
② 서어나무
③ 자작나무
④ 모과나무

해설 줄기의 색채
• 백색계 : 자작나무, 백송, 분비나무, 플라타너스, 서어나무, 등나무, 동백나무 등
• 청록색계 : 식나무, 벽오동, 황매화 등
• 갈색계 : 편백, 배롱나무, 철쭉, 산당화 등
• 적갈색계 : 소나무, 주목, 삼나무, 섬잣나무, 잣나무, 모과나무 등
• 흑갈색계 : 해송, 가문비나무, 독일가문비, 히말라야시다 등

정답 29. ② 30. ④ 31. ③ 32. ② 33. ① 34. ④

35 암석 재료의 가공 방법 중 쇠망치로 석재 표면의 큰 돌출 부분만 대강 떼어내는 정도의 거친 면을 마무리하는 작업을 무엇이라 하는가?

① 잔다듬
② 물갈기
③ 혹두기
④ 도드락다듬

> **해설**
> - 도드락다듬 : 정다듬 한 표면을 도드락망치를 이용하여 1~3회 정도로 곱게 다듬는 작업이다.
> - 잔다듬 : 외날망치나 양날망치로 정다듬면 또는 도드락다듬면을 일정 방향이나 평행선으로 나란히 찍어 다듬어 평탄하게 마무리하는 것으로 다듬는 횟수는 용도에 따라 1~5회 정도이다.
> - 물갈기 : 필요에 따라 잔다듬면을 연마기나 숫돌로 매끈하게 갈아 내는 방법으로 화강암, 대리석 등을 최종적으로 마무리할 때 이용한다. 갈 때 물을 쓰게 되므로 물갈기라 하고, 광내기 작업까지 들어가는 것을 정갈기라고 한다.
> - 가공순서 : 혹두기 → 도두락다듬 → 잔다듬 → 물갈기

36 콘크리트를 친 후 응결과 경화가 완전히 이루어지도록 보호하는 것을 가리키는 용어는?

① 타설
② 파종
③ 다지기
④ 양생

> **해설**
> - 타설 : 형틀에 콘크리트를 붓는 것
> - 다지기 : 혼합한 콘크리트를 형틀 또는 필요한 장소에 진동기를 사용하여 다져넣는 것

37 다음 복합비료 중 주성분 함량이 가장 많은 비료는?

① 0-40-10
② 11-21-11
③ 21-21-17
④ 10-18-18

> **해설** 질소-인산-칼리의 비율을 의미한다.

38 표준품셈에서 포함된 것으로 규정된 소운반 거리는 몇 m 이내를 말하는가?

① 10m
② 20m
③ 30m
④ 50m

> **해설**
> 소운반 : 현장에 도착된 자재를 공사하는 최종 위치로 이동시키는 운반. 즉 현장 내 운반으로 20m 이내의 운반은 품에 적용받지 못한다.

39 암거는 지하수위가 높은 곳, 배수 불량 지반에 설치한다. 암거의 종류 중 중앙에 큰 암거를 설치하고, 좌우에 작은 암거를 연결시키는 형태로 넓이에 관계없이 경기장이나 어린이놀이터와 같은 소규모의 평탄한 지역에 설치할 수 있는 것은?

① 어골형
② 빗살형
③ 부채살형
④ 자연형

> **해설**
> - 어골형(漁骨形) : 배수관거의 배치형태가 주선을 중심으로 지선(45° 이하교각, 4~5m간격, 최장 30m 이하)을 양측에 설치, 소규모의 평탄한 지역(경기장, 소규모운동장, 광장, 놀이터, 골프장)의 배수에 적합하며 전지역의 균일한 배수가 이루어짐
> - 평행형(平行形) : 지선을 주선과 직각으로 접속하고, 지선은 일정한 간격으로 평행하게 배치하여 배수, 즐치형, 빗살형이라고도 한다. 넓고 평탄한 지역, 운동장과 대규모 지역 심토층배수에 사용
> - 선형(扇形) : 부채살 모양으로 1개의 지점으로 집중하도록 설치하여 집수 후 배수하는 방식으로 부채형이라고도 한다. 지형적으로 침체된 곳이나 한 지점으로 경사를 이루고 있는 소규모 지역에 사용, 시설 설치의 효율성이 낮음
> - 차단형 : 경사면의 내부에 불투수층이 형성되어 있어 지하로 유입된 우수가 원활하게 배출되지 못하거나 사면에서 용출되는 물을 제거 하기 위하여 사용되는 방식으로 도로의 사면에 많이 적용
> - 자연형(自然形) : 대규모 공원과 같이 완전한 배수가 요구되지 않는 지역에서 등고선을 고려하여 주관을 설치하고 주관을 중심으로 양측에 지관을 지형에 따라 필요한 곳에 설치하는 방법, 지형의 기복이 심한 소규모 공간에 물이 정체되는 곳이나 평탄면에 배수가 원활하지 못한 곳에 적용

정답 35. ③ 36. ④ 37. ③ 38. ② 39. ①

2013년 기출

40 눈이 트기 전 가지의 여러 곳에 자리 잡은 눈 가운데 필요로 하지 않은 눈을 따버리는 작업을 무엇이라 하는가?

① 순자르기 ② 열매따기
③ 눈따기 ④ 가지치기

> 해설 눈따기는 적아(摘芽)라고도 한다. '①'은 적심, '④'는 정지라고도 한다.

41 다음 그림과 같은 땅깎기 공사 단면의 절토 연적은?

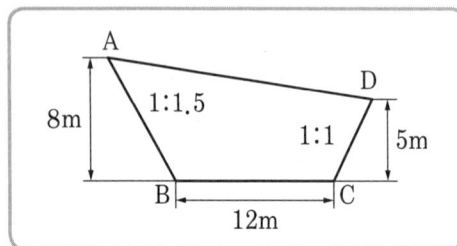

① 60
② 96
③ 112
④ 128

> 해설
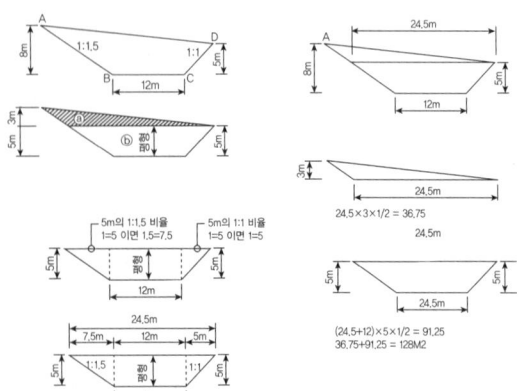

42 심근성 수목을 굴취할 때 뿌리분의 형태는?

① 접시분 ② 사각형분
③ 보통분 ④ 조개분

> 해설
> a. 접시분 : 천근성 수종-자작나무, 편백, 독일가문비, 향나무
> b. 보통분 : 일반적 수종-벚나무, 측백
> c. 조개분 : 심근성 수종-느티나무, 소나무, 회화나무, 주목
>
>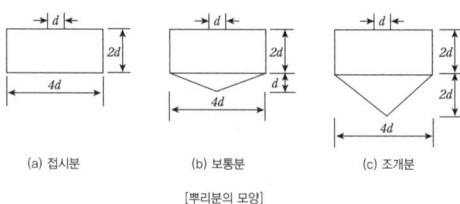
>
> (a) 접시분   (b) 보통분   (c) 조개분
>
> [뿌리분의 모양]

43 수목에 영양공급 시 그 효과가 가장 빨리 나타나는 것은?

① 토양천공시비
② 수간주사
③ 엽면시비
④ 유기물시비

> 해설
> a. 엽면시비의 정의
>   수용액 상태로 비료를 잎의 기공에 시비하는 것으로 주로 미량원소와 요소 등을 이용한다.
> b. 엽면시비의 효과
> • 신속한 영양회복 : 각종 장해로 인한 피해로부터 신속한 복구
> • 뿌리가 훼손되어 흡수력 저하 시 : 벼의 노후답이나 습해 시 효과적
> • 토양시비가 곤란한 경우 : 과수원 초생재배 시(tip: 토양시비 시 초본식물이 비료를 먼저 흡수)
> • 미량원소의 공급
> • 영양분의 증가 : 청예사료의 수확직전에 시비 시 체내 양분증가
> • 노동력 절약 : 비료를 농약과 혼합하여 살포

정답 40. ③ 41. ④ 42. ④ 43. ③

44 다음 토양층위 중 집적층에 해당되는 것은?

① A층 ② B층
③ C층 ④ D층

해설
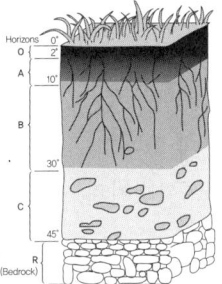
O층 : 유기물 집적층
A층(용탈) : 토양의 표면, 많은 성분이 용탈되고 식물의 부식으로 검은색
B층(집적층) : 용탈된 A층의 성분이 모인 층
C층(모재층) : 풍화 중인 암석층
R층 : 암석층

45 이른 봄 늦게 오는 서리로 인한 수목의 피해를 나타내는 것은?

① 조상(弔喪)
② 만상(晩霜)
③ 동상(凍傷)
④ 한상(寒傷)

해설 만상(晩-늦을 만, 霜-서리 상). 조상은 빨리 찾아온 서리를 뜻한다.

46 벽면에 벽돌 길이만 나타나게 쌓는 방법은?

① 길이 쌓기
② 마구리 쌓기
③ 옆세워 쌓기
④ 네덜란드식 쌓기

47 수목의 가슴 높이 지름을 나타내는 기호는?

① F   ② S.D
③ B   ④ W

해설 수목 규격 표시방법
H(Height)는 수고, W(Width)는 수관폭, B(Breast)는 흉고직경, R(Root)은 근원직경을 나타낸다.

48 다음 수목의 외과 수술용 재료 중 동공 출전물의 재료로 가장 부적합한 것은?

① 콜타르
② 에폭시 수지
③ 불포화 폴리에스테르 수지
④ 우레탄 고무

해설 동공충전은 과거에 시멘트·콘크리트충전, 목재·충전, 고무밀납충전 등을 이용하였으나 지금은 에폭시레진, 불포화 폴리에스테르 수지, 폴리우레탄폼, 우레탄고무, 매트처리 등 인공수지를 이용한 방법도 사용하고 있다. 인공수피 처리는 동공충전 시 사용한 수지가 직사광선에 의한 자외선으로 인하여 변질·산화되는 것을 방지하기 위하여 고안한 방법으로 콜크분말을 아라비아 고무와 암모니아수로 잘 반죽하여 충전 부위에 붙인다.

49 솔잎혹파리에 대한 설명 중 틀린 것은?

① 1년에 1회 발생한다.
② 유충으로 땅속에서 월동한다.
③ 우리나라에서는 1929년에 처음 발견되었다.
④ 유충은 솔잎을 밑부에서부터 갉아 먹는다.

해설 솔잎혹파리는 소나무에게 치명적인 적으로 유충이 잎 아래 부분에 파고 들어가 자리를 잡으면 벌레혹(충영)이 부풀기 시작하여 그 속에서 수액을 빨아 먹어 기생당한 솔잎을 말라죽게 한다.

50 토양의 물리성과 화학성을 개선하기 위한 유기질 토양 개량제는 어떤 것인가?

① 펄라이트
② 버미큘라이트
③ 피트모스
④ 제올라이트

해설 피트모스는 습지, 늪 등에서 수생식물류 및 그 밖의 것이 다소 부식화되어 쌓인 것이다. '①', '②', '④'는 무기질인 암석에서 기원한다.

정답 44. ② 45. ② 46. ① 47. ③ 48. ① 49. ④ 50. ③

2013년 기출

51 정원석을 쌓을 면적이 60m², 정원석의 평균 뒷길이 50cm, 공극률이 40%라고 할 때 실제적인 자연석의 체적은 얼마인가?

① 12m³
② 16m³
③ 18m³
④ 20m³

해설 체적 60m²×0.5m=30m³, 공극률이 40%이므로 30×0.4=12m³, 실제 체적은 공극율을 빼면 30m³-12m³=18m³

52 토양의 3상이 아닌 것은?

① 고상
② 기상
③ 액상
④ 임상

해설 토양의 3상(相) : 토양은 고형물(암석풍화물, 유기물)과 고형물 사이의 공기(기상)와 물(액상)로 구성된다.

3상의 이상적 비율
- 고상(高相) : 50%(토양입자 45%, 유기물 5%)
- 액상(液相) : 25%
- 기상(氣相) : 25%

53 벽돌수량 산출방법 중 면적산출시 표준형 벽돌로 시공 시 1m²를 0.5B의 두께로 쌓으면 소요되는 벽돌량은? (단, 줄눈은 10mm로 한다)

① 65매
② 130매
③ 75매
④ 149매

해설

벽돌두께 \ 벽두께	0.5B	1.0B	1.5B	2.0B	2.5B	3.0B
표준형 (190×90×57)	75매	149매	224매	298매	373매	447매

54 콘크리트 슬럼프값 측정순서로 옳은 것은?

① 시료채취 → 다지기 → 콘에 채우기 → 상단 고르기 → 콘 벗기기 → 슬름프값 측정
② 시료채취 → 콘에 채우기 → 콘 벗기기 → 상단 고르기 → 다지기 → 슬름프값 측정
③ 시료채취 → 콘에 채우기 → 다지기 → 상단 고르기 → 콘 벗기기 → 슬름프값 측정
④ 다지기 → 시료채취 → 콘에 채우기 → 상단 고르기 → 콘 벗기기 → 슬름프값 측정

해설 콘크리트의 슬럼프 테스트는 굳지 않은 콘크리트의 반죽 질기를 측정하는 것으로 워커빌리티를 판단하는 하나의 수단으로 사용된다.
- 슬럼프값 측정순서
  시료채취→ 콘에 채우기→ 다지기→ 상단고르기 → 콘 벗기기 → 슬럼프값 측정
콘크리트가 내려 앉은 길이를 슬럼프값(cm)로 하며 두 번 이상하여 그 평균값을 취한다.

55 다음 중 주요 기능의 공정에서 옥외 레크레이션의 관리체계와 거리가 먼 것은?

① 이용자관리
② 자원관리
③ 공정관리
④ 서비스관리

해설 공정관리는 공사관리의 하나로 시공관리의 기능으로 공정관리, 품질관리, 원가관리, 안전관리가 있다. 횡선식공정표와 네트워크공정표에 의해 나타낸다.

정답 51. ③ 52. ④ 53. ③ 54. ③ 55. ③

56 잔디밭에 많이 발생하는 잡초인 클로바(토끼풀)를 제초하는데 가장 효율적인 것은?

① 베노빌 수화제
② 캡탄 수화제
③ 디코폴 수화제
④ 디참바 액체

해설 ① 베노밀수화제-살균제 ② 캡탄수화제-살균제, ③ 디코폴 수화제-응애 살충제

57 농약 살포작업을 위해 물 100L를 가지고 1000배액을 만들 경우 얼마의 약량이 필요한가?

① 50mL
② 100mL
③ 150mL
④ 200mL

해설 100L = 100,000mL, 1,000배액(=1,000배로 희석한 액)이 필요하므로 100,000mL의 1/1,000이 필요하다. 100,000/1,000 = 100 따라서 100mL가 필요하다.

58 다음 중 계곡선에 대한 설명 중 맞는 것은?

① 주곡선 간격의 1/2 거리의 가는 파선으로 그어진 것이다.
② 주곡선 다섯 줄마다 굵은선으로 그어진 것이다.
③ 간곡선 간격의 1/2 거리의 가는 점선으로 그어진 것이다.
④ 1/5000의 지형도 축척에서 등고선은 10m 간격으로 나타난다.

해설 주곡선(기본선), 계곡선(주곡선 5개마다 표시), 간곡선(주곡선의 1/2), 조곡선(간곡선의 1/2)

축척 종류	1/5,000	1/25,000	1/10,000
주곡선	20m	10m	5m
계곡선	100m	50m	25m
간곡선	10m	5m	2.5m
조곡선	5m	2.5m	1.25m

59 생울타리 처럼 수목이 대상으로 군식되었을 때 거름 주는 방법으로 적당한 것은?

① 전면거름주기
② 천공거름주기
③ 선상거름주기
④ 방사상거름주기

해설 산울타리와 같이 군식된 수목은 식재된 방향과 동일하게 수목밑동으로부터 일정한 간격을 두고 도랑 모양의 구덩이를 파서 거름을 주는 선상(線狀) 시비를 이용한다.

60 임해매립지 식재지반에서의 시공 시 고려하여야 할 사항으로 가장 거리가 먼 것은?

① 지하수위조정
② 염분제거
③ 발생가스 및 악취제거
④ 배수관부설

정답 56. ④ 57. ② 58. ② 59. ③ 60. ③

국가기술자격검정 필기시험

2013년도 조경기능사 과년도 출제문제 제4회

자격종목 및 등급(선택분야)	종목코드	시험시간	문제지형별
조경기능사	6335	1시간	A

1. 줄기나 가지가 꺾이거나 다치면 그 부근에 있던 숨은 눈이 자라 싹이 나오는 것을 무엇이라 하는가?
   ① 휴면성
   ② 생장성
   ③ 성장력
   ④ 맹아력

   해설 맹아력이란 가지나 줄기가 상처를 입으면 그 부근에서 숨은 눈이 커져 싹이 나오는 것으로서 맹아력이 강한 나무는 전정에 잘 견디므로 형상수(Topiary)나 산울타리로 이용된다.

2. 다음 중 왕과 왕비만이 즐길 수 있는 사적인 정원이 아닌 곳은?
   ① 경복궁의 아미산
   ② 창덕궁 낙선재의 후원
   ③ 덕수궁 석조전 전정
   ④ 덕수궁 준명당의 후원

   해설 덕수궁 석조전 전정은 영국인 하딩과 로벨이 설계하였으며 1900년 착공하여 1910년 완공한 것으로 서양식 건축물 앞에 침상경원으로 공간을 평면보다 낮게 처리하고 분수대를 중심으로 좌우대칭으로 구획하였다. 그 동서남북에는 물계분수를 배치하고 남쪽 언덕에는 등나무시렁을, 서쪽에는 청동제의 서양식 해시계를 배치하였다.

3. 일본의 다정(茶庭)이 나타내는 아름다움의 미는?
   ① 조화미
   ② 대비미
   ③ 단순미
   ④ 통일미

   해설 일본정원은 중국의 영향을 받아 사의주의 자연풍경식 정원이 발달하였으며 자연풍경을 이상화하는 축경법을 이용하여 상징적으로 표현하였다. 기교와 관상적 가치에만 치중하여 세부적 수법이 발달하였고 돌과 모래를 많이 이용하고 대나무, 소나무, 향나무를 전정하거나 생울타리로 만들고 이끼를 사용하여 조화미를 이루려 하였다.

4. 주위가 건물로 둘러싸여 있어 식물의 생육을 위한 채광, 통풍, 배수 등에 주의해야 할 곳은?
   ① 주정(主庭)
   ② 후정(後庭)
   ③ 중정(中庭)
   ④ 원로(園路)

   해설 중정(中庭)은 '건물과 건물 사이에 있는 마당'을 뜻하며, Court Yard, Patio, Cloister, Cortile라고도 한다. 이 용어들은 각 문화권에 따라 매우 다양한데 중정(한국과 일본), 쿠르(Cour, 프랑스), 코트(Court, 영국), 파티오(Patio, 스페인), 코르테(Corte, 이탈리아)로 불린다.

5. 훌륭한 조경가가 되기 위한 자질에 대한 설명 중 틀린 것은?
   ① 건축이나 토목 등에 관련된 공학적인 지식도 요구된다.
   ② 합리적인 사고보다는 감성적 판단이 더욱 필요하다.
   ③ 토양, 지질, 지형, 수문(水文) 등 자연과학적 지식이 요구된다.
   ④ 인류학, 지리학, 사회학, 환경심리학 등에 관한 인문과학적 지식도 요구된다.

정답 1. ④ 2. ③ 3. ① 4. ③ 5. ②

해설 훌륭한 조경가의 자질은 수목, 토양, 지질, 기후 등의 자연과학적 지식을 바탕으로 건축이나 토목 등에 관련된 공학적 지식과 인류학, 지리학, 사회학, 환경심리학 등에 관한 인문과학적 지식도 요구되며 아름다운 공간을 창조할 수 있는 예술적 소양을 갖추어야 한다.

6 다음 중 설명하는 그림은?

- 눈 높이나 눈보다 조금 높은 위치에서 보여지는 공간을 실제 보이는 대로 자연스럽게 표현한 그림
- 나타내고자 하는 의도의 윤곽을 잡아 개략적으로 표현하고자 할 때, 즉 아이디어를 수집, 기록, 정착화하는 과정에 필요
- 디자이너에게 순간적으로 떠오르는 불확실한 아이디어의 이미지를 고정, 정착화시켜 나가는 초기 단계

① 투시도
② 스케치
③ 입면도
④ 조감도

해설
- 스케치 : 실계안이 안공되었을 때 가정 – 보여지는 공간을 표현 – 눈높이보다 조금 높은 위치에서 보여지는 공간을 그린 그림
- 조감도 : 설계대상지의 완성 후 모습 – 공간 전체를 사실적으로 표현 – 공중에서 내려다보는 위치에서 그린 그림
- 투시도 : 설계안이 완공되었을때 가정 – 눈에 보이는 대로 그림 – 유리창을 통해 밖을 내다볼 때 보이는 모습을 그린 그림
- 입면도 : 지형지물을 어느 한 방향(정면)에서 수직투영한 도면 – 지상부의 생김새나 고저관계를 알아보는데 편리하며, 측면도, 정면도, 배면도 등이 이에 속한다.

7 조경 양식 중 노단식 정원 양식을 발전시키게 한 자연적인 요인은?

① 기후
② 지형
③ 식물
④ 토질

해설 이탈리아의 노단건축식 정원이 발달하게 된 것은 이탈리아의 지형의 특징을 살려서 경사지를 계단형으로 만드는 기법을 사용하였기 때문이다.

8 다음 중 어린이 공원의 설계 시 공간구성 설명으로 옳은 것은?

① 동적인 놀이 공간에는 아늑하고 햇빛이 잘 드는 곳에 잔디밭, 모래밭을 배치하여 준다.
② 정적인 놀이공간에는 각종 놀이시설과 운동시설을 배치하여 준다.
③ 감독 및 휴게를 위한 공간은 놀이공간이 잘 보이는 곳으로 아늑한 곳으로 배치한다.
④ 공원 외곽은 보행자나 근처 주민이 들여다 볼 수 없도록 밀식한다.

해설 어린이 공원은 공원 내 시설물의 배치가 아이들의 활동에 지상이 없도록 하되 각각의 공원 갖는 지형 및 형태적 특징을 살려 보호자의 시야를 방해하지 않도록 해야 한다. 보행로는 눈에 잘 띄어야 하고 출입구는 사람의 눈에 띄는 가로방면에 위치해야 한다. 울타리의 입구는 개방하고 높이를 낮게 설정해 살람이 몸을 숨길만한 공간이 없도록 해야 한다.

2013년 기출

9 조경 양식을 형태(정형식, 자연식, 절충식) 중심으로 분류할 때, 자연식 조경 양식에 해당하는 것은?

① 서아시아와 프랑스에서 발달된 양식이다.
② 강한 축을 중심으로 좌우 대칭형으로 구성된다.
③ 한 공간 내에서 실용성과 자연성을 동시에 강조하였다.
④ 주변을 돌 수 있는 산책로를 만들어서 다양한 경관을 즐길 수 있다.

해설 ①, ② : 정형식, ③ : 절충식

10 휴게공간의 입지 조건으로 적합하지 않은 것은?

① 경관이 양호한 곳
② 시야에 잘 띄지 않는 곳
③ 보행동선이 합쳐지는곳
④ 기존 녹음수가 조성된 곳

해설 휴게공간은 시설공간, 보행공간, 녹지공간으로 나누어 설계하되 공간 전체의 보행동선 체계에 어울리도록 계획하며 입구는 차량에 의한 사고방지를 위해 도로변에 면하지 않도록 배치하고 건축물이나 휴게시설 설치공간과 보행공간 사이에는 완충공간을 설치한다. 놀이터에는 놀이시설을 이용하는 유아가 노는 것을 보호자가 가까이에서 볼 수 있도록 휴게시설을 배치한다.

11 조선시대 전기 조경관련 대표 저술서이며, 정원식물의 특성과 번식법, 괴석의 배치법, 꽃을 화분에 심는 법, 최화법(催花法), 꽃이 꺼리는 것, 꽃을 취하는 법과 기르는 법, 화분놓는 법과 관리법 등의 내용이 수록되어 있는 것은?

① 양화소록   ② 작정기
③ 동사강목   ④ 택리지

해설
- 양화소록 : 조선시대 세조 때 강희안이 쓴 원예서
- 작정기 : 일본 최초의 조원지침서로 귤준망이 지었으며, 일본 정원 축조에 관한 가장 오래된 정원서이며 침전조 정원양식에 관한 기록(건축물 앞뜰에 만들어진 못 주변에 돌을 세우고 못가장자리나 바닥 또는 유로에 자갈을 깐다. 수계나 지형을 이용하여 폭포를 만들고 야리미즈를 통해 물을 못에 공급한다. 방위에 따라 나무를 심고 식수시 음양오행설을 따라 식재한다.)이 있다.
- 동사강목 : 조선후기 순암 안정복이 고조선으로부터 고려말까지 다룬 역사책
- 택리지 : 1751년 실학자 이중환이 현지답사를 통해 지은 우리나라 지리서

12 수고 3m인 감나무 3주의 식재공사에서 조경공 0.25인, 보통 인부 0.20인의 식재노무비 일위 대가는 얼마인가? (단, 조경공 40,000/일, 보통 인부 30,000/일)

① 6,000원
② 10,000원
③ 16,000원
④ 48,000원

해설 일위대가는 1개의 단위당 가격으로 감나무 1주의 식재공사 금액을 산정하면 된다. 조경공의 일위대가는 0.25인 × 40,000원, 보통인부의 일위대가 0.20인 × 30,000원이므로 10,000 + 6,000 = 16,000원이 된다.

13 도시공원 및 녹지 등에 관한 법률에서 정하고 있는 녹지가 아닌 것은?

① 완충녹지
② 경관녹지
③ 연결녹지
④ 시설녹지

해설 녹지는 「국토의 계획 및 이용에 관한 법률」에 의한 기반시설 중 공간시설의 하나이며, 반드시 도시·군관리계획으로 결정하여 설치하며 기능적 분류를 살펴보면
a. 완충녹지 : 대기오염·소음·진동·악취 그 밖에 이에 준하는 공해와 각종 사고나 자연재해 그 밖에 이에 준하는 재해 등의 방지를 위하여 설치하는 녹지를 말한다.

정답 9. ④ 10. ② 11. ① 12. ③ 13. ④

- 완충녹지는 녹화면적률(녹지면적에 대한 식물 등의 가지 및 잎의 수평투영면적의 비율)이 50% 이상이 되도록 하고 완충녹지의 폭은 원인시설에 접한 부분부터 최소 10m 이상이 되도록 설치한다.

b. 경관녹지 : 도시의 자연적 환경을 보전하거나 이를 개선하고 이미 자연이 훼손된 지역을 복원·개선함으로써 도시경관을 향상시키기 위하여 설치하는 녹지를 말한다.
- 주로 도시 내의 자연환경의 보전을 목적으로 설치하는 경관녹지의 규모는 원칙적으로 해당녹지의 설치원인이 되는 자연환경의 보전에 필요한 면적 이내로 설치한다.

c. 연결녹지 : 도시 안의 공원·하천·산지 등을 유기적으로 연결하고 도시민에게 산책공간의 역할을 하는 등 여가·휴식을 제공하는 선형의 녹지를 말한다.
- 연결녹지의 폭은 녹지로서의 기능을 고려하여 원칙적으로 최소 10m 이상으로 하고 녹지율(도시·군계획시설면적에 대한 녹지면적의 비율)은 70% 이상으로 설치한다.

14 다음 중 이탈리아의 정원 양식에 해당하는 것은?

① 자연풍경식
② 평면기하학식
③ 노단건축식
④ 풍경식

해설 자연풍경식-영국, 평면기하학식-프랑스, 노단건축식 이탈리아

15 도면상에서 식물재료의 표기 방법으로 바르지 않은 것은?

① 덩굴성 식물의 규격은 길이로 표시한다.
② 같은 수종은 인출선을 연결하여 표시하도록 한다.
③ 수종에 따라 규격은 H×W, H×B, H×R 등의 표기방식이 다르다.
④ 수목에 인출선을 사용하여 수종명, 규격, 관목, 교목을 구분하여 표시하고 총수량을 함께 기입한다.

해설 인출선에는 수목명, 주수, 규격 등이 기입되며, 한 도면 내에서 굵기와 질은 동일하게 유지하고 긋는 방향과 기울기는 통일시킨다.

16 형상은 재두각추체에 가깝고 전면은 거의 평면을 이루며 대략 정사각형으로서 뒷길이, 접촉면의 폭, 뒷면 등이 규격화 된 돌로, 접촉면의 폭은 전면 1변의 길이의 1/10 이상이라야 하고, 접촉면의 길이는 1변의 평균 길이의 1/2 이상인 석재는?

① 사고석(사괴석)
② 각석
③ 판석
④ 견치석

해설
- 사고석(사괴석) : 한옥의 외벽이나 담 등을 쌓는 데 쓰이는 네모진 돌로서 18~20cm 크기의 입방체형의 화강석이다.
- 각석 : 폭이 두께의 3배 미만이고 폭보다 길이가 긴 직육면체의 석재이다.
- 판석 : 두께가 15cm 미만이고, 폭이 두께의 3배 이상인 판 모양의 석재이다.

17 콘크리트의 균열발생 방지법으로 옳지 않은 것은?

① 물시멘트비를 작게 한다.
② 단위 시멘트량을 증가시킨다.
③ 콘크리트의 온도상승을 작게 한다.
④ 발열량이 적은 시멘트와 혼화제를 사용한다.

해설 시멘트량이 증가되어 중량이 무거우면 균열의 위험성이 증가한다.

2013년 기출

18 다음 중 야외용 조경 시설물 재료로서 가장 내구성이 낮은 재료는?

① 미송
② 나왕재
③ 플라스틱재
④ 콘크리트재

해설 나왕은 인도, 인도네시아, 필리핀 등지에 걸쳐 널리 분포하는 용뇌향과의 상록교목을 총칭한다. 나왕속의 재목은 빛깔이 아름답고 광택이 있으며, 균질이고 가공하기 쉬우나 내구성은 떨어진다.

19 여름에 꽃을 피우는 수종이 아닌 것은?

① 배롱나무
② 석류나무
③ 조팝나무
④ 능소화

해설 조팝나무는 보통 4월 말에 개화한다.

20 정원에 사용되는 자연석의 특징과 선택에 관한 내용 중 옳지 않은 것은?

① 정원석으로 사용되는 자연석은 산이나 개천에 흩어져 있는 돌을 그대로 운반하여 이용한 것이다.
② 경도가 높은 돌은 기품과 운치가 있는 것이 많고 무게가 있어 보여 가치가 높다.
③ 부지 내 타물체와의 대비, 비례, 균형을 고려하여 크기가 적당한 것을 사용한다.
④ 돌에는 색채가 있어서 생명력을 느낄 수 있고 검은색과 흰색은 예로부터 귀하게 여겨지고 있다.

21 다음 수종 상록활엽수가 아닌 것은?

① 동백나무
② 후박나무
③ 굴거리나무
④ 메타세쿼이어

해설 침엽수는 일반적으로 상록성인데 메타세쿼이어와 낙엽송은 낙엽침엽수이다.

22 다음 중 인공토양을 만들기 위한 경량재가 아닌 것은?

① 부엽토
② 화산재
③ 펄라이트(Perlite)
④ 버미큘라이트(Vermiculite)

해설 나뭇잎이나 작은 가지 등이 미생물에 의해 부패, 분해되어 생긴 유기질 흙으로서 '②~④'는 모두 무기질 토양이다.

23 일정한 응력을 가할 때, 변형이 시간과 더불어 증대하는 현상을 의미하는 것은?

① 탄성
② 취성
③ 크리프
④ 릴랙세이션

해설
- 취성(Brittleness, 脆性) : 재료가 외력에 의하여 영구 변형을 하지 않고 파괴되거나 극히 일부만 영구변형을 하고 파괴되는 성질이다.
- 릴랙세이션 : PC 강재에 고장력(高張力)을 가한 상태 그대로 장기간 양끝을 고정해 두면, 점차 소성 변형하여 인장 응력이 감소해가는 현상이다.

정답 18. ② 19. ③ 20. ④ 21. ④ 22. ① 23. ③

24 학교조경에 도입되는 수목을 선정할 때 조경수목의 생태적 특성 설명으로 옳은 것은?

① 학교 이미지 개선에 도움이 되며, 계절의 변화를 느낄 수 있도록 수목을 선정
② 학교가 위치한 지역의 기후, 토양 등의 환경에 조건이 맞도록 수목을 선정
③ 교과서에서 나오는 수목이 선정되도록 하며 학생들과 교직원들이 선호하는 수목을 선정
④ 구입하기 쉽고 병충해가 적고 관리하기가 쉬운 수목을 선정

해설 조경수목의 생태적 특성이므로 학교가 위치한 지역의 기후, 토양 등의 환경에 조건이 맞도록 수목을 선정해야 한다.

25 다음 중 유리의 제성질에 대한 일반적인 설명으로 옳지 않은 것은?

① 열전도율 및 열팽창률이 작다.
② 굴절률은 2.1~2.9 정도이고, 납을 함유하면 낮아진다.
③ 약한 산에는 침식되지 않지만 염산, 황산, 질산 등에는 서서히 침식된다.
④ 광선에 대한 성질은 유리의 성분, 두께, 표면의 병활노 등에 따라 다르다.

해설 유리의 굴절율은 1.45~1.96이고 납을 가하면 굴절률이 증가된다.

26 플라스틱 제품의 특성이 아닌 것은?

① 비교적 산과 알칼리에 견디는 힘이 콘크리트나 철 등에 비해 우수하다.
② 접착이 자유롭고 가공성이 크다.
③ 열팽창계수가 적어 저온에서도 파손이 안 된다.
④ 내열성이 약하여 열가소성수지는 60°C 이상에서 연화된다.

해설 열팽창 계수는 열팽창에 의한 물체의 팽창 비율을 뜻하는 것으로서 플라스틱은 열팽창계수가 높다.

27 92~96%의 철을 함유하고 나머지는 크롬·규소·망간·유황·인 등으로 구성되어 있으며 창호철물, 자물쇠, 맨홀 뚜껑 등의 재료로 사용되는 것은?

① 선철
② 강철
③ 주철
④ 순철

해설
- 주철 : 탄소함유량은 3.0~3.6%이다. 압축력이 강하고 내식성이 크다.
- 선철 : 철광석에서 직접 제조되는 철의 일종으로서 철 속에 탄소 함유량이 1.7% 이상인 것으로 고로(高爐)·용광로에서 제철을 할 때 생기는 것이다. 무쇠라고도 한다.
- 강철 : 탄소를 약 0.04~1.7% 함유하는 철을 말한다. 강도가 비교적 크다. 탄소 외에도 규소(Si), 망간(Mn), 인(P), 황(S) 등의 원소를 소량씩 포함하고 있다.
- 순철 : 불순물을 전혀 함유하지 않은 순도 100%인 철이다.

28 콘크리트의 단위중량 계산, 배합설계 및 시멘트의 품질 판정에 주로 이용되는 시멘트의 성질은?

① 분말도
② 응결시간
③ 비중
④ 압축강도

해설 분말도는 시멘트 입자의 굵고 가는 정도를 말하며 분말도가 높으면 강도증진이 빠르고 초기강도가 크다. 반면에 수축률이 커지고 내구성이 약해지기 쉽다.

29 다음 중 설명에 해당하는 수종은?

- 어린가지의 색은 녹색 또는 적갈색으로 엽흔이 발달하고 있다.
- 수피에서는 냄새가 나며 약간 골이 파여 있다.
- 단풍나무 중 복엽이면서 가장 노란색 단풍이 든다.
- 내조성, 속성수로서 조기녹화에 적당하며 녹음수로 이용가치가 높으며 폭이 없는 가로에 가로수로 심는다.

① 복장나무
② 네군도단풍
③ 단풍나무
④ 고로쇠나무

해설 복장나무도 복엽이나 적색단풍이 든다. 단풍나무와 고로쇠나무는 단엽(장상엽)이다.

30 여름부터 가을까지 꽃을 감상할 수 있는 알뿌리 화초는?

① 금잔화
② 수선화
③ 색비름
④ 칸나

해설 수선화는 봄, 색비름은 가을에 꽃을 감상한다. 금잔화는 봄부터 개화하여 여름까지 지속된다.

31 콘크리트 공사 중 거푸집 상호 간의 간격을 일정하게 유지시키기 위한 것은?

① 캠버(Camber)
② 긴장기(Form Tie)
③ 스페이서(Spacer)
④ 세퍼레이터(Separator)

해설
- 캠버 : 거푸집 지주 밑에 꽂아 넣어 높이를 조정한다든지, 흙막이 공사의 버팀대의 보를 조정하기 위해 꽂아 넣는 쐐기 모양의 나무 조각
- 긴장기 : 거푸집을 단단하게 묶기 위해서 철선을 조이는 기구.
- 세퍼레이터 : 철근 콘크리트 공사에서 철근간의 간격이나 철근과 거푸집의 간격을 유지하기 위해 사용하는 받침 또는 부품

32 다음 중 트래버틴(Travertin)은 어떤 암석의 일종인가?

① 화강암
② 안산암
③ 대리석
④ 응회암

해설 대표적인 석회질 용천 침전물로 탄산칼슘 성분이며, 치밀하고 다공질이다. 용천 침전물 외에 석회동굴 내의 석순, 종유석 등이 좋은 예이다. 장식용 석재로도 이용된다.

33 다음 중 산울타리 수종이 갖추어야 할 조건으로 틀린 것은?

① 전정에 강할 것
② 아랫가지가 오래갈 것
③ 지엽이 치밀할 것
④ 주로 교목활엽수일 것

해설 산울타리 소재는 맹아력이 강하고 지엽이 치밀한 관목이 적합하다.

정답 29. ② 30. ④ 31. ③ 32. ③ 33. ④

34 다음 중 설명하는 합성수지는?

- 특히 내수성, 내열성이 우수하다.
- 내연성, 전기적 절연성이 있고 유리섬유판, 텍스, 피혁류 등 모든 접착이 가능하다.
- 방수제로도 사용하고 500℃ 이상 견디는 유일한 수지이다.
- 용도는 방수제, 도료, 접착제 용도로 쓰인다.

① 페놀수지
② 에폭시수지
③ 실리콘수지
④ 폴리에스테르수지

해설
- 페놀수지 : 전기·전자부품, 기계부품, 자동차부품 등의 성형 재료, 판·막대·관 등의 적층품(積層品)에 이용된다.
- 에폭시수지 : 내열성, 전기 절연성, 접착성 등이 뛰어나며, 경화제(硬化劑)와 충전제(充塡劑), 보강제 등과 조합하여 사용한다.
- 폴리에스테르수지 : FRP의 매트릭스로서, 욕조와 자동차 바디, 요트의 선체, 가솔린 탱크, 모터용 절연판, 극장과 스타디움의 의자 등에 이용한다.

35 목재의 방부법 중 그 방법이 나머지 셋과 다른 하나는?

① 도포법
② 침지법
③ 분무법
④ 방청법

해설 '①~③'은 목재에 적용하는 방부법이고 '④'는 각종 금속, 특히 철이 녹스는 것을 방지하기 위한 방법이다.

36 수목의 식재 시 해당 수목의 규격을 수고와 근원직경으로 표시하는 것은? (단, 건설공사 표준품셈을 적용한다)

① 목련
② 은행나무
③ 자작나무
④ 현사시나무

해설 흉고직경측정이 곤란한 수종에 적용한다.
예 소나무, 감나무, 꽃사과나무, 낙우송, 느티나무, 대추나무, 모과나무, 배롱나무, 목련나무, 산수유, 자귀나무, 단풍나무 등 대부분의 교목

37 다음 중 미국흰불나방 구제에 가장 효과가 좋은 것은?

① 디캄바액제(반벨)
② 디니코나졸수화제(빈나리)
③ 시마진수화제(씨마진)
④ 카바릴수화제(세빈)

해설 살충제를 묻는 문제이다. '①과 ③'은 제초제, '②'는 살균제이다.

38 난지형 잔디에 뗏밥을 주는 가장 적합한 시기는?

① 3~4월
② 5~7월
③ 9~10월
④ 11~1월

해설 뗏밥은 난지형(들잔디)은 늦봄, 한지형은 이른 봄이나 가을에 실시한다.

39 조경수를 이용한 가로막이 시설의 기능이 아닌 것은?

① 보행자의 움직임 규제
② 시선차단
③ 광선방지
④ 악취방지

정답 34. ③　35. ④　36. ①　37. ④　38. ②　39. ④

2013년 기출

40 모래밭(모래터) 조성에 관한 설명으로 가장 부적합한 것은?

① 적어도 하루에 4~5시간의 햇볕이 쬐고 통풍이 잘되는 곳에 설치한다.
② 모래밭은 가급적 휴게시설에서 멀리 배치한다.
③ 모래밭의 깊이는 놀이의 안전을 고려하여 30cm 이상으로 한다.
④ 가장자리는 방부 처리한 목재 또는 각종 소재를 사용하여 지표보다 높게 모래막이 시설을 해준다.

해설 모래밭은 가급적 휴게시설에서 가까이 배치한다.

41 우리나라 조선정원에서 사용되었던 홍예문의 성격을 띤 구조물이라 할 수 있는 것은?

① 정자
② 테라스
③ 트렐리스
④ 아아치

해설
- 홍예문(虹霓門) : '무지개처럼 생긴 문'의 뜻
- 아아치(Arch) : 개구부의 상부 하중을 지탱하기 위하여 개구부에 걸쳐 놓은 곡선형의 구조
- 테라스(Terrace) : 실내에서 직접 밖으로 나갈 수 있도록 방의 바깥쪽으로 만든 난간
- 트랠리스 : 격자형 울타리

42 경관석 놓기의 설명으로 옳은 것은?

① 경관석은 향상 단독으로만 배치한다.
② 일반적으로 3, 5, 7 등 홀수로 배치한다.
③ 같은 크기의 경관석으로 조합하면 통일감이 있어 자연스럽다.
④ 경관석의 배치는 돌 사이의 거리나 크기 등을 조정 배치하여 힘이 분산되도록 한다.

해설 경관석 : 경질의 돌로서 표면의 질감, 색채, 광택 등이 우수하여 관상적 가치가 있어야 한다.
- 입석은 세워서 쓰는 돌로, 전후좌우 어디에서나 관상할 수 있어야 한다.
- 횡석은 가로로 쓰이는 돌로 불안감을 주는 돌을 받쳐서 안정감을 가지게 한다.
- 평석은 윗부분이 평평한 돌로 안정감을 가지게 한다. 주로 앞부분에 배석하고 화분을 올려놓기도 한다.
- 환석은 동글동글한 돌로, 축석은 바람직하지 못한 돌이나 무리로 배석할 때 많이 이용한다.
- 각석은 각이 진 돌로 삼각, 사각 등으로 다양하게 이용된다.
- 사석은 비스듬히 세워서 이용하는 돌로 해안절벽과 같은 풍경을 묘사할 때 많이 쓰인다.
- 와석은 소가 누워있는 것과 같은 돌로 횡석보다 더욱 안정감을 주며, 뒷부분 돌의 조합의 연결부분을 가려주기도 하고 균형미를 가지게 한다.
- 괴석은 흔히 볼 수 없는 괴상한 모양의 생긴 자연석을 말한다.

43 다음 중 정형식 배식유형은?

① 부등변삼각형식재
② 임의식재
③ 군식
④ 교호식재

해설
- 교호식재는 열식을 변형한 식재방법으로 두 줄로 어긋나게 심는 것
- 정형식 식재양식으로는 점식, 대식, 열식, 교호식재, 군식 등
- 자연풍경식 식재양식으로는 부등변삼각형 식재, 임의식재, 모아심기, 무리심기(군식), 배경식재, 특히 식재의 기본 패턴은 '부등변삼각형 식재'이다.
- 자유형식재양식으로는 아메바형, 직선형, 원호형, 루버형 등이 있다.

정답 40. ② 41. ④ 42. ② 43. ④

44 사철나무 탄저병에 관한 설명으로 틀린 것은?

① 관리가 부실한 나무에서 많이 발생하므로 거름주기와 가지치기 등의 관리를 철저히 하면 문제가 없다.
② 흔히 그을음병과 같이 발생하는 경향이 있으며 병징도 혼동될 때가 있다.
③ 상습발생지에서는 병든 잎을 모아 태우거나 땅 속에 묻고, 6월경부터 살균제를 3~4회 살포한다.
④ 잎에 크고 작은 점무늬가 생기고 차츰 움푹 들어가면서 진전되므로 지저분한 느낌을 준다.

> **해설** 사철나무탄저병은 잎에 크고 작은 반점이 불규칙하게 나타나고 점차 확대되어 중앙부분 이 회백색으로 변하는 특징이 있으나 그을음병은 잎, 가지, 열매 등의 표면에 흑색 그을음이 형성된다.

45 벽돌쌓기법에서 한 켜는 마구리쌓기, 다음 켜는 길이쌓기로 하고 모서리 벽끝에 이오토막을 사용하는 벽돌쌓기 방법인 것은?

① 미국식쌓기
② 영국식쌓기
③ 프랑스식쌓기
④ 마구리쌓기

> **해설** 벽돌쌓기법
> • 영국식 : 한 켜는 길이, 다음 켜는 마구리쌓기를 번갈아 쌓는 방법으로 벽의 끝이나 모서리 부분에서는 반절이나 이오토막을 사용한다. 가장 견고 튼튼하다.
> • 프랑스식 : 같은 켜에서 길이쌓기와 마무리쌓기가 번갈아 나타나며 벽돌 끝에는 이오토막을 사용한다. 외관이 아름다워 치장벽에 많이 사용하나 벽돌이나 시간이 많이 소요된다. 영국식보다 견고성도 떨어진다.
> • 네덜란드식 : 한 켜는 길이쌓기, 다음 켜는 마구리 쌓기를 번갈아 가며 벽의 끝이나 모서리 부분에는 칠오토막을 사용한다. 가장 많이 사용되는 방법이다.
> • 미국식 : 치장벽돌로 5켜 정도는 길이쌓기로 하고 다음 켜는 마구리쌓기로 뒷벽돌에 물려서 쌓는 방법이다.

46 다음 중 수목의 전정 시 제거해야 하는 가지가 아닌 것은?

① 밑에서 움돋는 가지
② 아래를 향해 자란 하향지
③ 위를 향해 자라는 주지
④ 교차한 교차지

> **해설** 불필요한 가지를 제거하는 것이므로 위로 향해서 정상적으로 자라는 가지는 제거하면 안 된다.

47 설계도면에서 선의 용도에 따라 구분할 때 실선의 용도에 해당되지 않는 것은?

① 대상물의 보이는 부분을 표시한다.
② 치수를 기입하기 위해 사용한다.
③ 지시 또는 기호 등을 나타내기 위해 사용한다.
④ 물체가 있을 것으로 가상되는 부분을 표시한다.

> **해설** ④ 2점쇄선

48 수중에 있는 골재를 채취했을 때 무게가 1000g, 표면건조 내부포화상태의 무게가 900g, 대기건조 상태의 무게가 860g, 완전건조 상태의 무게가 850g일 때 함수율 값은?

① 4.65%
② 5.88%
③ 11.11%
④ 17.65%

> **해설** (골재중량−건조중량)/건조중량×100
> = (1,000 −850)/850 × 100 = 17.65

정답 44. ② 45. ② 46. ③ 47. ④ 48. ④

2013년 기출

49 다음 중 접붙이기 번식을 하는 목적으로 가장 거리가 먼 것은?

① 종자가 없고 꺾꽂이로도 뿌리 내리지 못하는 수목의 증식에 이용된다.
② 씨뿌림으로는 품종이 지니고 있는 고유의 특징을 계승시킬 수 없는 수목의 증식에 이용된다.
③ 가지가 쇠약해지거나 말라 죽은 경우 이것을 보태주거나 또는 힘을 회복시키기 위해서 이용된다.
④ 바탕나무의 특성보다 우수한 품종을 개발하기 위해 이용된다.

해설 접붙이기(접목)은 영양번식의 일종으로 우수품종을 개발하기 위해서는 수분·수정을 통한 종자번식이 필요하다.

50 다음 중 밭에 많이 발생하여 우생하는 잡초는?

① 바랭이
② 올미
③ 가래
④ 너도방동사니

해설 '②~④'는 모두 연못이나 습지에서 서식하는 수초의 일종이다.

51 다음 중 건설장비 분류상 "배토정지용 기계"에 해당되는 것은?

① 램머
② 모터그레이더
③ 드래그라인
④ 파워쇼벨

해설 배토작업이란 흙을 제거하는 작업
• 불도저(Bulldozer) : 운반거리 50~60m 이내, 최대 100m에서 쇠로된 삽을 달아 흙을 깎으면서 밀어내거나 평탄하게 고르는 작업 장비의 굴착기
• 앵글도저(Angle Dozer) : 불도저 삽날을 개량하여 삽날 방향의 전후좌우 각도를 조절할 수 있도록 한 장비로 불도저 사촌으로 산악지역 도로개설 등에 사용
• 스크래퍼(Scraper) : 흙을 깎으면서 동시에 기체내에 담아 운반하고 깔기작업을 겸할 수 있다. 불도저에 갈고리를 달은 형태로 흙을 긁는 작업 장비
• 굴착기와 운반기를 결합한 흙공사용 기계
• 모터 그레이더(Motor Grader) : 땅고르기, 정지작업, 도로정리 등에 사용
• 틸트도저(Tilt Dozer) : 브레이드를 레버로 조정가능, 상하 20~25도까지 기울일 수 있다.
V형 배수로 작업, 땅파헤치기, 나무뿌리 제거, 돌굴리기에 효과적이다.
• 건축현장에서는 굴착이나 굴삭 모두 땅을 파거나 흙을 퍼내거나 지하나 암반 등에 구멍을 뚫는 작업의 뜻으로 사용된다.
• 굴삭 : 지반이나 흙을 깎거나 퍼내거나 갈아내는 방식으로 작업을 할 경우에 많이 쓰임
• 굴착 : 지반 암반을 부스러트리거나 충격으로 깨트려서 퍼내는 방식으로 작업할 경우 많이 사용
• 파워쇼벨(Power Shovel) : 장비위치보다 높은곳의 흙을 파는 장비의 굴삭기
• 드래그 쇼벨(Drag Shovel) : 기계가 서있는 지반보다 낮은 곳의 굴착
• 드래그 라인(Drag Line) : 트럭셔블과 같이 기계의 설치 지반보다 낮은 곳을 파는 굴착기
• 크람쉘(Clamshell) : 좁은곳의 수직굴착에 적당
• 램머(Rammer) : 내연기관의 폭발력을 이용하여 충격을 주어 다짐하는 다짐용

52 소나무의 순지르기, 활엽수의 잎 따기 등에 해당하는 전정법은?

① 생장을 돕기 위한 전정
② 생장을 억제하기 위한 전정
③ 생리를 조절하는 전정
④ 세력을 갱신하는 전정

해설
• 생장을 돕기 위한 전정 : 곁가지 제거, 뿌리목에서 나오는 맹아지 제거, 병행충피해 가지 제거 등
• 생장을 억제하기 위한 전정 : 필요 이상으로 자란 줄기가 가지 제거, 일정한 모양을 만들기 위한 가지의 제거, 소나무 순지르기, 활엽수의 잎 따기
• 개화·결실을 돕기 위한 전정 : 해거리 현상을 방지하기 위한 전정, 많은 꽃눈과 열매 부착 시 일부 제거

정답 49. ④ 50. ① 51. ② 52. ②

- 생리를 조절하기 위한 전정 : 이식 시 증산을 조절하기 위한 가지와 잎 제거
- 세력을 갱신하기 위한 전정 : 늙은 수목의 밑동을 제거하여 새로운 줄기 유도

53 염해지 토양의 가장 뚜렷한 특징을 설명한 것은?

① 유기물의 함량이 높다.
② 활성철의 함량이 높다.
③ 치환성석회의 함량이 높다.
④ 마그네슘, 나트륨 함량이 높다.

[해설] 염해지(鹽害地) : 염분을 많이 함유한 토양의 지역으로 식물 생육에 지장을 받은 땅

54 배롱나무, 장미 등과 같은 내한성이 약한 나무의 지상부를 보호하기 위하여 사용되는 가장 적합한 월동 조치법은?

① 흙묻기
② 새끼감기
③ 연기씌우기
④ 짚싸기

[해설] 새끼감기는 뿌리 분이 깨지지 않도록 감는 데 사용한다.

55 다음 중 큰 나무의 뿌리돌림에 대한 설명으로 가장 거리가 먼 것은?

① 굵은 뿌리를 3~4개 정도 남겨둔다.
② 굵은 뿌리 절단 시는 톱으로 깨끗이 절단한다.
③ 뿌리돌림을 한 후에 새끼로 뿌리분을 감아두면 뿌리의 부패를 촉진하여 좋지 않다.
④ 뿌리돌림을 하기 전 수목이 흔들리지 않도록 지주목을 설치하여 작업하는 방법도 좋다.

[해설] 새끼로 감아두면 뿌리분이 깨지지 않고 나중에 자연분해되기 때문에 이용된다.

56 다음 중 침상화단(Sunken Garden)에 관한 설명으로 가장 적합한 것은?

① 관상하기 편리하도록 지면을 1~2m 정도 파내려가 꾸민 화단
② 중앙부를 낮게 하기 위하여 키 작은 꽃을 중앙에 심어 꾸민 화단
③ 양탄자를 내려다보듯이 꾸민 화단
④ 경계부분을 따라서 1열로 꾸민 화단

[해설] ③ 자수화단, 카펫화단, 양탄자화단으로 불리는 평면화단, ④ 경재화단

57 양분결핍 현상이 생육 초기에 일어나기 쉬우며, 새잎에 황화 현상이 나타나고 엽맥 사이가 비단무늬 모양으로 되는 결핍 원소는?

① Fe
② Mn
③ Zn
④ Cu

[해설] 황화현상은 엽록소 부족에서 의한 잎이 누렇게 변하는 현상으로 특히 철이 부족하면 엽맥 사이가 퇴색한다.

58 공원 내에 설치된 목재벤치 좌판(座板)의 도장보수는 보통 얼마 주기로 실시하는 것이 좋은가?

① 계절이 바뀔 때
② 6개월
③ 매년
④ 2~3년

정답 53. ④ 54. ④ 55. ③ 56. ① 57. ① 58. ④

2013년 기출

59 다음 중 교목류의 높은 가지를 전정하거나 열매를 채취할 때 주로 사용할 수 있는 가위는?

① 대형전정가위
② 조형전정가위
③ 순치기가위
④ 갈쿠리전정가위

해설 전정 시 떨어지는 열매를 바로 담을 수 있도록 만든 가위이다.

60 평판측량에서 도면상에 없는 미지점에 평판을 세워 그 점(미지점)의 위치를 결정하는 측량방법은?

① 원형교선법
② 후방교선법
③ 측방교선법
④ 복전진법

해설 평판측량법
a. 방사법 : 측량할 구역 안에 장애물이 없고 비교적 좁은 지역에 적합하다.
b. 전진법(도선법) : 측량할 지역 안에 장애물이 많아 방사법이 불가능할 때 사용
- 단전진법
- 복전진법 : 가장 일반적인 측량방법으로써 정확한 결과를 얻으나 그만큼 작업시간과 노력이 많이 소요된다.
c. 교회법 : 2~3개의 기준점을 사용하여 거리를 측정하지 않고 지상의 측점 지형지물을 시준하여 그 시준선과 교차되는 측점위치를 도상에 결정하는 방법
- 전방교회법 : 기지점에서 미지점의 위치를 결정하는 방법으로 측량지역이 넓고 장애물이 있어서 목표점까지의 거리를 재기가 곤란할 경우 사용
- 후방교회법 : 기지의 3점으로부터 미지의 점을 구하는 방법
- 측방교회법 : 전방교회법과 후방교회법을 겸한 방법으로 기지의 2점 중 한 점에 접근이 곤란한 경우 기지의 2점을 이용하여 미지의 한점을 구하는 방법

정답 59. ④ 60. ②

국가기술자격검정 필기시험

2013년도 조경기능사 과년도 출제문제 제5회

자격종목 및 등급(선택분야)	종목코드	시험시간	문제지형별
조경기능사	6335	1시간	A

---

1 물체의 절단한 위치 및 경계를 표시하는 선은?

① 실선 ② 파선
③ 1점쇄선 ④ 2점쇄선

해설
- 실선 – 굵은선 : 0.5~0.8mm(단면선, 중요시설물, 식생 표현)
  - 중간선 : 0.3~0.5mm(입면선, 외형선등 눈에 보이는 대부분의 것)
  - 가는선 : 0.2~0.3mm(마감선, 인출선, 해칭선, 치수선)
- 허선 – 파선(물체의 보이지 않는선)
  - 일점쇄선(중심선, 절단선, 부지경계선)
  - 이점쇄선(가상선)

2 버킹검의 「스토우 가든」을 설계하고, 담장 대신 정원 부지의 경계선에 도랑을 파서 외부로부터의 침입을 막은 ha-ha 수법을 실현하게 한 사람은?

① 켄트
② 브릿지맨
③ 와이스맨
④ 챔버

해설
- 「스토우가든(Stowe Garden)」: 18세기 풍경식 정원의 변화과정을 잘 보여주는 사례로 브릿지맨과 반브러프가 설계하고 켄트와 브라운이 공동 수정한 후, 브라운이 개조
- 하하(ha-ha)기법 : 물리적 경계가 보이지 않게 하여 숲이나 경작지 등을 자연경관으로 끌여들여 동양의 차경기법과 유사한 효과를 갖도록 한 것으로 경계를 모르고 가다가 발견하고는 놀라서 내는 감탄사에서 유래하여 명칭이 생김
- 켄트 : 브릿지맨의 후계자로 '근대조경의 아버지' 라 불리며 "자연은 직선을 싫어한다"는 정형적 정원을 비판함
- 조지 런던, 헨리 와이즈맨 : 최초의 상업적 조경가
- 챔버 : 큐가든에 중국식 건물, 탑을 세우고 풍경식 정원에 중국적 취향을 받아드릴 것을 제안

3 다음 설명 중 중국 정원의 특징이 아닌 것은?

① 차경수법을 도입하였다.
② 태호석을 이용한 석가산 수법이 유행하였다.
③ 사의주의보다는 상징적 축조가 주를 이루는 사실주의에 입각하여 조경이 구성되었다.
④ 자연경관이 수려한 곳에 인위적으로 암석과 수목을 배치하였다.

해설 중국정원은 풍경식이면서도 대비에 중점을 두고 하나의 정원 안에 여러 가지 비율을 혼합적으로 사용하며, 기하학적 무늬의 전돌바닥 포장과 사실주의보다는 상징주의적 축조가 주를 이루는 사의주의적 표현이다.

4 19세기 미국에서 식민지시대의 사유지 중심의 정원에서 공공적인 성격을 지닌 조경으로 전환되는 전기를 마련한 것은?

① 센트럴 파크
② 프랭클린 파크
③ 비큰히드 파크
④ 프로스펙트 파크

해설
- 센트럴 파크(Central Park, 1858) : 옴스테드와 보우의 '그린스워드안' 당선되어 만들어진 자연풍경식공원으로 도시공원의 효시이다. 면적 약 344ha의 장방형의 슈퍼블록으로 구성되었으며, 입체적 동선체계, 차음과 차폐를 위한 외주부 식재, 전형적인 몰과 대로, 산책로, 동적 놀이를 위한 운동장, 보트와 스케이팅을 위한 넓은 호수, 교육을 위한 화단과 수목원설계, 마차드라이브코스 등이

정답 1. ③ 2. ② 3. ③ 4. ①

로 구성되어 있다.
- 비큰히드 파크(1843) : 최초의 시민의 힘과 재정으로 조성된 영국의 공공조경
- 프랭클린 파크(Frankin Park, 1885 보스턴), 프로스펙트 파크(Prispect Park, 1866 부르클린) : 센트럴 파크와 더불어 옴스테드와 보우의 3대 공원

5 우리나라에서 한국적 색채가 농후한 정원양식이 확립되었다고 할 수 있는 때는?

① 통일신라　② 고려전기
③ 고려후기　④ 조선시대

해설 조선시대의 특징 : 중국의 모방에서 벗어나 한국적인 색채가 농후해진 시기로 풍수지리설에 많은 영향을 받았으며, 한국적 특징의 후원이 발생하고 화계가 설치되었고 음양오행설의 영향으로 연못의 형태가 방지원도가 대거 나타났다.

6 다음 정원의 개념을 잘 나타내는 중정은?

- 무어 양식의 극치라고 일컬어지는 알함브라(Alhambra)궁의 여러 개 정(Patio) 중 하나임
- 4개의 수로에 의해 4분되는 파라다이스 정원
- 가장 화려한 정원으로서 물의 존귀성이 드러남

① 사자의 중정
② 창격자 중정
③ 연못의 중정
④ Lindaraja Patio

해설 스페인의 그라나다에 있는 알함브라궁전
- 알베르카(Alberca)의 중정(연못의 중정) : 주정으로 공적인 장소이며 대리석으로 포장되어 있고, 대형 장방형의 연못 양쪽에 도금양이 열식되어 있고 연못 양쪽 끝에 원형의 분수가 배치되어 있다.
- 사자(Lion)의 중정 : 가장 화려한 중정으로 중심에 12마리의 사자상이 받치고 있는 분수가 설치되어 있고, 주랑식 중정으로 직교하는 수로로 사분원을 형성하고 있다.
- 린다라야(Lindaraja)의 중정 : 부인실에 부속된 정원으로 여성적 분위기의 장식과 회양목화단과 비포장원로의 정형적 배치가 되어 있다.
- 창격자(Reja)중정(사이프러스중정) : 가장 작은 규모로 바닥은 색자갈로 무늬포장이 되어 있고 네 귀퉁이에 4그루의 사이프러스 거목이 식재되어 있다.

7 우리나라 고려시대궁궐 정원을 맡아보던 곳은?

① 내원서
② 상림원
③ 장원서
④ 원야

해설
- 내원서 : 고려 문종때 모든 원(園, 苑), 포(圃)를 맡은 관청
- 장원서 : 조선시대 원(園) · 유(囿) · 화초 · 과물 등의 관리를 관장하기 위해 설치된 관서로 조선 건국 초에 동산색(東山色) · 상림원(上林園)이라고 불리다가 1466년(세조 12) 1월에 장원서로 개정되었다.
- 원야 : 중국 명나라시대 계성이 지은 일명 탈천공으로 중국정원의 배경을 이룬 작정서

8 이탈리아 정원양식의 특성과 가장 관계가 먼 것은?

① 테라스 정원
② 노단식 정원
③ 평면기하학식 정원
④ 축선상에 여러 개의 분수 설치

해설 평면기하학식 정원 – 프랑스

9 황금비는 단변이 1일 때 장변은 얼마인가?

① 1.681
② 1.618
③ 1.186
④ 1.861

정답 5. ④　6. ①　7. ①　8. ③　9. ②

해설 황금비그리스의 피타고라스에 의해 발견되 정오각형의 대각선의 5 : 8의 비율인 기본적인 근사값이 1 : 1,618의 비율로 인간이 인식하기에 가장 균형있고 이상적인 비율 실생활에서는 신용카드, 담배값, 모니터, A4용지 생물체에서는 솔방울씨의 배열, 해바라기 꽃씨 배열, 건축물에서는 피라미드, 파르테논신전, 비너스상, 부석사의 무량수전의 평면 등에 나타난다.

10 다음 중 넓은 잔디밭을 이용한 전원적이며 목가적인 정원 양식은 무엇인가?

① 전원풍경식
② 회유임천식
③ 고산수식
④ 다정식

해설 영국의 전원풍경식에서 많이 나타나는 정원양식으로 넓은 잔디밭을 이용한 전원적이며 목가적인 정원이다.
- 회유임천식 : 일본 중세 이후에 시작에 에도시대에 정착하였으며, 못 주변을 돌아다니면서 구경하기 때문에 연못, 섬, 다리가 정원의 구성요소로 나타나며, 가마꾸라(겸창)시대에 선종정원으로는 서천사, 서방사, 남선원 등이 있다.
- 고산수식 : 무로마찌(실정)시대인 14세기 축산고산수식-다음은 수목(산봉우리), 바위(폭포), 왕모래(냇물), 대표적으로 대덕사 대선원과 15세기 평정고산수식-식물의 사용없이 바위와 모래, 대표적 용안사 석정으로 나타나며 선사상의 영향으로 고도의 상징성과 추상적 상징이 나타나며 나무와 물을 사용하지 않고 산수의 풍경을 상징적으로 나타낸다.
- 다정식 : 모모야마(도산)시대에 선사상에서 출발한 좁은 공간에 꾸며지는 자연식 징원으로 화목류의 일제 사용하지 않고 징검돌, 자갈, 물통, 세수통, 석등, 이끼가 낀 원로등 특정 구조물이 나타난다.

일본정원의 양식변화 : 임천식-회유임천식-축산고산수식-평정고산수식-다정식-원주파임천식

11 미기후에 관련된 조사항목으로 적당하지 않은 것은?

① 대기오염정도
② 태양 복사열
③ 안개 및 서리
④ 지역온도 및 전국온도

해설 미기후(微氣候, Microclimate) : 미기후 현상은 주변의 기후와 현저하게 다른 기후로서 국부적인 장소에서 나타나는 현상을 말한다. 주요소로는 대기권의 자외선의 양, 서리, 안개, 대기오염의 양과 관계가 있으며 미기후 발생인자로는 지상의 피복정도와 열원 및 공장 등의 밀집 등이 있다. 조절방법으로 녹지공간의 확대, 옥상지붕의 피복, 도시의 색 조절, 바람길의 확보 등이 있다.

12 다음 중 점층(漸層)에 관한 설명으로 가장 적합한 것은?

① 조경재료의 형태나 색깔, 음향 등의 점진적 증가
② 대소, 장단, 명암, 강약
③ 일정한 간격을 두고 흘러오는 소리, 다변화 되는 색채
④ 중심축을 두고 좌우 대칭

13 안정감과 포근함 등과 같은 정적인 느낌을 받을 수 있는 경관은?

① 파노라마 경관
② 위요 경관
③ 초점 경관
④ 지형 경관

해설 Litton의 경관의 구조로 본 유형으로는 거시경관에 파노라마 경관(전경관) : 시야를 가리지 않고 멀리 펼쳐 보이는 경관으로 산봉우리나 바다에서의 조망등이 속하나.
- 지형 경관 : 인상적인 지형적 특징을 나타내는 경관으로 랜드마크가 되어 경관적 지배위치를 가진다.
- 초점 경관 : 관찰자의 시선이 한 곳으로 집중되는 경관으로 Vista경관이라고도 한다.
- 위요 경관 : 숲속의 호수와 같이 주변에 의해 둘러싸여 있어 안정감과 포근함을 주는 경관이다.
- 관개 경관(터널경관) : 미시경관으로 교목의 수관 아래에 형성되는 경관
- 세부 경관 : 사방으로 시야가 제한되고 협소한 경관구성 요소들의 세부적인 사항까지도 지각되는 경관
- 일시적 경관 : 대기권의 기상변화에 따른 경관분위기의 변화나 수면에 투영 또는 반사된 영상, 동물의 일시적 출현에 의한 순간적 경관으로 계절감이나 시간성, 자연의 다양성을 경험할 수 있다.

정답 10. ① 11. ④ 12. ① 13. ②

2013년 기출

14 골프장에 사용되는 잔디 중 난지형 잔디는?
① 들잔디
② 벤트그라스
③ 켄터키블루그라스
④ 라이그라스

해설 '②~④'는 서양 잔디 중에서 한지형 잔디에 속하며 서양 잔디 중에서 난지형 잔디는 버뮤다글라스이다.

15 주축선을 따라 설치된 원로의 양쪽에 짙은 수림을 조성하여 시선을 주축선으로 집중시키는 수법을 무엇이라 하는가?
① 테라스(Terrace)
② 파티오(Patio)
③ 비스타(Vista)
④ 퍼골러(Pergola)

해설
- 테라스(Terrace) : 꼭 1층에만 설치가 가능하고(2층 이상에 주택에 마련된 공간은 베란다로 분류됨) 거실이나 주방과 바로 연결된 실내바닥 높이보다 20cm 낮은 곳에 전용정원 형태로 주로 테이블을 놓아서 간단히 차를 마시거나 어린이들의 놀이공간, 일광욕 등을 할 수 있는 장소로 사용된다.
- 파티오(Patio) : 스페인, 중정식 정원
- 퍼걸러(Pergola) : 뜰이나 편평한 지붕 위에 나무를 가로세로로 얹어 놓고 등나무 따위의 덩굴성 식물을 올리어 만든 서양식 정자, 장식과 차양의 역할을 한다.

16 감탕나무과(Aquifoliaceae)에 해당하지 않는 것은?
① 호랑가시나무
② 먼나무
③ 꽝꽝나무
④ 소태나무

해설 소태나무는 소태나무과에 속한다.

17 시멘트의 응결에 대한 설명으로 옳지 않은 것은?
① 시멘트와 물이 화학 반응을 일으키는 작용이다.
② 수화에 의하여 유동성과 점성을 상실하고 고화하는 현상이다.
③ 시멘트 겔이 서로 응집하여 시멘트입자가 치밀하게 채워지는 단계로서 경화하여 강도를 발휘하기 직전의 상태이다.
④ 저장 중 공기에 노출되어 공기 중의 습기 및 탄산가스를 흡수하여 가벼운 수화반응을 일으켜 탄산화하여 고화되는 현상이다.

해설 '④'는 풍화작용에 대한 설명으로서 시멘트가 저장 중에 공기와 접촉하면, 수분을 흡수하면서 생긴 수산화칼슘과 공기 중의 이산화탄소가 결합하여 탄산칼슘을 만든다. 이런 과정을 풍화라 하는데 장기간 저장하게 되면 강도가 저하되고 3개월 이상 지속되면 굳어져 사용할 수 없게 된다.

18 다음 중 훼손지비탈면의 초류종자 살포(종비토뿜어붙이기)와 가장 관계없는 것은?
① 종자
② 생육기반재
③ 지효성비료
④ 농약

해설 종비토에 대한 내용으로 종자, 비료, 토양(생육기반재)을 기본 성분으로 하는 혼합물로서 뿜어 붙이기 공법과 식생 자루 공법, 식생 기반 공법에 쓰이는 기본적인 재료를 뜻한다.

정답 14. ① 15. ③ 16. ④ 17. ④ 18. ④

19 다음 중 공기 중에 환원력이 커서 산화가 쉽고, 이온화 경향이 가장 큰 금속은?

① Pb ② Fe
③ Al ④ Cu

해설 알루미늄은 환원력(이온화경향)이 강해서 전자를 버리고 화합물이 되려는 경향이 강하다. 화학식은 다음과 같다. Al → A - 3e- ⇒ Al^{3+}

20 인조목의 특징이 아닌 것은?

① 마모가 심하여 파손되는 경우가 많다.
② 제작 시 숙련공이 다루지 않으면 조잡한 제품을 생산하게 된다.
③ 안료를 잘못 배합하면 표면에서 분말이 나오게 되어 시각적으로 좋지 않고 이용에도 문제가 생긴다.
④ 목재의 질감은 표출되지만 목재에서 느끼는 촉감을 맛 볼 수 없다.

해설 인조목은 콘크리트를 사용하여 나무 같은 느낌으로 만든 제품으로 파골라, 벤치 등에 사용된다.

21 우리나라에서 식물의 천연분포를 결정짓는 가장 주된 요인은?

① 광선 ② 온도
③ 바람 ④ 토양

22 수목의 여러 가지 이용 중 단풍의 아름다움을 관상하려 할 때 적합하지 않은 수종은?

① 신나무
② 칠엽수
③ 화살나무
④ 팥배나무

해설 잎과 열매를 관상용으로 쓰이며, 열매가 붉은 팥과 같다하여 붙여진 이름이다. 팥배나무도 황색의 단풍이 들기 때문에 적절한 문제는 아니다.

23 돌을 뜰 때 앞면, 뒷면, 길이 접촉부 등의 치수를 지정해서 깨낸 돌을 무엇이라 하는가?

① 견치돌
② 호박돌
③ 사괴석
④ 평석

해설
- 견치돌 : 형상은 전면은 거의 평면을 이루며 대략 정사각형으로서 뒷길이 접촉면의 폭, 뒷면 등이 규격화된 돌이다.
- 호박돌 : 호박형의 천연석, 가공하지 않은 지름 18cm 이상 크기의 돌이다.
- 사괴석 : 한 사람이 네 덩어리를 짊어질 수 있는 크기의 15~25cm 정도의 각석으로 한식 건물의 바깥 벽담이나 방화벽에 내민줄눈을 이용 사용한다.
- 평석 : 경관석의 기본형태의 하나로 윗부분이 편평한 돌, 안정감이 필요한 부분에 배치하며 앞부분에 배석한다.

24 재료가 탄성한계 이상의 힘을 받아도 파괴되지 않고 가늘고 길게 늘어나는 성질은?

① 취성(脆性)
② 인성(靭性)
③ 연성(延性)
④ 전성(展性)

해설
- 취성 : 재료가 외력에 의하여 영구 변형을 하지 않고 파괴되거나 극히 일부만 영구변형을 하고 파괴되는 성질이다.
- 인성(Toughness, 靭性) : 보석재료의 파괴에 대한 저항도를 뜻한다.
- 전성(Malleability, 展性) : 압축력에 대하여 물체가 부서지거나 구부러짐이 일어나지 않고, 물체가 얇게 영구변형이 일어나는 성질이다.

정답 19. ③ 20. ① 21. ② 22. ④ 23. ① 24. ③

2013년 기출

25 화강암(Granite)에 대한 설명 중 옳지 않은 것은?

① 내마모성이 우수하다.
② 구조재로 사용이 가능하다.
③ 내화도가 높아 가열 시 균열이 적다.
④ 절리의 거리가 비교적 커서 큰 판재를 생산할 수 있다.

해설 화강암·편마암 등 조립(粗粒) 완정질의 것은 내화성이 작다.

26 해사 중 염분이 허용한도를 넘을 때 철근콘크리트의 조치방안으로 옳지 않은 것은?

① 아연도금 철근을 사용한다.
② 방청제를 사용하여 철근의 부식을 방지한다.
③ 살수 또는 침수법을 통하여 염분을 제거한다.
④ 단위시멘트량이 적은 빈배합으로 하여 염분과의 반응성을 줄인다.

해설 '①~③'이 염분농도가 높은 철근콘크리트의 조치방법이 된다.

27 일반적으로 봄 화단용 꽃으로만 짝지어진 것은?

① 맨드라미, 국화
② 데이지, 금잔화
③ 샐비어, 색비름
④ 칸나, 메리골드

해설 맨드라미·국화·샐비어·색비름은 가을철 화단용 꽃이고, 칸나와 메리골드는 여름철 화단용 꽃이다.

28 다음 중 조경수목의 생장 속도가 빠른 수종은?

① 둥근향나무
② 감나무
③ 모과나무
④ 삼나무

해설 생장속도에 따른 수종 구분

구분	특성	주요 수종
빠른 수종	• 대체로 양수가 많다. • 수형과 재질에 단점이 있다.	낙우송, 배롱나무, 자귀나무, 튤립나무, 층층나무, 무궁화, 삼나무 등
느린 수종	• 대체로 음수가 많다. • 수형이 거의 일정하나 시간이 오래 걸린다.	구상나무, 백송, 주목, 비자나무, 회양목, 산딸나무, 마가목, 가시나무, 먼나무, 후박나무, 굴거리, 이팝나무 등

29 호랑가시나무(감탕나무과)와 목서(물푸레나무과)의 특징 비교 중 옳지 않은 것은?

① 목서의 꽃은 백색으로 9~10월에 개화한다.
② 호랑가시나무의 잎은 마주나며 얇고 윤택이 없다.
③ 호랑가시나무의 열매는 0.8~1.0cm로 9~10월에 적색으로 익는다.
④ 목서의 열매는 타원형으로 이듬해 10월경에 암자색으로 익는다.

해설 호랑가시나무는 잎이 호생(어긋나기), 목서는 마주나기(대생)를 한다.

30 합성수지에 관한 설명 중 잘못된 것은?

① 기밀성, 접착성이 크다.
② 비중에 비하여 강도가 크다.
③ 착색이 자유롭고 가공성이 크므로 장식적 마감재에 적합하다.

정답 25. ③ 26. ④ 27. ② 28. ④ 29. ② 30. ④

④ 내마모성이 보통 시멘트콘크리트에 비교하면 극히 적어 바닥 재료로는 적합하지 않다.

31 목재의 구조에는 춘재와 추재가 있는데 추재(秋材)를 바르게 설명한 것은?

① 세포는 막이 얇고 크다.
② 빛깔이 엷고 재질이 연하다.
③ 빛깔이 짙고 재질이 치밀하다.
④ 춘재보다 자람의 폭이 넓다.

해설
- 춘재 : 봄과 여름에 만들어진 세포로, 빛깔이 엷고 크며 세포막이 얇고 유연하다.
- 추재 : 가을과 겨울에 만들어진 세포로, 빛깔이 짙고 작으며 세포막이 두껍고 견고하다.

32 다음 중 황색의 꽃을 갖는 수목은?

① 모감주나무
② 조팝나무
③ 박태기나무
④ 산철쭉

해설

색상	아름다운 조경수목
흰색 계통	조팝나무, 미선나무, 백철쭉, 백목련, 산딸나무, 일본목련, 회화나무, 쉬땅나무, 무궁화, 등나무, 수수꽃다리, 나무수국, 불두화, 팥배나무, 서어나무, 귀룽나무, 아그배나무, 야광나무, 백당나무, 아카시나무, 이팝나무, 쥐똥나무, 배롱나무
노란색 계통	백합나무, 모감주나무, 산수유, 매자나무, 염주나무, 찰피나무, 만리화, 망종화, 생강나무, 개나리, 황매화, 매자나무, 화살나무, 죽도화, 괴불나무
붉은색 계통	댕강나무, 모란, 참싸리, 겹벚나무, 모과나무, 배롱나무, 진달래, 철쭉, 박태기나무, 명자나무, 붉은병꽃나무, 해당화, 올괴불나무, 분꽃나무, 수양벚나무
보라색 계통	정향나무, 자목련, 수수꽃다리, 산철쭉, 산수국, 무궁화, 등나무, 좀작살나무, 참오동나무

33 다음 중 방풍용수의 조건으로 옳지 않은 것은?

① 양질의 토양으로 주기적으로 이식한 천근성 수목
② 일반적으로 견디는 힘이 큰 낙엽활엽수보다 상록활엽수
③ 파종에 의해 자란 자생수종으로 직근(直根)을 가진 것
④ 대표적으로 소나무, 가시나무, 느티나무 등

해설 방풍용 조경수목의 조건
- 강한 풍압에 견딜 수 있어야 한다.
- 심근성 수종이어야 한다.
- 지엽이 치밀하여야 한다.
- 잘 부러지지 않는 성질을 가진 수종이어야 한다.

예 소나무, 곰솔, 가시나무류, 향나무, 팽나무, 삼나무, 후박나무, 동백나무, 솔송나무, 녹나무, 대나무, 참나무, 후박나무, 편백, 화백, 감탕나무, 사철나무 등

34 점토제품 제조를 위한 소성(燒成) 공정순서로 맞는 것은?

① 예비처리→원료조합→반죽→숙성→성형→시유(施釉)→소성
② 원료조합→반죽→숙성→예비처리→소성→성형→시유
③ 반죽→숙성→성형→원료조합→시유→소성→예비처리
④ 예비처리→반죽→원료조합→숙성→시유→성형→소성

해설 소성(燒成) : 재료의 열처리를 의미하는 일반적인 용어
시유(施釉) : 유약바르기

정답 31. ③ 32. ① 33. ① 34. ①

35 다음 설명에 적합한 수목은?

- 감탕나무과 식물이다.
- 상록활엽수 교목으로 열매가 적색이다.
- 잎은 호생으로 타원상의 육각형이며 가장자리에 바늘 같은 각점(角點)이 있다.
- 자웅이주이다.
- 열매는 구형으로서 지름 8~10mm이며, 적색으로 익는다.

① 감탕나무
② 낙상홍
③ 먼나무
④ 호랑가시나무

해설 '①~③' 모두 감탕나무과에 속하지만 잎에 호랑가시나무 같은 바늘이 없다. ④는 관목이기 때문에 적절한 문제는 아니다.

36 조경시설물의 관리원칙으로 옳지 않은 것은?

① 여름철 그늘이 필요한 곳에 차광시설이나 녹음수를 식재한다.
② 노인, 주부 등이 오랜 시간 머무는 곳은 가급적 석재를 사용한다.
③ 바닥에 물이 고이는 곳은 배수시설을 하고 다시 포장한다.
④ 이용자의 사용빈도가 높은 것은 충분히 조이거나 용접한다.

해설 노인, 주부 등이 오래 시간 머무는 곳은 가급적 목재를 사용한다.

37 수목의 전정작업 요령에 관한 설명으로 옳지 않은 것은?

① 상부는 가볍게, 하부는 강하게 한다.
② 우선나무의 정상부로부터 주지의 전정을 실시한다.
③ 전정작업을 하기 전 나무의 수형을 살펴 이루어질 가지의 배치를 염두에 둔다.
④ 주지의 전정은 주간에 대해서 사방으로 고르게 굵은가지를 배치하는 동시에 상하(上下)로도 적당한 간격으로 자리 잡도록 한다.

해설 상부는 강하게, 하부는 가볍게 전정을 실시한다.

38 개화를 촉진하는 정원수관리에 관한 설명으로 옳지 않은 것은?

① 햇빛을 충분히 받도록 해준다.
② 물을 되도록 적게 주어 꽃눈이 많이 생기도록 한다.
③ 깻묵, 닭똥, 요소, 두엄 등을 15일 간격으로 시비한다.
④ 너무 많은 꽃봉오리는 솎아낸다.

해설 '③'과 같은 시비를 자주 하면 질소질 비료성분이 다량 함유되어 있기 때문에 영양생장을 촉진하여 생식생장인 개화가 억제된다.

39 다음 중 일반적으로 전정시 제거해야 하는 가지가 아닌 것은?

① 도장한 가지
② 바퀴살 가지
③ 얽힌 가지
④ 주지(主枝)

해설 '①~③' 이외에도 웃자란 가지, 말라 죽은 가지, 병해충 피해가지, 아래로 향한 가지 등을 제거해야 한다.

정답 35. ④　36. ②　37. ①　38. ③　39. ④

40 콘크리트의 재료분리 현상을 줄이기 위한 방법으로 옳지 않은 것은?

① 플라이애시를 적당량 사용한다.
② 세장한 골재보다는 둥근골재를 사용한다.
③ 중량골재와 경량골재 등 비중차가 큰 골재를 사용한다.
④ AE제나 AE감수제 등을 사용하여 사용수량을 감소시킨다.

해설 콘크리트 분리현상은 '물과 시멘트비 과다, 시멘트량 부족, 골재 입도입형 불량, 타설방법 불량 등'으로 인하여 무거운 골재만 모여 곰보를 형성하고 강도를 저하시키는 현상

41 다음 그림과 같은 비탈면 보호공의 공종은?

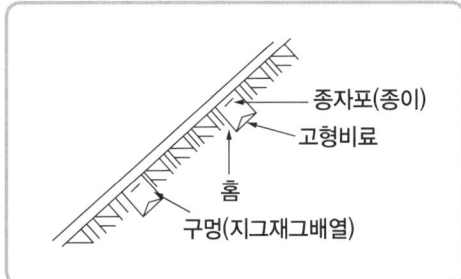

① 식생구멍공
② 식생지루공
③ 식생매트공
④ 줄떼심기공

해설 비탈면보호공법
• 식생매트공 : 씨앗, 비료 등을 정착한 매트류로 사면을 전면적으로 피복하는 공법으로 식생이 왕성할 때까지 매트에 의한 피복효과가 있으므로 동계나 하계에도 시공이 가능하다.
• 줄떼심기공 : 식생토를 사용하여 사면 하단부에서부터 줄떼장변을 사면에 붙임흙을 씌워 두들겨 마무리하며 성토사면에 사용하며 사면에 줄떼의 망상조직을 메워서 안정시킨다.
• 식생자루공 : 비옥토에 씨앗을 혼합해서 자루에 넣은 것을 사면에 붙이는 공법으로 씨앗, 비옥토의 유실이 적으며 지반에 밀착되며 급구배 사면및 동계나 하계에도 시공이 가능하다.
• 씨앗뿜어붙이기공 : 씨앗, 비료, 흙등의 뿜어 붙일 재료에 물을 가한 혼합재료를 뿜어붙이기 기계를 사용하여 사면에 뿜어붙이는 공업으로 토사절토면에 적용성이 좋고 시공능률도 좋다.

42 일반적으로 근원직경이 10㎝인 수목의 뿌리분을 뜨고자 할 때 뿌리분의 직경으로 적당한 크기는?

① 20㎝
② 40㎝
③ 80㎝
④ 120㎝

해설 뿌리돌림은 수목을 이식하는 경우 활착을 돕기 위하여 사전에 뿌리를 잘라 실뿌리를 발생시키는 방법으로서 근원 직경(지표면 부위의 나무줄기 직경)의 약 4배로 분의 크기를 만든다.

43 마운딩(Mounding)의 기능으로 옳지 않은 것은?

① 유효토심확보
② 배수방향조절
③ 공간 연결의 역할
④ 자연스러운 경관 연출

44 수목의 키를 낮추려면 다음 중 어떠한 방법으로 전정하는 것이 가장 좋은가?

① 수액이 유동하기 전에 약전정을 한다.
② 수액이 유동한 후에 약전정을 한다.
③ 수액이 유동하기 전에 강전정을 한다.
④ 수액이 유동한 후에 강전정을 한다.

정답 40. ③ 41. ① 42. ② 43. ③ 44. ③

2013년 기출

45 꺾꽂이(삽목)번식과 관련된 설명으로 옳지 않은 것은?

① 왜성화할 수도 있다.
② 봄철에는 새싹이 나오고 난 직후에 실시한다.
③ 실생묘에 비해 개화·결실이 빠르다.
④ 20~30℃의 온도와 포화상태에 가까운 습도 조건이면 항시 가능하다.

해설 봄철 새싹이 나오기 직전에 실시하면 발근율이 높으나, 삽목발근율이 높은 식물들은 시기에 큰 구애를 받지 않기 때문에 적절한 문제는 아니다.

46 흡즙성 해충의 분비물로 인하여 발생하는 병은?

① 흰가루병
② 흑병
③ 그을음병
④ 점무늬병

해설 그을음병은 진딧물이나 깍지벌레 등이 분비한 액(Honey Dew)에 진균류가 번식하여 잎, 가지, 열매 등의 표면에 흑색 그을음이 형성된다.

47 다음 중 토양수분의 형태적 분류와 설명이 옳지 않은 것은?

① 결합수(結合水) – 토양 중의 화합물의 한 성분
② 흡습수(吸濕水) – 흡착되어 있어서 식물이 이용하지 못하는 수분
③ 모관수(毛管水) – 식물이 이용할 수 있는 수분의 대부분
④ 중력수(重力水) – 중력에 내려가지 않고 표면장력에 의하여 토양입자에 붙어 있는 수분

해설

	특징	식물의 이용여부
모세관수	중력에 저항하여 토양의 소공극에 남아있는 수분	이용가능
중력수	중력에 의하여 하향 이동하는 수분	
결합수	토양입자에 강하게 결합되어서 쉽게 제거할 수 없는 물	이용불가
흡습수 (흡착수)	토양입자 표면에 피막상으로 흡착된 수분	

48 측량에서 활용되는 다음 설명의 곡면은?

> 정지된 평균해수면을 육지까지 연장하여 지구 전체를 둘러쌌다고 사상한 곡면

① 타원체면
② 지오이드면
③ 물리적 지표면
④ 회전타원체면

해설 지구의 형상
- 물리적 지표면 : 실제 측량이 이루어지는 면, 현실적인 지형면이나 너무 불규칙하고 복잡
- 지오이드 : 중력값이 일정한 면으로서 높이결정의 기준이 되는 면(평균해수면), 지구의 형상에 근거
- 타원체 : 회원타원체, 지구타원체, 준거타원체가 있으며, 지구타원체는 지구의 크기와 가장 유사한 타원체이고, 측지측량의 위치계산에 기준, 준거타원체는 특정국가에 가장 적합한 타원체를 의미함, 수학적으로 표현

49 벽 뒤로부터의 토압에 의한 붕괴를 막기 위한 공사는?

① 옹벽쌓기
② 기슭막이
③ 견치석쌓기
④ 호안공

정답 45. ② 46. ③ 47. ④ 48. ② 49. ①

해설
- 옹벽쌓기 : 땅깎기 또는 흙쌓기를 한 비탈면이 흙의 압력으로 붕괴하는 것을 방지할 목적으로 설치한(영구적) 벽체구조물
- 견치석 쌓기 : 앞면 형상이 가로/세로의 크기가 일정하고 뒷길이가 일정한 돌인 견치돌로 축대를 만드는 것. 돌 옹벽을 만드는 것으로 석축
- 기슭막이, 호안공 : 물이 흐르는 계곡의 기슭이 침식되는 것을 막기 위해 돌이나 콘크리트를 이용하여 계곡의 기슭을 막는 공법

50 조경현장에서 사고가 발생하였다고 할 때 응급조치를 잘못 취한 것은?

① 기계의 작동이나 전원을 단절시켜 사고의 진행을 막는다.
② 현장에 관중이 모이거나 흥분이 고조되지 않도록 하여야 한다.
③ 사고 현장은 사고 조사가 끝날 때까지 그대로 보존하여 두어야 한다.
④ 상해자가 발생시는 관계 조사관이 현장을 확인 보존 후 이후 전문의의 치료를 받게 한다.

해설 상해자가 발생 시에는 발생 즉시 전문의의 치료를 맡게 해야 한다.

51 과습지역 토양의 물리적 관리 방법이 아닌 것은?

① 암거배수 시설설치
② 명거배수 시설설치
③ 토양치환
④ 석회시용

해설 석회시용은 산성토양의 개량 등에 이용하는 화학적인 관리 방법이다.

52 잎응애(Spider Mite)에 관한 설명으로 옳지 않은 것은?

① 절지동물로서 거미강에 속한다.
② 무당벌레, 풀잠자리, 거미 등의 천적이 있다.
③ 5월부터 세심히 관찰하여 약충이 발견되면, 다이아지논 입제 등 살충제를 살포한다.
④ 육안으로 보이지 않기 때문에 응애 피해를 다른 병으로 잘못 진단하는 경우가 자주 있다.

해설 응애는 거미강에 포함되므로 살비제를 살포하여야 한다. 다이아지논은 살충제이다.

53 단풍나무를 식재 적기가 아닌 여름에 옮겨심을 때 실시해야 하는 작업은?

① 뿌리분을 크게 하고, 잎을 모조리 따내고 식재
② 뿌리분을 적게 하고, 가지를 잘라낸 후 식재
③ 굵은 뿌리는 자르고, 가지를 솎아내고 식재
④ 잔뿌리 및 굵은 뿌리를 적당히 자르고 식재

해설 '①'이 여름철 고온에 의한 과도한 수분증산을 최소화하기 위한 방법이 된다.

정답 50. ④ 51. ④ 52. ③ 53. ①

2013년 기출

54 벽면적 4.8m² 크기에 1.5B두께로 붉은벽돌을 쌓고자 할 때 벽돌의 소요매수는? (단, 줄눈의 두께는 10㎜이고, 할증률을 고려한다)

① 925매
② 963매
③ 1107매
④ 1245매

해설

벽두께 벽돌두께	0.5B	1.0B	1.5B	2.0B	2.5B	3.0B
표준형 (190×90×57)	75매	149매	224매	298매	373매	447매

붉은벽돌의 할증율 : 3%, 4.8m² × 224매 = 1,075매의 할증
× 1.03 = 1,107매

55 잔디의 잎에 갈색 병반이 동그랗게 생기고, 특히 6~9월경에 벤트그라스에 주로 나타나는 병해는?

① 녹병
② 황화병
③ 브라운패치
④ 설부병

56 각 재료의 할증률로 맞는 것은?

① 이형철근 : 5%
② 강판 : 12%
③ 경계블록(벽돌) : 5%
④ 조경용수목 : 10%

해설
- 이형철근 : 3%
- 강판 : 10%
- 경계블록(벽돌) : 4%

57 소나무류는 생장조절 및 수형을 바로잡기 위하여 순따기를 실시하는데 대략 어느 시기에 실시하는가?

① 3~4월
② 5~6월
③ 9~10월
④ 11~12월

해설 소나무는 5~6월에 2~3개의 순을 남기고, 중심순을 포함한 나머지 순을 따버린다.

58 다음 중 호박돌 쌓기에 이용되는 쌓기법으로 가장 적합한 것은?

① +자 줄눈 쌓기
② 줄눈 어긋나게 쌓기
③ 이음매 경사지게 쌓기
④ 평석 쌓기

59 흙은 같은 양이라 하더라도 자연상태(N)와 흐트러진 상태(S), 인공적으로 다져진 상태(H)에 따라 각각 그 부피가 달라진다. 자연상태의 흙의 부피(N)를 1.0으로 할 경우 부피가 큰 순서로 적당한 것은?

① H > N > S
② N > H > S
③ S > N > H
④ S > H > N

정답 54. ③ 55. ③ 56. ④ 57. ② 58. ② 59. ③

60 콘크리트의 크리프(Creep) 현상에 관한 설명으로 옳지 않은 것은?

① 부재의 건조 정도가 높을수록 크리프는 증가한다.
② 양생, 보양이 나쁠수록 크리프는 증가한다.
③ 온도가 높을수록 크리프는 증가한다.
④ 단위수량이 적을수록 크리프는 증가한다.

해설 크리프는 외력이 일정하게 유지되어 있을 때, 시간이 흐름에 따라 재료의 변형이 증대하는 현상으로 하중에 비례하여 변형이 증가한다.

국가기술자격검정 필기시험

2014년도 조경기능사 과년도 출제문제 제1회

자격종목 및 등급(선택분야)	종목코드	시험시간	문제지형별
조경기능사	6335	1시간	A

1. 식재설계에서의 인출선과 선의 종류가 동일한 것은?

① 단면선
② 숨은선
③ 경계선
④ 치수선

해설
- 실선
  - 굵은선 : 0.5~0.8mm(단면선, 중요시설물, 식생표현)
  - 중간선 : 0.3~0.5mm(입면선, 외형선등 눈에 보이는 대부분의 것)
  - 가는선 : 0.2~0.3mm(마감선, 인출선, 해칭선, 치수선)
- 허선
  - 파선 : 물체의 보이지 않는선
  - 일점쇄선 : 중심선, 절단선, 부지경계선
  - 이점쇄선 : 가상선

2. 로마의 조경에 대한 설명으로 알맞은 것은?

① 집의 첫 번째 중정(Atrium)은 5점형 식재를 하였다.
② 주택정원은 그리스와 달리 외향적인 구성이었다.
③ 집의 두 번째 중정(Peristylium)은 가족을 위한 사적 공간이다.
④ 겨울 기후가 온화하고 여름이 해안기후로 사원하여 노단형의 별장(Villa)이 발달하였다.

해설 로마 주택정원양식
- 아트리움(Atrium) : 주택 입구에 접해 있는 사각형의 제1중정으로 기둥이 없는 무열주식으로 돌로 포장
- 페레스틸리움(Peristylium) : 제 2중정으로 주정(主庭)으로 사적인 공간이며 제 1중정보다 넓고 비포장이며, 주랑식 중정
- 지스터스(Xystus) : 후원으로 제 1, 2중정과 동일한 축선상에 배채되며 과수원이나 채소밭으로 구성되었고 5점형 식재를 하였다.

3. 시공 후 전체적인 모습을 알아보기 쉽도록 그린 그림과 같은 형태의 도면은?

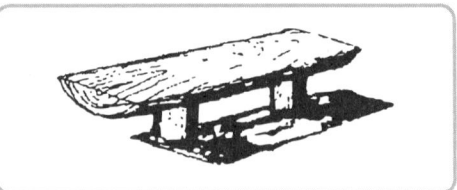

① 평면도
② 입면도
③ 조감도
④ 상세도

해설
- 조감도 : 설계대상지의 완성 후의 모습을 공중에서 내려다 본 그림으로 공간 전체를 사실적으로 표현하여 공간구성을 쉽게 알 수 있는 그림
- 평면도 : 물체를 바로 위에서 내려다 본 것을 가정하고 작도하는 것으로 계획의 전반적인 사항을 알기 위한 도면
- 입면도 : 물체를 정면에서 본대로 그리는 그림으로 수직적 공간구성을 보여주기 위한 도면
- 상세도 : 평면도나 단면도에 나타나지 않는 세부사항을 시공이 가능하도록 표현한 도면으로 재료, 공법, 치수 등을 자세히 기입한다.

정답 1. ④ 2. ③ 3. ③

4 귤준망의 「작정기」에 수록된 내용이 아닌 것은?

① 서원조 정원 건축과의 관계
② 원지를 만드는 법
③ 지형의 취급방법
④ 입석의 의장법

해설 일본 헤이안(평안)시대에 침전조계 정원에 관한 책 으로 일본 정원축조에 관한 책중 가장 오래됨-침전조계통의 정원형태와 의장, 정원 전체의 땅가름, 연못, 섬, 입석, 작천

5 다음 중 일반적으로 옥상정원 설계시 일반조경 설계보다 중요하게 고려할 항목으로 관련이 가장 적은 것은?

① 토양층 깊이
② 방수 문제
③ 지주목의 종류
④ 하중 문제

해설 옥상조경에서 고려하여야 할 제약조건 : 인공지반의 구조와 강도(하중문제), 구조체의 방수성능, 수목의 관수와 배수, 시각적 노출, 미기후

6 다음 중 색의 대비에 관한 설명이 틀린 것은?

① 보색인 색을 인접시키면 본래의 색보다 채도가 낮아져 탁해 보인다.
② 명도단계를 연속시켜 나열하면 가까이 인접한 색끼리 두드러져 보인다.
③ 명도가 다른 두 색을 인접시키면 명도가 낮은 색은 더욱 어두워 보인다.
④ 채도가 다른 두 색을 인접시키면 채도가 높은 색은 더욱 선명해 보인다.

해설 ①번 보색대비 : 보색인 색을 인접시키면 본래의 색보다 채도가 높아져 탁해보인다.
②번 연변대비
③번 명도대비
④번 채도대비

7 다음 중 일본정원과 관련이 가장 적은 것은?

① 축소 지향적
② 인공적 기교
③ 통견선의 강조
④ 추상적 구성

해설 통경선(Vista)의 강조는 프랑스 평면기하학식 정원에서 많이 나타난다.

8 토양의 단면 중 낙엽이 대부분 분해되지 않고 원형 그대로 쌓여 있는 층은?

① L층   ② F층
③ H층   ④ C층

해설 유기물층은 유기질이 상대적으로 많은 표층은 O층과 A층으로 명명되는데, 이 두 층은 유기질의 함량에 의해 상부의 O층과 하부의 A층으로 나누어진다.
유기물층은 다시
L층 : L-horizon, Litter = O층
F층 : 분화작용이 활발한 층
H층 : 부식화가 진행된 층으로 이루어져 있다.

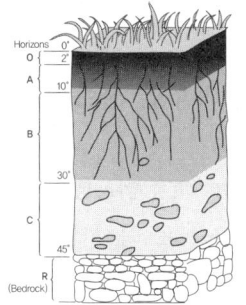

토양단면

정답 4. ① 5. ③ 6. ① 7. ③ 8. ①

2014년 기출

9 도시공원 및 녹지 등에 관한 법률에서 어린이공원의 설계기준으로 틀린 것은?

① 유치거리는 250m 이하, 1개소의 면적은 1500㎡ 이상의 규모로 한다.
② 휴양시설 중 경로당을 설치하여 어린이와의 유대감을 형성할 수 있다.
③ 유희시설에 설치되는 시설물에는 정글짐, 미끄럼틀, 시소 등이 있다.
④ 공원 시설 부지면적은 전체 면적의 60% 이하로 하여야한다.

해설 경노당과 노인정은 제외한다.

10 계획 구역 내에 거주하고 있는 사람과 이용자를 이해하는데 목적이 있는 분석 방법은?

① 자연환경분석
② 인문환경분석
③ 시각환경분석
④ 청각환경분석

해설
- 자연환경분석 : 지형, 지세, 기후, 식생, 암석, 토질, 야생동물, 수문, 경관 등
- 인문환경분석 : 인간의 의식구조, 가치관, 문화적 유산, 사회구조, 법규, 종교
- 시각환경분석 : 계획구역 내의 시각적 요소나 구조 및 질에 관한 분석

11 수목을 표시를 할 때 주로 사용되는 제도 용구는?

① 삼각자
② 템플릿
③ 삼각축척
④ 곡선자

해설 템플릿 : 셀룰로이드나 아크릴 등 얇은 판에 크기가 다른 원, 사각, 타원 또는 각종 기호 등을 뚫어 놓은 것으로, 수목을 표현할 때 원형템플릿의 사용 빈도가 가장 높다.

12 앙드레 르 노트르(Andre Le notre)가 유명하게 된 것은 어떤 정원을 만든 후 부터인가?

① 베르사이유(Versailles)
② 센트럴 파크(Central Prak)
③ 토스카나장(Villa Toscana)
④ 알함브라(Alhambra)

해설
- 센트럴 파크 : 미국에서 1858년 옴스테드가 건축가 보우와 함께 만든 도시공원의 효시
- 알함브라 : 대표적인 이슬람 정원으로 스페인의 그라나다 지방에 있으며, 알베르카중정, 사자의 중정, 린다라야의 중정, 창격자의 중정으로 이루어져 있으며 물과 분수를 풍부하게 장식하고 대리석과 벽돌이 기하학적 형태를 이루며 다채로운 색채를 도입

13 조경 프로젝트의 수행단계 중 주로 공학적인 지식을 바탕으로 다른 분야와는 달리 생물을 다룬다는 특수한 기술이 필요한 단계로 가장 적합한 것은?

① 조경계획
② 조경설계
③ 조경관리
④ 조경시공

해설
- 조경계획 : 자료의 수집, 분석, 종합에 초점을 맞추는 단계로서 장래의 행위에 대한 구상을 하는 일
- 조경설계 : 제작, 시공을 목표로 아이디어를 도출해 내고 이를 구체적으로 발전시켜 도면, 스케치 등의 형태로 표현하는 일
- 조경관리 : 인위적으로 조경된 조경공간에서 공공시설의 존재를 유지하며, 시설이 지닌 고유의 기능을 양호한 상태로 보존하기 위한 행위(유지관리, 운영관리, 이용관리로 구분)

정답 9. ② 10. ② 11. ② 12. ① 13. ④

14 경관 구성의 기법 중 설명하는 수목 배치 기법은?

> 한 그루의 나무를 다른 나무와 연결시키지 않고 독립하여 심는 경우를 말하며, 멀리서도 눈에 잘 띄기 때문에 랜드 마크의 역할도 한다.

① 점식
② 열식
③ 군식
④ 부등변 삼각형 식재

해설
- 열식 : 같은 형태와 종류의 나무를 일정한 간격으로 직선상에 식재하는 수법, 간격이 좁을 때에는 수목 상호간의 연속성이 높아져 후방에 대한 차폐효과가 높아진다.
- 군식 : 수목을 집단적으로 심는 수법, 하나의 덩어리로서의 질량감을 필요로 하는 경우에 이용한다.
- 부등변삼각형식재 : 자연식 배식법으로 크고 작은 세 그루의 나무를 부등변 삼각형의 3개의 꼭지점에 해당하는 위치에 식재하는 방법이다.

15 다음 중 이탈리아 정원의 장식과 관련된 설명으로 가장 거리가 먼 것은?

① 기둥 복도, 열주, 퍼골라, 조각상, 장식분이 장식된다.
② 계단 폭포, 물무대, 정원극장, 동굴 등이 장식된다.
③ 바닥은 포장되며 곳곳에 광장이 마련되어 화단으로 장식된다.
④ 원예적으로 개량된 관목성의 꽃나무나 알뿌리 식물 등이 다량으로 식재되어진다.

16 다음 중 정원 수목으로 적합하지 않은 것은?

① 잎이 아름다운 것
② 값이 비싸고 희귀한 것
③ 이식과 재배가 쉬운 것
④ 꽃과 열매가 아름다운 것

해설 값이 비싸면 대량 확보가 곤란하여 조경수목으로 이용하기가 곤란하다.

17 다음 중 옥상정원을 만들 때 배합하는 경량재로 사용하기 가장 어려운 것은?

① 사질 양토
② 버미큘라이트
③ 펄라이트
④ 피트

해설 '②~④'는 식물 배양토로 많이 사용하고 있는 경량토에 포함된다. 사질양토는 화강암이 풍화되어 생성된 흙인 모래입자가 함유되어 있어서 크고 매우 무겁다.

18 다음 중 난지형 잔디에 해당되는 것은?

① 레드톱
② 버뮤다그라스
③ 켄터키 블루그라스
④ 톨 훼스큐

해설 잔디는 일반적으로 난지형과 한지형으로 구분되며 난지형 잔디에는 한국잔디와 버뮤다그라스, 위핑러브그라스가 있다.

19 다음 중 물푸레나무과에 해당되지 않는 것은?

① 미선나무   ② 광나무
③ 이팝나무   ④ 식나무

해설 식나무는 층층나무과이다.

2014년 기출

20 석재의 가공방법 중 혹두기 작업의 바로 다음 후속작업으로 작업면을 비교적 고르고 곱게 처리할 수 있는 작업은?

① 물갈기
② 잔다듬
③ 정다듬
④ 도드락다듬

> **해설** 석재의 가공순서
> 혹두기(쇠메) → 정다듬(정) → 도드락다듬(도드락망치) → 잔다듬(날망치) → 물갈기

21 주철강의 특성 중 틀린 것은?

① 선철이 주재료이다.
② 내식성이 뛰어나다.
③ 탄소 함유량은 1.7~6.6%이다.
④ 단단하여 복잡한 형태의 주조가 어렵다.

> **해설**
> - 주철(鑄鐵)강 : 1.7% 이상의 탄소를 함유하는 철로서 약 1,150℃에서 녹으므로 주물을 만드는 데 사용할 수 있으나, 이 중에서 3.0~3.6%의 탄소량에 해당하는 것을 일반적으로 주철이라고 한다. 고로(高爐·용광로)에서 얻은 선철을 여기에 넣고, 코크스를 연료로 하여 녹인다. 보통 주철은 난로·맨홀의 뚜껑을 비롯해서 널리 주물제품으로 사용된다.
> - 선철(銑鐵) : 철광석에서 직접 제조되는 철의 일종으로서 철 속에 탄소 함유량이 1.7% 이상인 것으로 고로(高爐)·용광로에서 제철을 할 때 생기는 것이다. 무쇠라고도 한다.

22 조경 수목 중 아황산가스에 대해 강한 수종은?

① 양버즘나무
② 삼나무
③ 전나무
④ 단풍나무

> **해설** 양버즘나무는 대기오염에 강하기 때문에 가로수로 이용하고 있다.
>
> | 배기가스에 강한 수종 | 비자나무, 편백, 향나무, 태산목, 가시나무류, 식나무, 가중나무, 물푸레나무, 버드나무류, 은행나무, 개나리, 말발도리, 등나무, 송악, 조릿대, 이대, 소철, 종려나무, 양버즘나무 |
> |---|---|
> | 배기가스에 약한 수종 | 삼나무, 소나무, 전나무, 금목서, 은목서, 단풍나무, 고로쇠나무, 벚나무, 목련, 백합나무, 팽나무, 감나무, 매화나무, 수수꽃다리, 무화과나무, 자목련, 자귀나무, 고광나무, 명자나무, 산수국, 화살나무 |

23 실리카질 물질(SiO_2)을 주성분으로 하여 그 자체는 수경성(Hydraulicity)이 없으나 시멘트의 수화에 의해 생기는 수산화칼슘[$Ca(OH)_2$]과 상온에서 서서히 반응하여 불용성의 화합물을 만드는 광물질 미분말의 재료는?

① 실리카흄
② 고로슬래그
③ 플라이애시
④ 포졸란

> **해설** 포졸란시멘트는 화산재, 규조토(주로 규산(SiO_2)으로 구성), 규산백토 등의 실리카 혼화재를 넣어 만든 시멘트로 건축공사의 구조용 시멘트 또는 도장모르타르용 등으로 사용한다.
> - 실리카흄(Silica Fume) : 실리콘 제조 시 발생하는 초미립자의 규소 부산물을 전기집진장치에 의해서 얻어지는 혼화재로 초고강도 콘크리트 제조에 사용된다. 실리카흄은 분말도 0.1µm 이상의 초미립자(시멘트 입자의 약 1/25)로 형성되어 있어, 콘크리트에 사용 시 시멘트 입자 사이의 공극을 채워 고강도 고내구성을 얻을 수 있도록 한다.
> - 고로슬래그 : 용광로에서 철광석으로부터 선철을 만들 때 생기는 슬래그[鑛滓]로서 철 이외의 불순물이 모인 것이다.
> - 플라이애시(Fly Ash) : 석탄이나 중유 등을 연소했을 때에 생성되는 미세한 입자의 재, 콘크리트에 섞으면 워커빌리티(시공연도)가 좋아진다.

정답 20. ③ 21. ④ 22. ① 23. ④

24 섬유포화점은 목재 중에 있는 수분이 어떤 상태로 존재 하고 있는 것을 말하는가?

① 결합수만이 포함되어 있을 때
② 자유수만이 포함되어 있을 때
③ 유리수만이 포화되어 있을 때
④ 자유수와 결합수가 포화되어 있을 때

해설
- 섬유포화점 : 목재의 유리수와 흡착수가 증발되는 경계점으로 함수율은 30% 정도이다.
- 결합수 : 토양입자에 화학적으로 결합되어 있는 수분으로서 흡착수보다 강하게 결합되어 있다.

25 다음 중 고광나무(*Philadelphus schrenkii*)의 꽃 색깔은?

① 적색   ② 황색
③ 백색   ④ 자주색

해설
고광나무 : 주로 산지의 산기슭 주변에서 자생하고 있는 범의귀과에 속하는 낙엽관목이다. 달걀형 또는 긴 타원형의 잎은 그 끝이 뾰쪽하고 잎 가장자리에 눈에 잘 띄지 않는 잔 톱니가 나 있다. 꽃은 4월 하순경부터 5월에 흰색 꽃이 잎겨드랑이나 꼭대기에서 총상화서로 5~7개씩 달리면서 피며 꽃대와 꽃가지에 잔털이 나 있다. 꽃자루와 꽃받침통에는 털이 나 있으며 또한 암술대는 기부에 잔털이 있으며, 끝이 4개로 갈라지며 꽃의 향기가 곱다. 가을에 익은 열매는 타원형이며, 이른 봄에 어린잎은 식용이 가능하다.

26 다음 중 가을에 꽃향기를 풍기는 수종은?

① 매화나무   ② 수수꽃다리
③ 모과나무   ④ 목서류

해설 매화나무는 초봄, 수수꽃다리와 모과나무는 봄에 개화한다.

27 골재의 함수상태에 대한 설명 중 옳지 않은 것은?

① 절대건조상태는 105±5℃ 정도의 온도에서 24시간 이상 골재를 건조시켜 표면 및 골재알 내부의 빈틈에 포함되어 있는 물이 제거된 상태이다.
② 공기중 건조 상태는 실내에 방치한 경우 골재입자의 표면과 내부의 일부가 건조된 상태이다.
③ 표면건조포화상태는 골재입자의 표면에 물은 없으나 내부의 빈틈에 물이 꽉 차있는 상태이다.
④ 습윤상태는 골재 입자의 표면에 물이 부착되어 있으나 골재 입자 내부에는 물이 없는 상태이다.

해설 골재의 함수상태는 골재입자 간의 공극에도 수분이 함유된 상태이다.

28 다음 중 자작나무과(科)의 물오리나무 잎으로 가장 적합한 것은?

①

②

③

④

해설 물오리나무는 잎은 타원형 또는 넓은 난형으로 가장자리가 5~8개로 얕게 갈라지며 겹톱니가 있다. 짙은 녹색의 표면은 맥 위로 잔털이 있고 뒷면은 회백색이다. 엽맥이 뚜렷하며 6~8쌍의 측맥이 있다.

정답 24. ① 25. ③ 26. ④ 27. ④ 28. ①

2014년 기출

29 겨울 화단에 식재하여 활용하기 가장 적합한 식물은?

① 팬지
② 메리골드
③ 달리아
④ 꽃양배추

해설 화단용 초화류
a. 봄 화단용
- 1, 2년생 초화류 : 팬지, 금어초, 금잔화, 패랭이꽃, 안개초 등
- 다년생 초화류 : 데이지, 베고니아 등
- 구근 초화류 : 튤립, 수선화 등

b. 여름, 가을 화단용
- 1, 2년생 초화류 : 채송화, 봉숭아, 과꽃, 메리골드, 페튜니아, 샐비어, 코스모스, 맨드라미, 아게라텀, 색비름, 분꽃, 백일홍 등
- 다년생 초화류 : 국화, 부용, 꽃창포 등
- 구근 초화류 : 칸나, 달리아 등

c. 겨울 화단용 : 꽃양배추

30 화성암의 심성암에 속하며 흰색 또는 담회색인 석재는?

① 화강암
② 안산암
③ 점판암
④ 대리석

해설 점판암과 대리석은 변성암에 포함된다.
- 화성암의 특징과 종류는 다음과 같다.
  - 규산(SiO_2) 함량에 따라 암석의 색과 화학적 조성이 다르다.
  - 석영이 많아서 회백색을 나타낸다.

규산함량 생성 깊이	산성암 (규산 65~75%)	중성암 (규산 55~65%)	염기성암 (규산 55~40%)
심성암	화강암: 국내 토양의 2/3 차지	섬록암	반려암
반심성암	석영반암	섬록반암	휘록암
화산암 (분출암)	유문암	안산암	현무암

※ 심성암 : 마그마가 지각 아래 깊은 곳에서 굳어진 암석
※ 화산암 : 지표면에서 냉각된 기포가 많은 암석

31 대취란 지표면과 잔디(녹색식물체) 사이에 형성되는 것으로 이미 죽었거나 살아있는 뿌리, 줄기 그리고 가지 등이 서로 섞여 있는 유기층을 말한다. 다음 중 대취의 특징으로 옳지 않은 것은?

① 한겨울에 스캘핑이 생기게 한다.
② 대취층에 병원균이나 해충이 기거하면서 피해를 준다.
③ 탄력성이 있어서 그 위에서 운동할 때 안전성을 제공한다.
④ 소수성(Hydrophobic)인 대취의 성질로 인하여 토양으로 수분이 전달되지 않아서 국부적으로 마른지역을 형성하며 그 위에 잔디가 말라 죽게 한다.

해설 Thach가 아니고 Thatch를 잘못 적었다. Thatch는 잔디 예취 후 토양에 남은 잔여물로서 토양에서의 스캘핑을 막아준다.
- 스캘핑현상 : Thatch가 과다하게 축적된 잔디밭, 잔디면이 불규칙한 잔디밭, 그리고 한번에 잔디 깎기 높이를 과다하게 내릴 경우에 지상부와 지하부의 생장량이 불균일해져 잔디밭 표면이 쉽게 부풀게 되는 현상으로서 여름 고온기에 주로 발생한다.

32 수목은 생육조건에 따라 양수와 음수로 구분하는데, 다음 중 성격이 다른 하나는?

① 무궁화
② 박태기나무
③ 독일가문비나무
④ 산수유

해설
- 음수 : 약한 광선에서도 비교적 생육이 좋다. 전광선량의 50%가 필요하다.
  예 팔손이나무, 비자나무, 가시나무, 식나무, 후박나무, 동백나무, 사철나무, 회양목, 독일가문비, 맥문동, 호랑

정답 29. ④ 30. ① 31. ① 32. ③

가시나무, 주목, 아왜나무, 전나무 등
• 양수 : 충분한 광선이 있어야 생육한다. 전광선량의 70% 이상이 필요하다.
  예) 소나무, 해송, 낙엽송, 은행나무, 석류나무, 철쭉류, 느티나무, 무궁화, 백목련, 일본잎갈나무, 측백나무, 향나무, 포플러류, 가죽나무, 개나리, 플라타너스, 자작나무 등

33 다음 도료 중 건조가 가장 빠른 것은?

① 오일페인트
② 바니쉬
③ 래커
④ 레이크

해설
- 바니시(니스) : 수지류를 건성유 또는 휘발유 용제로 용해시킨 투명한 도료이다. 2~3회 도포한다.
- 래커 : 섬유소나 합성수지 용액에 수지, 가소제, 안료 등을 섞은 도료이다. 쉽게 마르고 오래가며 번쩍거리지 않게 표면을 마감할 수 있다.
- 레이크 : 물에 녹는 염료를 금속염과 반응시켜 용제에 녹지 않는 물질로 만든 안료로 안정성은 그리 크지 않으나 색의 광택을 높여준다. 페인트, 화장품, 인쇄용 잉크, 식용 색소, 플라스틱 착색, 의복 염색 등에 쓰인다.

34 다음 노박덩굴(Celastraneae)과 식물 중 상록계열에 해당하는 것은?

① 노박덩굴
② 화살나무
③ 참빗살나무
④ 사철나무

해설 '①~④' 모두 노박덩굴과, Euonymus속 식물로서 사철나무만이 상록성이다.

35 지력이 낮은 척박지에서 지력을 높이기 위한 수단으로 식재 가능한 콩과(科) 수종은?

① 소나무　　② 녹나무
③ 갈참나무　④ 자귀나무

해설 콩과 식물은 일반적으로 뿌리혹박테리아(근류균)과 공생하여 질소비료를 생성하기 때문에 척박지에서도 생육이 가능하다.

36 다음 중 소나무의 순자르기 방법으로 가장 거리가 먼 것은?

① 수세가 좋거나 어린나무는 다소 빨리 실시하고, 노목이나 약해 보이는 나무는 5~7일 늦게 한다.
② 손으로 순을 따 주는 것이 좋다.
③ 5~6월경에 새순이 5~10cm 자랐을 때 실시한다.
④ 자라는 힘이 지나치다고 생각될 때에는 1/3~1/2 정도 남겨두고 끝 부분을 따 버린다.

해설 5~6월에 2~3개의 순을 남기고, 중심순을 포함한 나머지 순을 따버린다. 남긴 순은 자라는 힘이 지나치다고 생각될 때 1/3~1/2 정도만 남겨 두고 끝 부분을 손으로 따준다. 수세가 좋거나 어린나무는 다소 늦게 실시하고 노목이나 약해 보이는 나무는 5~7일 빨리한다.

37 토양침식에 대한 설명으로 옳지 않은 것은?

① 토양의 침식량은 유거수량이 많을수록 적어진다.
② 토양유실량은 강우량보다 최대강우강도와 관계가 있다.
③ 경사도가 크면 유속이 빨라져 무거운 입자도 침식된다.
④ 식물의 생장은 투수성을 좋게 하여 토양 유실량을 감소시킨다.

해설 토양침식에 영향을 미치는 요인
a. 강우속도와 강우량 : 우량(雨量)보다는 우세(雨勢)의 영향이 크기 때문에 단시간의 폭우가 장시간의 약한 비에 비해 토양침식이 더 크다.
b. 경사도와 경사장(傾斜長) : 경사도가 크고 경사면의 길이가 길수록 유거수의 속도가 증가되어 토양유실이 증가된다.

정답 33. ③　34. ④　35. ④　36. ①　37. ①

c. 토양의 성질 : 투수성이 크고 구조가 잘 발달되어 내수성 입단이 많을수록 수식이 적다.
- 수분함량·점토·교질 함량이 적고, 가소성·팽윤도가 작을수록 내식성이 크다.

d. 토양표면의 피복상태 : 피복되어 있을 경우 강우 차단효과와 유거수 속도를 완화하여 수식을 경감한다.

38 다음 중 잡초의 특성으로 옳지 않은 것은?

① 재생 능력이 강하고 번식 능력이 크다.
② 종자의 휴면성이 강하고 수명이 길다.
③ 생육 환경에 대하여 적응성이 작다.
④ 땅을 가리지 않고 흡비력이 강하다.

해설 잡초는 생육환경에 대한 저항성이 높아서 다양한 환경에서 높은 생존력을 지닌다.

39 임목(林木) 생장에 가장 좋은 토양구조는?

① 판상구조(Platy)
② 괴상구조(Blocky)
③ 입상구조(Granular)
④ 견파상구조(Nutty)

해설 입단구조(입상구조)는 양이온, 유기물, 미생물 분비물(혹은 곰팡이의 균사) 등이 접착체 역할을 수행하기 때문에 무기질입자들을 결합하여 큰 입자로 뭉쳐진 입단을 만들고, 다시 입단이 모여서 토양을 구성하는 구조이다.
- 단립(團粒)구조(낱알구조) : 토양입자가 독립적으로 존재하여 대공극이 많고 소공극이 적어서 양·수분 보유력이 나쁘다.
- 입단(粒團)구조(떼알구조) : 토양의 입자가 모여 큰 입자를 만들고 이것이 또다시 모여서 입단을 만드는 구조로서 통기성과 배수성이 좋기 때문에 작물생육에 유리하다.
- 괴상구조 : 수직과 수평의 두 방향으로 깨지는 흙덩어리 모양인 토양구조이다.
- 판상구조 : 수평방향의 크기가 수직방향의 크기보다 큰 입단구조를 가진 구조이다.

40 소나무류의 잎솎기는 어느 때 하는 것이 가장 좋은가?

① 12월경
② 2월경
③ 5월경
④ 8월경

해설 36번 해설 참조

41 겨울철에 제설을 위하여 사용되는 해빙염(Deicing Salt)에 관한 설명으로 옳지 않은 것은?

① 염화칼슘이나 염화나트륨이 주로 사용된다.
② 장기적으로는 수목의 쇠락(Decline)으로 이어진다.
③ 흔히 수목의 잎에는 괴사성 반점(점무늬)이 나타난다.
④ 일반적으로 상록수가 낙엽수보다 더 큰 피해를 입는다.

해설 해빙염의 피해에서, 침엽수의 경우 잎 끝에서부터 황화 현상이 오면서 갈색으로 변하여 심하면 낙엽이 진다고 하였다.

42 다음 중 ( ) 안에 알맞은 것은?

> 공사 목적물을 완성하기까지 필요로 하는 여러 가지 작업의 순서와 단계를 ( )(이)라고 한다. 가장 효과적으로 공사 목적물을 만들 수 있으며 시간을 단축시키고 비용을 절감할 수 있는 방법을 정할 수 있다.

① 공종　　② 검토
③ 시공　　④ 공정

해설

정답 38. ③　39. ③　40. ③　41. ③　42. ③

- 공정(Progress) : 전체 공사의 계획에서 각 공사의 단계에 대하여 일에 대한 공사의 진도를 나타내는 것
- 공종(Construction Type) : 공사의 내역을 구성하는 주요한 공사종목, 예로써 토공, 콘크리트공, 미장공 등

43 토양수분 중 식물이 이용하는 형태로 가장 알맞은 것은?

① 결합수
② 자유수
③ 중력수
④ 모세관수

해설

구분	특징	식물의 이용여부
모세관수	중력에 저항하여 토양의 소공극에 남아있는 수분	이용 가능
중력수	중력에 의하여 하향 이동하는 수분	이용 불가
결합수	토양입자에 강하게 결합되어서 쉽게 제거할 수 없는 물	
흡습수 (흡착수)	토양입자 표면에 피막상으로 흡착된 수분	

44 콘크리트용 골재로서 요구되는 성질로 틀린 것은?

① 단단하고 치밀할 것
② 필요한 무게를 가질 것
③ 알의 모양은 둥글거나 입방체에 가까울 것
④ 골재의 낱알 크기가 균등하게 분포할 것

해설 잔골재의 크기는 대소 알이 적당히 혼합되어 있는 것

45 지형을 표시하는데 가장 기본이 되는 등고선의 종류는?

① 조곡선
② 주곡선
③ 간곡선
④ 계곡선

해설
- 조곡선 : 등고선에 있어서 간곡선의 간격을 1/2로 다시 구분한 선이다. 간곡선으로 나타내기 어려운 상세한 지형을 표현하기 위한 선으로 짧은 점선으로 나타낸다.
- 간곡선 : 등고선에서 주곡선 간격의 1/2로 그려지는 등고선. 경사가 완만하여 주곡선 간격으로는 지형의 형태나 특징을 나타낼 수 없는 상세한 지형의 형태나 특징을 표현하기 위해서 부분적으로 사용하는 갈색의 단절된 파선으로 통상 주곡선 간격의 1/2높이 지점에 표시한다.
- 계곡선 : 지형의 상태를 명시하고 표고를 읽기 좋게 주곡선 5개마다 굵게 표시한 선이다.

46 축적이 1/5000인 지도상에서 구한 수평 면적이 5㎠라면 지상에서의 실제면적은 얼마인가?

① 1250㎡
② 12500㎡
③ 2500㎡
④ 25000㎡

해설
실제면적=도상의 면적×(축척)^2
$5×10^{-3}(m^2)×(5000)^2=12500m^2$

47 용적 배합비 1:2:4 콘크리트 1㎥ 제작에 모래가 0.45㎥ 필요하다. 자갈은 몇 ㎥ 필요한가?

① 0.45㎥
② 0.5㎥
③ 0.90㎥
④ 0.15㎥

해설 1 : 2 : 4 = 시멘트 : 모래 : 자갈, 모래가 0.45㎥이므로 2배인 0.9㎥가 필요하다.

정답 43. ④ 44. ④ 45. ② 46. ② 47. ③

48 소나무류 가해 해충이 아닌 것은?

① 알락하늘소
② 솔잎혹파리
③ 솔수염하늘소
④ 솔나방

해설 알락하늘소는 버드나무나 플라타너스에 기생한다.

49 다음 중 등고선의 성질에 관한 설명으로 옳지 않은 것은?

① 등고선상에 있는 모든 점은 높이가 다르다.
② 급경사지는 등고선 간격이 같다.
③ 급경사지는 등고선의 간격이 좁고, 완경사지는 등고선 간격이 넓다.
④ 등고선은 도면의 안이나 밖에서 폐합되며 도중에 없어지지 않는다.

해설 등고선의 성질
- 동일 등고선상의 모든 점은 같은 높이이다.
- 등고선은 도면내에서나 도면 외에서 폐합하는 폐곡선이다.
- 지도의 도면 내에서 폐합하는 경우 등고선의 내부에는 산꼭대기 또는 분지가 있다.
- 일반적으로 솟아오른 절벽이 있는 곳 이외에는 등고선은 서로 만나는 곳이 없다.
- 동등한 지표에서 양 등고선의 수평거리는 서로 같다.
- 등고선은 분수선과 직선으로 만난다.

50 시멘트의 응결을 빠르게 하기 위하여 사용하는 혼화제는?

① 지연제   ② 발포제
③ 급결제   ④ 기포제

해설 발포제는 플라스틱이나 고무 등과 배합해 기포를 만들어 내는 물질을 총칭한다. 기포제는 용매(溶媒)에 녹아서 거품을 잘 일게 하는 물질로서 표면 장력을 저하시킬 수 있어야 한다.

51 다음 중 방위각 150°를 방위로 표시하면 어느 것인가?

① N 30°E
② S 30°E
③ S 30°W
④ N 30°W

해설 방위각 : 방위를 나타내는 각도. 관측점으로부터 정남을 향하는 직선과 주어진 방향과의 사이의 각으로 나타냄. 정남에서 서쪽으로 돌면서 0~360° 측정하지만, 일반적으로는 서쪽으로 돌면서 측정하는 경우를 +, 동쪽으로 돌면서 측정하는 경우를 -로 한다. 이각은 천구에 대하여 말하면 지평선상에서 자오선과의 교점과 방위각과의 교점인 두점간의 각 거리에 해당된다. 또 일반적으로 태양 방위각은 정면으로 부터의 편위각도(S-30°-E, S-40°-W등)로 나타낸다.

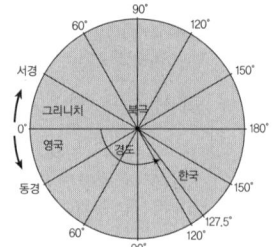

〈방위각의 구조〉

52 난지형 한국잔디의 발아적온으로 맞는 것은?

① 15~20℃
② 20~23℃
③ 25~30℃
④ 30~33℃

해설 한지형 서양잔디의 발아적온은 20~25도이다. 난지형 한국잔디의 발아적온은 30~33도이다.

정답 48. ① 49. ① 50. ③ 51. ② 52. ④

53 전정도구 중 주로 연하고 부드러운 가지나 수관 내부의 가늘고 약한 가지를 자를 때와 꽃꽂이를 할 때 흔히 사용하는 것은?

① 대형전정가위
② 적심가위 또는 순치기가위
③ 적화, 적과가위
④ 조형 전정가위

해설 적심가위는 목질화가 되지 않은 부드러운 가지나 초본식물 등을 자를 때 사용한다.

54 고속도로의 시선유도 식재는 주로 어떤 목적을 갖고 있는가?

① 위치를 알려준다.
② 침식을 방지한다.
③ 속력을 줄이게 한다.
④ 전방의 도로 형태를 알려준다.

해설
시선유도식재 : 차도의 선형에 따라 규칙적으로 식재된 도로 녹화에 의해 운전자는 도로의 지형, 선형 등의 상황을 인식하기 쉽고, 안전을 도모하는 기능, 특히 도로의 법면 식재는 도로의 형상을 넓어 보이게 하는 심리적 기능을 가지고 있다. 이때 쓰이는 수종은 주변 식생과 뚜렷한 식별이 가능해야 한다. 곡률반경(R)=700m 이하의 도로 외측은 관목 또는 교목을 열식하며 향나무, 측백, 광나무, 사철나무 등을 식재한다.

55 다음 중 여성토의 정의로 가장 알맞은 것은?

① 가라앉을 것을 예측하여 흙을 계획높이 보다 더 쌓는 것
② 중앙분리대에서 흙을 볼록하게 쌓아 올리는 것
③ 옹벽 앞에 계단처럼 콘크리트를 쳐서 옹벽을 보강하는 것
④ 잔디밭에서 산디에 주기적으로 뿌려 뿌리가 노출되지 않도록 준비하는 토양

해설 여성토는 계획성토량의 10~15%를 더 돋우아준다.

56 다음 선의 종류와 선긋기의 내용이 잘못 짝 지어진 것은?

① 가는 실선 : 수목인출선
② 파선 : 단면
③ 1점 쇄선 : 경계선
④ 2점 쇄선 : 중심선

해설 답은 ④번이나 ②번도 잘못되었다. ②번의 파선은 보이지 않는 선(숨은선)이고 단면은 굵은 실선으로 표시한다. 2점쇄선 : 단면의 무게 중심을 연결한 선(무게 중심선), 가상선에 쓰인다.

57 다음 중 비탈면을 보호하는 방법으로 짧은 시간과 급경사 지역에 사용하는 시공방법은?

① 콘크리트 격자틀공법
② 자연석 쌓기법
③ 떼심기법
④ 종자뿜어 붙이기법

58 농약을 유효 주성분의 조성에 따라 분류한 것은?

① 입제
② 훈증제
③ 유기인계
④ 식물생장 조정제

해설 유효성분 조성에 따른 분류
• 무기농약
  무기화합물이 주성분인 농약
  예 생석회, 소석회, 유황, 황산구리, 결정석회황합제 등
• 유기농약
  유기화합물이 주성분인 농약으로 천연유기농약과 화학 농약(유기합성농약)으로 구분
  예 유기인계(有機燐系), 카바메이트계, 유기불소계, 유기비소계, 유기염소계, 유기황계 등

2014년 기출

59 이식한 수목의 줄기와 가지에 새끼로 수피감기 하는 이유로 가장 거리가 먼 것은?

① 경관을 향상시킨다.
② 수피로부터 수분 증산을 억제한다.
③ 병해충의 침입을 막아준다.
④ 강한 태양광선으로부터 피해를 막아 준다.

해설 경관향상과는 무관하다.

60 다음 중 천적 등 방제대상이 아닌 곤충류에 가장 피해를 주기 쉬운 농약은?

① 훈증제
② 전착제
③ 침투성 살충제
④ 지속성 접촉제

해설 지속성 접촉제는 유기염소계 및 일부 유기인계 살충제로서 화학적으로 안정하여 쉽게 분해되지 않는 환경오염의 원인물질이다.

정답 59. ① 60. ④

국가기술자격검정 필기시험

2014년도 조경기능사 과년도 출제문제 제2회

자격종목 및 등급(선택분야)	종목코드	시험시간	문제지형별
조경기능사	6335	1시간	A

---

1 다음 설명의 ( )에 들어갈 각각의 용어는?

- 면적이 커지면 명도와 채도가 ( ).
- 큰 면적의 색을 고를 때의 견본색은 원하는 색보다 ( )색을 골라야 한다.

① ㉠ 높아진다 ㉡ 밝고 선명한
② ㉠ 높아진다 ㉡ 어둡고 탁한
③ ㉠ 낮아진다 ㉡ 밝고 선명한
④ ㉠ 낮아진다 ㉡ 어둡고 탁한

해설 면적대비에 대한 설명이다.

2 고려시대 조경수법은 대비를 중요시 하는 양상을 보인다. 어느 시대의 수법을 받아 들였는가?

① 신라시대 수법
② 일본 임천식 수법
③ 중국 당시대 수법
④ 중국 송시대 수법

해설 중국역사 가운데 가장 화려했던 송나라의 영향을 받아 화려한 관상 위주의 정원을 꾸미고 송나라 수법의 모방한 화원과 석가산 및 누각 등이 많이 나타났다.

3 실물을 도면에 나타낼 때의 비율을 무엇이라 하는가?

① 범례
② 표제란
③ 평면도
④ 축척

해설 표제란 : 도면 관리상 필요한 사항, 도면의 내용에 관한 정형적인 사항 등을 정리해서 기입하기 위하여 도면의 일부로서 공사명, 도면명, 도면 번호, 도면 명칭, 책임자, 도면 작성 연월일, 축척등을 기입한다.
범례 : 수목수량표, 시설물수량표, 스케일및 방위를 나타낸다.

4 1857년 미국 뉴욕에 센트럴 파크(Central Park)를 설계한 사람은?

① 하워드(Ebenerzer Howard)
② 르코르뷔지에(Le Corbwsier)
③ 옴스테드(Fredrick Law Olmsted)
④ 브라운(Brown)

해설
- 하워드 : 전원도시 제창-1920년 "Garden city of tomorrow"를 발간, 낮은 인구밀도, 공원과 정원의 개발, 아름답고 기능적인 그린벨트, 전원과 타운, 위성적인 지역사회를 둘러싸는 중심 수도권으로 연결되는 형태의 도시
- 브라운 : 일명 "Capability Brown" 스토우원을 비롯한 수없이 많은 영국정원을 수정, 풍경식 정원의 거장. 햄프턴코트, 스토우원개조, 블랜하임 개조

5 다음 설명의 A, B에 적합한 용어는?

인간의 눈은 원추세포를 통해 (A)을(를) 지각하고, 간상세포를 통해 (B)을(를) 지각한다.

① A : 색채, B : 명암
② A : 밝기, B : 채도
③ A : 명암, B : 색채
④ A : 밝기, B : 색조

정답 1. ② 2. ④ 3. ④ 4. ③ 5. ②

2014년 기출

6 조경미의 원리 중 대비가 불러오는 심리적 자극으로 가장 거리가 먼 것은?

① 반대
② 대립
③ 변화
④ 안정

> **해설** 다양성을 달성하기 위해 필요한 방법 중의 하나로 상이한 크기, 형태, 색채 혹은 질감을 서로 대조시킴으로써 두드러지게 보이도록 하는 것을 대비라 한다.

7 먼셀표색계의 10색상환에서 서로 마주보고 있는 색상의 짝이 잘못 연결된 것은?

① 빨강(R) – 청록(BG)
② 노랑(Y) – 남색(PB)
③ 초록(G) – 자주(RP)
④ 주황(YR) – 보라(P)

> **해설** 주황의 보색은 파랑이다.

8 그림과 같은 축도기호가 나타내고 있는 것으로 옳은 것은?

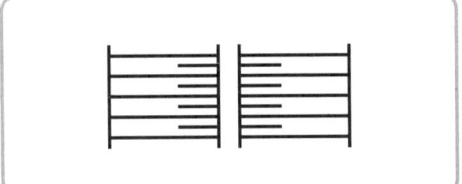

① 등고선
② 성토
③ 절토
④ 과수원

9 그림과 같이 AOB 직각을 3등분 할 때 다음 중 선의 길이가 같지 않은 것은?

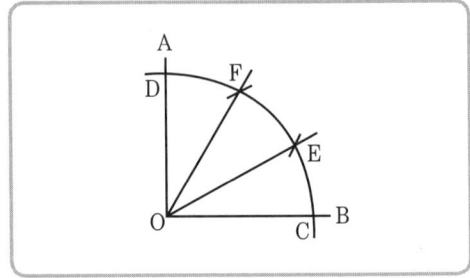

① CF
② EF
③ OD
④ OC

> **해설** 직각을 3등분 하기
> • ∠AOB 는 주어진 직각(∠R)이다.
> • 점 O를 중심으로 하여 임의의 길이를 반지름으로 하는 원호를 그려, 선분 OA와 만나는 점을 D, 선분 OB와 만나는 점을 C라 한다.
> • 점 C, D를 각각 중심으로 하여 선분 OC(또는 OD)를 반지름으로 하는 원호를 그려, 원호 CD와 만나는 점을 각각 E, F라 한다.
> • 점 O와 E, 점 O와 F를 이으면 선분 OE, OF는 ∠AOB의 3 등분선이 된다.

10 다음 중 위요된 경관(Enclosed landscape)의 특징 설명으로 옳은 것은?

① 시선(視線)의 주의력을 끌 수 있어 소규모의 지형도 경관으로서 의의를 갖게 해준다.
② 보는 사람으로 하여금 위압감을 느끼게 하며 경관의 지표가 된다.
③ 확 트인 느낌을 주어 안정감을 준다.
④ 주의력이 없으면 등한시하기 쉬운 것이다.

> **해설** ② 지형경관, ③ 전경관

정답 6. ④ 7. ④ 8. ② 9. ② 10. ①

11 다음의 입체도에서 화살표 방향을 정면으로 할 때 평면도를 바르게 표현한 것은?

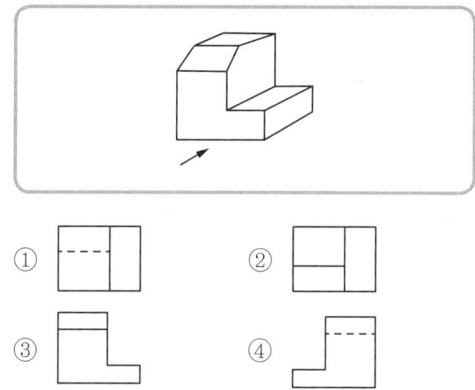

12 어떤 두 색이 맞붙어 있을 때 그 경계 언저리에 대비가 더 강하게 일어나는 현상은?

① 연변대비
② 면적대비
③ 보색대비
④ 한난대비

해설
- 명도대비(Luminosity Contrast, 明度對比) : 명도가 다른 두 색을 이웃하거나 배색하였을 때, 밝은 색은 더 밝게, 어두운 색은 더 어둡게 보이는 현상이다.
- 색상대비(Color Contrast, 色相對比) : 색상이 다른 두 색을 동시에 이웃하여 놓았을 때 두 색이 서로의 영향으로 색상 차가 나는 현상. 1차색끼리 잘 일어나며, 2차색과 3차색이 될수록 그 대비 효과는 적게 나타난다.
- 한난대비(寒暖對比) : 색의 차고 따뜻한 느낌의 지각 차이로 인해서 변화가 오는 대비현상으로 모든 색채대비에서의 기초적 감정으로서 중요시된다.
- 보색대비(補色對比) : 색상환에서 서로 마주보는 위치에 있는 색을 보색이라 하는데, 혼합하면 회색이 되는 보색이 나란히 놓여질 때 서로의 채도를 높여 강렬하고 선명하게 보이는 현상, 교통표지판에서 많이 나타난다.
- 면적대비(面積對比) : 면적이 넓은 쪽의 색이 명도와 채도가 더 높아보이는 현상이다.
- 연변대비(緣邊對比) : 나란히 단계적으로 균일하게 채색되어 있는 색의 경계부분에서 일어나는 대비현상으로 색과 색이 접하는 부분에서 흰색과 접하는 부분의 회색이 더 진해 보인다.

13 주로 장독대, 쓰레기통, 빨래건조대 등을 설치하는 주택정원의 적합 공간은?

① 안뜰
② 앞뜰
③ 작업뜰
④ 뒤뜰

해설
- 안뜰 : 포장된 원로, 조명등, 차고
- 앞뜰 : 퍼걸러, 정자, 목재데크, 벤치, 야외탁자, 바비큐장, 연못이나 벽천의 수경시설, 놀이 및 운동시설
- 작업뜰 : 장독대, 쓰레기통, 빨래 건조장, 채소밭, 창고 등
- 뒤뜰 : 채소나 과수를 심기도 하고 어린이 놀이터나 운동공간으로 이용

14 넓은 의미로의 조경을 가장 잘 설명한 것은?

① 기술자를 정원사(Landscape Gardener)라 부른다.
② 궁전 또는 대규모 저택을 중심으로 한다.
③ 식재를 중심으로 한 정원을 만드는 일에 중점을 둔다.
④ 정원을 포함한 광범위한 옥외공간 건설에 적극 참여한다.

15 다음 중 묘원의 정원에 해당하는 것은?

① 타지마할
② 알힘브리
③ 공중정원
④ 보르비꽁트

해설 타지마할 : 인도 아그라에 있으며, 건축+능묘, 샤자한왕이 왕비를 위해 만들었으며, 4분원, 중앙의 비스타와 한가운데서 이것과 교차하는 부축 비스타는 캐널로 되어 있으며, 84개의 분수가 장치되었다. 중앙부 분수가 있는 대리석으로 만든 수조는 왕비묘가 투영

정답 11. ② 12. ① 13. ③ 14. ④ 15. ①

2014년 기출

16 다음 중 산성토양에서 잘 견디는 수종은?
① 해송
② 단풍나무
③ 물푸레나무
④ 조팝나무

> 해설
> - 강산성에 견디는 수종 : 진달래, 소나무, 해송, 잣나무, 전나무, 상수리나무, 밤나무, 낙엽송, 편백 등
> - 알칼리성에 견디는 수종 : 낙우송, 회양목, 조팝나무, 개나리, 가래나무, 단풍나무, 물푸레나무, 서어나무, 비술나무 등
> - 약산성(중성) 수종 : 가시나무, 녹나무, 떡갈나무, 느티나무, 백합나무, 피나무, 졸참나무 등

17 목재의 방부재(Preservative)는 유성, 수용성, 유용성으로 크게 나눌 수 있다. 유용성으로 방부력이 대단히 우수하고 열이나 약제에도 안정적이며 거의 무색제품으로 사용되는 약제는?
① PCP
② 염화아연
③ 황산구리
④ 크레오소트

> 해설 방부제의 종류
> a. 수용성 방부제 : 실내 용제
>   - CCA 방부제 : 크롬, 구리, 비소의 화합물, 가장 많이 쓰인다.
>   - ACC 방부제 : 구리와 크롬의 화합물, 광산의 갱목에만 사용된다.
> b. 유성방부제 : 크레오소트, 유성페인트
> c. 유용성 방부제 : 유기계방충제, PCP

18 다음 중 콘크리트의 워커빌리티 증진에 도움이 되지 않는 것은?
① AE제
② 감수제
③ 포졸란
④ 응결경화 촉진제

> 해설 워커빌리티는 콘크리트 시공 시 유동성과 점성의 정도를 나타내는 용어로 '응결경화 촉진제' 사용 시 유동성과 점성이 감소된다.

19 재료가 외력을 받았을 때 작은 변형만 나타내도 파괴되는 현상을 무엇이라 하는가?
① 강성(剛性)
② 인성(靭性)
③ 전성(展性)
④ 취성(脆性)

> 해설
> - 취성(Brittleness, 脆性) : 재료가 외력에 의하여 영구 변형을 하지 않고 파괴되거나 극히 일부만 영구변형을 하고 파괴되는 성질이다.
> - 강성(Rigidity, 剛性) : 구조물 또는 그것을 구성하는 부재는 하중을 받으면 변형하는데 이 변형에 대한 저항의 정도를 나타낸다.
> - 인성(Toughness, 靭性) : 보석 재료의 파괴에 대한 저항도를 뜻한다.
> - 전성(Malleability, 展性) : 압축력에 대하여 물체가 부서지거나 구부러짐이 일어나지 않고, 물체가 얇게 영구변형이 일어나는 성질이다.

20 다음 설명에 해당되는 잔디는?

> - 한지형 잔디이다.
> - 불완전 포복형이지만, 포복력이 강한 포복경을 지표면으로 강하게 뻗는다.
> - 잎의 폭이 2~3mm로 질감이 매우 곱고 품질이 좋아서 골프장 그린에 많이 이용한다.
> - 짧은 예취에 견디는 힘이 가장 강하나, 병충해에 가장 약하여 방제에 힘써야 한다.

① 버뮤다 그래스
② 켄터키블루 그래스
③ 벤트 그래스
④ 라이 그래스

> 해설 버뮤다 그래스는 난지형 잔디

정답 16. ① 17. ① 18. ④ 19. ④ 20. ③

21 잔디밭을 조성함으로써 발생되는 기능과 효과가 아닌 것은?

① 아름다운 지표면 구성
② 쾌적한 휴식 공간 제공
③ 흙이 바람에 날리는 것 방지
④ 빗방울에 의한 토양 유실 촉진

해설 잔디는 토양을 피복하여 빗방울이 토양에 낙하하면서 발생하는 충격을 흡수한다.

22 세라믹 포장의 특성이 아닌 것은?

① 융점이 높다.
② 상온에서의 변화가 적다.
③ 압축에 강하다.
④ 경도가 낮다.

해설
- 세라믹 포장이란 세라믹볼을 에폭시 수지와 혼합하여 미장 마감하는 방법으로 미려한 색상을 띄는 포장방법이다.
- 장점
  - 각종 칼라로 디자인과 그림을 자유 연출할 수 있다.
  - 탁월한 배수 효과 및 미끄럼 방지에 효과적이다.
  - 고강도의 그래늄을 특수 바인다로 결합 시공하므로 휨 또는 압축강도가 뛰어나다.
  - 내마모성, 내산성, 내약품성이 강하다.
  - 높은 내화성, 내충격성으로 열처리된 세라믹볼은 균일이니 충격에 아주 강하다.

23 단위용적중량이 1700kgf/㎥, 비중이 2.6인 골재의 공극률은 약 얼마인가?

① 34.6%
② 52.94%
③ 3.42%
④ 5.53%

해설 공극율(%)=(1−단위중량/골재비중)×100
실적율(%)=(단위중량/골재비중)×100
단위용적중량의 단위 kg/㎥이고, 비중의 단위는 g/㎤이다.

우선 1kg은 1000g, 1㎥은 1,000,000㎤ 이다. 따라서 1kg/㎥=1000g/1,000,000㎤ 단위를 맞춰주려면 1000으로 나눠주면 단위가 같아진다.
단위를 같게 하려면 비중에 1000를 곱하여 단위를 kg/㎥로 맞추거나 단위용적중량에 1000을 나눈 다음 g/㎤ 하면 된다.
공극율=(1−(1.7/2.6))×100=34.6%

24 플라스틱의 장점에 해당하지 않는 것은?

① 가공이 우수하다.
② 경량 및 착색이 용이하다.
③ 내수 및 내식성이 강하다.
④ 전기 절연성이 없다.

해설 플라스틱은 전기 절연성(전기를 흐르지 못하게 하는 성질)이 없고 금속재료가 절연성이 없다.

25 열경화성 수지의 설명으로 틀린 것은?

① 축합반응을 하여 고분자로 된 것이다.
② 다시 가열하는 것이 불가능하다.
③ 성형품은 용제에 녹지 않는다.
④ 불소수지와 폴리에틸렌수지 등으로 수장재로 이용된다.

해설 열경화성수지는 일반적으로 내열성과 내약품성이 강하고 경도가 높고 기계적 성질과 전기적 성질이 뛰어나기 때문에 용기나 공업재료에 쓰인다.
예 페놀수지, 요소수지, 멜라닌 수지, 불포화 폴리에스티, 에폭시수지, 폴리우레탄수지 등 이중에서 에폭시수지의 접착력이 가장 우수하다.

정답 21. ④ 22. ④ 23. ① 24. ④ 25. ④

26 산수유(Cornus officinalis)에 대한 설명으로 옳지 않은 것은?

① 우리나라 자생수종이다.
② 열매는 핵과로 타원형이며 길이는 1.5~2.0cm이다.
③ 잎은 대생, 장타원형, 길이는 4~10cm, 뒷면에 갈색털이 있다.
④ 잎보다 먼저 피는 황색의 꽃이 아름답고 가을에 붉게 익는 열매는 식용과 관상용으로 이용 가능하다.

해설 중국원산이다.

27 다음 중 백목련에 대한 설명으로 옳지 않은 것은?

① 낙엽활엽교목으로 수형은 평정형이다.
② 열매는 황색으로 여름에 익는다.
③ 향기가 있고 꽃은 백색이다.
④ 잎이 나기 전에 꽃이 핀다.

해설 열매는 갈색으로 가을에 익는다.

28 목재의 열기 건조에 대한 설명으로 틀린 것은?

① 낮은 함수율까지 건조할 수 있다.
② 자본의 회전기간을 단축시킬 수 있다.
③ 기후와 장소 등의 제약 없이 건조할 수 있다.
④ 작업이 비교적 간단하며, 특수한 기술을 요구하지 않는다.

해설 열기건조는 가열공기를 이용한 건조실에서 건조하는 방법으로 건조실을 갖추어야 하기 때문에 작업이 간단하지 않다.

29 다음 중 벌개미취의 꽃 색으로 가장 적합한 것은?

① 황색
② 연자주색
③ 검정색
④ 황녹색

30 가로수가 갖추어야 할 조건이 아닌 것은?

① 공해에 강한 수목
② 답압에 강한 수목
③ 지하고가 낮은 수목
④ 이식에 잘 적응하는 수목

해설 지하고가 낮으면 시야를 가리기 때문에 가로수로는 부적당하다.

31 석재의 형성원인에 따른 분류 중 퇴적암에 속하지 않는 것은?

① 사암
② 점판암
③ 응회암
④ 안산암

해설 안산암은 화성암에 속한다. 점판암은 변성암에 속한다.

32 다음 중 목재의 장점이 아닌 것은?

① 가격이 비교적 저렴하다.
② 온도에 대한 팽창, 수축이 비교적 작다.
③ 생산량이 많으며 입수가 용이하다.
④ 크기에 제한을 받는다.

해설
a. 목재의 장점
 • 색깔 및 무늬 등의 외관이 아름답다.
 • 재질이 부드럽고 촉감이 좋다.
 • 무게가 가볍고 가공이 용이하다.
 • 무게에 비해 강도가 크다.
 • 도장이 가능하며 녹슬거나 부식되지 않는다.
 • 산과 알칼리에 대한 저항성이 높다.

정답 26. 모두 정답 27. ② 28. ④ 29. ② 30. ③ 31. ②, ④ 32. ④

- 색채, 무늬에 있어 의장에 유리하다.
b. 목재의 단점
- 부패성이 크다.
- 내구성이 작다.
- 함수율에 따른 변형이 크다.
- 부위에 따라 재질이 불균질하다.
- 불과 바람, 해충에 약하다.
- 구부러지고 옹이가 있다.

33 수목 뿌리의 역할이 아닌 것은?

① 저장근 : 양분을 저장하여 비대해진 뿌리
② 부착근 : 줄기에서 세근이 나와 가른 물체에 부착하는 뿌리
③ 기생근 : 다른 물체에 기생하기 위한 뿌리
④ 호흡근 : 식물체를 지지하는 기근

[해설] 지상에 뿌리의 일부를 내고 통기를 관장하는 뿌리로 뿌리의 특수형태이다.

34 시멘트의 종류 중 혼합 시멘트에 속하는 것은?

① 팽창 시멘트
② 알루미나 시멘트
③ 고로슬래그 시멘트
④ 조강포틀랜드 시멘트

[해설] 혼합 시멘트에는 슬래그 시멘트(고로시멘트), 플라이애시 시멘트, 포졸란 시멘트(실리카 시멘트) 등이 있다.

35 이팝나무와 조팝나무에 대한 설명으로 옳지 않은 것은?

① 이팝나무의 열매는 타원형의 핵과이다.
② 환경이 같다면 이팝나무가 조팝나무보다 꽃이 먼저 핀다.
③ 과명은 이팝나무는 물푸레나뭇과(科)이고, 조팝나무는 장미과(科)이다.
④ 성상은 이팝나무는 낙엽활엽교목이고, 조팝나무는 낙엽활엽관목이다.

[해설] 이팝나무는 6월에, 조팝나무는 4월 말에 개화한다.

36 조경관리에서 주민참가의 단계는 시민 권력의 단계, 형식참가의 단계, 비참가의 단계 등으로 구분되는데 그중 시민권력의 관계에 해당되지 않는 것은?

① 가치관리(Citizen Control)
② 유화(Placation)
③ 권한 위양(Delegated Power)
④ 파드너십(Partnership)

[해설] 주민참여는 비참가의 단계 → 형식적 참가 → 시민권력의 단계
주민참가의 조건 – 규모 및 전문성이 주민의 수탁능력을 넘지 않을 것
- 주민참가에 의해 효과가 기대될 것
- 운영상 주민의 자발적 참가 및 협력을 필요조건으로 할 것
- 주민참가에 있어서 이해의 조정과 공평심을 가질 것

※ Arnstein의 주민참여의 8단계
a. 비참여
- 1단계 – 조작(Manipulation) : 주민이 지방정부의 활동에 관심을 두지 않은 상태에서 공공부문이 주도적으로 주민을 접촉하는 단계
- 2단계 – 치료(Therapy) : 참여라는 이름 아래 주민들의 태도나 행태 교정
b. 형식적 참여:
- 3단계 – 정보제공(Informing) : 지방정부가 지역주민에게 정보를 일방적으로 제공하는 단계
- 4단계 – 상담·의견수렴(Consultation) : 정부가 보다 적극적으로 주민의 의견 청취
- 5단계 – 유화(Placation) : 참여가 이루어지는 듯하나 실질적으로는 의사결정에 영향을 미치지 못하는 단계
c. 시민권력(실질적 참여)
- 6단계 – 협력(Partership) : 결정권의 소재에 대한 합의와 정책 결정을 공동으로 하기 위한 공동위원회 등 제도적인 틀이 마련되는 단계
- 7단계 – 권한위임(Delegated Power) : 동반자 관계를 넘어 주민이 결정을 주도하는 단계
- 8단계 – 가치관리(Citizen Control) : 주민이 정부의 진정한 주인으로 모든 결정을 주도하는 단계

[정답] 33. ④ 34. ③ 35. ② 36. ②

2014년 기출

37 표준품셈에서 조경용 초화류 및 잔디의 할증률은 몇 %인가?

① 1(%)   ② 3(%)
③ 5(%)   ④ 10(%)

> **해설**
> - 표준품셈에서 조경용 초화류 및 잔디의 할증율 : 10%
> - 붉은 벽돌, 내화벽돌, 일반용 합판, 타일, 경계블럭, 호안블럭 : 3%
> - 각재, 수장용 합판, 시멘트 벽돌 : 5%
> - 판재, 조경용 수목, 잔디, 초화류 : 10%

38 실내조경 식물의 잎이나 줄기에 백색 점무늬가 생기고 점차 퍼져서 흰 곰팡이 모양이 되는 원인으로 옳은 것은?

① 탄저병
② 무름병
③ 흰가루병
④ 모자이크병

> **해설**
> - 흰가루병은 주야의 온도차가 크고, 일조부족, 질소과다, 고온, 다습, 통풍불량인 환경에서 신초부위에 발생하며 잎에 흰곰팡이 형성된다. 특히 실내는 통풍불량인 경우가 많다.
> - 탄저병은 다습한 야외환경에서 발생한다.
> - 무름병은 상처부위로 침입한 병균이 식물세포벽을 분해하는 효소(Pectinase)를 분비하여 식물의 조직이 파괴되고 점차로 물러져 썩고 액체화 되면서 악취 발생한다.
> - 모자이크병은 바이러스에 의해 잎에 담녹색의 무늬가 발생한다.

39 다음 중 잔디의 종류 중 한국잔디(Korean Lawngrass or Zoysia Grass)의 특징 설명으로 옳지 않은 것은?

① 우리나라의 자생종이다.
② 난지형 잔디에 속한다.
③ 뗏장에 의해서만 번식 가능하다.
④ 손상 시 회복속도가 느리고 겨울 동안 황색상태로 남아있는 단점이 있다.

> **해설** 서양잔디와 같이 종자번식도 가능하다.

40 잔디의 뗏밥 넣기에 관한 설명으로 가장 부적합한 것은?

① 뗏밥은 가는 모래 2, 밭흙 1, 유기물 약간을 섞어 사용한다.
② 뗏밥은 이용하는 흙은 일반적으로 열처리하거나 증기 소독 등 소독을 하기도 한다.
③ 뗏밥은 한지형 잔디의 경우 봄, 가을에 주고 난지형 잔디의 경우 생육이 왕성한 6~8월에 주는 것이 좋다.
④ 뗏밥의 두께는 30mm 정도로 주고, 다시 줄 때에는 일주일이 지난 후에 잎이 덮일 때까지 주어야 좋다.

> **해설** 뗏밥의 두께는 1~4mm로 소량으로 자주 시비한다.

41 시설물 관리를 위한 페인트칠하기의 방법으로 가장 거리가 먼 것은?

① 목재의 바탕칠을 할 때에는 먼저 표면상태 및 건조상태를 확인해야 한다.
② 철재의 바탕칠을 할 때에는 별도의 작업 없이 불순물을 제거한 후 바로 수성페인트를 칠한다.
③ 목재의 갈라진 구멍, 홈, 틈은 퍼티로 땜질하여 24시간 후 초벌칠을 한다.
④ 콘크리트, 모르타르면의 틈은 석고로 땜질하고 유성 또는 수성페인트를 칠한다.

> **해설** 철재면의 녹은 제거하고 연마지로 깨끗이 닦아낸 다음 청소하고 녹막이 칠을 한 후 도포한다.

정답 37. ④ 38. ③ 39. ③ 40. ④ 41. ②

42 다음 중 메쌓기에 대한 설명으로 가장 부적합한 것은?

① 모르타르를 사용하지 않고 쌓는다.
② 뒷채움에는 자갈을 사용한다.
③ 쌓는 높이의 제한을 받는다.
④ 2제곱미터마다 지름 9cm 정도의 배수공을 설치한다.

> **해설** 메쌓기의 물구멍은 2m 간격으로 지름 10cm의 대나무나 관을 옹벽 밑변부터 매설해 놓는다. 1.2m 이상의 높이는 쌓지 않도록 한다.

43 평판을 정치(세우기)하는데 오차에 가장 큰 영향을 주는 항목은?

① 수평맞추기(정준)
② 중심맞추기(구심)
③ 방향맞추기(표정)
④ 모두 같다

44 수량에 의해 변화하는 콘크리트 유동성의 정도, 혼화물의 묽기 정도를 나타내며 콘크리트의 변형 능력을 총칭하는 것은?

① 반죽질기
② 워커빌리티
③ 압송성
④ 다짐성

45 우리나라에서 발생하는 주요 소나무류에 잎녹병을 발생시키는 병원균의 기주로 맞지 않는 것은?

① 소나무
② 해송
③ 스트로브잣나무
④ 송이풀

> **해설** 송이풀은 잣나무털녹병균의 기주이고 병징은 줄기와 가지에서 발생한다.

46 다음 중 차폐식재에 적용 가능한 수종의 특징으로 옳지 않은 것은?

① 지하고가 낮고 지엽이 치밀한 수종
② 전정에 강하고 유지 관리가 용이한 수종
③ 아랫 가지가 말라죽지 않는 상록수
④ 높은 식별성 및 상징적 의미가 있는 수종

> **해설** '①~③'이 차폐종 수종의 조건에 해당한다.

47 900㎡의 잔디광장을 평떼로 조성하려고 할 때 필요한 잔디량은 약 얼마인가?(단, 잔디 1매 규격은 30cm×30cm×3cm이다.)

① 약 1,000매
② 약 5,000매
③ 약 10,000매
④ 약 20,000매

> **해설** 30 × 30cm = 0.3 × 0.3m = 0.03㎡. 900㎡에는 900/0.03 = 10,000개가 필요하다. (면적이 기준이기 때문에 높이인 3cm는 무시한다.)

48 농약살포가 어려운 지역과 솔잎혹파리 방제에 사용되는 농약 사용법은?

① 도포법
② 수간주사법
③ 입제살포법
④ 관주법

> **해설** 솔잎혹파리는 소나무에게 치명적인 적으로 유충이 잎 아래부분에 파고 들어가 자리를 잡으면 벌레혹이 부풀기 시작하여 잎의 생장이 중지되면서 잎이 황갈색으로 변하면서 고사한다.

정답 42. ④ 43. ③ 44. ② 45. ④ 46. ④ 47. ③ 48. ②

2014년 기출

49 옹벽 중 캔틸레버(Cantilever)를 이용하여 재료를 절약한 것으로 자체 무게와 뒤채움 한 토사의 무게를 지지하여 안전도를 높인 옹벽으로 주로 5m 내외의 높지 않은 곳에 설치하는 것은?

① 중력식 옹벽
② 반중력식 옹벽
③ 부벽식 옹벽
④ L자형 옹벽

해설 옹벽의 종류
- 중력식 옹벽과 반중력식 옹벽
  중력식 옹벽은 자중(自重)으로 토압을 견디는 무근 콘크리트 구조로 철근을 제외한 다양한 재료가 많이 사용. 일반적으로 3~4m 높이의 경사면에 사용. 반중력식 옹벽은 6m 높이에 사용하며, 중력식과 철근콘크리트 옹벽의 중간적 구조. 자중을 어느 정도 가볍게 하기 위해 중간에 철근으로 보강
- 역T형과 L형 옹벽
  L형 옹벽은 캔딜레버(처마 끝이나 현관의 차양처럼 한 쪽 끝이 고정되고 다른 끝은 받쳐지지 않은 상태로 되어 있는 보)를 이용해 옹벽의 재료를 절약하는 방법. 자중이 적은 대신 배면의 뒷채움을 충분히 보강해주어야 안전. 역T형은 7m 높이의 옹벽에 사용해야 경제적인 방법. 지반이 연약한 경우에는 T형보를 넣는 방법이 많이 쓰임
- 뒷부벽식 옹벽과 앞부벽식 옹벽
  외벽면에서 바깥쪽으로 튀어나와 벽체가 쓰러지지 않게 지탱하는 것을 '부벽'이라하는데 이를 이용해 연약지반과 5m이상높은 경사면에 옹벽을 설치하는 방법. 자중을 줄이고 재료 운반이 곤란한 장소에 효율적. 토압을 받는 곳에 부벽재를 대는 것을 뒷부벽식이라고 하고 토압을 받지 않는 곳에 부벽재를 대는 것을 앞부벽식이라 함
- 선반식 옹벽
  좁은 기초 폭에 높은 옹벽을 필요로 할 경우 사용하는 옹벽으로 책상식옹벽
- 격자 옹벽
  연약한 토사로 파괴우려가 있거나 부등침하가 우려될 경우 사용하는 방법으로 틀식옹벽이라고도 불리며 콘크리트 침목 같은 옹벽자재를 종횡으로 쌓아올리면 되는 단단한 구조이며 값이 쌈
- 보강토 옹벽
  흙속에 있는 입자를 보강재와 결합시켜 층을 다지는 공법. 단단한 결정체가 되게 하여 외부의 마찰을 잘 견디

게 하며, 주로 옹벽의 설치가 불가능하거나 공기가 촉박한 경우에 사용되던 방법이었으나 근래에는 현장 타설 옹벽에 비해 외관이 미려한 장점 때문에 많이 사용됨. 더욱이 공장에서 제품을 대량 생산, 시공되어 인건비와 자재비를 절약할 수 있으나 급경사지에서는 일반 구조물보다 절토량이 많고 뒷채움재의 선택이 까다로워 정밀시공이 요구됨

50 다음 노목의 세력회복을 위한 뿌리자르기의 시기와 방법 설명 중 (   )에 들어갈 가장 접합한 것은?

- 뿌리자르기의 가장 좋은 시기는 (㉠)이다.
- 뿌리자르기 방법은 나무의 근원 지름의 (㉡)배되는 길이로 원을 그려, 그 위치에서 (㉢)의 깊이로 파내려간다.
- 뿌리 자르는 각도는 (㉣)가 적합하다.

① ㉠ 월동 전
  ㉡ 5~6
  ㉢ 45~50cm
  ㉣ 위에서 30°
② ㉠ 땅이 풀린 직후부터 4월 상순
  ㉡ 1~2
  ㉢ 10~20cm
  ㉣ 위에서 45°
③ ㉠ 월동전
  ㉡ 1~2
  ㉢ 10~20cm
  ㉣ 직각 또는 아래쪽으로 30°
④ ㉠ 땅이 풀린 직후부터 4월 상순
  ㉡ 5~6
  ㉢ 45~50cm
  ㉣ 직각 또는 아래쪽으로 45°

정답 49. ④ 50. ④

51 한 가지 약제를 연용하여 살포 시 방제효과가 떨어지는 대표적인 해충은?

① 깍지벌레 ② 진딧물
③ 잎벌 ④ 응애

해설 응애를 구제하는 농약을 살비제라고 한다. 응애는 농약에 대한 저항성이 높아서 다른 종류의 농약을 번갈아 가면서 사용해야 한다.

52 다음 설계도면의 종류에 대한 설명으로 옳지 않은 것은?

① 입면도는 구조물의 외형을 보여주는 것이다.
② 평면도는 물체를 위에서 수직방향으로 내려다 본 것을 가정하고 그린 것을 말한다.
③ 단면도는 구조물의 내부나 내부공간의 구성을 보여주기 위한 것이다.
④ 조감도는 관찰자의 눈높이에서 본 것을 가정하여 그린 것이다.

해설
- 입면도 : 물체를 정면에서 본 그대로 그린 그림으로 수직적 공간 구성을 보여주기 위한 도면
- 스케치 : 관찰자의 눈높이에서 본것을 가정하여 그린것
- 조감도 : 설계 대상의 완성 후의 미래의 모습을 공중에서 내려다 본 그림

53 다음과 같은 특징을 갖는 암거배치 방법은?

- 중앙에 큰 맹암거를 중심으로 작은 맹암거를 좌우에 어긋나게 설치하는 방법
- 경기장 같은 평탄한 지형에 적합하며, 전 지역의 배수가 균일하게 요구되는 지역에 설치 주관을 경사지에 배치하고 양측에 설치

① 빗살형 ② 부채살형
③ 어골형 ④ 자연형

해설
- 어골형(漁骨形) : 배수관거의 배치형태가 주선을 중심으로 지선(45°이하교각, 4~5m 간격, 최장 30m 이하)을 양측에 설치, 소규모의 평탄한 지역(경기장, 소규모운동장, 광장, 놀이터, 골프장)의 배수에 적합하며 전지역의 균일한 배수가 이루어진다.
- 평행형(平行形) : 지선을 주선과 직각으로 접속하고, 지선은 일정한 간격으로 평행하게 배치하여 배수, 즐치형, 빗살형이라고도 한다. 넓고 평탄한 지역, 운동장과 대규모 지역 심토층배수에 사용한다.
- 선형(扇形) : 부채살 모양으로 1개의 지점으로 집중하도록 설치하여 집수후 배수하는 방식으로 부채형이라고도 한다. 지형적으로 침하된 곳이나 한 지점으로 경사를 이루고 있는 소규모 지역에 사용, 시설 설치의 효율성이 낮다.
- 차단형 : 경사면의 내부에 불투수층이 형성되어 있어 지하로 유입된 우수가 원활하게 배출되지 못하거나 사면에서 용출되는 물을 제거하기 위하여 사용되는 방식으로 도로의 사면에 많이 적용한다.
- 자연형(自然形) : 대규모 공원과 같이 완전한 배수가 요구되지 않는 지역에서 등고선을 고려하여 주관을 설치하고 주관을 중심으로 양측에 지관을 지형에 따라 필요한 곳에 설치하는 방법, 지형의 기복이 심한 소규모 공간에 물이 정체되는 곳이나 평탄면에 배수가 원활하지 못한 곳에 적용한다.

54 다음 중 이식하기 어려운 수종이 아닌 것은?

① 소나무
② 자작나무
③ 섬잣나무
④ 은행나무

해설 이식에 대한 적응성
a. 이식이 쉬운 나무 : 메타세콰이아, 측백나무, 꽝꽝나무, 사철나무, 쥐똥나무, 미루나무, 은행나무, 플라타너스, 명자나무, 편백, 낙우송, 향나무, 철쭉류, 벽오동, 느티나무, 수양버들, 무궁화 등
b. 이식이 어려운 나무 : 독일가문비, 백송, 소나무, 굴참나무, 떡갈나무, 백합나무, 자작나무, 칠엽수, 감나무, 전나무, 섬잣나무, 가시나무, 굴거리나무, 목련, 튤립나무, 죽순대 등

정답 51. ④ 52. ④ 53. ③ 54. ④

2014년 기출

55 다음 중 한 가지에 많은 봉우리가 생긴 경우 솎아 낸다든지, 열매를 따버리는 등의 작업을 하는 목적으로 가장 적당한 것은?

① 생장조장을 돕는 가지다듬기
② 세력을 갱신하는 가지다듬기
③ 착화 및 착과 촉진을 위한 가지다듬기
④ 생장을 억제하는 가지다듬기

해설 양분이 분산되는 것을 방지하여 우수한 꽃과 열매를 생산하기 위한 조치이다.

56 다음 중 루비깍지벌레의 구제에 가장 효과적인 농약은?

① 페니트로티온수화제
② 다이아지논분제
③ 포스파미돈액제
④ 옥시테트라사이클린수화제

해설 '①'은 이화명나방에 효과가 좋다. '②'는 이화명충·잎굴파리·심식충 방제에 널리 사용된다. '③'은 살균제이다. '④'는 파이토플라즈마에 의해 걸리는 빗자루병에 쓰는 항생제이다. 또한 '③' 포스파미돈액제는 고독성 농약으로 요즘은 생산이 중단되었다.

57 형상수(Topiary)를 만들 때 유의 사항이 아닌 것은?

① 망설임 없이 강전정을 통해 한 번에 수형을 만든다.
② 형상수를 만들 수 있는 대상수종은 맹아력이 좋은 것을 선택한다.
③ 전정 시기는 상처를 아물게 하는 유합조직이 잘 생기는 3월 중에 실시한다.
④ 수형을 잡는 방법은 통대나무에 가지를 고정시켜 유인하는 방법, 규준틀을 만들어 가지를 유인하는 방법, 가지에 전정만을 하는 방법 등이 있다.

58 다음 중 조경수목의 꽃눈분화, 결실 등과 가장 관련이 깊은 것은?

① 질소와 탄소비율
② 탄소와 칼륨비율
③ 질소와 인산비율
④ 인산과 칼륨비율

해설
• 탄수화물(Carbohydrate, C)과 질소화합물(Nitrogen, N)의 비율에 의하여 꽃이 피는 원리로서 보통 C/N이 1을 초과하면 꽃을 피우게 된다.
• 탄질률(炭窒率, Carbon-nitrogen Ratio)과 탄수화물과 질소의 비율은 같은 의미
식물체내의 탄수화물과 질소의 비율, C/N율이 높으면 개화를 유도하고 C/N율이 낮으면 영양생장이 계속된다.
– C : 탄수화물은 잎에서 탄소동화작용으로 만들어지는 물질(광합성=인산)
– N : 질소는 퇴비 및 질소 관련된 비료로 형성되는 것이다.

59 생물분류학적으로 거미강에 속하며 덥고, 건조한 환경을 좋아하고 뾰족한 입으로 즙을 빨아먹는 해충은?

① 진딧물   ② 나무좀
③ 응애   ④ 가루이

해설 진딧물, 나무좀, 가루이는 곤충강에 속한다.

60 조경수목의 단근작업에 대한 설명으로 틀린 것은?

① 뿌리 기능이 쇠약해진 나무의 세력을 회복하기 위한 작업이다.
② 잔뿌리의 발달을 촉진시키고, 뿌리의 노화를 방지한다.
③ 굵은 뿌리는 모두 잘라야 아랫가지의 발육이 좋아진다.
④ 땅이 풀린 직후부터 4월 상순까지가 가장 좋은 작업시기다.

정답 55. ③ 56. ③ 57. ① 58. ① 59. ③ 60. ③

국가기술자격검정 필기시험

2014년도 조경기능사 과년도 출제문제 제4회

자격종목 및 등급(선택분야)	종목코드	시험시간	문제지형별
조경기능사	6335	1시간	B

1 창경궁에 있는 통명전 지당의 설명으로 틀린 것은?

① 장방형으로 장대석으로 쌓은 석지이다.
② 무지개형 곡선 형태의 석교가 있다.
③ 괴석 2개와 앙련(仰蓮) 받침대석이 있다.
④ 물은 직선의 석구를 통해 지당에 유입된다.

> 해설 통명전은 창경궁의 연조 공간으로 명정전 서북쪽에 있으며, 왕과 왕비가 생활하던 침전의 중심 건물이다. 지당은 생태적이고 장식 위주의 연못(池)과 생활·방화용수 공급처로서의 저수지(塘)를 합친 우리나라의 독특한 구조물이다. 네 벽을 장대석으로 쌓아 올리고, 석난간을 돌렸으며, 난간은 하엽동자(荷葉童子)를 조각한 기둥이 받치고 있다. 우리나라 궁궐의 교각이나 석주에는 군자를 상징하는 연잎 모양의 석주를 많이 사용하였다. 지당 속에는 석분에 심은 괴석 3개와 기물을 받쳤던 앙련 받침대석 1개가 있다. 3개의 괴석은 신선들이 산다는 방장, 봉래, 영주의 삼신산을 상징하는 신선사상이 내포되어 있음을 짐작할 수 있다.

2 도면 작업에서 원의 반지름을 표시할 때 숫자 앞에 사용하는 기호는?

① ø   ② D
③ R   ④ △

> 해설 원의 지름 : ø, D

3 짐을 운반하여야 한다. 다음 중 같은 크기의 짐을 어느 색으로 포장했을 때 가장 덜 무겁게 느껴지는가?

① 다갈색   ② 크림색
③ 군청색   ④ 쥐색

> 해설 "색의 중량감"은 보이고 가볍게 보이는 시각의 감각현상에서 오는 것이므로 이는 명도(색의 밝은 정도, 명도가 높을수록 밝아지고 낮을수록 어두운 색)에 따라 결정됨 따라서 명도가 낮은 색은 무겁게 느껴지며 명도가 높은 색은 가볍게 느껴짐
> • 다갈색 : 조금 검은빛을 띤 갈색(褐色). 7.5YR 2/2
> • 군청색(群靑色) : 고운 광택이 나는 짙은 남색. 7.5PB 2/8
> • 쥐색 : 어두운 회색. N 4.25
> • 크림색 : 흐린 노랑. 5Y 9/4

4 이탈리아 조경 양식에 대한 설명으로 틀린 것은?

① 별장이 구릉지에 위치하는 경우가 많아 정원의 주류는 노단식
② 노단과 노단은 계단과 경사로에 의해 연결
③ 축선을 강조하기 위해 원로의 교점이나 원점에 분수 등을 설치
④ 대표적인 정원으로는 베르사유 궁원

> 해설 베르사이유 궁원은 프랑스 평면기하학식 정원의 대표적 정원이다.

5 다음 중 9세기 무렵에 일본 정원에 나타난 조경양식은?

① 평정고산수양식
② 침전조 양식
③ 다정양식
④ 회유임천양식

> 해설 헤이안시대(평안)(793~1191) : 아스카, 나라시대를 이어 신선사상이 영향을 주었으며, 귀족의 저택은 침전형으로 축조하였음. 조전(釣殿)이란 연못에 접하여 세워진 침전조 정원의 중심건축물로 정자의 역할을 하며, 뱃놀이를

정답 1. ③ 2. ③ 3. ② 4. ④ 5. ②

위한 승하선 장소로 이용됨, 대표적으로 동삼조전이 있음
①번 평정고산수양식 : 무로마찌(실정)(1334~1573)
③번 다정양식 : 모모야마(도산)(1576~1615)
④번 회유임천양식 : 가마꾸라(겸창)(1191~1333)

6 조선시대 궁궐의 침전 후정에서 볼 수 있는 대표적인 것은?

① 자수화단(花壇)
② 비폭(飛瀑)
③ 경사지를 이용해서 만든 계단식의 노단
④ 정자수

해설 한국 정원의 특수한 정원형식의 하나로 경사지에 장대석등으로 단을 쌓아 만들어 놓은 것으로 풍수설의 영향으로 택지를 고려하였기에 지형상의 제약이나 의도적인 언덕을 후원으로 경사지를 화계로 이용하였다.

7 조선시대 선비들이 즐겨 심고 가꾸었던 사절우(四節友)에 해당하는 식물이 아닌 것은?

① 난초   ② 대나무
③ 국화   ④ 매화나무

해설
• 사절우 : 소나무, 매화, 대나무, 국화
• 사군자 : 매화, 난초, 국화, 대나무

8 수도원 정원에서 원로의 교차점인 중정 중앙에 큰나무 한 그루를 심는 것을 뜻하는 것은?

① 파라다이소(Paradiso)
② 바(Bagh)
③ 트렐리스(Trellis)
④ 페리스틸리움(Peristylium)

해설
• 파라다이스는 아랍어 파라디소에서 유래된 말로 낙원을 뜻하며, 코란에 나오는 '파라디소'는 젖과 꿀이 흐르는 땅으로, 정원을 뜻한다. 네모난 땅의 정중앙에는 분수를 설치하여 물을 흐르게도 한다. 중세 전기, 이탈리아를 중심으로 실용적 정원, 장식적 정원의 수도원 정원이 형성되었고, 주랑식 중정(Cloister Garden)에는 남향으로 배치, 회랑식 중정으로 2개의 원로로 4분원에 잔디, 화복, 초본을 식재하고 교차점에는 나무 한그루를 심는 파라디소, 수경을 설치하였다.
• 바(Bagh) : 인도의 회교식 정원의 대표적인 작품으로는 캐시미르 지방의 니샤트바(Nishat Bagh)
• 트렐리스(Trellis) : 격자형 울타리
• 페리스틸리움(Peristylium) : 로마 주택정원의 사적인 공간의 제 2중정

9 위험을 알리는 표시에 가장 적합한 배색은?

① 흰색-노랑   ② 노랑-검정
③ 빨강-파랑   ④ 파랑-검정

해설 노랑과 검정색은 인간의 눈으로 봤을 때 가독성이 높기 때문에 많은 도로상의 경계선으로도 많이 사용된다.

10 다음 조경의 효과로 가장 부적합한 것은?

① 공기의 정화
② 대기오염의 감소
③ 소음 차단
④ 수질오염의 증가

11 물체의 앞이나 뒤에 화면을 놓은 것으로 생각하고, 시점에서 물체를 본 시선과 그 화면이 만나는 각점을 연결하여 물체를 그리는 투상법은?

① 사투상법
② 투시도법
③ 정투상법
④ 표고투상법

해설
• 투상법이란 물체의 형태와 크기 등을 표현하기 위해 일정한 법칙에 따라 평면상으로 정확히 그려내는 방법
• 사투상법 : 물체의 정면을 기준으로 하여 수평선에서 길이 방향으로 45°의 각도로 경사지게 물체를 나타내는 방법
• 정투상법 : 물체의 앞, 옆, 위에서 바르게 바라보고 그리는 방법
• 표고투상법 : 입체를 평면위에 기준면으로부터 각각의 높이를 기입하여 표시하는 것을 표고라 하며 표고를 기입해서 이것을 기준면으로 위에 투상한 수직 투상을 말

정답 6. ③ 7. ① 8. ① 9. ② 10. ④ 11. ②

해설 조경의 과정
목표설정 → 자료수집 및 종합 → 기본구상 → 기본설계 → 실시설계 → 시공 → 관리 및 이용 후 평가

12 "물체의 실제 치수"에 대한 "도면에 표시한 대상물"의 비를 의미하는 용어는?

① 척도
② 도면
③ 표제란
④ 연각선

해설
- 척도는 A:B로 표시하며 A: 그린 도형의 길이, B: 실제 대상물의 길이
- 실척(현척) : 실물과 같은 크기, 치수나 모양에 대한 오차가 적음
- 축척 : 실물보다 작게 그릴 경우의 척도, 크기나 모양을 정확히 알 수 있는 축척
- 배척 : 실물보다 크게 그릴 경우의 척도, 작고 복잡한 부품 제도시 사용

13 이격비의 "낙양원명기"에서 원(園)을 가리키는 일반적인 호칭으로 사용되지 않은 것은?

① 원지
② 원정
③ 별서
④ 택원

해설
- 낙양원명기는 중국 북송시대 이격비라는 시인이 낙양의 개인 저택 가운데 이름난 화원 20개를 전문적으로 다룬 책
- 별서 : 문인들이 세속을 피하여 전원생활을 즐기던 터전으로 산천이 아름답고 주위환경이 조용한 곳을 찾아 생활하던 곳으로 누(樓) 나 정(亭)을 두어 자연 그대로의 풍광을 즐기던 선비들의 풍류적 사연관이 담겨있는 전원이다. 대표적으로 양산보의 소쇄원, 윤선도의 부용동 원림, 정약용의 다산초당 등이 있다.

14 수집된 자료를 종합한 후에 이를 바탕으로 개략적인 계획안을 결정하는 단계는?

① 목표설정
② 기본구상
③ 기본설계
④ 실시설계

15 스페인 정원의 특징과 관계가 먼 것은?

① 건물로서 완전히 둘러싸인 가운데 뜰 형태의 정원
② 정원의 중심부는 분수가 설치된 작은 연못 설치
③ 웅대한 스케일의 파티오 구조의 정원
④ 난대, 열대 수목이나 꽃나무를 화분에 심어 중요한 자리에 배치

해설 스페인은 이슬람양식의 하나로 중정식, 파티오식 정원이 발달하였으며, 웅대한 스케일이 아닌 아담하고 귀여운 파티오식 정원은 코르도바 지방을 중심으로 더욱 알려져 있다.

16 다음 중 녹나무과(科)로 봄에 가장 먼저 개화하는 수종은?

① 치자나무
② 호랑가시나무
③ 생강나무
④ 무궁화

해설
- 생강나무는 녹나무과로 산지의 계곡이나 숲 속의 냇가에서 자란다. 한국, 일본, 중국 등지에 분포하며, 높이는 3~6m이고 꽃은 암수딴그루이다. 3월에 잎보다 먼저 피며 노란 색의 작은 꽃들이 여러 개 뭉쳐 꽃대가 없다. 산형꽃차례 열매는 장과이고 둥글며 지름이 7~8mm이며 9월에 검은 색으로 익는다. 새로 잘라 낸 가지에서 생강 냄새가 나므로 생강나무라 한다.
- 치자나무 : 꼭두서니과의 상록관목. 꽃은 단성화로 6~7월에 피고 흰색이지만 시간이 지나면 황백색으로 변하며 가지 끝에 1개씩 달린다.
- 호랑가시나무 : 감탕나무과의 상록관목. 꽃은 4~5월에 흰꽃이 핀다.
- 무궁화 : 아욱과의 낙엽관목으로 꽃이 아름답고 꽃피는 기간이 7~10월로 길다.

정답 12. ① 13. ③ 14. ② 15. ③ 16. ③

2014년 기출

17 다음 중 조경수목의 계절적 현상 설명으로 옳지 않은 것은?

① 싹틈 : 눈은 일반적으로 지난 해 여름에 형성되어 겨울을 나고 봄에 기온이 올라감에 따라 싹이 튼다.
② 개화 : 능소화, 무궁화, 배롱나무 등의 개화는 그 전년에 자란 가지에서 꽃눈이 분화하여 그 해에 개화한다.
③ 결실 : 결실량이 지나치게 많을 때에는 다음 해의 개화 결실이 부실해지므로 꽃이 진 후 열매를 적당히 솎아준다.
④ 단풍 : 기온이 낮아짐에 따라 잎 속에서 생리적인 현상이 일어나 푸른 잎이 다 홍색, 황색 또는 갈색으로 변하는 현상이다.

해설
- 봄에 피는 꽃은 전년도에 꽃눈이 생겼다가 휴면(추위)을 겪고 난뒤에 꽃이 피고, 예로 개나리, 진달래, 벚꽃, 목련, 배꽃, 산수유, 복숭아, 아잘레아 등
- 잎이 먼저 나오고 꽃이 피는 것들은 그 해에 자란(당해년도에 큰) 줄기나 가지에서 꽃이 핀다.

18 콘크리트용 혼화재료로 사용되는 고로슬래그 미분말에 대한 설명 중 틀린 것은?

① 고로슬래그 미분말을 사용한 콘크리트는 보통 콘크리트보다 콘크리트 내부의 세공경이 작아져 수밀성이 향상된다.
② 고로슬래그 미분말은 플라이애시나 실리카흄에 비해 포틀랜드시멘트와의 비중차가 작아 혼화재로 사용할 경우 혼합 및 분산성이 우수하다.
③ 고로슬래그 미분말을 혼화재로 사용한 콘크리트는 염화물이온 침투를 억제하여 철근부식 억제효과가 있다.
④ 고로슬래그 미분말의 혼합률을 시멘트 중량에 대하여 70% 혼합한 경우 중성화 속도가 보통 콘크리트의 2배 정도로 감소된다.

해설 고로슬래그는 제철소에 고로에서 철광석을 제련할 때 생성되어지는 부산물이다. 혼합물의 5~15% 정도에 압축강도가 증가하고 20% 정도 혼합하면 중성화가 거의 발생하지 않는다.

19 다음 재료 중 연성(延性 : Ductility)이 가장 큰 것은?

① 금 ② 철
③ 납 ④ 구리

해설
- 연성(延性: Ductility) : 물질이 탄성 한계 이상의 힘을 받아도 부서지지 아니하고 가늘고 길게 늘어나는 성질로서, 연성이 좋은 순서로 나열하면 금 → 은 → 알루미늄 → 구리 → 백금 → 납 → 아연 → 철 → 니켈 순이다.
- 금은 모든 금속 중에 전연성이 우수하여 가는 선으로 뽑아 순금 1g으로는 약 2km의 가는 선을 뽑을 수 있다.

20 콘크리트의 응결, 경화 조절의 목적으로 사용되는 혼화제에 대한 설명 중 틀린 것은?

① 콘크리트용 응결, 경화 조정제는 시멘트의 응결, 경화 속도를 촉진시키거나 지연시킬 목적으로 사용되는 혼화제이다.
② 촉진제는 그라우트에 의한 지수공법 및 뿜어붙이기 콘크리트에 사용된다.
③ 지연제는 조기 경화현상을 보이는 서중 콘크리트나 수송거리가 먼 레디믹스트 콘크리트에 사용된다.
④ 급결제를 사용한 콘크리트의 조기 강도 증진은 매우 크나 장기강도는 일반적으로 떨어진다.

해설
- 촉진제는 동절기의 거푸집 존치기간 단축및 초기동해방지 등의 목적으로 유용하게 사용되고 있으나, 2% 이상 사용하면 오히려 급결 및 강도가 저하될 수 있다. 염화

정답 17. ② 18. ④ 19. ① 20. ②

칼슘 등의 촉진제는 강재를 부식시키는 작용이 크므로 철근콘크리트에는 사용해서는 안 되고 운반, 타설, 다짐을 신속히 해야 한다.
- 급결제 : 시멘트의 응결시간을 빨리하기 위해 사용되며, 그라우트에 의한 지수공법 및 모르타르, 콘크리트의 뿜어붙이기에 사용된다. 탄산소다, 염화제2철, 알루민산소다, 규산소다 등이 주성분이다.

21. 크기가 지름 20~30㎝ 정도의 것이 크고 작은 알로 고루 고루 섞여져 있으며 형상이 고르지 못한 깬돌이라 설명하기도 하며, 큰 돌을 깨서 만드는 경우도 있어 주로 기초용으로 사용하는 석재의 분류명은?

① 산석
② 이면석
③ 잡석
④ 판석

해설 석재료의 분류
- 원석 : 모암에서 1차 파쇄된 암석
- 깬돌 : 견치돌에 준한 재두방추형으로 견치돌보다 치수가 불규칙
- 깬잡석 : 모암에서 1차 폭파한 원석을 깬돌로서 깬돌보다 형상이 고르지 못하다.
- 잡석 : 크기가 지름 10~30cm
- 전석 : 1개의 크기가 0.5㎥ 이상 되는 석괴
- 야면석 : 천연석으로 표면이 가공하지 않은 것으로 공사용으로 사용될 수 있는 비교적 큰 석괴
- 판석 : 수성암 계열의 점판암, 사암, 응회암으로 얇은 판모양으로 채취하여 포장재나 쌓기용으로 사용되는 석재로서 자연미 등의 미관효과 연출이 가능하다. 포장재로 사용 시 답압에 견디는 강도와 내마모성을 가져야 한다.
- 자연석 : 미적인 가치를 지닌 경질의 것으로 채집장소에 따라 산석, 강석, 해석으로 나눈다.
- 호박돌 : 하천에서 채집되는 평균 약 20~30cm 정도의 강석
- 조약돌 : 가공하지 않는 자연석으로 지름 10~20cm 정도의 달걀꼴 돌
- 다듬돌 : 각석, 판석, 주석과 같이 일정한 규격으로 다듬어진 것으로서, 각석은 너비가 두께의 3배 미만으로 일정한 길이를 가지고 있는 것이고 판석은 두께가 15cm 미만으로 너비가 두께의 3배 이상인 것
- 견치돌 : 전면이 거의 평면을 이루고, 대략 정사각형으로 뒷길이, 접촉면의 폭, 후면 등이 규격화된 돌
- 사고석 : 전면이 거의 사각형에 가까우며, 전면의 1변의 길이가 15~25cm로서 면에 직각으로 잰 길이는 최소변의 1.2배 이상

22. 다음 괄호 안에 들어갈 용어로 맞게 연결된 것은?

> 외력을 받아 변형을 일으킬 때 이에 저항하는 성질로서 외력에 대한 변형을 적게 일으키는 재료는 (㉠)가(이) 큰 재료이다. 이것은 탄성계수와 관계가 있으나 (㉡)와(과)는 직접적인 관계가 없다.

① ㉠ 강도(Strength), ㉡ 강성(Stillness)
② ㉠ 강성(Stillness), ㉡ 강도(Strength)
③ ㉠ 인성(Toughness), ㉡ 강성(Stiliness)
④ ㉠ 인성(Toughness), ㉡ 강도(Strength)

해설
- 강성 : 재료가 외력을 받으면 변형도 생기지 않고 파괴도 되지 않는 성질, 재료의 고유한 역학적 성질로서 물체의 강한 정도를 나타낸다. 강성이 클수록 탄성계수도 크다.
- 인성(Toughness) : 잡아당기는 힘에 견디는 성질, 재료가 외력을 받으면 변형은 생기나 파괴가 되지 않는 성질
- 탄성 : 외력을 받으면 재료가 변형이 생기고, 외력을 제거하면 원래 상태로 되돌아가는 성질
- 소성 : 외력을 받으면 재료가 변형이 생겼다가 외력을 제거해도 원래 상태로 되돌아가지 않고 변형된 상태로 남는 성질
- 취성(Brittle) : 재료의 역학적 성질의 일종. 여림. 부스러지기(깨지기) 쉬운 성질.
- 연성(Ductile) : 가소성의 일종으로 탄성한계를 넘는 변형력으로도 물체가 파괴되지 않고 늘어나는 성질. 금속 1g을 선으로 만들어서 얼마나 가는선으로 만들 수 있느냐를 말한다.
- 전성(Malleability) : 두드리거나 압착하면 넓고 얇게 펴지는 금속의 성질이다. 금, 주석 등의 금속은 전성이 많아 얇은 박으로 만들 수 있다. 금속 1g을 판으로 만들어서 얼마나 얇게 만들 수 있느냐를 말한다.
- 강도(Strength) : 재료에 압축 또는 인장 하중을 가했을 때 생기는 파괴에 대한 전체적인 물체의 저항값
- 경도(Hardness) : 물체의 굳기 즉, 표면강도

정답 21. ③ 22. ②

2014년 기출

23 조경용 포장재료는 보행자가 안전하고, 쾌적하게 보행할 수 있는 재료가 선정되어야 한다. 다음 선정기준 중 옳지 않은 것은?

① 내구성이 있고, 시공, 관리비가 저렴한 재료
② 재료의 질감, 색채가 아름다운 것
③ 재료의 표면 청소가 간단하고, 건조가 빠른 재료
④ 재료의 표면이 태양 광선의 반사가 많고, 보행 시 자연스런 매끄러운 소재

해설 보행자의 포장재료는 안전에 유의하여 반사가 너무 많지 않고 요철이 있는 것이 좋다.

24 다음 설명에 가장 적합한 수종은?

- 교목으로 꽃이 화려하다.
- 전정을 싫어하고 대기오염에 약하며, 토질을 가리는 결점이 있다.
- 매우 다방면으로 이용되며, 열식 또는 군식으로 많이 식재된다.

① 왕벚나무 ② 수양버들
③ 전나무   ④ 벽오동

해설 왕벚나무는 건조를 매우 꺼리는 수종이므로, 적당한 습도를 유지할 수 있는 토양이면서 비옥한 땅을 선택한다. 벚꽃 중에서 공해에 가장 약한 편으로 도심지나 시가지 같은 공기가 오염된 곳이나 잎에 먼지가 많이 끼는 곳은 좋지 않으며, 더우나 추위에는 강하고 해가 잘 들고 보수력이 있는 비옥한 양토에는 식재가 적당하다.

25 다음 설명하는 열경화수지는?

- 강도가 우수하며, 베이클라이트를 만든다.
- 내산성, 전기 절연성, 내약품성, 내수성이 좋다.
- 내알칼리성이 약한 결점이 있다.
- 내수합판, 접착제 용도로 사용된다.

① 요소계수지
② 메타아크릴수지
③ 염화비닐계수지
④ 페놀계수지

해설
a. 열경화성 플라스틱
- 특성 : 열에 의해 한 번 굳어진 다음에는 다시 가열해도 부드러워지지 않고 녹지도 않는다.
- 종류 : 페놀 수지(전기절연재), 아미노 수지, 에폭시 수지, 폴리에스테르수지(항공기, 차량구조재), 멜라민수지, 폴리 우레탄 수지, 요소 수지, 에폭시수지(구조용 접착제)
  - 페놀 수지 : 접착제, 공구함, 전기 배전판, 회로 기판, 전화기, 자동차 브레이크 등
  - 아미노 수지 : 식기류, 단추, 전기 스위치 덮개 등
  - 에폭시 수지 : 금속·유리 접착제, 도료, 건물 방수 재료 등

b. 열가소성 플라스틱
- 특성 : 열을 가할 때마다 부드럽고 유연하게 되거나 녹으며, 냉각되면 단단하게 굳어진다.
- 종류 : 폴리염화비닐 수지, 폴리스티렌 수지, 폴리에틸렌 수지, 폴리프로필렌 수지, 아크릴수지, 나일론, 염화 비닐 수지(수지시멘트 도료로 사용됨), 초산 비닐수지(도료, 접착제), 폴리 아미드 수지, 메탈아크릴수지 등
  - 폴리염화비닐 수지 : 가죽 대용품, 상·하수도관, 호스, 전선 피복, 화학 약품 저장 탱크 등
  - 폴리스티렌 수지 : 단열재, 광학 제품, 1회용 용기, 냉장고 부품, 충격 방지 포장재 등
  - 폴리에틸렌 수지 : 주방 용기, 전기 절연 재료, 장난감, 원예용 필름 등
  - 폴리프로필렌 수지 : 카드 파일, 수화물 상자, 주방 용기, 포장 잴, 화장품상자, 자동차 가속 페달 등
  - 아크릴 수지 : 광고 표지판, 광학 렌즈, 콘택트렌즈, 전등 케이스, 채광창 등
  - 나일론 : 섬유, 플라스틱 베어링, 기어, 롤러, 제도용 자 등

정답 23. ④ 24. ① 25. ④

c. 베이클라이트 : 베이클랜드라는 사람이 1909년 포름알데히드와 페놀을 이용해 최초로 합성수지 플라스틱을 만들어냈으며, 셀룰로이드의 단점을 보완하면서 열만 가하면 다양한 형태를 만들 수 있었다. 그는 이것을 '베이클라이트' 라고 불렀다. 오늘날 플라스틱이라고 하면 일반적으로 합성수지를 뜻하므로, 베이클라이트를 최초의 플라스틱으로 보는 사람도 많다. 목분(木粉)이나 안료(顔料)를 섞거나 종이에 침투시켜서 형틀에 넣고 가압·가열해서 성형(成型)시킨다.

26 다음 중 곰솔(해송)에 대한 설명으로 옳지 않은 것은?

① 동아(冬芽)는 붉은 색이다.
② 수피는 흑갈색이다.
③ 해안지역의 평지에 많이 분포한다.
④ 줄기는 한해에 가지를 내는 층이 하나여서 나무의 나이를 짐작할 수 있다.

해설 소나무의 겨울눈은 보통 붉은색이나 곰솔은 회백색이다.

27 목재를 연결하여 움직임이나 변형 등을 방지하고, 거푸집의 변형을 방지하는 철물로 사용하기 가장 부적합한 것은?

① 볼트, 너트   ② 못
③ 꺾쇠   ④ 리벳

해설 리벳 : 강철판·형강(形鋼) 등의 금속재료를 영구적으로 결합하는 데 사용되는 막대 모양의 기계요소, 강판을 결합하는 쇠막대기

28 다음 중 합판에 관한 설명으로 틀린 것은?

① 합판을 베니어판이라 하고 베니어란 원래 목재를 얇게 한 것을 말하며, 이것을 단판이라고도 한다.
② 슬라이스트 베니어(Sliced Veneer)는 끌로서 각목을 얇게 절단한 것으로 아름다운 결을 장식용으로 이용하기에 좋은 특징이 있다.
③ 합판의 종류에는 섬유판, 조각판, 적층판 및 강화적층재 등이 있다.
④ 합판의 특징은 동일한 원재로부터 많은 장목판과 나무결 무늬판이 제조되며, 팽창 수축 등에 의한 결점이 없고 방향에 따른 강도 차이가 없다.

해설 합판의 종류
용도에 따라 내수합판, 방화합판, 방충합판, 방부합판이 있으며, 두께가 두꺼우면서 무게는 가벼운 럼버코어 합판, 허니코어 합판, 파이버보드코어 합판 등이 있다.

29 한국의 전통조경 소재 중 하나로 자연의 모습이나 형상석으로 궁궐 후원 첨경물로 석분에 꽃을 심듯이 꽂거나 화계 등에 많이 도입되었던 경관석은?

① 각석   ② 괴석
③ 비석   ④ 수수분

30 자동차 배기가스에 강한 수목으로만 짝지어진 것은?

① 화백, 향나무
② 삼나무, 금목서
③ 자귀나무, 수수꽃다리
④ 산수국, 자목련

해설

배기가스에 강한 수종	비자나무, 편백, 화백, 향나무, 태산목, 가시나무류, 식나무, 가중나무, 물푸레나무, 버드나무류, 은행나무, 개나리, 말발도리, 등나무, 송악, 조릿대, 이대, 소철, 종려나무
배기가스에 약한 수종	삼나무, 소나무, 전나무, 금목서, 은목서, 단풍나무, 고로쇠나무, 벚나무, 목련, 백합나무, 팽나무, 감나무, 매화나무, 수수꽃다리, 무화과나무, 자목련, 자귀나무, 고광나무, 명자나무, 산수국, 화살나무

정답 26. ① 27. ④ 28. ③ 29. ② 30. ①

2014년 기출

31 질량 113kg의 목재를 절대건조시켜서 100kg 으로 되었다면 전건량기준 함수율은?

① 0.13% ② 0.30%
③ 3.0%   ④ 13.00%

해설 (113−100)/100 × 100 = 13%
기건비중은 공기 중의 습도와 평형이 되게 건조된 기건재의 비중이다. 절대비중은 100~105℃의 온도에서 수분을 완전 제거시킨 것의 비중이다.

$$\frac{건조 전 질량 - 건조 후 질량}{건조 후 질량} \times 100 = \frac{113-100}{100} \times 100 = 13\%$$

32 다음 중 은행나무의 설명으로 틀린 것은?

① 분류상 낙엽활엽수이다.
② 나무껍질은 회백색, 아래로 깊이 갈라진다.
③ 양수로 적윤지 토양에 생육이 적당하다.
④ 암수한그루이고 5월 초에 잎과 꽃이 함께 개화한다.

해설 은행나무는 침엽활엽수이다.

33 다음 중 플라스틱 제품의 특징으로 옳은 것은?

① 불에 강하다.
② 비교적 저온에서 가공성이 나쁘다.
③ 흡수성이 크고 투수성이 불량하다.
④ 내후성 및 내광성이 부족하다.

해설 내후성(耐候性)과 내광성(耐光性): 옥외에서의 사용 수명을 좌우하는 것은 주로 자외선에 의한 광열화(光劣化)이다. 플라스틱에 빛, 특히 단파장인 자외선을 쬐면 그 에너지가 흡수되어 광분해(光分解)가 일어나는 수가 있으므로, 변색등이 잘 일어나므로 광안정제를 첨가하여 성형하는 예가 많다.

34 장미과(科) 식물이 아닌 것은?

① 피라칸다   ② 해당화
③ 아카시나무 ④ 왕벚나무

해설 아카시아는 콩과식물이다.

35 골재의 표면수는 없고, 골재 내부에 빈틈이 없도록 물로 차 있는 상태는?

① 절대건조상태
② 기건상태
③ 습윤상태
④ 표면건조 포화상태

해설 골재의 함수량에 의한 분류
- 절대건조상태: 골재립 내부의 공극에 포함되어 있는 물이 전부 제거된 상태. 건조로(Oven)에서 100~110℃의 온도로 일정한 중량이 될때 까지 완전히 건조시킨 상태
- 기건상태: 골재를 대기중에 방치하여 건조시킨 것으로 골재 입자의 내부에 약간 수분이 있는 상태. 공기 중 건조상태라고도 하며, 물을 가하면 약간 흡수할 수 있는 상태. 모래는 12%임
- 표면건조포화상태: 골재의 표면에는 수분이 없으나 내부의 공극은 수분으로 충만된 상태로서 콘크리트 반죽 시에 물양이 골재에 의하여 증감되지 않는 이상적인 상태
- 습윤상태: 골재의 내부가 완전히 수분으로 채워져 있고 표면에도 여분의 물을 포함하고 있는 상태

36 수목식재 시 수목을 구덩이에 앉히고 난 후 흙을 넣는 데 수식(물죔)과 토식(흙죔)이 있다. 다음 중 토식을 실시하기에 적합하지 않은 수종은?

① 목련   ② 전나무
③ 서향   ④ 해송

해설
- 물죔(물죽쑤기): 구덩이에 흙을 70% 정도 넣고 관수(灌水)하면서 나무막대로 뿌리분과 흙 사이를 잘 쑤셔준다. 물죔을 함으로써 충분한 물을 공급하고 뿌리분과 흙 사이에 공극을 없앨 수 있다.
※ 목련: 목련은 너무 척박한 곳보다는 강우가 많고 특히 여름철에 건조하지 않은 지역에서 잘 자라며 배수가

정답 31. ④ 32. ① 33. ④ 34. ③ 35. ④ 36. ①

잘되면서도 유기질이 많고 경토가 깊은 곳이어야 한다. 이식이 물침으로 충분한 관수가 요구된다.
• 흙침 : 수분을 꺼리는 나무의 경우, 건조에 강한 나무 등에 한다.

37 식물의 아래 잎에서 황화현상이 일어나고 심하면 잎 전면에 나타나며, 잎이 작지만 잎수가 감소하며 초본류의 초장이 작아지고 조기낙엽이 비료결핍의 원인이라면 어느 비료 요소와 관련된 설명인가?

① P ② N
③ Mg ④ K

해설
• P(인) : 뿌리의 발육을 촉진시키고, 발아력을 왕성하게 하며 가지 수나 뿌리, 잎의 수를 증가시킨다. 과실을 많게 하고 개화에 관여하며, 추위에 견디는 힘을 증가는 역할을 한다. 인산이 부족 되면 단백질 합성이 안 되어서 식물의 영양생장이 감소하는데, 특히 근계가 작고 줄기가 가늘며 키가 작아진다. 곡류는 분얼이 안 되고 과수는 신초의 발육과 화아분화가 저하되며 종실형성도 감소된다. 결핍증상은 먼저 늙은 잎에 나타나는데 잎이 암록색을 띠고 일년생 식물에서 줄기는 자주색을 띠는데 이는 안토시아닌의 색소가 형성되기 때문이다.
• K(칼륨) : 수분의 증산 작용을 조절하며, 뿌리의 발육을 촉진시키는 역할을 한다. 결핍 시 생육 초기에는 잎이 암록색으로 변하고 점차 아랫잎으로부터 적갈색의 반점이 나타나며 세포의 팽압이 저하된다. 또 수분부족으로 잎이 축 늘어지며, 한발에 대한 저항성이 약하며 염해 등에 대해서도 민감한 반응을 보인다. 그리고 결핍식물의 조직과 세포 발달이 비정상적이 되며 평지에서는 줄기에서 형성층의 생장속도가 감소하고 목질부와 체관조직의 형성도 억제된다. 또 다른 주요 증상은 줄기에서 유관속의 리그닌화가 저하되어 조직이 연해져서 도복하게 되고 표피의 생장도 감소하고 세포 내 엽록체와 미토콘드리아가 파손되기도 한다.
• Mg(마그네슘) : 식물체에서는 가동성이 좋으므로 증상은 늙은 잎에서 시작하여 어린잎으로 확대되어 잎맥과 잎맥사이에 황변 또는 황백화되고 심하면 괴사되는 것이 특징이다.

38 뿌리분의 크기를 구하는 식으로 가장 적합한 것은?

① 24+(N-3)×d ② 24+(N+3)÷d
③ 24(n-3)+d ④ 24-(n-3)-d

해설 N : 근원직경 d : 상수값(상록수 : 4, 낙엽수 : 5)

39 제초제 1000ppm은 몇 %인가?

① 0.01% ② 0.1%
③ 1% ④ 10%

해설
• ppm은 1,000,000(million)분의 1이란 뜻
• percent(%)가 100분의 1
• 1,000,000분의 1을 100분의 1로 바꾸려면, 10,000으로 나눠야 한다.
따라서 1,000ppm은 1,000/10,000인 0.1%가 된다.

1/1,000 × 1,000,000 = 1,000ppm(백만분율)
1% = 10,000ppm
10% = 100,000ppm
100% = 1,000,000ppm

40 수목 외과 수술의 시공 순서로 옳은 것은?

┌─────────────────────────────┐
│ ㉠ 동공 가장자리의 형성층 노출
│ ㉡ 부패부 제거   ㉢ 표면 경화처리
│ ㉣ 동공 충진   ㉤ 방수처리
│ ㉥ 인공수피 처리   ㉦ 소독 및 방부처리
└─────────────────────────────┘

① ㉠ → ㉥ → ㉡ → ㉢ → ㉣ → ㉤ → ㉦
② ㉡ → ㉦ → ㉠ → ㉥ → ㉤ → ㉢ → ㉣
③ ㉠ → ㉡ → ㉢ → ㉣ → ㉤ → ㉥ → ㉦
④ ㉡ → ㉠ → ㉦ → ㉣ → ㉤ → ㉢ → ㉥

해설 수목 외과 수술 시공순서
부패부 제거 → 동공 가장자리의 형성층 노출 → 소독 및 방부처리 → 동공 충진 → 방수처리 → 표면경화처리 → 인공수피 처리

정답 37. ② 38. ① 39. ② 40. ④

2014년 기출

41 저온의 해를 받은 수목의 관리방법으로 적당하지 않은 것은?

① 멀칭
② 바람막이 설치
③ 강전정과 과다한 시비
④ Wilt-pruf(시들음방지제) 살포

해설 적당한 시비와 토양통기를 통해 수목의 뿌리생장을 증가시키고 뿌리가 깊게 내릴 수 있게 도와준다. 그리고 상록수를 보호하기 위해 바람막이를 설치하거나 심토층의 결빙을 방지하고 뿌리의 수분흡수를 돕기 위해서 낙엽이나 피트모스 등 두터운 피복재료로 덮어주는 멀칭을 한다. 겨우내 충분한 수분을 공급하기 위해서 상록수 주변의 토양은 0℃ 이하가 되기 전에 흠뻑 젖도록 관수해주고 철쭉이나 회양목 같은 상록수의 잎에 액체 플라스틱 Wilt-pruf(시들음방지제)를 살포하면 겨울 동안 수목의 갈색화를 방지하거나 감소시킬 수 있다.

42 더운 여름 오후에 햇빛이 강하면 수간의 남서쪽 수피가 열에 의해서 피해(터지거나 갈라짐)를 받을 수 있는 현상을 무엇이라 하는가?

① 피소   ② 상렬
③ 조상   ④ 한상

해설
- 상렬 : 추운 겨울밤에 수액이 얼고 부피가 증대돼 수간의 외층이 냉각, 수축되면서 중심방향으로 갈라지는 현상으로 껍질과 수목의 수직적인 분리을 뜻한다.
- 조상 : 가을철 서리에 의한 피해. 초가을 계절에 맞지 않게 추운 날씨가 계속될 경우 피해가 심하다.
- 한상 : 0℃ 이하의 저온에서 열대식물 등이 차가운 성질로 인해 생활기능 장해를 받아 죽음에 이르는 것이다. 이때 식물체 내에 결빙이 일어나지는 않는다.

43 다음 중 재료의 할증률이 다른 것은?

① 목재(각재)   ② 시멘트벽돌
③ 원형철근   ④ 합판(일반용)

해설 할증율
- 목재, 시멘트벽돌, 원형철근, 합판(수지용) : 5%
- 붉은벽돌, 내화벽돌, 이형철근, 합판(일반용) : 3%
- 목재(판재), 조경용 수목, 잔디, 초화류 : 10%

44 소형고압블록 포장의 시공방법에 대한 설명으로 옳은 것은?

① 차도용은 보도용에 비해 얇은 두께 6cm의 블록을 사용한다.
② 지반이 약하거나 이용도가 높은 곳은 지반위에 잡석으로만 보강한다.
③ 블록 깔기가 끝나면 반드시 진동기를 사용해 바닥을 고르게 마감한다.
④ 블록의 최종 높이는 경계석보다 조금 높아야 한다.

해설 소형 고압 블록포장의 시공방법
- 보도용은 두께 6cm, 차도용은 8cm 블록을 사용한다.
- 블록 사이의 줄눈은 모래로 채워져 결합력이 약하므로 지반이 약하거나 이용도가 높은 곳은 잡석 위 콘크리트를 쳐서 기층을 강화한 후 깐다.
- 보도의 가장자리는 경계석을 설치하여 마감하며, 최종 높이는 경계석과 일치시킨다.
- 포장하는 원로의 종단 기울기는 5~6% 이하로 하여 편리하고 배수가 잘 이루어지게 하며, 최대 15%를 넘지 않도록 한다.
- 포장할 때 배수 기울기는 기준 실눈을 설치하고 이에 맞추어 시공하며 줄눈은 가능한 좁게 하며, 포장 후에 가는 모래를 뿌린 다음 비 등으로 줄눈 안으로 쓸어 넣어 줄눈을 채운다.
- 깔기가 끝나면 반드시 다짐기로 다져서 요철 부분이 없이 바닥이 고르게 되도록 마무리한다.

45 식물이 필요로 하는 양분요소 중 미량원소로 옳은 것은?

① O   ② K
③ Fe   ④ S

해설 식물의 필수원소
- 다량원소 : 탄소(C), 산소(O), 수소(H), 질소(N), 인(P), 칼륨(K)
- 소량원소 : 황(S), 칼슘(Ka), 마그네슘(Mg)
- 미량원소 : 철(Fe), 망간(Mn), 붕소(B), 구리(Cu), 아연(Zn), 몰리브덴(Mo), 염소(Cl)

정답 41. ③ 42. ① 43. ④ 44. ③ 45. ③

46. 2개 이상의 기둥을 합쳐서 1개의 기초로 받치는 것은?

① 줄기초   ② 독립기초
③ 복합기초   ④ 연속기초

> **해설** 기초의 종류
> - 독립기초 : 하나의 기둥을 1개의 독립된 기초가 받치는 구조, 지반의 지지력이 비교적 강한 경우 가능
> - 복합기초 : 2개 이상의 기둥을 합쳐서 1개의 기초로 받치는 구조, 기둥 간격이 좁은 경우에 적합
> - 연속기초 : 줄기초라고도 하며, 담장의 기초와 같이 길게 띠 모양으로 받치는 구조
> - 온통기초 : 전면기초라고도 하며, 구조물의 바닥을 전면적으로 1개의 기초로 받치는 것, 지반의 지지력이 비교적 약할 때

47. 다음 중 평판측량에 사용되는 기구가 아닌 것은?

① 평판   ② 삼각대
③ 레벨   ④ 엘리데이드

> **해설**
> - 평판측량기구 : 평판, 삼각대, 구심기, 다림추, 자침기
> - 수준측량 : 지상 여러 점의 고·저의 차이나 표고(해발고도)를 측정하기 위한 측량으로 일반적으로 망원경과 수준기를 조합한 레벨(Level)과 표척을 이용해서 측점의 높이를 결정한다.

48. 진딧물이나 깍지벌레의 분비물에 곰팡이가 감염되어 발생하는 병은?

① 흰가루병   ② 녹병
③ 잿빛곰팡이병   ④ 그을음병

> **해설**
> - 그을음병 : 잎, 열매, 가지의 표면에 그을음을 바른 것 같은 현상으로서 사과나무, 감귤나무, 동백나무, 감나무 등에 발생한다. 식물의 성격이나 크기에 따라 깍지벌레와 진딧물을 제거한 뒤엔 정량의 유황제나 다이센을 살포한다.
> - 흰가루병 : 곰팡이종의 변종에 의한 질병으로 낮과 밤의 온도차가 심하거나 통풍이 잘되지 않는 곳에서 발생한다. 살균제인 디노캡 또는 훼나리 1000배, 다이센 500배를 사용한다.
> - 잿빛곰팡이병 : 주로 꽃이나 작은 열매에 발생, 서늘하고 습윤한 기상조건이 되면 꽃잎을 통해 침입하여 진한 갈색으로 부패를 일으킨다. 예방제로 다이센엠45, 치료제로 스미렉스, 유파린, 놀란 등을 살포한다.
> - 녹병 : 잎에 생기면 철의 녹과 같은 포자덩어리를 만들어 녹병이라 한다. 방제는 중간숙주를 없애고 병이 발생하였을 때는 석회황합제, 지네브제, 보르도액 등을 뿌려 준다.

49. 콘크리트 혼화제 중 내구성 및 워커빌리티(Workbility)를 향상시키는 것은?

① 감수제   ② 경화촉진제
③ 지연제   ④ 방수제

> **해설** 혼화제의 종류
> - 포졸란 : 워커빌리티 증가, 블리딩 감소
> - 플라이애쉬 : 워커빌리티 증가, 수화열 감소, 수밀성 증가
> - 실리카흄 : 강도 증가, 고강도 콘크리트에 사용
> - 팽창재 : 콘크리트 부재의 건조수축을 줄여서 균열발생을 방지하기 위해 사용
> - AE제 : 워커빌리티 개선과 동결융해 저항성 향상
> - 감수제 : 소요 워커빌리티를 얻는 데 단위수량을 낮추기 위해 사용
> - 유동화제 : 유동성 확보를 위해 사용
> - 촉진제 : 시멘트의 수화작용을 촉진
> - 지연제 : 시멘트의 수화반응을 늦추는 작용
> - 방수제 : 콘크리트나 모르타르의 흡수성과 투수성을 줄이기 위해 사용

50. 해충의 방제방법 중 기계적 방제에 해당되지 않는 것은?

① 포살법
② 진동법
③ 경운법
④ 온도처리법

> **해설** 기계적 방법으로는 해충의 알, 유충, 번데기, 성충 등을 맨손이나 간단한 기구를 사용하여 잡아죽이는 포살법이나 인위적인 방어망 설치, 간단한 채집기구를 이용한 서식집단제거 등과 경운을 통한 방제법 등이 있다. 물리적 방법으로는 온도, 습도, 광선으로 유인하여 치사시킴으로써 밀도를 구제하는 방법이 있다.

정답 46. ③ 47. ③ 48. ④ 49. ① 50. ④

2014년 기출

51 철재시설물의 손상부분을 점검하는 항목으로 가장 부적합한 것은?

① 용접 등의 접합부분
② 충격에 비틀린 곳
③ 부식된 곳
④ 침하된 것

52 기초 토공사비 산출을 위한 공정이 아닌 것은?

① 터파기
② 되메우기
③ 정원석 놓기
④ 잔토처리

> **해설** 기초토공사 : 건축공사에 있어서 건물의 기초 또는 지하구조물을 만들기 위한 흙을 파내고 지반을 안정하게 하는 토공사 외에 부지내 정지, 절토, 성토, 위해방지시설 등 범위까지 포함한다.

53 공정 관리기법 중 횡선식 공정표(Bar-chart)의 장점에 해당하는 것은?

① 신뢰도가 높으며 전자계산기의 이용이 가능하다.
② 각 공종별의 착수 및 종료일이 명시되어 있어 판단이 용이하다.
③ 바나나 모양의 곡으로 작성하기 쉽다.
④ 상호관계가 명확하며, 주 공정선의 밑에는 현장인원의 중점배치가 가능하다.

> **해설**
> - 횡선식공정표 : 세로축에 공사종목별 각 공사명을 배열하고, 가로축에 날짜를 표기하며, 공사의 소요기간을 횡선의 길이로 나타냄
> - 네트워크공정표 : 각 공종의 상호관련성을 알기 쉽게 표현한 공정표로 계산기의 이용이 가능하며, 신뢰도가 높고 관리가 편리함

54 다음 중 시방서에 포함되어야 할 내용으로 가장 부적합한 것은?

① 재료의 종류 및 품질
② 시공방법의 정도
③ 재료 및 시공에 대한 검사
④ 계약서를 포함한 계약 내역서

> **해설** 공사계약서 : 계약서, 일반시방서, 특수시방서, 설계도면, 공사내역서 등을 포함

55 토양의 변화에서 체적비(변화율)는 L과 C로 나타낸다. 다음 설명 중 옳지 않은 것은?

① L값은 경암보다 모래가 더 크다.
② C는 다져진 상태의 토량과 자연상태의 토량의 비율이다.
③ 성토, 절토 및 사토량의 산정은 자연상태의 양을 기준으로 한다.
④ L은 흐트러진 상태의 토량과 자연상태의 토량의 비율이다.

> **해설** 토량의 변화율
> - L = 흐트러진 상태의 토량(㎥) / 자연상태의 토량(㎥)을 말하는 것으로 원지반 상태의 흙이나 암석을 굴토하면 흙이 부풀어 올라 느슨해지는 정도를 말하는 것이다. 즉, 보통의 흙을 기준으로 원지반에서의 1㎥의 흙을 포크레인으로 굴토하면 토질에 따라 그 흙이 1.2㎥~1.4㎥로 부풀어 덤프트럭에 실리게 되는 것이다. 따라서 암석이 모래보다 그 값이 더 크다.
> - C = 다져진 상태의 토량(㎥) / 자연상태의 토량(㎥)을 말하는 것이다.
> - L은 한 곳을 흙을 파서 다른 곳으로 옮길 때 덤프트럭으로 몇 대나 되는지 계산하기 위해서이며, C는 흐트러진 상태로 덤프트럭을 이용해 다른 곳으로 옮겨간 흙을 다시 원지반 수준으로 다지면 흙이 얼만큼 줄어드는지 알기 위함이다.

정답 51. ④ 52. ③ 53. ② 54. ④ 55. ①

56. 콘크리트 1㎥에 소요되는 재료의 양으로 계량하여 1:2:4 또는 1:3:6 등의 배합 비율로 표시하는 배합을 무엇이라 하는가?

① 표준계량 배합
② 용적배합
③ 중량배합
④ 시험중량배합

해설
- 용적배합 : 콘크리트 1㎥ 제조 시 각 재료량을 절대 용적(부피)으로 표시하는 방법
- 중량배합 : 콘크리트 1㎥ 제조 시 각 재료량을 (kg)으로 나타내는 배합으로, 실험실 배합, 레미콘배합은 중량배합이 원칙
- 표준계량 배합 : 콘크리트 1㎥ 제조 시 각 재료량을 표준계량용적(㎥)으로 나타내는 배합으로 시멘트는 1,500kg을 1㎥로 함

57. 조경식재 공사에서 뿌리돌림의 목적으로 가장 부적합한 것은?

① 뿌리분을 크게 만들려고
② 이식 후 활착을 돕기 위해
③ 잔뿌리의 신생과 신장 도모
④ 뿌리 일부를 절단 또는 각피하여 잔부리 발생촉진

해설 뿌리돌림은 이식 전에 미리 뿌리를 절단하여 잔뿌리를 내리게 하여 야생상태의 나무에게 뿌리 절단에 따른 스트레스에 적응할 기간을 주고 이식 성공률을 높이기 위한 것으로 다음과 같은 경우에 사용한다.
- 이식이 곤란한 수종이나 이식 부적기에 이식할 수 있도록 하는 경우
- 거목이나 노목을 이식하고자 할때나 수세강화, 안전한 뿌리의 활착을 요할 경우
- 뿌리의 발육이 불량하거나 쇠약해진 나무 및 귀중한 나무
- 개화 결실을 촉진하는 경우
- 건전한 묘목이나 수목을 육성하고자 할 경우

58. 조경공사의 시공자 선정방법 중 일반 공개경쟁입찰방식에 관한 설명으로 옳은 것은?

① 예정가격을 비공개로 하고 견적서를 제출하여 경쟁입찰에 단독으로 참가하는 방식
② 계약의 목적, 성질 등에 따라 참가자의 자격을 제한하는 방식
③ 신문, 게시 등의 방법을 통하여 다수의 희망자가 경재에 참가하여 가장 유리한 조건을 제시한 자를 선정하는 방식
④ 공사 설계서와 시공도서를 작성하여 입찰서와 함께 제출하여 입찰하는 방식

해설 시공자의 선정
- 일반경쟁입찰(공개경쟁입찰) : 일정한 자격을 갖춘 불특정 공사수주 희망자를 입찰에 참가시켜 가장 유리한 조건을 제시한 자를 낙찰자로 선정하는 방식
- 지명경쟁입찰 : 자금력과 신용 등에서 적합하다고 인정되는 소수(3~7개)를 선정하여 입찰에 참여하는 방식
- 수의계약(특명입찰) : 발주자가 필요하다고 판단되는 사업이나 기술, 시공방법의 특수성, 시간적 제한성 등이 있을때 단일 업자를 선정하는 방식

59. 농약의 사용목적에 따른 분류 중 응애류에만 효과가 있는 것은?

① 살충제
② 살균제
③ 살비제
④ 살초제

해설 살비제는 응애류를 선택적으로 살상시키는 약제이다. 종류로는 살비왕, 페로팔, 산마루, 피리니카, 파발마 등이 있다.

정답 56. ② 57. ① 58. ③ 59. ③

2014년 기출

60 "느티나무 10주에 600,000원, 조경공 1인과 보통공 2인이 하루에 식재한다."라고 가정할 때 느티나무 1주를 식재할 때 소요되는 비용은? (단, 조경공 노임은 60,000원/일, 보통공 40,000원/일이다)

① 68,000원
② 70,000원
③ 72,000원
④ 74,000원

해설
- 느티나무 10주=600,000원
- 총 노임=조경공노임 1인 60,000+보통공 2인 80,000=140,000원

600,000원과 총 노임 140,000원을 합하면 740,000원이 된다.
따라서 1주를 식재할 때 비용은 740,000÷10=74,000원이다.

정답 60. ④

국가기술자격검정 필기시험

2015년도 조경기능사 과년도 출제문제 제1회

자격종목 및 등급(선택분야)	종목코드	시험시간	문제지형별
조경기능사	6335	1시간	B

01 조경설계기준상의 조경시설로서 음수대의 배치, 구조 및 규격에 대한 설명이 틀린 것은?

① 설계위치는 가능하면 포장지역보다는 녹지에 배치하여 자연스럽게 지반면보다 낮게 설치한다.
② 관광지·공원 등에는 설계대상 공간의 성격과 이용특성 등을 고려하여 필요한 곳에 음수대를 배치한다.
③ 지수전과 제수밸브 등 필요시설을 적정 위치에 제 기능을 충족시키도록 설계한다.
④ 겨울철의 동파를 막기 위한 보온용 설비와 퇴수용 설비를 반영한다.

해설 조경설계기준(2013년, 조경학회)에 의하면 음수대의 배치는 관광지·공원 등에는 설계대상 공간의 성격과 이용특성 등을 고려하여 필요한 곳에 음수대를 배치하며 녹지대에 접한 포장부위에 배치한다. 구조 및 규격으로는 성인·어린이·장애인 등은 이용자의 신체특성을 고려하여 적정높이로 설계하되, 하나의 설계 대상 공간에는 최소한 모든 이용자가 이용가능하도록 설계힌디. 겨울철 동파를 막기 위한 보온용 설비와 퇴수용 설비를 반영한다. 배수구는 청소가 쉬운 구조와 형태로 설계한다. 지수전과 제수 밸브 등 필요시설을 적정 위치에서 제 기능을 충족시키도록 한다.

02 정토사상과 신선사상을 바탕으로 불교 선사상의 직접적 영향을 받아 극도의 상징성(자연석이나 모래 등으로 산수자연을 상징)으로 조성된 14~15세기 일본의 정원양식은?

① 중정식 정원
② 고산수식 정원
③ 전원풍경식 정원
④ 다정식 정원

해설 일본조경양식의 발달
- 헤이안(평안) 시대(8~11세기, 793~966) : 임천식 정원
- 가마쿠라(겸창) 시대(12~14세기, 1192~1338) : 초기 주유식 지천정원에서 회유식으로 변화하다 후기 회유식이 주를 이루었다.
- 무로마찌(실정) 시대(14세기~15세기 후반, 1334~1573) : 초기 축산고산수식이 나타나다 후기 평정고산수식
- 모모야마(도산) 시대(16세기, 1576~1615) : 다정양식
- 에도(강호) 시대(17세기, 1603~1867) : 초기에는 지천회유식이다가 후기에는 자연 축경
- 고산수식은 선사상, 산수의 풍경을 추상적·상징적으로 구성하여 표현하였으며, 모래는 냇물이나 바다를, 입석은 폭포를 다듬어 놓은 수목으로 먼산을 상징하는 경향이 나타났으며, 생장속도가 느린 상록활엽수를 전정하여 쓰다가 나중에는 완전히 배제하는 정원양식으로 발전하였다.
- 6세기 초엽 백제의 유민 노자공이 만든 수미산과 홍교가 아스카(비조) 시대에 백제를 중계지로 중국의 영향을 받아 임천식으로 꾸며지다가, 14세기 축산고산수식(대표적 대덕사 대선원 석정), 15세기 평정고산수식(용안사의 석정), 16세기 다정식(삼보원, 천리휴의 불심암정원, 소굴정일의 고봉암정원), 17세기 회유임천식으로 변화하였다.

03 다음 중 정신 집중을 요구하는 사무공간에 어울리는 색은?

① 빨강
② 노랑
③ 난색
④ 한색

해설
- 진출색 : 황색이나 적색과 같은 온색계통의 색은 가깝게 보이고 생동·정열적이고 온화하며 친근함 느낌을 줌
- 후퇴색 : 녹색이나 청색과 같은 냉색계통(한색계통)의 색은 후퇴해 보이고, 지적이며 냉정하고 상쾌한 느낌을 줌

정답 01 ① 02 ② 03 ④

2015년 기출

04 브라운파의 정원을 비판하였으며 큐가든에 중국식 건물, 탑을 도입한 사람은?

① Richard Steele
② Joseph Addison
③ Alezander Pope
④ William Chambers

해설
- Joseph Addison(조셉 에디슨) : 풍경화식 정원의 시조, 토피어리를 맹렬히 비난, 자연 그대로가 더 아름답다. 정원은 자연을 닮아야한다. 정원은 보다 넓고 광활해야 한다.
- Alexander Pope(알렉산더 포프) : 자연의 상식대로 살자
- George London&Henry Wise(조지 런던&헨리 와이즈) : 최초의 상업적 조경가
- Bridgeman(브릿지맨) : 스토우원에서 최초로 Ha-Ha Wall(일종의 차경수법) 사용
- Lancelot Brown(란셀로트 브라운) : Capability Brown이라는 별명, 스토원 개조, 햄프턴 코트 설계, 블렌하임 개조
- Humphry Repton(험프리 랩턴) : Landscape Gardener 최초 사용, 자연풍경식 정원의 완성자로 자연과 정원의 비율을 1:1로 묘사 사실적 묘사를 중요하게 여겼으며 Red Book의 저자

05 고대 그리스에서 청년들이 체육훈련을 하는 자리로 만들어졌던 것은?

① 페리스틸리움
② 지스터스
③ 짐나지움
④ 보스코

해설 고대 로마 주택정원은 제1중정의 아트리움으로 공적장소로 손님접대로 무열주중정이며 천창이 있고 임플루비움이라는 빗물받이와 바닥은 돌 포장에 화분을 장식해 두었다. 제2중정 페레스틸리움은 사적인 가족의 공간으로 주랑식 중정으로 포장하지 않아 식재는 가능했고, 지스터스는 후원으로 5점형식재와 관목을 군식하였다.
- 보스코(Bosquet) : 총림(叢林)이라고도 하며 프랑스 평면기하학식 정원에 많이 쓰이는 기법으로 공간의 벽체, 비스타 구성, 조각품의 배경, 중앙무대의 배경역할을 하기도 한다.

06 다음 중 추위에 견디는 힘과 짧은 예취에 견디는 힘이 강하며, 골프장의 그린을 조성하기에 가장 적합한 잔디의 종류는?

① 들잔디
② 벤트그래스
③ 버뮤다그래스
④ 라이그래스

해설 들잔디는 난지형 한국잔디로서 서양잔디에 비하여 내한성이 약하다. 버뮤다그래스도 난지형이다. 벤트그래스는 가장 품질이 좋은 잔디로, 골프장의 그린용으로 많이 쓰인다. 라이그래스는 건조에 강하다.

07 다음 중 스페인의 파티오(Patio)에서 가장 중요한 구성 요소는?

① 물
② 원색의 꽃
③ 색채 타일
④ 짙은 녹음

해설 무어양식(Mooish Style, 중정(中庭)정형식 정원)은 분천과 치장벽토, 색채타일로 화려하게 조성되었으며 그 중에서도 "물"을 주구성요소로 하는 다양한 파티오를 조성함, 대표적으로 알함브라 궁전과 헤네랄리페 이궁이 있음

08 다음 이슬람 정원 중 「알함브라 궁전」에 없는 것은?

① 알베르카 중정
② 사자의 중정
③ 사이프레스의 중정
④ 헤네랄리페 중정

해설 헤네랄이페 중정은 "높이 솟은 정원"이라는 뜻을 가진 곳으로 왕의 피서를 위한 휴양지·은둔지로서 이궁이었음. 대표적으로 캐널의 파티오, 사이프러스의 파티오, 연꽃의 분천 등이 꾸며져 있음

정답 04 ④ 05 ③ 06 ② 07 ① 08 ④

09 제도에서 사용되는 물체의 중심선, 절단선, 경계선 등을 표시하는데 가장 적합한 선은?

① 실선
② 파선
③ 1점쇄선
④ 2점쇄선

해설
- 실선 : 물체의 보이는 부분을 나타내는 선, 외형선, 단면선, 치수선, 치수보조선, 지시선, 해칭선
- 파선 : 물체의 보이지 않는 부분을 나타내는 선
- 1점쇄선 : 중심선, 절단선, 부지경계선, 기준선
- 2점쇄선 : 이동하는 부분의 이동 후의 위치를 가상하여 나타내는 선, 경계선이나 무게의 중심선

10 보르 뷔 콩트(Vaux-Le-Vicomte) 정원과 가장 관련 있는 양식은?

① 노단식
② 평면 기하학식
③ 절충식
④ 자연풍경식

해설 보르 뷔 콩트(Vaux-Le-Vicomte) 정원은 17세기 중반(1661년 완성)에 당시 루이14세에 막강한 권력을 누리던 재무상 니콜라 푸케가 조성하였는데, 르노트르가 정원을 설계하였으며 건축은 르 보, 실내장식은 르 브렁이 참여한 프랑스 고전양식을 대표하는 정원으로, 르 노트르의 출세작으로 잘 알려진 정원이며 조경사상 실로 큰 의미를 지닌 작품이다.
- 노단식 : 이탈리아
- 자연풍경식 : 영국, 동양

11 조경계획 및 설계에 있어서 몇 가지의 대안을 만들어 각 대안의 장·단점을 비교한 후에 최종안으로 결정하는 단계는?

① 기본구상
② 기본계획
③ 기본설계
④ 실시설계

해설 일반화된 조경계획, 설계과정 : 기본전제(목표수립) → 자료수집 → 현황분석 및 종합 → 기본구상 → 대안 → 기본계획 → 기본설계 → 실시설계 → 시공 → 관리

12 다음 중 면적대비의 특징에 대한 설명으로 틀린 것은?

① 면적의 크기에 따라 명도와 채도가 다르게 보인다.
② 면적의 크고 작음에 따라 색이 다르게 보이는 현상이다.
③ 면적이 작은 색은 실제보다 명도와 채도가 낮아져 보인다.
④ 동일한 색이라도 면적이 커지면 어둡고 칙칙해 보인다.

해설 면적대비는 동일한 색이라 하더라도 면적에 따라서 채도와 명도가 달라보이는 현상이다. 면적이 커지면 명도와 채도가 증가하고 반대로 작아지면 명도와 채도가 낮아진다.

13 조선시대 중엽 이후 풍수설에 따라 주택조경에서 새로이 중요한 부분으로 강조된 곳은?

① 앞뜰(전정)
② 가운데뜰(중정)
③ 뒤뜰(후정)
④ 안뜰(주정)

해설 풍수설에 입각해 주택의 입지선정시 배산임수(背山臨水)로 뒤뜰에 계단식 후원을 두어 가꾸었음

14 조경계획 과정에서 자연환경 분석의 요인이 아닌 것은?

① 기후
② 지형
③ 식물
④ 역사성

해설
- 자연환경 분석 : 지형, 토양, 수문, 기후, 식생 등
- 인문환경 분석 : 역사성, 종교, 민족성, 정치, 경제, 건축, 예술 등

정답 09 ③ 10 ② 11 ① 12 ④ 13 ③ 14 ④

2015년 기출

15 다음 중 19세기 서양의 조경에 대한 설명으로 틀린 것은?

① 1899년 미국 조경가협회(ASLA)가 창립되었다.
② 19세기 말 조경은 토목공학기술에 영향을 받았다.
③ 19세기 말 조경은 전위적인 예술에 영향을 받았다.
④ 19세기 초에 도시문제와 환경문제에 관한 법률이 제정되었다

> 해설 미국조경가협회는 1909년에 창설되었다.

16 화성암은 산성암, 중성암, 염기성암으로 분류가 되는데, 이때 분류 기준이 되는 것은?

① 규산의 함유량
② 석영의 함유량
③ 장석의 함유량
④ 각섬석의 함유량

> 해설

	산성암	중성암	염기성암
규산 함량	65~75%	55~65%	55~40%

17 가연성 도료의 보관 및 장소에 대한 설명 중 틀린 것은?

① 직사광선을 피하고 환기를 억제한다.
② 소방 및 위험물 취급 관련 규정에 따른다.
③ 건물 내 일부에 수용할 때에는 방화구조적인 방을 선택한다.
④ 주위 건물에서 격리된 독립된 건물에 보관하는 것이 좋다.

> 해설 가연성 도료의 보관법 및 보관장소
> • 주위건물에서 1.5m 이상 떨어져 있게 한다.
> • 지붕은 경량 불연재로 하고 천장을 설치하지 않는다.
> • 직사광선을 피하고 환기가 잘 되어야 한다.
> • 소방법 및 위험물 취급 사항에 유의한다.

18 가죽나무(가중나무)와 물푸레나무에 대한 설명으로 옳은 것은?

① 가중나무와 물푸레나무 모두 물푸레나무과(科)이다.
② 잎 특성은 가중나무는 복엽이고 물푸레나무는 단엽이다.
③ 열매 특성은 가중나무와 물푸레나무 모두 날개 모양의 시과이다.
④ 꽃 특성은 가중나무와 물푸레나무 모두 한 꽃에 암술과 수술이 함께있는 양성화이다.

> 해설
> • 가중나무는 소태나무과이다.
> • 두 나무 모두 기수우상복엽이다.
> • 가중나무는 자웅이주(단성화)이다.

19 조경 재료는 식물재료와 인공재료로 구분된다. 다음 중 식물재료의 특징으로 옳지 않은 것은?

① 생장과 번식을 계속하는 연속성이 있다.
② 생물로서 생명 활동을 하는 자연성을 지니고 있다.
③ 계절적으로 다양하게 변화함으로써 주변과의 조화성을 가진다.
④ 기후변화와 더불어 생태계에 영향을 주지 못한다.

> 해설 식물은 기후변화에 민감하게 반응하여 생태계와 영향을 주고 받는다.

정답 15 ① 16 ① 17 ① 18 ③ 19 ④

20 회양목의 설명으로 틀린 것은?

① 낙엽활엽관목이다.
② 잎은 두껍고 타원형이다.
③ 3~4월경에 꽃이 연한 황색으로 핀다.
④ 열매는 삭과로 달걀형이며, 털이 없으며 갈색으로 9~10월에 성숙한다.

해설 회양목은 겨울에 잎이 갈변하나 낙엽발생이 없으므로 (반)상록이다.

21 다음 중 아황산가스에 견디는 힘이 가장 약한 수종은?

① 삼나무
② 편백
③ 플라타너스
④ 사철나무

해설 일반적으로 소나무과인 침엽수는 활엽수에 비해서 아황산가스에 약한 편이나 편백, 화백, 향나무와 같은 측백나무과는 아황산가스에 강한 편이다.

22 백색계통의 꽃을 감상할 수 있는 수종은?

① 개나리   ② 이팝나무
③ 산수유   ④ 맥문동

해설 개나리와 산수유는 황색, 맥문동은 자주색

23 목재 방부제로서 크레오소트 유(Creosote 油)에 대한 설명으로 틀린 것은?

① 휘발성이다.
② 살균력이 강하다.
③ 페인트 도장이 곤란하다.
④ 물에 용해되지 않는다.

해설 크레오소트 유는 콜타르(Coal Tar)에서 얻어진 검고 짙은 증류액으로 휘발성이 없고, 유용성으로 물에 녹지 않는다.

24 암석은 그 성인(成因)에 따라 대별되는데 편마암, 대리석 등은 어느 암으로 분류되는가?

① 수성암
② 화성암
③ 변성암
④ 석회질암

해설 변성암은 높은 온도와 압력에 의해 화성암과 퇴적암이 변성작용을 받아(액체로 변하지 않고 고체상태에서) 변화된 암석이다.

• 변성암의 기원

모암		변성암
화성암	화강암 →	(화강)편마암
	현무암 →	결정편암
퇴적암	혈암 →	점판암
	석회암 →	대리석
	사암 →	규암

25 목재가공 작업 과정 중 소지조정, 눈막이(눈메꿈), 샌딩실러 등은 무엇을 하기 위한 것인가?

① 도장
② 연마
③ 접착
④ 오버레이

해설
• 소지조정(Surface Preparation) : 도장할 피도물의 표면을 적절하게 조정하여 주는 작업
• 샌딩실러 : 밑칠한 도막 위에 도장하는 도료로서 연마에 의해 사용한 후에 평탄한 도장 소지를 작성함으로써 위칠 도료의 도장 품질을 향상시키는 작업

정답 20 ① 21 ① 22 ② 23 ① 24 ③ 25 ①

26 타일의 동해를 방지하기 위한 방법으로 옳지 않은 것은?

① 붙임용 모르타르의 배합비를 좋게 한다.
② 타일은 소성온도가 높은 것을 사용한다.
③ 줄눈 누름을 충분히 하여 빗물의 침투를 방지한다.
④ 타일은 흡수성이 높은 것일수록 잘 밀착됨으로 방지효과가 있다

해설 타일의 동해방지책으로는
- 소성온도가 높은 자기질의 타일을 사용한다. 즉 흡수성이 낮은 타일을 사용한다.
- 붙임 모르타르의 배합비를 좋게 하여 벽체에서 떨어지는 일이 없도록 한다.
- 줄눈 모르타르를 충분히 하고 빗물의 침투를 방지하여 동결, 융해가 없도록 한다.

27 시멘트의 성질 및 특성에 대한 설명으로 틀린 것은?

① 분말도는 일반적으로 비표면적으로 표시한다.
② 강도시험은 시멘트 페이스트 강도시험으로 측정한다.
③ 응결이란 시멘트 풀이 유동성과 점성을 상실하고 고화하는 현상을 말한다.
④ 풍화란 시멘트가 공기 중의 수분 및 이산화탄소와 반응하여 가벼운 수화반응을 일으키는 것을 말한다.

해설 시멘트 강도시험은 표준사(Standard Sand)를 사용한다.

28 토피어리(Topiary)란?

① 분수의 일종
② 형상수(形狀樹)
③ 조각된 정원석
④ 휴게용 그늘막

해설 토피어리는 나무를 다듬어 짐승의 모양이나 어떤 사물의 모양을 만든 것이다.

29 다음 수목들은 어떤 산림대에 해당되는가?

> 잣나무, 전나무, 주목, 가문비나무, 분비나무, 잎갈나무, 종비나무

① 난대림
② 온대 중부림
③ 온대 북부림
④ 한대림

해설 고위도와 고지대에 주로 분포하는 한대성 소나무 과의 상록침엽수이다.

30 100cm × 100cm × 5cm 크기의 화강석 판석의 중량은? (단, 화강석의 비중 기준은 2.56 ton/m³이다)

① 128kg
② 12.8kg
③ 195kg
④ 19.5kg

해설
석재의 무게는 "석재의 부피 × 비중량"이다.
석재의 무게(kg) = 석재의 부피(m³) × 비중량(kg/m³)
석재의 부피 = 0.1(m) × 0.1(m) × 0.05(m) = 0.005m³
석재의 비중량 = 2.56 × 1000(kg/m³) = 2560(kg/m³)
석재의 무게 = 0.005 × 2560 = 12.8(kg)

31 친환경적 생태하천에 호안을 복구하고자 할 때 생물의 종 다양성과 자연성 향상을 위해 이용되는 소재로 가장 부적합한 것은?

① 섶단
② 소형고압블록
③ 돌망태
④ 야자롤

정답 26 ④　27 ②　28 ②　29 ④　30 ①　31 ②

해설
- 섶단 : 버드나무 가지, 갯버들류 등 삽목이 가능하고 맹아력이 있는 수종의 가지와 천연야자섬유에 갈대를 식재하여 사용한다. 섶단에 쓰이는 나무가지는 생가지를 사용하여야 하며, 갈대 천연야자 섬유롤은 갈대를 견고하게 부착시키거나, 천연야자 섬유롤 사이나 주변에 갈대를 식재할 수 있는 것이어야 한다.
- 소형고압블럭 : 일반 보도 블럭의 단점인 결합력과 강도를 보완한 것으로 내구성과 강도가 높고 종류가 많고 색상도 다양하여 보도와 차도를 분리하거나 주차장을 색상으로 구분할 때도 효과적이다.

32 소철과 은행나무의 공통점으로 옳은 것은?

① 속씨식물
② 자웅이주
③ 낙엽침엽교목
④ 우리나라 자생식물

해설 두 종 모두 중국원산의 겉씨식물, 소철은 상록침엽관목이다.

33 다음 중 미선나무에 대한 설명으로 옳은 것은?

① 열매는 부채 모양이다.
② 꽃색은 노란색으로 향기가 있다.
③ 상록활엽교목으로 산야에서 흔히 볼 수 있다.
④ 원산지는 중국이며 세계적으로 여러 종이 존재한다.

해설 미선나무의 꽃색은 백색, 낙엽활엽관목으로 충북의 제한된 지역에만 자생하는 한국특산식물이다.

34 다음 중 아스팔트의 일반적인 특성 설명으로 옳지 않은 것은?

① 비교적 경제적이다.
② 점성과 감온성을 가지고 있다.
③ 물에 용해되고 투수성이 좋아 포장재로 적합하지 않다.
④ 점착성이 크고 부착성이 좋기 때문에 결합재료, 접착재료로 사용한다.

해설 아스팔트 : 천연 혹은 석유 정제의 잔류물로서 얻어지는 흑색의 고체 또는 반고체의 물질. 도로 공사, 방수 공사에 사용한다.

35 다음 중 조경수목의 생장 속도가 느린 것은?

① 모과나무
② 메타세콰이어
③ 백합나무
④ 개나리

해설 일반적으로 침엽수가 활엽수 보다, 관목이 교목보다 생장속도가 빠르다.
- 모과나무 : 활엽수
- 메타세콰이어 : 침엽수
- 백합나무(튤립나무) : 대표적 CO_2저감 속성수
- 개나리 : 관목

구분	특성	주요 수종
빠른 수종	- 대체로 양수가 많다. - 수형과 재질에 단점이 있다.	낙우송, 배롱나무, 자귀나무, 튤립나무, 층층나무, 무궁화, 삼나무 등
느린 수종	- 대체로 음수가 많다. - 수형이 거의 일정하나 시간이 오래걸린다.	구상나무, 백송, 주목, 비자나무, 회양목, 산딸나무, 마가목, 가시나무, 먼나무, 후박나무, 굴거리, 이팝나무 등

정답 32 ② 33 ① 34 ③ 35 ①

36 석재판(板石) 붙이기 시공법이 아닌 것은?

① 습식공법
② 건식공법
③ FRP공법
④ GPC공법

해설 석재판 붙임에는 습식공법(대리석 및 테라조판, 화강석 판), 건식공법(앵커리지 공법, 강재트러스 지지공법)
- GPC공법이란, 석재에 배면도포한 후 콘크리트를 타설하여 일체화를 시킨 후 양중하여 시공하는 공법으로, 석재와 콘크리트와의 부착력을 높이기 위해 시어 컬렉터를 시공하며 백화 방지를 위하여 배면도포를 철저히 해야한다(석재에 배면도포실시 → 철재거푸집에 설치 → 콘크리트 타설 → 양중 → 시공)
- FRP공법(Fiberglass Reinforced Plastics) : 유리섬유 강화플라스틱으로 유리섬유, 탄소섬유, 제블라 등의 방향족 나일론섬유와 불포화 폴리에스터, 에폭시수지 등의 열경화성수지를 결합한 물질. 조경에서는 옥상 조경재료나 인조암을 만드는데 주로 사용되는 재료

37 소나무류의 순자르기에 대한 설명으로 옳은 것은?

① 10~12월에 실시한다.
② 남길 순도 1/3~1/2 정도로 자른다.
③ 새순이 15cm 이상 길이로 자랐을 때에 실시한다.
④ 나무의 세력이 약하거나 크게 기르고자 할 때는 순자르기를 강하게 실시한다.

해설
① 10~12월 → 4~6월
③ 15cm → 5~10cm 정도 길이에서 실시
④ 소나무 순지르기는 생장을 억제하기 위한 전정

38 일반적인 식물 간 양료 요구도(비옥도)가 높은 것부터 차례로 나열된 것은?

① 활엽수 > 유실수 > 소나무류 > 침엽수
② 유실수 > 침엽수 > 활엽수 > 소나무류
③ 유실수 > 활엽수 > 침엽수 > 소나무류
④ 소나무류 > 침엽수 > 유실수 > 활엽수

해설 수목 종류별 비료 요구도는 농작물 > 유실수 > 활엽수 > 침엽수 > 소나무류 순이다.

39 우리나라에서 발생하는 수목의 녹병 중 기주교대를 하지 않는 것은?

① 소나무 잎녹병
② 후박나무 녹병
③ 버드나무 잎녹병
④ 오리나무 잎녹병

해설 ①은 졸참·신갈나무, ③과 ④은 낙엽송이 다른 기주식물
- 기주교대의 정의 : 녹병균은 생활사를 완성하기 위해 다른 2종의 식물을 기주로 하는데, 홀씨의 종류에 따라 기주를 바꾸는 현상

40 식물의 주요한 표징 중 병원체의 영양기관에 의한 것이 아닌 것은?

① 균사
② 균핵
③ 포자
④ 자좌

해설
- 균사 : 진균(眞菌)식물의 영양체를 구성하는 분지(分枝)된 사상체(絲狀體)
- 균핵 : 불리한 환경에 견디기 위해 특수한 균사체가 병환부의 내외부에 모여서 형성된 덩어리
- 포자 : 포자식물의 무성적인 생식세포
- 자좌 : 병든 조직에 밀착하여 형성되는 균사덩이로서 병조직과 밀착한 후 표면 또는 내부에 생식기관이 형성

정답 36 ③ 37 ② 38 ③ 39 ② 40 ③

41 다음 중 굵은 가지 절단 시 제거하지 말아야 하는 부위는?

① 목질부
② 지피융기선
③ 지륭
④ 피목

해설 지륭은 줄기와 접한 가지의 기부하단을 둘러 싸고 부풀어 오른 부분으로 이 부위가 상해를 당하면 상처를 아물게 하는 유합조직 형성이 늦어져서 부패하기 쉬워진다.

42 다음 그림과 같이 수준측량을 하여 각 측점의 높이를 측정하였다. 절토량 및 성토량이 균형을 이루는 계획고는?

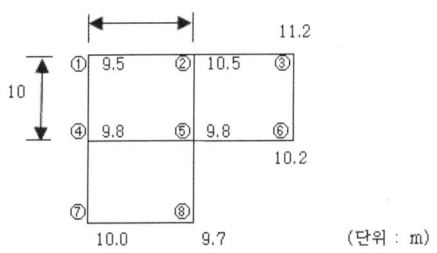

① 9.59m
② 9.95m
③ 10.05m
④ 10.50m

해설
$V = \dfrac{A}{4}-(\Sigma h + 2\Sigma h_2 + 3\Sigma h_3)$ 계획고 $h = \dfrac{V}{nA}$

(A : 사각형 1개의 면적, n : 사각형의 수)

$V = \dfrac{100}{4}(50.6 + 40.6 + 29.4) = 3,015$ 계획고 $= \dfrac{3,015}{3 \times 100}$
$= 10.05m$
$\Sigma h_1 = ① + ③ + ④ + ⑥ + ⑦ + ⑧$
$\Sigma h_2 = ② + ④$
$\Sigma h_3 = ⑤$

43 다음 중 L형 측구의 팽창줄눈 설치시 지수판의 간격은?

① 20m 이내
② 25m 이내
③ 30m 이내
④ 35m 이내

해설 측구 : 비, 눈에 의해 생긴 도로면의 물을 배수하기 위하여 도로 양쪽 또는 한쪽 도로에 평행하게 만든 배수구

44 다음 중 생울타리 수종으로 가장 적합한 것은?

① 쥐똥나무
② 이팝나무
③ 은행나무
④ 굴거리나무

해설 보통 생울타리는 지엽이 치밀하고 맹아력이 높은 관목류를 주로 이용한다. ②, ③, ④는 지엽이 치밀하지 못한 교목류에 해당된다.

45 조경관리 방식 중 직영방식의 장점에 해당하지 않는 것은?

① 긴급한 대응이 가능하다.
② 관리실태를 정확히 파악할 수 있다.
③ 애착심을 가지므로 관리효율의 향상을 꾀한다.
④ 규모가 큰 시설 등의 관리를 효율적으로 할 수 있다.

해설 직영방식은 발주자 스스로 시공자가 되어 일체의 공사를 자기 책임하에 시행하는 것이다. 직영방식은 입찰과 계약 수속의 복잡성, 감독의 곤란성, 경쟁의 폐단을 피할 수 있어서 좋으나, 자체공사이므로 사무가 복잡하고, 경험이 부족할 경우에는 공사가 지연될 수 있다.

2015년 기출

46 다음 중 시비시기와 관련된 설명 중 틀린 것은?

① 온대지방에서는 수종에 관계없이 가장 왕성한 생장을 하는 시기가 봄이며, 이 시기에 맞게 비료를 주는 것이 가장 바람직하다.
② 시비효과가 봄에 나타나게 하려면 겨울 눈이 트기 4~6주 전인 겨울이나 이른 봄에 토양에 시비한다.
③ 질소비료를 제외한 다른 다량원소는 연중 필요할 때 시비하면 되고, 미량원소를 토양에 시비할 때에는 가을에 실시한다.
④ 우리나라의 경우 고정생장을 하는 소나무, 전나무, 가문비나무 등은 9~10월보다는 2월에 시비가 적절하다.

해설
- 고정생장 : 겨울 눈속에 다음해에 자랄 눈이 봄에 싹이 트고 여름에 조기 생장을 멈추는 것으로 시비시기는 9~10월이 적절하다.
- 자유생장 : 겨울 눈이 봄에 생장을 시작하여 가을까지 자라는 것으로 팽나무, 은행나무, 낙엽송, 포플러, 버드나무 등이 있다.

47 다음 중 한국잔디류에 가장 많이 발생하는 병은?

① 녹병
② 탄저병
③ 설부병
④ 브라운패치

해설 녹병은 한국 잔디의 대표적인 병으로서 엽초에 오렌지색(황갈색) 반점이 생긴다. 배수가 불량하거나 많이 밟을 때 발생한다.

48 시공관리의 3대 목적이 아닌 것은?

① 원가관리
② 노무관리
③ 공정관리
④ 품질관리

해설 시공계획의 4대 목표는 '원가는 싸게, 품질은 좋게, 공정은 빠르게, 안전하게'이다.

49 다음 중 토사붕괴의 예방대책으로 틀린 것은?

① 지하수위를 높인다.
② 적절한 경사면의 기울기를 계획한다.
③ 활동할 가능성이 있는 토석은 제거하여야 한다.
④ 말뚝(강관, H형강, 철근 콘크리트)을 타입하여 지반을 강화시킨다.

해설 지하수위는 건축물 시공시 지하수위가 높게 되면 부력이 작용하여 건물이 불안정해지게 된다. 당연히 지하수위는 낮을수록 안정적이다.

50 병의 발생에 필요한 3가지 요인을 정량화하여 삼각형의 각 변으로 표시하고 이들 상호관계에 의한 삼각형의 면적을 발병량으로 나타내는 것을 병삼각형이라 한다. 여기에 포함되지 않는 것은?

① 병원체
② 환경
③ 기주
④ 저항성

해설 저항성은 식물이 병원체의 작용을 억제하는 성질로서 병 발생과 반대되는 용어이다.

정답 46 ④ 47 ① 48 ② 49 ① 50 ④

51 목재 시설물에 대한 특징 및 관리 등의 설명으로 틀린 것은?

① 감촉이 좋고 외관이 아름답다.
② 철재보다 부패하기 쉽고 잘 갈라진다.
③ 정기적인 보수와 칠을 해주어야 한다.
④ 저온 때 충격에 의한 파손이 우려된다.

해설 목재의 장점은 열전도율이 낮으며, 온도에 대한 신축성이 작고, 충격이나 진동을 잘 흡수한다. 외관이 아름답고 비중이 작은 반면에 압축강도 및 인장강도가 크다. 공작에 필요한 설비가 간단하다. 석재나 콘크리트 재료에 비하여 자연성이 높고 친환경적인 재료이므로 그 용도가 매우 다양하다. 석재나 강재보다 가벼워 운반, 가공 및 취급이 용이하다.

52 소나무좀의 생활사를 기술한 것 중 옳은 것은?

① 유충은 2회 탈피하며 유충기간은 약 20일이다.
② 1년에 1~3회 발생하며 암컷은 불완전변태를 한다.
③ 부화약충은 잎, 줄기에 붙어 즙액을 빨아 먹는다.
④ 부화한 애벌레가 쇠약목에 침입하여 갱도를 만든다.

해설
② 불완전변태 → 변태
③ 즙액을 빨아 먹는다. → 인피부를 갉아먹는다.
④ 애벌레 → 성충

53 축척 $\frac{1}{1,200}$의 도면을 $\frac{1}{600}$로 변경하고자 할 때 도면의 증가 면적은?

① 2배   ② 3배
③ 4배   ④ 6배

해설 축척(줄인 그림의 비율)은 1/1200 축척보다, 1/600 축척이 더 크기 때문에, 더 큰 면적이 나와야 된다는 논리가 아니라 −1/600의 도면이 1/1200의 도면보다 도면 크기가 4배 넘게 크게 확대되어 더 자세한(더 세밀한) 도면으로 나타내야 되며, 실제로 면적길이를 2배 늘리면 도면 넓이는 2×2 = 4배(길이의 제곱)가 된다.

54 살비제(Acaricide)란 어떠한 약제를 말하는가?

① 선충을 방제하기 위하여 사용하는 약제
② 나방류를 방제하기 위하여 사용하는 약제
③ 응애류를 방제하기 위하여 사용하는 약제
④ 병균이 식물체에 침투하는 것을 방지하는 약제

해설 살비제(殺蜱濟)에서 '비(蜱)'는 응애를 의미한다.

55 일반적인 공사 수량 산출 방법으로 가장 적합한 것은?

① 중복이 되지 않게 세분화한다.
② 수직방향에서 수평방향으로 한다.
③ 외부에서 내부로 한다.
④ 작은 곳에서 큰 곳으로 한다.

56 수목의 필수원소 중 다량원소에 해당하지 않는 것은?

① H
② K
③ Cl
④ C

해설 다량원소에는 H, C, O, N, P, K, Ca, Mg, S가 있다.

정답 51 ④ 52 ① 53 ③ 54 ③ 55 ① 56 ③

57 근원직경이 18cm인 나무의 뿌리분을 만들려고 한다. 다음 식을 이용하여 소나무 뿌리분의 지름을 계산하면 얼마인가? (단, 공식 24+(N−3)×d, d는 상록수 4, 활엽수 5이다)

① 80cm
② 82cm
③ 84cm
④ 86cm

58 농약은 라벨과 뚜껑의 색으로 구분하여 표기하고 있는데, 다음 중 연결이 바른 것은?

① 제초제−노란색
② 살균제−녹색
③ 살충제−파란색
④ 생장조절제−흰색

해설

용도구분용 색	분홍색 : 살균제 녹색 : 살충제 황색 : 제초제 청색 : 생장조절제 적색 : 맹독성 백색 : 기타 해당 약제색깔 병용 : 혼합제 및 동시 방제제

59 다음 중 순공사원가에 속하지 않는 것은?

① 재료비
② 경비
③ 노무비
④ 일반관리비

해설 순공사원가 = 재료비 + 노무비 + 경비
일반관리비 = 순공사원가 × 비율(5~6%)로 회사가 사무실을 운영하기 위해 드는 비용을 말한다.

60 20L들이 분무기 한통에 1,000배액의 농약 용액을 만들고자 할 때 필요한 농약의 약량은?

① 10mL
② 20mL
③ 30mL
④ 50mL

해설 20L = 20,000mL, 1,000배로 희석 → 20,000/1,000 → 20mL

정답 57 ③ 58 ① 59 ④ 60 ②

국가기술자격검정 필기시험

2015년도 조경기능사 과년도 출제문제 제2회

자격종목 및 등급(선택분야)	종목코드	시험시간	문제지형별
조경기능사	6335	1시간	B

01 다음 중 주택정원의 작업뜰에 위치할 수 있는 시설물로 가장 부적합한 것은?

① 장독대
② 빨래 건조장
③ 파고라
④ 채소밭

해설
- 작업뜰(측정) : 외부공간에서 작업을 위해 필요한 공간으로 잔디깍기와 관수장비 등 정원관리장비 보관시설, 장독대, 건조장, 채소밭, 가구집기 수리 및 보관장소 등이 설치된다.
- 안뜰(주정) : 파고라, 정자, 야외탁자, 벤치등들 설치, 그늘을 줄 수 있는 녹음수와 하부에는 초화류와 관목을 심으며, 연못 주변에는 수경식물을 심어 외부 생활기능을 쾌적하게 유지한다.

02 상점의 간판에 세 가지의 조명을 동시에 비추어 백색광을 만들려고 한다. 이때 필요한 3가지 기본 색광은?

① 노랑(Y), 초록(G), 파랑(B)
② 빨강(R), 노랑(Y), 파랑(B)
③ 빨강(R), 노랑(Y), 초록(G)
④ 빨강(R), 초록(G), 파랑(B)

해설
- 색광의 3원색(RGB) : 혼합할수록 명도가 높아져 백색광에 가까워진다. 빨강(Red), 녹색(Green), 파랑(Blue)의 가색혼합은 색광을 혼합하면 원색보다 1차색이 명도가 높아지며 3색 모두 합하면 백색광(색감이 없는 흰색)이 된다.
- 색료의 3원색(CMY ; Cyan, Magenta, Yellow) : 색을 느낄 수 있게 하는 성질을 가진 재료 즉, 안료나 염료를 말한다. 색료는 최소한의 색을 혼합하여 검정에 가까운 색을 낼 수 있는 청록, 자주, 노란색으로 이룬다. 색료의 혼합은 색을 혼합할수록 명도가 낮아지므로 감산혼법이라 하여 우리가 흔히 사용하는 물감, 프린터기, 사진 등이 색료의 혼합이다.

03 물체를 투상면에 대하여 한쪽으로 경사지게 투상하여 입체적으로 나타낸 것으로 다음 그림과 같은 것은?

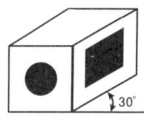 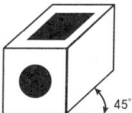 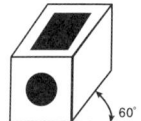

① 사투상도
② 투시 투상도
③ 등각 투상도
④ 부등각 투상도

해설
- 사투상도(Oblique Projection Drawing) : 물체의 주요면을 투상면에 평행하게 놓고 투상면에 대하여 수직보다 다소 옆면에서 보고 그린 투상도를 말한다. 투상선이 투상면을 사선으로 평행하도록 무한대의 수평 시선으로 얻은 물체의 윤곽을 그리게 되면, 육면체의 세 모서리는 경사 축이 α각을 이루는 입체도가 되며, 이를 그린 그림을 사투상도라고 한다. 45°의 경사축으로 그린 것을 카발리에도(Cavalier Projection Drawing), 60°의 경사축으로 그린 것을 캐비닛도(Cabinet Projection Drawing)라고 한다. 정면의 모양을 실물과 같이 나타낼 수 있다. 상상도나 설명도를 그릴 때 사용
- 등각 투상도(Isometric Projection Drawing) : 정면, 평면, 측면을 하나의 투상면 위에 동시에 볼 수 있도록 두 개의 옆면 모서리가 수평선과 30°가 되게 하여 세 축이 120°의 등각이 되도록 입체로 투상한 것을 등각 투상도라고 하고 구상도나 설명도를 그릴 때 사용한다.
- 투시 투상도 : 물체의 모양을 보이는 그대로 그리는 방법으로 물체가 눈에 가까운 곳일수록 크게 나타나며 원근감이 잘 나타난다. 설계된 공간의 완성될 모양을 나낼 때 사용된다. 소점의 수에 따라 1점 투시, 2점 투시도, 3점 투시도 등이 있다.

정답 01 ③ 02 ④ 03 ①

- 부등각 투상도 : 수평선과 2개의 축선이 이루는 각을 서로 다르게 나타낸 투상도

04 사적지 유형 중 "제사, 신앙에 관한 유적"에 해당되는 것은?

① 도요지
② 성곽
③ 고궁
④ 사당

해설
- 도요지(陶窯址) : 토기나 도자기를 구워내던 가마 유적으로, 우리말로는 가마터라고 한다.
- 사당(祠堂) : 사대부가(士大夫家)를 비롯한 일반 민가에서 조상의 신주를 모시고 제사지내는 집

05 우리나라 조경의 특징으로 가장 적합한 설명은?

① 경관의 조화를 중요시하면서도 경관의 대비에 중점
② 급격한 지형변화를 이용하여 돌, 나무 등의 섬세한 사용을 통한 정신세계의 상징화
③ 풍수지리설에 영향을 받으며, 계절의 변화를 느낄 수 있음
④ 바닥포장과 괴석을 주로 사용하여 계속적인 변화와 시각적 흥미를 제공

06 다음 중 통경선(Vistas)의 설명으로 가장 적합한 것은?

① 주로 자연식 정원에서 많이 쓰인다.
② 정원에 변화를 많이 주기 위한 수법이다.
③ 정원에서 바라볼 수 있는 정원 밖의 풍경이 중요한 구실을 한다.
④ 시점(視點)으로부터 부지의 끝부분까지 시선을 집중하도록 한 것이다.

해설 통경선(通景線)(Vista) : 관망할 수 있는 시점으로부터 내다보이는 곳을 대상으로 일정한 간격을 유지하면서 전망이 트인 끝까지 잘 보이도록 하고 그 부분에 해시계나 분수, 조각물 등의 첨경물과 낮은 1, 2년생 초화류의 기하학식 화문화단을 만들거나 상록수를 낮게 전정하여 관상하는 이로 하여금 실제 면적보다 넓고 깊게 보이게 하는 수법으로 서구의 프랑스의 평면기하학식 정원에서 많이 이용되고 있다.

07 도시공원 및 녹지 등에 관한 법률 시행규칙에 의한 도시공원의 구분에 해당되지 않는 것은?

① 역사공원
② 체육공원
③ 도시농업공원
④ 국립공원

해설 도시공원의 유형에는 소공원, 어린이공원, 근린공원, 역사공원, 문화공원, 수변공원, 묘지공원, 체육공원, 도시농업공원 등이 있다. 국립공원은 자연공원의 유형이다.

08 중세 클로이스터 가든에 나타나는 사분원(四分園)의 기원이 된 회교 정원 양식은?

① 차하르바그
② 페리스타일 가든
③ 아라베스크
④ 행잉 가든

해설 차하르바그 거리는 세계 최초의 가로수 길이다. 사파비 왕조가 수도 이전을 위해 심혈을 기울여 만든 곳이 바로 이곳이다. 차하르바그는 이란어로 4개의 정원이라는 의미이다.

정답 04 ④ 05 ③ 06 ④ 07 ④ 08 ①

09 다음은 어떤 색에 대한 설명인가?

> 신비로움, 환상, 성스러움 등을 상징하며 여성스러움을 강조하는 역할을 하기도 하지만 반면 비애감과 고독감을 느끼게 하기도 한다.

① 빨강　　② 주황
③ 파랑　　④ 보라

10 다음 그림의 가로 장치물 중 볼라드로 가장 적합한 것은?

① 　　②

③ 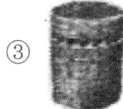　　④

11 다음 중 ( )안에 들어갈 각각의 내용으로 옳은 것은?

> 인간이 볼 수 있는 ( )의 파장은 약 (~)nm이다.

① 적외선, 560~960
② 가시광선, 560~960
③ 가시광선, 380~780
④ 적외선, 380~780

> [해설] 가시광선은 눈으로 지각되는 파장 범위를 가진 빛으로 물리적인 빛은 눈에 색채로서 지각되는 범위의 파장 한계 내에 있는 스펙트럼이며, 대략 380~780nm (Nanometer) 범위의 파장을 가진 전자파이다.

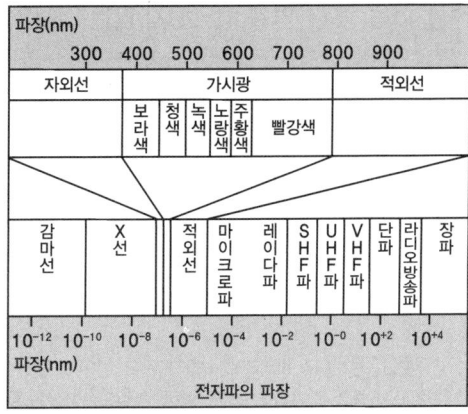

전자파의 파장

12 회색의 시멘트 블록들 가운데에 놓인 붉은 벽돌은 실제의 색보다 더 선명해 보인다. 이러한 현상을 무엇이라고 하는가?

① 색상대비
② 명도대비
③ 채도대비
④ 보색대비

> [해설]
> • 명도대비 : 명도가 다른 색이 배색될 경우, 밝은 색은 더 밝게 어두운 색은 더 어둡게 느껴지는 것. 같은 명도의 회색을 백색과 흑색 위에 놓으면 백색 위에 놓인 회색은 어둡게, 흑색 위에 놓인 회색은 밝게 느껴진다.
> • 채도대비 : 채도가 다른 색을 배열할 때 채도가 높은 색은 한층 더 선명하게 보이고, 채도가 낮은 색은 한층 더 회색이 많이 보인다.
> • 보색대비 : 보색을 배열할 때 각기 채도가 높아지듯이 색의 선명도가 강조되어 보인다.

13 정원의 구성 요소 중 점적인 요소로 구별되는 것은?

① 원로
② 생울타리
③ 냇물
④ 휴지통

14 다음 중 ( )안에 해당하지 않는 것은?

> 우리나라 전통조경 공간인 연못에는 ( ), ( ), ( )의 삼신산을 상징하는 세 섬을 꾸며 신선사상을 표현했다.

① 영주   ② 방지
③ 봉래   ④ 방장

해설 중국 한나라의 태액지원은 장안의 건장궁 내의 곡지 중의 하나인데, 봉래, 방장, 영주의 세 섬을 축조하고 신선사상을 표현한 것에서 유래하여 통일신라시대 경주의 안압지에도 그 형식이 남아있다.

15 다음 중 교통 표지판의 색상을 결정할 때 가장 중요하게 고려하여야 할 것은?

① 심미성   ② 명시성
③ 경제성   ④ 양질성

해설 명시성 : 서로 보색일 경우 시각적으로 더 선명하게 보이고 색의 조합에 따라 더 잘 보이는 색이 있는데 이 것을 명시성이라고 한다. 보색일 경우 명시성이 더 높아진다.

16 다음 지피식물의 기능과 효과에 관한 설명 중 옳지 않은 것은?

① 토양유실의 방지
② 녹음 및 그늘 제공
③ 운동 및 휴식공간 제공
④ 경관의 분위기를 자연스럽게 유도

해설 ②는 (아)교목의 조경수 기능이다.
• 지피식물의 기능
– 미적효과
– 운동 및 휴식 공간 제공
– 기온 조절
– 흙먼지 방지
– 강우로 인한 진땅 방지
– 토양유실 방지

17 어떤 목재의 함수율이 50%일 때 목재중량이 3000g이라면 전건중량은 얼마인가?

① 1000g
② 2000g
③ 4000g
④ 5000g

18 다음 시멘트의 성분 중 화합물상에서 발열량이 가장 많은 성분은?

① C_3A
② C_3S
③ C_4AF
④ C_2S

해설 시멘트는 물과 반응하여 발열화학반응에 의하여 120cal/g 정도의 열이 발생하고 발열특성은 화학조성에 따라 다르다.

약어	화학조성	발열량	반응속도	강도
C3S	$3CaO \cdot SiO_2$	보통	보통	높음
C2S	$2CaO \cdot SiO_2$	낮음	느림	초기에 낮고 이후 높음
C3A	$3CaO \cdot Al_2O_3$	매우 높음	빠름	낮음
C4AF	$4CaO \cdot Al_2O_3 \cdot Fe_2O_3$	보통	보통	낮음

19 다음 중 환경적 문제를 해결하기 위하여 친환경적 재료로 개발한 것은?

① 시멘트
② 절연재
③ 잔디블록
④ 유리블록

해설 잔디블록은 자연의 훼손없이 수천년에 걸쳐 생성되는 천연 바위의 질감과 자연의 색채를 담은 친환경 블록으로서 이면층은 다공성 콘크리트 구조로 물과 공기가 자유롭게 소통되어 식물의 생육 및 수질정화 기능이 있는 자연을 위한 블록이다.

정답 14 ② 15 ② 16 ② 17 ② 18 ① 19 ③

20 소나무 꽃의 특성에 대한 설명으로 옳은 것은?

① 단성화, 자웅동주
② 단성화, 자웅이주
③ 양성화, 자웅동주
④ 양성화, 자웅이주

해설 소나무는 한 나무에 암꽃과 수꽃이 다른 위치에서 개화하는 암수한몸이다.

21 다음 중 비료목(肥料木)에 해당되는 식물이 아닌 것은?

① 다릅나무
② 곰솔
③ 싸리나무
④ 보리수나무

해설 비료목은 질소고정능력을 갖춘 식물을 일컫는 말로서 아까시나무 등 콩과식물은 뿌리혹박테리아(근류균)와 공생하거나 오리나무류, 보리수나무류처럼 프랑키아(Frankia)인 방선균류와 공생하여 질소를 고정해서 다른 식물의 생장에도 도움을 주는 나무를 뜻한다. 해송과 같은 소나무과 수종은 균근류와 공생을 하나 질소고정 능력은 없다.

22 암석에서 떼어낸 석재를 가공할 때 잔다듬질용으로 사용하는 도드락 망치는?

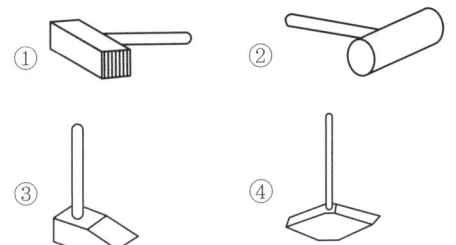

해설 ②는 매망치, ③은 외날망치, ④는 날망치

23 다음 중 가로수로 식재하며, 주로 봄에 꽃을 감상할 목적으로 식재하는 수종은?

① 팽나무
② 마가목
③ 협죽도
④ 벚나무

해설 팽나무는 5월에 개화하는 녹음수, 마가목은 5~6월에 개화하여 벚나무보다 늦게 개화, 협죽도는 여름에 분홍색 꽃이 개화

24 다음 중 강음수에 해당되는 식물종은?

① 팔손이
② 두릅나무
③ 회나무
④ 노간주나무

해설 팔손이는 백량금과 함께 실내에서 재배가 가능한 극음수이다.

25 석재의 분류는 화성암, 퇴적암, 변성암으로 분류할 수 있다. 다음 중 퇴적암에 해당되지 않는 것은?

① 사암
② 혈암
③ 석회암
④ 안산암

해설 안산암은 중성암에 속하는 화성암이다.

정답 20 ① 21 ② 22 ① 23 ④ 24 ① 25 ④

2015년 기출

26 콘크리트의 연행공기량과 관련된 설명으로 틀린 것은?

① 사용 시멘트의 비표면적이 작으면 연행공기량은 증가한다.
② 콘크리트의 온도가 높으면 공기량은 감소한다.
③ 단위잔골재량이 많으면, 연행공기량은 감소한다.
④ 플라이애시를 혼화재로 사용할 경우 미연소탄소 함유량이 많으면 연행공기량이 감소한다.

해설
- 공기연행제(AE제) : 콘크리트 속에 무수한 미세 기포를 포함시켜 콘크리트의 워커빌리티(Workability)를 좋게 하기 위한 혼합제
- 잔골재율과 공기량은 비례관계
- 온도 10℃ 증가하면 공기량은 20~30% 감소

27 금속을 활용한 제품으로서 철 금속 제품에 해당하지 않는 것은?

① 철근, 강판
② 형강, 강관
③ 볼트, 너트
④ 도관, 가도관

해설 도관은 양질의 점토 이용하여 유약을 발라 구운 제품이다

28 「피라칸다」와 「해당화」의 공통점으로 옳지 않은 것은?

① 과명은 장미과이다.
② 열매는 붉은 색으로 성숙한다.
③ 성상은 상록활엽관목이다.
④ 줄기나 가지에 가시가 있다.

해설 해당화는 낙엽활엽관목이다.

29 낙엽활엽소교목으로 양수이며 잎이 나오기 전 3월경 노란색으로 개화하고, 빨간 열매를 맺어 아름다운 수종은?

① 개나리
② 생강나무
③ 산수유
④ 풍년화

해설 개나리와 생강나무는 낙엽활엽관목, 풍년화는 낙엽활엽소교목이나 열매가 삭과로서 갈색이다.

30 다음 중 목재의 함수율이 크고 작음에 가장 영향이 큰 강도는?

① 인장강도
② 휨강도
③ 전단강도
④ 압축강도

해설 목재의 팽창 및 수축 등의 변형은 함수율과 관계가 있다.

31 다음 중 수목의 형태상 분류가 다른 것은?

① 떡갈나무
② 박태기나무
③ 회화나무
④ 느티나무

해설 ①, ③, ④는 낙엽활엽교목이고 ②는 낙엽활엽관목이다.

32 목련과(Magnoliaceae) 중 상록성 수종에 해당하는 것은?

① 태산목
② 함박꽃나무
③ 자목련
④ 일본목련

정답 26 ③ 27 ④ 28 ③ 29 ③ 30 ④ 31 ② 32 ①

해설 태산목은 북미원산의 상록활엽교목이다.

33 압력 탱크 속에서 고압으로 방부제를 주입시키는 방법으로 목재의 방부처리 방법 중 가장 효과적인 것은?

① 표면탄화법
② 침지법
③ 가압주입법
④ 도포법

해설 주입법에는 방부제 용액 안에 목재를 침지하는 상압주입법과 압력용기에 목재를 넣어 고압으로 방부제를 주입하는 가압주입법이 있다.

34 다음 석재의 역학적 성질 설명 중 옳지 않은 것은?

① 공극률이 가장 큰 것은 대리석이다.
② 현무암의 탄성계수는 후크(Hooke)의 법칙을 따른다.
③ 석재의 강도는 압축강도가 특히 크며, 인장 강도는 매우 작다.
④ 석재 중 풍화에 가장 큰 저항성을 가지는 것은 화강암이다.

해설 대부분 공극률은 높은 압력에 의해 형성된 대리석과 같은 변성암의 경우 낮게 나타는 반면 퇴적암은 높게 나타난다.

35 통기성, 흡수성, 보온성, 부식성이 우수하여 줄기감기용, 수목 굴취시 뿌리감기용, 겨울철 수목보호를 위해 사용되는 마(麻) 소재의 친환경적 조경자재는?

① 녹화마대
② 볏짚
③ 새끼줄
④ 우드칩

36 다음 중 조경석 가로쌓기 작업이 설계도면 및 공사시방서에 명시가 없을 경우 높이가 메쌓기는 몇 m 이하로 하여야 하는가?

① 1.5
② 1.8
③ 2.0
④ 2.5

해설
• 메쌓기(건성쌓기) : 모르타르를 사용하지 않고 쌓는 방법. 순수돌만으로 뒤의 토압을 버티므로 뒷채움 잡석을 안정적으로 설치하여야함. 견고도가 낮아 높이를 제한해야 한다. 즉 제일 앞의 돌과 뒷채움 잡석이 토사의 압력을 받아야 하므로 돌을 쌓을때 최대한 경사를 눕혀서 시공해야 안정적임
• 찰쌓기 : 경사가 거의 수직이거나 물의 영향을 많이 받은 곳에 설치하므로 돌을 쌓기 전에 기초를 튼튼히 하고 배수파이프를 잘 설치해야하며, 뒷부분의 다짐을 철저히 하여 토압의 영향을 줄여야 함. 시공면적 2㎡ 마다 직경 3~4cm 물빼기공을 설치함(기울기 1 : 0.2)

37 조경공사용 기계의 종류와 용도(굴삭, 배토정지, 상차, 운반, 다짐)의 연결이 옳지 않은 것은?

① 굴삭용 – 무한궤도식 로더
② 운반용 – 덤프트럭
③ 다짐용 – 탬퍼
④ 배토정지용 – 모터 그레이더

해설 무한궤도식 로더는 싣기(적재)기계로서 주행장치가 무한궤도이기 때문에 안정성이 있으며, 굴착력도 좋다. 연약기반의 흙을 깎아 싣거나 모아 놓은 흙, 골재 등의 적재에 적합. 굴착이나 굴삭 모두 땅을 파거나 흙을 퍼내거나 지하나 암반 등에 구멍을 뚫는 작업을 뜻하나, 굴삭은 지반이나 흙을 깎거나 퍼거나 갈아내는 방식으로 작업을 할 경우 많이 쓰이고(파워쇼벨), 굴착은 지반 암반을 부스러트리거나 충격으로 깨트려서 퍼내는 방식으로 작업할 경우 많이 사용됨(불도저)

2015년 기출

38 물 200L를 가지고 제초제 1,000배액을 만들 경우 필요한 약량은 몇 mL인가?

① 10
② 100
③ 200
④ 500

해설 200L = 200,000mL, 1,000배액을 만들려면 1,000배로 희석해야 하므로 200,000/1,000 → 200mL가 필요하다.

39 다음의 뿌리돌림 설명 중 ( )에 가장 적합한 숫자는?

- 뿌리돌림은 이식하기 (㉠)년 전에 실시하되 최소 (㉡)개월 전 초봄이나 늦가을에 실시한다.
- 노목이나 보호수와 같이 중요한 나무는 (㉢)회 나누어 연차적으로 실시한다.

① ㉠ 1~2 ㉡ 12 ㉢ 2~4
② ㉠ 1~2 ㉡ 6 ㉢ 2~4
③ ㉠ 3~4 ㉡ 12 ㉢ 1~2
④ ㉠ 3~4 ㉡ 24 ㉢ 1~2

40 건설공사의 감리 구분에 해당하지 않는 것은?

① 설계감리
② 시공감리
③ 입찰감리
④ 책임감리

해설 설계감리는 공사 진행과정에서 하는 일이 아니고 설계가 제대로 되어 있는지 문제가 없는지를 확인하는 것이고 실질적인 공사현장에서의 감리는 검측감리, 시공감리, 책임감리로 나눌 수 있다. 검측감리는 단순히 설계도서와 관계법령대로 시공되는지 검측, 입회, 조사 등으로 확인하는 것이고 시공감리는 검측감리의 업무와 권한에 품질, 시공, 안전관리 등에 대한 지도를 추가한 것이다. 마지막으로 책임감리는 시공감리의 업무와 권한에 공사 전반에 관한 부분을 관장하는 것으로 한마디로 발주처의 감독권한을 대행하는 것이다.

41 동일한 규격의 수목이 연속적으로 모아 심었거나 줄지어 심었을 때 적합한 지주 설치법은?

① 단각지주
② 이각지주
③ 삼각지주
④ 연결형지주

42 측량 시에 사용하는 측정기구와 그 설명이 틀린 것은?

① 야장 : 측량한 결과를 기입하는 수첩
② 측량 핀 : 테이프의 길이마다 그 측점을 땅 위에 표시하기 위하여 사용되는 핀
③ 폴(Pole) : 일정한 지점이 멀리서도 잘 보이도록 곧은 장대에 빨간색과 흰색을 교대로 칠하여 만든 기구
④ 보수계(Pedometer) : 어느 지점이나 범위를 표시하기 위하여 땅에 꽂아 두는 나무 표지

해설 보수계(Pedometer)는 걸음수를 재는 기구. 한걸음마다 내부의 톱니바퀴가 하나씩 회전하여 지침을 움직이게 하는 장치

43 관리업무의 수행 중 도급방식의 대상으로 옳은 것은?

① 긴급한 대응이 필요한 업무
② 금액이 적고 간편한 업무
③ 연속해서 행할 수 없는 업무
④ 규모가 크고 노력, 재료 등을 포함하는 업무

정답 38 ③ 39 ② 40 ③ 41 ④ 42 ④ 43 ④

해설 도급방식은 규모가 큰 시설의 관리에 적합하며 전문가를 합리적으로 이용할 수 있고 관리의 단순화 기능과 전문적 지식, 기능, 자격에의 양질의 서비스를 제공할 수 있다. 관리비가 저렴하고 장기적으로 안정적이다. 책임의 소재, 권한의 범위가 불명확하고 전문업자를 충분히 활용하지 못할 수 있는 단점도 있다.

44 다음 중 유충과 성충이 동시에 나뭇잎에 피해를 주는 해충이 아닌 것은?

① 느티나무벼룩바구미
② 버들꼬마잎벌레
③ 주둥무늬차색 풍뎅이
④ 큰이십팔점박이 무당벌레

해설 주둥무늬차색 풍뎅이는 잔디밭 해충으로 유충이 잔디 뿌리를 갉아 먹어 잔디생육에 해를 끼친다.

45 다음의 식물들이 모두 사용되는 정원식재 작업에서 가장 먼저 식재를 진행해야 할 수종은?

> 소나무, 수수꽃다리, 영산홍, 잔디

① 잔디
② 영산홍
③ 수수꽃다리
④ 소나무

해설 식재 순서는 식물크기에 따라서 교목 → 소교목 → 관목 → 지피 순이다.

46 다음 중 생리적 산성비료는?

① 요소
② 용성인비
③ 석회질소
④ 황산암모늄

해설 생리적 산성비료는 비료 자체의 반응이 아니라, 토양중에서 식물뿌리의 흡수작용 또는 미생물이 작용을 받은 뒤 산성을 나타내는 비료 유안(황산암모늄), 염안(염화암모늄) 등이 여기에 속함

47 40%(비중 = 1)의 어떤 유제가 있다. 이 유제를 1,000배로 희석하여 10a 당 9L를 살포하고자 할 때, 유제의 소요량은 몇 mL인가?

① 7
② 8
③ 9
④ 10

해설 1,000배로 희석된 양이 9L = 9,000mL이므로 희석 전 유제의 원액은 9,000/1,000 = 9mL이다.

48 서중 콘크리트는 1일 평균기온이 얼마를 초과하는 것이 예상되는 경우 시공하여야 하는가?

① 25℃
② 20℃
③ 15℃
④ 10℃

49 흡즙성 해충으로 버즘나무, 철쭉류, 배나무 등에서 많은 피해를 주는 해충은?

① 오리나무잎벌레
② 솔노랑잎벌
③ 방패벌레
④ 도토리거위벌레

해설 방패벌레는 성충과 약충이 잎 뒷면에서 집단으로 기생하며 수액을 빨아먹어 잎 표면이 탈색된다.

정답 44 ③ 45 ④ 46 ④ 47 ③ 48 ① 49 ③

50 골프코스에서 홀(Hole)의 출발지점을 무엇이라 하는가?

① 그린
② 티
③ 러프
④ 페어웨이

해설
- 티(Tee) : 출발지역으로 경사1~2%, 면적 400~500㎡
- 그린(Green) : 종점지역으로 출발지역에서 보이는 곳에 설치, 면적 600~900㎡
- 페어웨이(Fair Way) : 티와 그린 사이의 짧게 깎은 잔디 지역 2~10% 경사
- 해저드(Hazard) : 연못, 하천, 계곡, 냇가 등의 장애구역
- 벙커(Bunker) : 모래웅덩이로 티에서 바라볼 수 있는 곳에 배치
- 러프(Rough) : 페어웨이 주변의 거친 초지로 이루어진 지역
- 에이프런(Apron) : 그린 주변에 일정한 폭으로 풀을 깎지 않고 그대로 둔 지역

51 농약 혼용 시 주의하여야 할 사항으로 틀린 것은?

① 혼용 시 침전물이 생기면 사용하지 않아야 한다.
② 가능한 한 고농도로 살포하여 인건비를 절약한다.
③ 농약의 혼용은 반드시 농약 혼용가부표를 참고한다.
④ 농약을 혼용하여 조제한 약제는 될 수 있으면 즉시 살포하여야 한다.

해설 농약 혼용 시 주의점
- 농약설명서 및 혼용가부(미점)표를 확인하고 적용 대상 작물에만 사용
- 표준희석배수 준수
- 가능하면 다종혼용은 피하고 2종 혼용 실시
- 혼용 시 동시에 두 가지를 동시에 섞지 말고 한 약제를 먼저 물에 완전히 섞은 나머지를 추가하여 희석
- 미량요소가 함유된 제4종 복합비료(영양제)와 혼용 시 생리장해 유발
- 혼용 시 침전물 발생 농약은 사용금물
- 혼용살포액은 당일에만 살포

52 목적에 알맞은 수형으로 만들기 위해 나무의 일부분을 잘라주는 관리방법을 무엇이라 하는가?

① 관수
② 멀칭
③ 시비
④ 전정

해설 전정의 목적
- 미관증진
- 실용성 증진
  - 산울타리, 방풍, 방진, 차폐 등의 용도
  - 가로수 관리
- 생리적인 면에 중점
  - 개화 결실 촉진
  - 대형목 이식
  - 늙고 병든 나무의 수세 회복

53 다음 중 지형을 표시하는데 가장 기본이 되는 등고선은?

① 간곡선
② 주곡선
③ 조곡선
④ 계곡선

해설
- 간곡선 : 주곡선 간격의 1/2, 세파선으로 표시
- 조곡선 : 간곡선 간격의 1/2, 세점선으로 표시
- 계곡석 : 주곡선 5개마다 굵게 표시된 선, 표고를 읽기 쉽게 굵은 실선으로 표시
- 주곡선 : 지형도에 나타나는 등고선으로 가는 실선으로 표시

정답 50 ② 51 ② 52 ④ 53 ②

54 경관에 변화를 주거나 방음, 방풍 등을 위한 목적으로 작은 동산을 만드는 공사의 종류는?

① 부지정지 공사
② 흙깎기 공사
③ 멀칭 공사
④ 마운딩 공사

55 잣나무 털녹병의 중간 기주에 해당하는 것은?

① 등골나무
② 향나무
③ 오리나무
④ 까치밥나무

해설

병원균	중간기주
잣나무털녹병균	송이풀, 까치밥나무
소나무잎녹병균	황벽나무, 참취, 잔대
소나무혹병균	참나무
배나무붉은별무늬병균	향나무

56 수준측량의 용어 설명 중 높이를 알고 있는 기지점에 세운 표척눈금의 읽은 값을 무엇이라 하는가?

① 후시
② 전시
③ 전환점
④ 중간점

해설
- 후시란 높이를 알고 있는 기지점에 세운 표척을 시준하는 행위를 말하며, 후시 성과는 수준측량의 정도에 많은 영향을 미치므로 매우 정밀하게 관측을 수행해야 한다. 기지점의 지반고에 후시 성과를 더하면 기계고를 결정할 수 있기 때문에 후시를 'Plus Sight'라고도 함
- 전시란 표고를 모르는 미지점에 세운 표척을 시준하는 행위를 말하며, 후시로부터 전시의 성과를 빼면 미지점

의 높이를 결정하기 때문에 'Minus Sight'라고 함 일반적으로 기계고보다 높은 위치에 표척을 설치할 경우 시준이 불가능하지만 교량의 아랫부분이나 터널 천장의 높이를 결정하고자 하는 경우에는 수준표척을 거꾸로 매달아 시준
- 전환점 : 회복점이라고도 하며, 측점간의 거리가 너무 길거나, 고저차가 너무 커서 시준할 수 없는 경우, 전후 측량의 연결을 시키기 위한 측점(C점) 즉, 전시 후시를 함께 취하는 점이며, 이 점의 측정오차는 그 이후의 수준측량 전체에 영향을 주기 때문에 특히 정밀하게 측정하여야 함
- 중간점 : 이기점과 달리 후시가 없는 점을 말하는데, 이는 높이를 알고자하는 연속되는 라인을 벗어나 중간에 스쳐 지나가는 다른 곳의 높이를 잴 때 사용하는 점

57 석재가공 방법 중 화강암 표면의 기계로 켠 자국을 없애주고 자연스러운 느낌을 주므로 가장 널리 쓰이는 마감방법은?

① 버너마감
② 잔다듬
③ 정다듬
④ 도드락다듬

해설 석재의 표면가공순서는 '혹두기 → 정다듬기 → 도드락다듬기 → 잔다듬기 → 물갈기 및 광내기 → 화염처리(버너마감)' 순서로 이루어진다.

58 공원의 주민참가 3단계 발전과정이 옳은 것은?

① 비참가 → 시민권력의 관계 → 형식적 참가
② 형식적 참가 → 비참가 → 시민권력의 단계
③ 비참가 → 형식적 참가 → 시민권력의 단계
④ 시민권력의 단계 → 비참가 → 형식적 참가

해설 주민참여는 비참가의 단계 → 형식적 참가 → 시민권력의 단계이다.

정답 54 ④ 55 ④ 56 ① 57 ① 58 ③

주민참가의 조건
- 규모 및 전문성이 주민의 수탁능력을 넘지 않을 것
- 주민참가에 의해 효과가 기대될 것
- 운영상 주민의 자발적 참가 및 협력을 필요요건으로 할 것
- 주민참가에 있어서 이해의 조정과 공평심을 가질 것

Arnstein의 주민참여의 8단계
- 비참여
  - 1단계 : 조작(Manipulation) – 주민이 지방정부의 활동에 관심을 두지 않은 상태에서 공공부문이 주도적으로 주민을 접촉하는 단계
  - 2단계 : 치료(Therapy) – 참여라는 이름 아래 주민들의 태도나 행태 교정
- 형식적 참여
  - 3단계 : 정보제공(Informing) – 지방정부가 지역주민에게 정보를 일방적으로 제공하는 단계
  - 4단계 : 상담·의견수렴(Consultation) – 정부가 보다 적극적으로 주민의 의견 청취
  - 5단계 : 유화(Placation) – 참여가 이루어지는 듯하나 실질적으로는 의사결정에 영향을 미치지 못하는 단계
- 시민권력(실질적 참여)
  - 6단계 : 협력(Partnership) – 결정권의 소재에 대한 합의와 정책 결정을 공동으로 하기 위한 공동위원회 등 제도적인 틀이 마련되는 단계
  - 7단계 : 권한위임(Delegated Power) – 동반자 관계를 넘어 주민이 결정을 주도하는 단계
  - 8단계 : 가치관리(Citizen Control) – 주민이 정부의 진정한 주인으로 모든 결정을 주도하는 단계

59 자연석(경관석) 놓기에 대한 설명으로 틀린 것은?

① 경관석의 크기와 외형을 고려한다.
② 경관석 배치의 기본형은 부등변삼각형이다.
③ 경관석의 구성은 2, 4, 8 등 짝수로 조합한다.
④ 돌 사이의 거리나 크기를 조정하여 배치한다.

> 해설 경관석의 구성은 1, 3, 5 등 홀수로 조합한다.

60 농약의 물리적 성질 중 살포하여 부착한 약제가 이슬이나 빗물에 씻겨 내리지 않고 식물체 표면에 묻어있는 성질을 무엇이라 하는가?

① 고착성(Tenacity)
② 부착성(Adhesiveness)
③ 침투성(Penetrating)
④ 현수성(Suspensibility)

> 해설
> - 부착성 : 살포 또는 살분된 약제가 식물체에 부착되는 성질
> - 고착성 : 부착된 약제가 물에 씻겨 내리지 않고 장기간 식물체에 붙어 있는 성질
> - 현수성 : 현탁액에 고체입자가 균일하게 분산·부유하는 성질

정답 59 ③   60 ①

국가기술자격검정 필기시험

2015년도 조경기능사 과년도 출제문제 제4회

자격종목 및 등급(선택분야)	종목코드	시험시간	문제지형별
조경기능사	6335	1시간	B

01 다음 중 색의 삼속성이 아닌 것은?

① 색상
② 명도
③ 채도
④ 대비

해설 대비 : 색, 종류, 형상, 질량이 모두 다르지만 상호 간의 특징이 강조되어 느껴지는 현상, 주요소와 종요소로 변화와 통일감이 함께 존재한다.

02 다음 중 기본계획에 해당되지 않는 것은?

① 땅가름
② 주요시설배치
③ 식재계획
④ 실시설계

해설 기본계획은 프로그램 작성과 확정, 토지이용계획, 교통·동선계획, 공간 및 시설배치계획, 식재계획, 하부구조계획, 부지조성계획 등이 포함된다. 실시설계는 설계안이 현장에서 시공될 수 있도록 시공상세도를 작성하고 공사비 내역을 산출하는 단계이다.

03 다음 중 서원 조경에 대한 설명으로 틀린 것은?

① 도산서당의 정우당, 남계서원의 지당에 연꽃이 식재된 것은 주렴계의 애련설의 영향이다.
② 서원의 진입공간에는 홍살문이 세워지고, 하마비와 하마석이 놓여진다.
③ 서원에 식재되는 수목들은 관상을 목적으로 식재되었다.
④ 서원에 식재되는 대표적인 수목은 은행나무로 행단과 관련이 있다.

해설 공간구성은 외삼문 – 누각 – 재실(학생들의 기숙사) – 강당(교육공간) – 사당(제향공간)으로 이루어졌고, 연못은 수심양성을 도모하기 위해 조성하며 방지의 형태를 취했으며, 강학공간은 낮으며 제향공간으로 갈수록 점차 높아짐. 강학공간은 정숙한 분위기를 강조하기 위해 수식을 가하지 않았으며 후면엔 화계를 조성하여 학자수로 느티, 은행, 향, 회화나무를 식재하였고 식재는 선비의 절개와 청정결백과 부귀와 장수를 상징하는 수종으로 향토수종과 실용성을 갖춘 수종 위주로 식재하였다.

04 일본의 정원 양식 중 다음 설명에 해당하는 것은?

- 15세기 후반에 바다의 경치를 나타내기 위해 사용하였다.
- 정원소재로 왕모래와 몇 개의 바위만으로 정원을 꾸미고, 식물은 일체 쓰지 않았다.

① 다정양식
② 축산고산수양식
③ 평정고산수양식
④ 침전조정원양식

해설 일본조경양식의 발달
- 헤이안(평안) 시대(8~11세기, 793~966) : 임천식 정원
- 가마쿠라(겸창) 시대(12~14세기, 1192~1338) : 초기 주유식 지천정원에서 회유식으로 변화하다 후기 회유식이 주를 이루었다.
- 무로마찌(실정) 시대(14세기~15세기 후반, 1334~1573) : 초기 축산고산수식이 나타나다 후기 평정고산수식
- 모모야마(도산) 시대(16세기, 1576~1615) : 다정양식
- 에도(강호) 시대(17세기, 1603~1867) : 초기에는 지천회유식이다가 후기에는 자연 축경

정답 01 ④ 02 ④ 03 ③ 04 ③

2015년 기출

05 다음 중 쌍탑형 가람배치를 가지고 있는 사찰은?

① 경주 분황사
② 부여 정림사
③ 경주 감은사
④ 익산 미륵사

> **해설** 사찰 안의 탑은 금당과 그 밖의 여러 부속건물들과 어우러져 하나의 전체를 이루고 있다. 이때 사찰안의 건물이 어떠한 관계로 자리잡고 있는가를 살려보아야 하는데 이 관계를 '가람배치'라고 한다. 경주 분황사 1탑 3금당식, 부여 정림사, 익산 미륵사는 모두 1탑 1금당식이다.

06 다음 중 프랑스 베르사유 궁원의 수경시설과 관련이 없는 것은?

① 아폴로 분수
② 물극장
③ 라토나 분수
④ 양어장

07 다음 설계 도면의 종류 중 2차원의 평면을 나타내지 않는 것은?

① 평면도
② 단면도
③ 상세도
④ 투시도

> **해설**
> - 평면도 : 위에서 아래를 수직으로 내려다 본 것으로 가정하고 작도한 도면
> - 단면도 : 건물 혹은 시설물을 수직으로 절단하여 수평 방향으로 본 것으로 정축방향으로 절단한 것을 종단면도, 단축방향으로 절단한 것을 횡단면도라 한다.
> - 상세도 : 평면도나 단면도상에 나타나지 않는 세부사항을 표현한 도면
> - 투시도 : 평면도와 입면도를 동시에 완공되었을 경우를 가정하여 입체적으로 표현한 그림으로 유리창을 통해 공간을 보면서 보이는 그대로 유리창에 그려낸 것과 같이 실제 조경을 사진으로 보는 것 같은 느낌을 준다.

08 중국 옹정제가 제위 전 하사받은 별장으로 영국에 중국식 정원을 조성하게 된 계기가 된 곳은?

① 원명원
② 기창원
③ 이화원
④ 외팔묘

> **해설**
> - 기창원 : 무석 원나라때는 사찰이었다가 명나라 초기 1,511년 병부상서를 지낸 진금이 귀향하여 개인정원으로 조성해 봉곡산장/봉황이 머물만한 골짜기라 불리었다. 기창원은 부지선정에 성공한 대표적인 사례로 꼽히는 정원으로 서쪽으로는 혜산에 기대고 동남쪽으로 석산을 마주하여 자연경관이 아름답다. 이러한 장점을 정원 설계에 반영하여 주변 경관을 빌어 정원의 풍경과 일체화하고자 한 의도가 엿보인다.
> - 이화원 : 북경의 이화원은 천안문 북서쪽 19킬로미터, 쿤밍 호수를 둘러싼 290헥타르의 공원 안에 조성된 전각과 탑, 정자, 누각 등의 복합 공간이다. 1750년 청나라 건륭제(1711~1799년)는 청의원을 지어 황실의 여름 별궁으로 쓰게 하였다.
> - 외팔묘 : 청 강희제와 건륭제 때인 1713년에서 1780년 기간 중에 피서산장의 동쪽과 북쪽 산록에 12개의 큰 티벳식 라마 사원을 지었는데, 이 중에 8개는 북경의 외곽에 지어놓은 것이어서 외팔묘(外八廟)라고 부른다.

09 자유, 우아, 섬세, 간접적, 여성적인 느낌을 갖는 선은?

① 직선
② 절선
③ 곡선
④ 점선

10 다음 중 휴게시설물로 분류할 수 없는 것은?

① 퍼걸러(그늘시렁)
② 평상
③ 도섭지(발물놀이터)
④ 야외탁자

> **해설** 유희시설물 : 시소, 정글짐, 사다리, 순환회전차, 모노레일, 삭도, 모험놀이장, 발물놀이터, 뱃놀이터 및 낚시터 그 밖에 이와 유사한 시설로서 도시민의 여가선용을 위한 놀이시설

정답 05 ③ 06 ④ 07 ④ 08 ① 09 ③ 10 ③

11. 파란색 조명에 빨간색 조명과 초록색 조명을 동시에 켰더니 하얀색으로 보였다. 이처럼 빛에 의한 색채의 혼합 원리는?

① 가법혼색
② 병치혼색
③ 회전혼색
④ 감법혼색

해설
- 가법혼색 : 색광의 혼합을 말하며, 혼합하는 성분이 증가할수록 밝아진다. 모두 혼색하면 백색광이 되며 빛을 혼합하여 모든 색을 만들어낼 수 있다.
- 감법혼색 : 물체색의 혼합이며 혼합하면 색이 탁해져서 원래의 색보다 어두워지는 것으로 모두 혼합하면 암회색이 된다.
- 병치 혼색 : 색을 실제로 섞는 것이 아니라 서로 조밀하게 가깝게 놓아서 혼색되어 보이게 하는 것을 말한다.
- 회전혼색 : 원판 위에 서로 다른 부채꼴 색면을 늘어놓고 그것을 아주 빨리 돌림으로써 가법 혼색을 일으키는 기구를 개발한 사람의 이름을 따서 맥스웰 회전 원판이라고 부르며, 원판에서의 색 혼합을 회전혼색이라 말한다.

12. 이집트 하(下)대의 상징 식물로 여겨졌으며, 연못에 식재되었고, 식물의 꽃은 즐거움과 승리를 의미하여 신과 사자에게 바쳐졌었다. 이집트 건축의 주두(柱頭) 장식에도 사용되었던 이 식물은?

① 자스민
② 무화과
③ 파피루스
④ 아네모네

해설 이집트 건축의 주두장식에 사용되었던 식물은 파피루스, 연꽃, 종려나무이다.

13. 조경분야의 기능별 대상 구분 중 위락관광시설로 가장 적합한 것은?

① 오피스빌딩정원
② 어린이공원
③ 골프장
④ 군립공원

해설 위락관광시설의 종류에는 휴양지, 유원지, 골프장, 경마장, 스키장, 낚시터, 삼림욕장 등이 있다.

14. 벽돌로 만들어진 건축물에 태양광선이 비추어지는 부분과 그늘진 부분에서 나타나는 배색은?

① 톤인톤(Tone in Tone) 배색
② 톤온톤(Tone on Tone) 배색
③ 까마이외(Camaieu) 배색
④ 트리콜로르(Tricolore) 배색

해설
- 톤인톤(Tone in Tone) 배색 : 배색동일색상이나 유사색상 내에서 톤을 유사하게 배색. 색상은 동일 톤을 원칙으로 하여 인접 또는 유사색상의 범위 내에서 선택. 온화하고 부드러운 효과
- 톤온톤(Tone on Tone) 배색 : '톤을 겹치다'라는 의미. 동일색상에서 주로 명도차를 비교적 크게 설정하는 배색. 색상을 통일시키고 톤에서 변화를 준 배색. 통일성을 유지하면서 극적인 효과, 세련미
ex) 밝은 베이지 + 어두운 브라운
- 까마이외(Camaieu) 배색 : 동일색상의 색으로 조합한 배색으로 자칫 동일한 색으로 보일 정도로 미묘한 색차의 배색. 그라데이션과 동일한 종류
- 트리콜로르(Tricolore) 배색 : 이탈리아어로 3색의 의미. 어떠한 3색 배색이라도 트리콜로르 배색으로 불리워지지만 통상은 프랑스 국기에서 보여지는 파랑, 하양, 빨강이나 이탈리아 국기에 보여지는 초록, 하양, 빨강의 배식을 트리콜로르 배색이라 하며 국기 배색이라고 불리어진다.

15. 골프장에서 티와 그린 사이의 공간으로 잔디를 짧게 깎는 지역은?

① 해저드
② 페어웨이
③ 홀 커터
④ 벙커

해설
- 티(Tee) : 출발지역으로 경사 1~2%, 면적 400~500㎡
- 그린(Green) : 종점지역으로 출발지역에서 보이는 곳에 설치, 면적 600~900㎡

정답 11 ① 12 ③ 13 ③ 14 ② 15 ②

- 페어웨이(Fair Way) : 티와 그린 사이의 짧게 깎은 잔디 지역 2~10% 경사
- 해저드(Hazard) : 연못, 하천, 계곡, 냇가 등의 장애구역
- 벙커(Bunker) : 모래웅덩이로 티에서 바라볼 수 있는 곳에 배치
- 러프(Rough) : 페어웨이 주변의 거친 초지로 이루어진 지역
- 에이프런(Apron) : 그린 주변에 일정 폭으로 풀을 깎지 않고 그대로 둔 지역

16 골재의 함수상태에 관한 설명 중 틀린 것은?

① 골재를 110℃ 정도의 온도에서 24시간 이상 건조시킨 상태를 절대건조 상태 또는 노건조 상태(Oven Dry Condition)라 한다.
② 골재를 실내에 방치할 경우, 골재입자의 표면과 내부의 일부가 건조된 상태를 공기 중 건조상태라 한다.
③ 골재입자의 표면에 물은 없으나 내부의 공극에는 물이 꽉 차있는 상태를 표면건조포화 상태라 한다.
④ 절대건조 상태에서 표면건조 상태가 될 때까지 흡수되는 수량을 표면수량(Surface Moisture)이라 한다.

해설 습윤상태란 내부는 물로 채워져 있고 표면에도 물이 부착되어 있는 상태를 말한다.

17 다음 중 가로수용으로 가장 적합한 수종은?

① 회화나무
② 돈나무
③ 호랑가시나무
④ 풀명자

해설 가로수는 일반적으로 낙엽활엽교목이 적합하다. ②, ③, ④는 관목이다.

18 진비중이 1.5, 전건비중이 0.54인 목재의 공극율은?

① 66% ② 64%
③ 62% ④ 60%

해설
- 진비중 : 공극이 없는 목질만의 비중
- 전건비중 : 수분을 포함하고 있지 않을 때의 비중
- 공극률 계산법 I
  공극률 = 1 − 목질률(목질률 = 전건비중 X 0.667)
  = (1 − (0.54 X 0.667) = 0.63982
- 공극률 계산법 II
  (1 − 전건비중/진비중) X 100 = (1 − 0.54/1.5) = 64%

19 나무의 높이나 나무 고유의 모양에 따른 분류가 아닌 것은?

① 교목
② 활엽수
③ 상록수
④ 덩굴성 수목(만경목)

해설 상록수는 나무의 높이나 모양과는 관계없이 잎이 겨울에 낙엽되지 않는 특성의 나무를 뜻한다.

20 다음 중 산울타리 수종으로 적합하지 않은 것은?

① 편백
② 무궁화
③ 단풍나무
④ 쥐똥나무

해설 산울타리용 조경수목의 조건
- 맹아력이 강해야 한다.
- 지엽이 세밀하고 아랫 가지가 오래도록 말라죽지 않는 성질이어야 한다.
- 아름다운 지엽을 지니고 있어야 한다.
- 상록수가 바람직하다.
- 따라서, 단풍나무는 지엽이 세밀하지 못한 낙엽수이기 때문에 부적합하다.

21 다음 중 모감주나무(*Koelreuteria paniculata Laxmann*)에 대한 설명으로 맞는 것은?

① 뿌리는 천근성으로 내공해성이 약하다.
② 열매는 삭과로 3개의 황색종자가 들어 있다.
③ 잎은 호생하고 기수1회 우상복엽이다.
④ 남부지역에서만 식재가능하고 성상은 상록활엽교목이다.

해설 낙엽활엽교목인 모감주나무는 심근성으로 내공해성이 강하고 열매는 갈색의 삭과이다.

22 복수초(*Adonis amurensis Regel&Radde*)에 대한 설명으로 틀린 것은?

① 여러해살이풀이다.
② 꽃색은 황색이다.
③ 실생개체의 경우 1년 후 개화한다.
④ 우리나라에는 1속 1종이 난다.

해설 복수초는 실생개체의 경우 개화소요시간이 약 6년 정도이다. 우리나라에 분포하는 복수초의 분류학적 정체성에 대한 논란이 많다. 최근의 수리분류학적 연구, 화분학적 연구, 분자생물학적 연구에 의하면, 우리나라에는 복수초, 가지복수초(Adonis Ramusa Franch), 세복수초(Adonis Multiflora T. Nishikawa et K. Ito)의 3분류군이 분포하는 것으로 나타났다. 따라서 ④도 답이 될 수 있다.

23 다음 중 지피(地被)용으로 사용하기 가장 적합한 식물은?

① 맥문동
② 등나무
③ 으름덩굴
④ 멀꿀

해설 지피식물의 조건
- 식물키가 작고, 지표면을 치밀하게 피복
- 번식력이 왕성하며 생장이 빨라야 한다.
- 환경조건에 대한 적응력이 좋아야 한다.
- 병충해에 잘 견디고 성질이 강해야 한다.
- 다년생으로 식물의 특성을 고루 갖춰야 한다.
- 부드럽고 내답압성이 좋아야 한다.
- 관리가 용이

따라서, 만경목인 ②, ③, ④는 부적합하다

24 다음 중 열가소성 수지에 해당되는 것은?

① 페놀수지
② 멜라민수지
③ 폴리에틸렌수지
④ 요소수지

해설 ①, ②, ④는 열경화성수지이다.
열가소성 수지의 종류 : 폴리프로필렌, 폴리염화비닐, 폴리에틸렌, 폴리스티렌, 아크릴, 나일론

25 다음 중 약한 나무를 보호하기 위하여 줄기를 싸주거나 지표면을 덮어주는데 사용되기에 가장 적합한 것은?

① 볏짚   ② 새끼줄
③ 밧줄   ④ 바크(Bark)

해설 줄기를 싸주기도 하고 지표면도 덮어주기에 가장 적합한 것을 찾는다면 볏짚

26 목질 재료의 단점에 해당되는 것은?

① 함수율에 따라 변형이 잘 된다.
② 무게가 가벼워서 다루기 쉽다.
③ 재질이 부드럽고 촉감이 좋다.
④ 비중이 적은데 비해 압축, 인장강도가 높다.

해설 목재의 단점
- 부패성이 크다.
- 내구성이 작다.
- 함수율에 따른 변형이 크다.
- 부위에 따라 재질이 불균질하다.
- 불과 바람, 해충에 약하다.
- 구부러지고 옹이가 있다.

정답 21 ③ 22 ③ 23 ① 24 ③ 25 ① 26 ①

2015년 기출

27 다음 중 열매가 붉은색으로만 짝지어진 것은?
① 쥐똥나무, 팥배나무
② 주목, 칠엽수
③ 피라칸다, 낙상홍
④ 매실나무, 무화과나무

해설
- 검은색 열매 : 쥐똥나무
- 갈색 열매 : 칠엽수, 무화과나무
- 황색 열매 : 매실나무

28 다음 중 지피식물의 특성에 해당되지 않는 것은?
① 지표면을 치밀하게 피복해야 함
② 키가 높고, 일년생이며 거칠어야 함
③ 환경조건에 대한 적응성이 넓어야 함
④ 번식력이 왕성하고 생장이 비교적 빨라야 함

해설 23번 참조

29 다음 [보기]의 설명에 해당하는 수종은?

- "설송(雪松)"이라 불리기도 한다.
- 천근성 수종으로 바람에 약하며, 수관폭이 넓고 속성수로 크게 자라기 때문에 적지선정이 중요하다.
- 줄기는 아래로 처지며, 수피는 회갈색으로 얇게 갈라져 벗겨진다.
- 잎은 짧은 가지에 30개가 총생, 3~4cm로 끝이 뾰족하며, 바늘처럼 찌른다.

① 잣나무
② 솔송나무
③ 개잎갈나무
④ 구상나무

해설 히말라야(인도) 원산의 소나무과인 '히말라야(인도)시다'에 대한 설명이다.

30 다음 중 목재 접착시 압착의 방법이 아닌 것은?
① 도포법
② 냉압법
③ 열압법
④ 냉압 후 열압법

해설 열압법은 압체력을 적용할 때 열을 가하여 접착제를 경화시키는 방법으로 접착제의 경화시간이 짧아 집성재 생산속도가 빠르다. 사용되는 목재까지 함께 가열되어 에너지 소모가 크고 압체 시설뿐 아니라 가열 시설까지 필요하여 초기 설비투자비용이 많이 발생하는 단점이 있다. 냉압법은 압체력을 적용할 때 열을 가하지 않고 상온에서 접착제를 경화시키는 방법으로 경화시간이 24시간 이상 소요되어 생산속도가 느린 단점이 있지만 압체력을 가하는 방법이 단순하여 대규모의 집성재 생산이 가능하고 형태도 다양하게 바꿀 수 있는 장점이 있다. 구조용 집성재의 경우 큰 크기로 인하여 대부분 냉압법에 의해 만들어지며 수장용 집성재는 열압법에 의해 주로 생산되고 있다.

31 목재가 함유하는 수분을 존재 상태에 따라 구분한 것 중 맞는 것은?
① 모관수 및 흡착수
② 결합수 및 화학수
③ 결합수 및 응집수
④ 결합수 및 자유수

해설 모관수와 흡착수는 토양과 관련된 수분이고 결합수와 자유수는 생체조직과 관련된 수분이다.
- 모관수 : 토양입자간의 모관 인력에 의하여 그 작은 공극(틈)을 상승하는 수분
- 흡착수 : 토립자의 공극 중에 불포화상태로 존재하는 수분
- 결합수 : 토양이나 생체 속 등에서 강하게 결합되어서 쉽게 제거할 수 없는 물
- 자유수 : 생체조직 · 토양 · 겔 · 수용액 속에 존재하면서 이들과 결합하지 않고 자유롭게 이동할 수 있는 물

정답 27 ③ 28 ② 29 ③ 30 ① 31 ④

32 다음 설명의 ( )안에 가장 적합한 것은?

> 조경공사표준시방서의 기준상 수목은 수관부 가지의 약 ( ) 이상이 고사하는 경우에 고사목으로 판정하고 지피·초본류는 해당 공사의 목적에 부합되는가를 기준으로 감독자의 육안검사 결과에 따라 고사여부를 판정한다.

① $\frac{1}{2}$ ② $\frac{1}{3}$
③ $\frac{2}{4}$ ④ $\frac{3}{4}$

33 벤치 좌면 재료 가운데 이용자가 4계절 가장 편하게 사용 할 수 있는 재료는?
① 플라스틱
② 목재
③ 석재
④ 철재

34 다음 중 한지형(寒地形) 잔디에 속하지 않는 것은?
① 벤트그래스
② 버뮤다그래스
③ 라이그래스
④ 켄터키블루그래스

해설 버뮤다그래스는 난지형 잔디로서 그밖에 위핑 러브 그래스, 한국형 잔디가 있다.

35 다음 중 화성암에 해당하는 것은?
① 화강암
② 응회암
③ 편마암
④ 대리석

해설 응회암은 퇴적암, 편마암과 대리석은 변성암이다.

36 다음 중 시설물의 사용연수로 가장 부적합한 것은?
① 철재 시소 : 10년
② 목재 벤치 : 7년
③ 철재 파고라 : 40년
④ 원로의 모래자갈 포장 : 10년

37 다음 중 금속재의 부식 환경에 대한 설명이 아닌 것은?
① 온도가 높을수록 녹의 양은 증가한다.
② 습도가 높을수록 부식속도가 빨리 진행된다.
③ 도장이나 수선 시기는 여름보다 겨울이 좋다.
④ 내륙이나 전원지역보다 자외선이 많은 일반 도심지가 부식속도가 느리게 진행된다.

해설 금속은 수분이나 산에 의해 부식되기 쉽다. 일사 중의 자외선은 유기도막의 열화를 일으키므로 도장한 재료의 부식에는 중요한 영향요인의 하나가 된다.

38 다음 중 같은 밀도(密度)에서 토양공극의 크기(Size)가 가장 큰 것은?
① 식토
② 사토
③ 점토
④ 식양토

해설 토양입자의 크기(입경)와 공극의 크기는 비례한다.
• 자갈 : 2.0mm 이상
• 조사(粗砂, 거친 모래) : 2.0~0.2mm
• 세사(細砂, 가는 모래) : 0.2~0.02mm
• 미사(微砂, 고운 모래) : 0.02~0.002mm
• 점토 : 0.002mm

정답 32 ③ 33 ② 34 ② 35 ① 36 ③ 37 ④ 38 ②

2015년 기출

39 다음 중 경사도에 관한 설명으로 틀린 것은?

① 45°경사는 1 : 1이다.
② 25°경사는 1 : 4이다.
③ 1 : 2는 수평거리 1, 수직거리 2를 나타낸다.
④ 경사면은 토양의 안식각을 고려하여 안전한 경사면을 조성한다.

40 표준시방서의 기재 사항으로 맞는 것은?

① 공사량
② 입찰방법
③ 계약절차
④ 사용재료 종류

41 다음과 같은 피해 특징을 보이는 대기오염물질은?

- 침엽수는 물에 젖은 듯한 모양, 적갈색으로 변색
- 활엽수 잎의 끝부분과 엽맥 사이 조직의 괴사, 물에 젖은 듯한 모양(엽육조직피해)

① 오존
② 아황산가스
③ PAN
④ 중금속

해설 대기오염물질에 따른 수목의 피해

오염원	활엽수	침엽수
아황산가스 (SO₂)	-잎의 끝과 엽맥 사이 괴사 -엽육조직 피해 → 수침 모양	-수침모양 → 적갈색으로 변색
질소산화물 (NOx)	-초기에 회녹색 반점 형성 -엽연과 엽맥 사이가 괴사	-초기 : 잎 끝 홍색/적갈색으로 변색 → 잎의 기부로 확대 -고사부위와 건강부위의 경계 뚜렷
오존(O₃)	-잎 표면에 주근깨 같은 반점 → 반점이 융합 → 표면이 백색으로 변색 -책상 조직 붕괴	-잎 끝 고사, 황화현상 -잎이 왜성화
PAN	-잎 뒷면이 광택 → 청동색으로 변색 -고농도에서 잎표면 피해	
불소(F)	-초기 : 잎 끝이 황화 → 엽연으로 확대 -중륵에서 내부로 확대 → 고사	-잎 끝 고사 -고사부위와 건강부위의 경계 뚜렷
중금속	-잎 끝과 엽연 고사 -조기 낙엽과 잎의 왜성화 -유엽에서 먼저 발생	-잎의 신장 억제 -유엽 끝에서 기부로 황화현상 확대 및 고사

42 표준품셈에서 수목을 인력시공 식재 후 지주목을 세우지 않을 경우 인력품의 몇 %를 감하는가?

① 5%
② 10%
③ 15%
④ 20%

정답 39 ③ 40 ④ 41 ② 42 ④

43 다음 중 멀칭의 기대 효과가 아닌 것은?

① 표토의 유실을 방지
② 토양의 입단화를 촉진
③ 잡초의 발생을 최소화
④ 유익한 토양 미생물의 생장을 억제

해설 멀칭의 효과
- 플라스틱 멀칭-투명비닐 : 지온상승, 건조방지, 비료 및 토양 유실방지, 조기 수확 및 증수
  - 흑색비닐 : 잡초억제
- 유기물 멀칭 : 잡초억제, 토양 미생물의 생장 조장

44 다음 중 등고선의 성질에 대한 설명으로 맞는 것은?

① 지표의 경사가 급할수록 등고선 간격이 넓어진다.
② 같은 등고선 위의 모든 점은 높이가 서로 다르다.
③ 등고선은 지표의 최대 경사선의 방향과 직교하지 않는다.
④ 높이가 다른 두 등고선은 동굴이나 절벽의 지형이 아닌 곳에서는 교차하지 않는다.

45 습기가 많은 물가나 습원에서 생육하는 식물을 수생식물이라 한다. 다음 중 이에 해당하지 않는 것은?

① 부처손, 구절초
② 갈대, 물억새
③ 부들, 생이가래
④ 고랭이, 미나리

해설 부처손과 구절초는 암벽 경사지에 서식한다.

46 인공지반에 식재된 식물과 생육에 필요한 식재 최소토심으로 가장 적합한 것은? (단, 배수구배는 1.5~2.0%, 인공토양 사용 시로 한다)

① 잔디, 초본류 : 15cm
② 소관목 : 20cm
③ 대관목 : 45cm
④ 심근성 교목 : 90cm

47 가로 2m × 세로 50m의 공간에 H0.4 × W0.5 규격의 영산홍으로 생울타리를 만들려고 하면 사용되는 수목의 수량은 약 얼마인가?

① 50주
② 100주
③ 200주
④ 400주

48 식물병에 대한 「코흐의 원칙」의 설명으로 틀린 것은?

① 병든 생물체에 병원체로 의심되는 특정 미생물이 존재해야 한다.
② 그 미생물은 기주생물로부터 분리되고 배지에서 순수배양되어야 한다.
③ 순수배양한 미생물을 동일 기주에 접종하였을때 동일한 병이 발생되어야 한다.
④ 병든 생물체로부터 접종할 때 사용하였던 미생물과 동일한 특성의 미생물이 재분리되지만 배양은 되지 않아야 한다.

해설 코흐의 원칙
- 그 미생물이 언제나 그 병의 병환부에 존재해야 한다.
- 미생물은 분리되어 배지 위에서 순수배양되어야 한다.
- 순수배양한 미생물을 접종하여 동일한 병이 발생되어야 한다.
- 발병된 피해부위에서 접종에 사용되었던 미생물과 동일한 성질을 가진 미생물이 재분리되어야 한다.

정답 43 ④ 44 ④ 45 ① 46 ② 47 ④ 48 ④

2015년 기출

49 다음 중 철쭉류와 같은 화관목의 전정시기로 가장 적합한 것은?
① 개화 1주 전
② 개화 2주 전
③ 개화가 끝난 직후
④ 휴면기

해설 꽃나무(화목류)는 화아분화 1~2월 전 또는 꽃 진 직후 또는 가을에 2회 실시한다.

50 미국흰불나방에 대한 설명으로 틀린 것은?
① 성충으로 월동한다.
② 1화기보다 2화기에 피해가 심하다.
③ 성충의 활동시기에 피해지역 또는 그 주변에 유아등이나 흡입포충기를 설치하여 유인 포살한다.
④ 알 기간에 알덩어리가 붙어 있는 잎을 채취하여 소각하며, 잎을 가해하고 있는 군서 유충을 소살한다.

해설 성충은 연 3회 5월 중순~하순, 7월 중순~하순, 8월 하순~9월 초순에 발생하며 나무껍질 사이·판자틈·지피물 밑 등에서 번데기로 월동한다.

51 다음 중 제초제 사용의 주의사항으로 틀린 것은?
① 비나 눈이 올 때는 사용하지 않는다.
② 될 수 있는 대로 다른 농약과 섞어서 사용한다.
③ 적용 대상에 표시되지 않은 식물에는 사용하지 않는다.
④ 살포할 때는 보안경과 마스크를 착용하며, 피부가 노출되지 않도록 한다.

해설 제초제의 사용 시 주의 사항
- 적용대상 식물에만 사용하고, 조경 식물에 날리지 않도록 주의한다.
- 눈이나 비가 올 때, 토양 수분이 과습할 때는 사용을 금지한다.
- 모래땅이나 척박지에서 사용할 때는 토양 약해가 우려된다.
- 살포할 때는 피부노출에 주의한다.
- 제초제를 다른 농약과 혼용하면 약해가 일어나므로 되도록 섞어서 사용하지 않는다.

52 다음 중 시멘트와 그 특성이 바르게 연결된 것은?
① 조강포틀랜드 시멘트 : 조기강도를 요하는 긴급공사에 적합하다.
② 백색포틀랜드 시멘트 : 시멘트 생산량의 90% 이상을 점하고 있다.
③ 고로슬래그 시멘트 : 건조수축이 크며, 보통시멘트보다 수밀성이 우수하다.
④ 실리카 시멘트 : 화학적 저항성이 크고 발열량이 적다.

해설
② 보통 포틀랜드 시멘트가 제조공정이 간단하고 저렴하여 가장 많이 사용한다.
③ 고로슬래그 시멘트는 용광로에서 선철을 제조할 때 생기는 부산물인 슬래그(광재)에 포틀랜드 시멘트와 석고(石膏)를 혼합하여 만든 혼합 시멘트이다. 건조수축이 적다.
④ 실리카 시멘트는 포틀랜드 시멘트 클링커에 실리카질 혼화재(混和材, 화산회·규산백토·실리카질 암석의 하소물 등) 30% 이하를 첨가하여 미분쇄(微粉碎)한 혼합시멘트이다.

53 일반적인 토양의 표토에 대한 설명으로 가장 부적합한 것은?
① 우수(雨水)의 배수능력이 없다.
② 토양오염의 정화가 진행된다.
③ 토양미생물이나 식물의 뿌리 등이 활발히 활동하고 있다.
④ 오랜 기간의 자연작용에 따라 만들어진 중요한 자산이다.

정답 49 ③ 50 ① 51 ② 52 ① 53 ①

54 잔디재배 관리방법 중 칼로 토양을 베어주는 작업으로, 잔디의 포복경 및 지하경도 잘라주는 효과가 있으며 레노베이어, 론에어 등의 장비가 사용되는 작업은?

① 스파이킹
② 롤링
③ 버티컬 모잉
④ 슬라이싱

55 벽돌(190×90×57)을 이용하여 경계부의 담장을 쌓으려고 한다. 시공면적 10㎡에 1.5B 두께로 시공할 때 약 몇 장의 벽돌이 필요한가? (단, 줄눈은 10㎜이고, 할증률은 무시한다)

① 약 750장
② 약 1,490장
③ 약 2,240장
④ 약 2,980장

56 평판측량의 3요소가 아닌 것은?

① 수평 맞추기[정준]
② 중심 맞추기[구심]
③ 방향 맞추기[표정]
④ 수직 맞추기[수준]

57 페니트로티온 45% 유제 원액 100cc를 0.05%로 희석 살포액을 만들려고 할 때 필요한 물의 양은 얼마인가? (단, 유제의 비중은 1.0이다)

① 69,900cc
② 79,900cc
③ 89,900cc
④ 99,900cc

해설 100cc를 0.05%로 희석 = 100 × 10,000/5
= 200,000cc
원액이 45%이므로 200,000 × 45/100 = 90,000cc
원액 100cc가 있으므로 물소요량은 90,000 − 100 = 89,900cc

58 대추나무에 발생하는 전신병으로 마름무늬매미충에 의해 전염되는 병은?

① 갈반병
② 잎마름병
③ 혹병
④ 빗자루병

해설 빗자루병
- 잎과 줄기에 피해를 입히며, 피해를 입은 잎은 소형으로 담황록색을 띤다.
- 매개충인 담배장님노린재, 마름무늬매미충을 제거한다.
- 옥시테트라 사이클린을 수간에 주입한다.
- 병원균 : 파이토플라즈마

59 다음 복합비료 중 주성분 함량이 가장 많은 비료는?

① 21-21-17
② 11-21-11
③ 18-18-18
④ 0-40-10

해설 또한 21(질소)-17(인산)-17(칼리) 비율의 복합비료도 많이 이용된다.

60 해충의 방제방법 중 기계적 방제방법에 해당하지 않는 것은?

① 경운법
② 유살법
③ 소실법
④ 방사선 이용법

해설 기계적 방제에는 ①, ②, ③ 외에 포살법이 있다.

정답 54 ④ 55 ③ 56 ④ 57 ③ 58 ④ 59 ① 60 ④